私と野鳥の35年

日比野 登

Noboru Hibino's Records of Birding
1979-2014

オオグンカンドリ　ハワイ・ホノルル シーライフ・パーク

はしがき

　１９７９年４月、美濃部亮吉氏は東京都知事を退任し、代わって鈴木俊一氏が同知事に就任した。同じ頃、私は加藤楸邨先生の主宰する「寒雷」への投稿を復活、再開した。私は旧制高校在学中同誌に投稿をはじめ、同誌による句会に参加したり、先生宅を訪問するなどしていたが、都庁就職後仕事の忙しさにかまけて１９５５年頃から「寒雷」への投稿を中止していた。投稿再開の年の秋、私と妻は旧野鳥公園を訪れ、野鳥の会の若い人が飛ぶ鳥の鳥種や有様を言う様子に感心し、野鳥を中心とした俳句を作ろうと決めた。当時、若い頃から俳句を作りつづけた友人で「寒雷」の同人になっている人がいたり、私の中断のあいだに女性の俳人の増えたことも注目されたが、私は野鳥俳句で特色をだそうとして楸邨先生の選による俳句の投稿を続けた。ただ野鳥観察が面白く作句を忘れるほどであったが、楸邨先生の選を諦めることは無かった。

　はじめの10年ぐらいは日記をつけており、野鳥観察はその日記によった。その後は野鳥観察のメモをつけており、そのメモによった。メモはときどき欠落もあったが、二十数年は続いた。一緒に観察した妻繁子が死去した２０１０年後半は観察もできなかったが、その後娘が連れ添ってくれて35年をかぞえることになった。メモなどの空白はこの間に作りつづけた家計簿を参考にした。家計簿もレシートを参考に１ヶ月もためることが少なくないが貴重な参考資料である。

　探鳥場所は毎年のはじめにあげた。メインの探鳥地は大井埋立地であるが、１９８９年築地の中央市場の野菜、果物、花卉部門が大井埋立地に移転し、かなり広大な敷地を確保すると、新区画とともに東京港野鳥公園と改称。ただ従来の池や草地が失われたが、新たに池や観測所が設置されたので事実上の探鳥地はほぼ確保された。しかし草地が失われてヒバリはほとんどいなくなり、セッカも激減した。ほかに大井埋立地時代によく見かけたアカエリヒレアシシギやタマシギもみられなくなった。野鳥の会の東京支部は、大井野鳥公園のほか多磨霊園など都内に６個所以上、新浜、谷津干潟、葛西臨海公園、三番瀬等湾岸地域など数箇所の月１回の探鳥会を設けている。ほかに日帰りや遠出宿泊の探鳥会が企画されている。これらの探鳥会は毎月発行される東京支部報に掲載されている。そのほかに民間で企画される探鳥会もある。さらに１９９３年母が山梨県の甲斐大泉に残した１５０坪ばかりの土地に山荘を建て探鳥することにした。これによりカラ類、ケラ類など観察できる山野の鳥がかなり増えた。

私たちは野鳥の会の探鳥会に参加したほか、私たちだけであちこちへ出かけた。一番遠くはハワイが1回、国内では北海道各地、沖縄本島、石垣島と与那国島、小笠原父島と母島、長崎の離島たる福江島、対馬、九州と四国の岬、島嶼では三宅島、八丈島、隠岐の島、などがある。下北半島の太平洋側、六ヶ所村と東通村は石油備蓄基地、今は原発基地で知られているが数回訪れた。かくてこの35年の間に野鳥の観察数は300種を超えた。この期間は前代の60年代、70年代の経済の高度成長、環境の悪化で東京湾の干潟がほとんどなくなったほどの大きな変化はないと思われるが、それでも野鳥たちの生態が変化したことは確かであろう。最近では都心部にツバメがみられなくなったといわれている。一方ではカワセミがよくみられるようになったといわれている。鷹類も新しい環境に適応しているようだ。

鳥の記述は本文中にあるように野鳥の会の専門家にくらべてお粗末である。1981年以降の本文中の太字はその日に初出の鳥種や印象が強かった鳥種や鳥数。spを付したのは鳥種の区別ができないものである。なお、有限会社フィールドアートさまより谷口高司氏のイラストの使用をご許可頂き野鳥のイラストをかなり載せることが出来た、あらためてお礼いたします。また青木菜知子さんには、拙い原稿をよくここまでしてくれたと感謝する次第である。娘の矢ヶ崎まき、孫の矢ヶ崎羊子にもパソコンなどで世話になった。

本文中に主に野鳥観察に関する俳句も載せた。ただ楸邨先生存命中は一生懸命作句したが、先生亡きあとは調子を落としていることは確かである。他方21世紀に入って2001年9月11日、ハイジャックされたアメリカの飛行機2機はニューヨークの巨大ビル2棟に突っ込みビルを破壊、1機はワシントンの国防省を破壊するという世界史的大事件が起こった。アメリカ大統領はこれをアラブ系のテロと反撃したが、21世紀に入ってのアメリカの衰えは否定できない。さらに2011年3月11日、東日本大震災、とくに福島原発被災事件は、原発の後始末をめぐり、これも世界的に大事件になっている。野鳥の会は原発反対の意向である。私も元気を出して楸邨先生に倣い俳句の方でその方向をめざさなくてはと考えている。

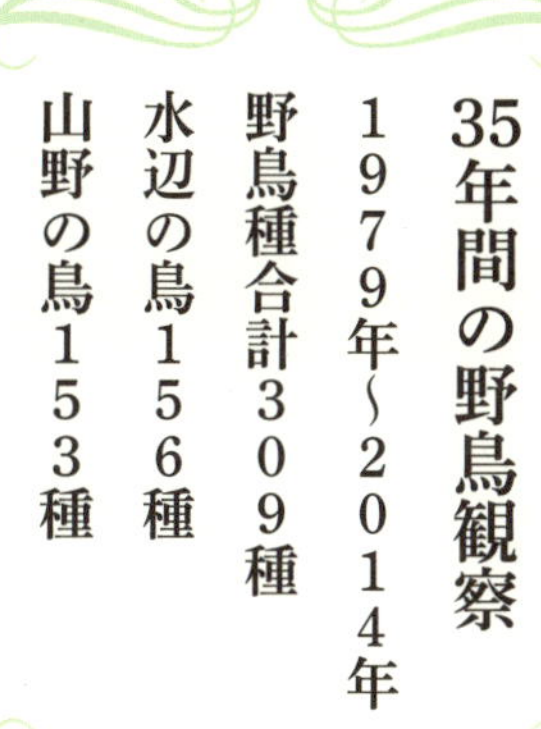

35年間の野鳥観察

1979年~2014年
野鳥種合計309種
水辺の鳥156種
山野の鳥153種

ゴジュウカラ
©T. Taniguchi

カルガモ
©T. Taniguchi

チュウヒ
©T. Taniguchi

ツクシガモ
©T. Taniguchi

ホトトギス
©T. Taniguchi

ノスリ
©T. Taniguchi

メダイチドリ
©T. Taniguchi

１９７９年10月～１９８０年12月

１９７９年11月　野鳥の会加入
新鳥種合計１０６種
　水辺の鳥58種　山野の鳥48種
観察地合計　58所
東京都内46所（うち大井野鳥公園21回、浜離宮7回、神宮御苑3回、不忍池・谷中霊園4回、目黒自然教育園3回、その他各1回清澄庭園、荏原神社、東京港、弦巻温泉、鎌倉山、桧原村、日比谷濠、五島美術館、多摩川）
都外12所（行徳観察舎3回、仙石原3回、伊良湖・神島2回、その他各1回下北半島・尻屋崎・仏が浦奥薬研・恐山、京都・嵯峨野、大島・新島、琵琶湖・片野鴨池）

10月8日（月）

総選挙で大平内閣の自民党過半数を割り残敗

秋一夜首相眠たき猫となる

（「寒雷」80年2月）

10月10日（水・休）薄曇

大井野鳥公園

この日初めて大井野鳥公園に妻と一緒に出かけた。当時の大井野鳥公園は図のとおり環状7号線と湾岸道路の交差する大井埋立地にあり、JR大森駅からバスやタクシーで20～30分、池を含む面積3haの地、そこに作られた観察窓から池を中心とする野鳥の生態を観察した。

その日観たのはムクドリ、ヒヨドリと鴨類であった。

野鳥の会の若い人が池の鴨が食べた野稗を望遠鏡に写して説明してくれた。驚いたのはこの説明をした若い二人が飛んでいるムクドリの名とその数を叫んだことである。

椋(むく)仰ぎ数叫びたり二人競い

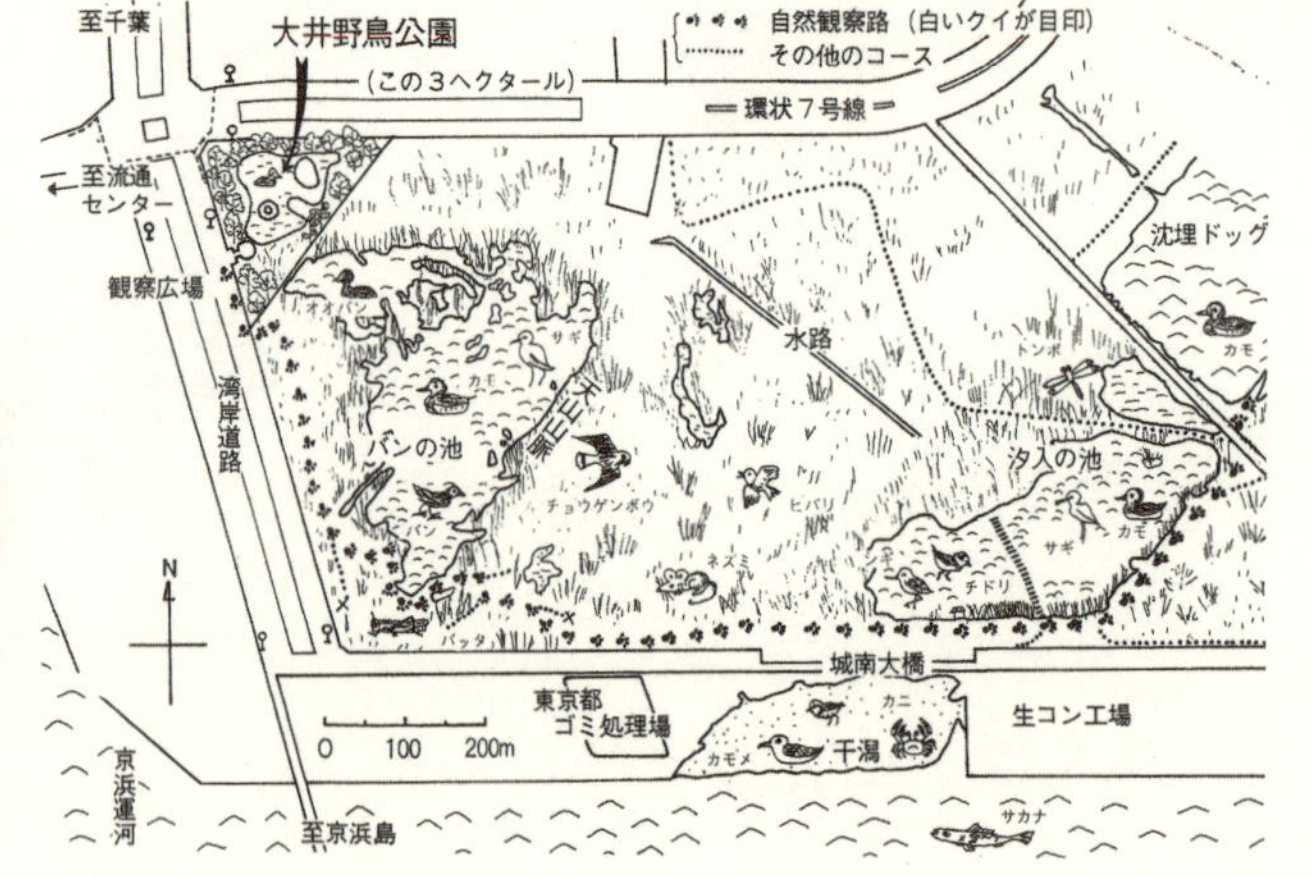

当時の大井野鳥公園の図

10月27日（土）曇　目黒自然教育園

14：45〜16：30

これは妻と二人で出かけて観察したものである。

ムクドリ、鴨類　栗鼠

実いいぎり高枝伝う栗鼠二つ

水辺の鳥1種　山野の鳥1種

11月3日（土）谷中墓地

谷中は妻の父母たちの墓地があり、この墓参と不忍池は私たちの探鳥地のひとつになった。

カワラヒワ、鴨類（空中）

水辺の鳥1種　山野の鳥1種

11月4日（日）大井野鳥公園

野鳥の会探鳥会

2度目の野鳥公園行き（水辺の鳥と山野の鳥は以下／によって区別する）

初めて観るものが多いが、野鳥の会の人に教わるほか観察窓に備え付けた図鑑で知るものもある。

カイツブリ、オオバン、コガモ、カルガモ、ダイサギ、コサギ／ハクセキレイ、キジバト

水辺の鳥6種　山野の鳥2種

オオバン
©T. Taniguchi

11月23日（金・休）大井野鳥公園

野鳥の会探鳥会

この日初めて野鳥の会が期日を定めて開く探鳥会に参加した。はじめ、例の観察窓のある広場で黄色いリボンを渡され、野鳥の会の人の説明を聞きながらその観察小屋で1時間ほど観察、ここで昼食もして1キロ先の潮入りの池へ出発。この途中にあるバンの池や城南大橋などで観察できるものもある。会の人が教えてくれてこの日観たものが多い。ここでオオバン（白）とあるのは、オオバンの白化固体で珍しいもの。

カイツブリ、ハジロカイツブリ、スズガモ、コガモ、カルガモ、ホシハジロ、ミコアイサ、オオバン（白）、コサギ、アオサギ、ユリカモメ、ウミネコ、セグロカモメ、／ハイタカ、チュウヒ、チョウゲンボウ、トビ、ハクセキレイ、モズ、ウグイス、ジョウビタキ

鷹旋回小鴨ら相寄り池光る

（「寒雷」80年4月）

長元坊電線に大井埋立地

（「寒雷」同右）

時雨雲鶴の鼻筋黄か白か

（「寒雷」同右）

水辺の鳥13種　山野の鳥8種

12月9日（日）不忍池

谷中墓参前

はじめて鴨の大群を見る

不忍池　カワウ、オナガガモ（8割以上）、ヒドリガモ、マガモ、ホシハジロ、キンクロハジロ、ダイサギ、キジバト

谷中墓地　ヒヨドリ、シジュウカラ

水辺の鳥7種　山野の鳥3種

12月16日（日）浜離宮公園

防災宿直明け　一人で

カイツブリ、キンクロハジロ。スズガモ、マガモ、ダイサギ、ユリカモメ

水辺の鳥6種　山野の鳥0

12月21日（土）冬至　大井野鳥公園

一人

観察窓　カイツブリ、コガモ、カルガモ、ミコアイサ、オオバン／ハイイロチュウヒ

水辺の鳥5種　山野の鳥1種

12月22日（日）浜離宮庭園　二人

キンクロハジロ300、ホシハジロ2、マガモ、コガモ、カイツブリ、ユリカモメ／ヒヨドリ、キジバト、シジュウカラ（鳥名の後ろの数字はその鳥の数、10羽未満省略）

年詰まる鴨見し疲れ椅子に埋め

（「寒雷」80年5月）

土日と夜は雨昼は鴨見たり

（「寒雷」同上）

水辺の鳥6種　山野の鳥3種

シジュウカラ
©T. Taniguchi

1980年

1月1日（火・祝）

荏原神社　初詣　ユリカモメ

水辺の鳥1種

1月3日（木）小雨後晴

琵琶湖旅行　二人　彦根・楽々園泊

初めての探鳥旅行。堅田の月、近江八幡のフクロウ等印象深きこと多し。

琵琶湖長浜海岸　カイツブリ、カンムリカイツブリ、キンクロハジロ、ハシビロガモ、ユリカモメ／カラスsp、ヒヨドリ、ハクセキレイ、ムクドリ、トビ、シジュウカラ

老女まず雪見障子の夕焼見せ
鳰の湖沖はゆたかに鴨浮かす

（「寒雷」80年6月）

1月4日（金）雨

彦根〜近江八幡

長命寺わきの宿泊

彦根・玄宮園の庭　ハクチョウ、ヒドリガモ、オナガガモ／トビ

近江八幡・宮ヶ浜　カイツブリ、カンムリカイツブリ、キンクロハジロ、ユリカモメ／ホオジロ、シジュウカラ、イソヒヨドリ、カワラヒワ、ハクセキレイ

長命寺・西の湖・安土八幡水郷・近江市街　ジョウビタキ、タヒバリ?、トビ、フクロウ／キンクロハジロ、コサギ、カモ類

浮寝鳥巨万を擁し湖暮るる

鳥を知らず湖畔に春着して

（「寒雷」80年6月）

キンクロハジロ
©T. Taniguchi

1月5日（土）近江八幡〜石山寺〜守山〜琵琶湖大橋端詰・教育センターゴルフ場東（芦原）〜堅田〜浮見堂　比叡颪寒し

堅田いせや泊

長命寺　ホオジロ、シジュウカラ、メジロ、ウグイス／カイツブリ、キンクロハジロ、トビ

石山寺・瀬田川畔　カイツブリ、ユリカモメ、カモ類

石山の手すり冷たし比叡颪

枯芦のなかはぬくとし比叡颪

琵琶湖大橋・教育センターゴルフ場・東葭原　コサギ、アオサギ、カイツブリ、キンクロハジロ、カンムリカイツブリ／トビ、ハクセキレイ、モズ、ツバメ、ヒヨドリ

堅田いせや・浮見堂　カイツブリ、キンクロハジロ

反洗剤の堅田のビラも寒に入る

（「寒雷」80年5月）

月の湖鴨すきに飽き寝覚めても

芭蕉はしゃぎし堅田の月を冬の宿

1月6日（日）堅田〜東京

堅田・浮見堂　カイツブリ、キンクロハジロ、鴨類

暁の湖水鳥に楽湧く如し

枯芦に鴨なき暁けの浮身堂

琵琶湖行合計

水辺の鳥10種　山野の鳥16種

1月20日（日）大井野鳥公園

野鳥公園〜自然観察路〜潮入りの池

オオバン、カルガモ、コガモ、ハシビロガモ、ヒドリガモ、ホシハジロ、オナガガモ、ユリカモメ、スグロカモメ、ウミネコ、ダイサギ、ゴイサギ／ムクドリ、スズメ、ハクセキレイ、カラスsp、タヒバリ、ツグミ、ハイイロチュウヒ

水辺の鳥12種　山野の鳥8種

1月26日（土）晴　弦巻温泉光鶴園泊　職場旅行

大山阿夫利神社　相模平野一望

1月27日（日）弦巻温泉・弘法山ハイキング〜大秦野駅〜新宿

弦巻温泉光鶴園　カワセミ

翡翠に近づく霜の芝踏んで　（光鶴園）

山野の鳥　1種

2月2日（土）浜離宮庭園

一人　14：30〜夕暮

カイツブリ、キンクロハジロ100、ホシハジロ、マガモ、コガモ、ハシビロガモ、ゴイサギ、コサギ、ダイサギ、ユリカモメ、カモメ類／ツグミ

水辺の鳥11種　山野の鳥1種

コサギ
©T. Taniguchi

2月3日（日）明治神宮御苑

14：30〜16：00

御苑の池　マガモ60、オシドリ30、オナガガモ

御苑の森　キジ、アカハラ、シジュウカラ、ヤマガラ、キジバト、ヒヨドリ、スズメ、ムクドリ

湧く冬井雉紅の面上げぬ　（「寒雷」80年7月）

水辺の鳥3種　山野の鳥8種

2月9日（土）行徳野鳥観察舎

14：00〜15：30

この観察舎は千葉県の浦安から行徳にかけての広大な湿地帯、宮内庁の新浜鴨場も設置されていたが、1960年代ころからの開発の大波で埋立が進み、水鳥の生息地が脅かされていったのを、先駆者たちの活動によって、千葉県が鴨場を含めた83haを「行徳近郊緑地特別保全地区」に指定して1967年に観察舎が建設され、1969年に鉄骨3階建ての望遠鏡44基を備えた建物が完成した。この日はじめてひとりでいったのでまごついた。当時スズガモの大群がいるのでも有名。またカモメの餌付けをやっており大型のスグロカモメを見ることができた。

観察舎　スズガモ数万、ヒドリガモ、ハシビロガモ、カルガモ、コガモ、アオサギ、ダイサギ、コサギ、ゴイサギ、シロチドリ、スグロカモメ、ユリカモメ、ウミネコ／チユウヒ

鴨大群ゆるり移動し鷹天へ

（「寒雷」80年7月）

水辺の鳥13種　山野の鳥1種

チュウヒ
©T. Taniguchi

2月10日（日）大井第4公園〜大井野鳥公園13：00〜16：26発

大井第4公園（この公園はコンテナーふ頭や海底トンネルが見渡せる）

ダイサギ／ツグミ、メジロ

野鳥公園　コガモ60、オオバン、オナガガモ、ハシビロガモ、キンクロハジロ、ホオジロガモ?、スズガモ、カルガモ、シロチドリ、ハマシギ、ユリカモメ／ムクドリ、ツグミ、スズメ

日脚伸ぶ逆立ち長き尾長鴨

水辺の鳥11種　山野の鳥3種

2月18日（月）・19日（火）小雪　檜原村（僻地相談）

シジュウカラ、ヤマガラ、ヒヨドリ、エナガ

山野の鳥4種

3月8日（土）晴　浜離宮公園 13：00〜15：30

庚申堂鴨場・潮入の池　ハシビロガモ、コガモ、カルガモ、キンクロハジロ60、ハシビロガモ、カイツブリ、カワウ、ゴイサギ、アオサギ／ウソ、ハクセキレイ、ヒヨドリ、シジュウカラ

芽桜に鷽(ウソ)何告げる頸振りて

水辺の鳥9種　山野の鳥4種

3月9日（日）雨　大井野鳥公園

潮入りの池　ユリカモメ、スグロカモメ、キンクロハジロ、スズガモ、ハシビロガモ、バン（白も）、ウミネコ、ハマシギ、シロチドリ／ウグイス

渚いま鳥勢揃い春の雨

春の雨白き大鷭(おおばん)逆立ちす

水辺の鳥9種　山野の鳥1種

3月15日（土）清澄庭園探鳥会 14：30〜16：30

池　カルガモ、コガモ、カイツブリ、ダイサギ、コサギ、カワウ／ヒヨドリ、アオジ、キジバト、スズメ、ムクドリ、ツグミ、オナガ

ひきがえるの固まっての交尾初めて見た（1年のうち5日間しかないと）

泥色に時の塊蟇交り

（「寒雷」80年8月）

水辺の鳥6種　山野の鳥7種

3月20日（水・春分）不忍池
谷中墓参後　暖かし

不忍池　ホシハジロ、キンクロハジロ、オナガガモ、ヒドリガモ、コガモ、カワウ1千、カイツブリ、ハシビロガモ、マガモ、ゴイサギ、ダイサギ、ウミネコ、（ツクシガモ）、（サカツラガン）（クロトキ）、ミゾゴイ、（アカハシハジロ）（カッコ内は動物園で飼育するもの）

枝啞えカワウ引きずる水温む

水辺の鳥13種＋（5種）

オナガガモ
©T. Taniguchi

4月10日（木）渥美半島探鳥行
10：00豊橋着～バス～やぐま台

繁子の友人神野さんの紹介で案内された小柳津先生と地元の女性8人で田原の汐川干潟探鳥

汐川干潟～14：00（探鳥会解散）～蔵王山～田原ホテル泊

コサギ、ヒドリガモ、カルガモ、シマアジ?キンクロハジロ、ユリカモメ、スズガモ多数、ホシハジロ、ツルシギ、ハマシギ、ダイゼン、オオソリハシシギ、ツバメチドリ／ヒバリ、ツグミ、トビ、カラスsp、セッカ、ハクセキレイ、ツバメ、ホオジロ、メジロ、オナガ、ウグイス

春の砂州憩う鷸の頸が黒く
翔けゆきし目白らに遭う花の坂
鷸どもの干潟かすみて暮れ来る

4月11日（金）
汐川干潟（朝、車で）

ヒドリガモ、ハマシギ、ダイゼン、シロチドリ、コサギ、カワウ／ヒバリ、セッカ

旅寝せる朝の鷸らに大干潟
（「寒雷」80年8月）

田原萱町10時～潮音寺～11時～国民休暇村～12：30～伊良湖港13：00発～神島～八代神社～灯台～神島港16：30～伊良湖17：15発～休暇村

ユリカモメ、セグロカモメ、ウミネコ、ウミウ、ヒメウ、アオサギ／ツバメ、トビ、ヒヨドリ他、小鳥多数

神島の燕が先に波間ゆく
春山に唄あり婆が荷負い来る
伊良湖さす刺羽か否か雲に入る
（「寒雷」80年8月）

灯台の燕高舞い伊良湖さす
濯ぎ場や島に一つの鯉幟
永き日の浜の女ら児を寄せず
（「寒雷」80年8月）

遅き日の神島帰る鵜まだ続く

4月12日　渥美半島　国民休暇村～恋路が浜～豊橋～東京

国民休暇村　ツグミ、スズメ、キジバト、アオサギ、ウグイス、ホオジロ、メボソムシクイ

休暇村～芭蕉句碑～恋路ヶ浜～渥美半島～（バスの窓）トビ、ツバメ、ヒヨドリ／コサギ、モズ、カイツブリ

渥美半島・神島　合計

水辺の鳥21種　山野の鳥13種

4月19日（土）快晴　行徳野鳥観察舎　大西氏と14：33～17：03

大西氏は都庁関係の友人。このときは殆ど建物の中で望遠鏡をのぞいて観察したもの。

もともとの冬羽に夏羽に換羽したものがかなり混じる。

観察舎　ヒドリガモ30、スズガモ30、コガモ50、カルガモ、カワウ、ユリカモメ、セグロカモメ、ハマシギ、オオソリハシシギ、シロチドリ多数、トウネン、コアジサシ、バン、ダイサギ、スズガモ／スズメ、キジバト、ツグミ、ハクセキレイ

水辺の鳥14種　山野の鳥4種

4月29日（火・休）大井野鳥公園10時～13：40　潮干狩り

茅花盛り

潮入の池　キンクロハジロ100、オオバン30、ハシビロガモ20、オナガガモ、ユリカモメ10、カイツブリ、カルガモ、コガモ、白サギ、シロチドリ／セッカ、ヒバリ、ハクセキレイ

野鳥公園　コガモ10、カルガモ、カイツブリ、コアジサシ、イソシギ、白サギ／ツバメ、ムクドリ、キジバト

潮干狩　干潟ではだしになって潮吹きをとる

潮吹きの膨らみ指に砂落とす

（「寒雷」80年8月）

水辺の鳥10種　山野の鳥3種

5月3日（土・休）鎌倉山

鎌倉山ハイキング　ホオジロ、コジュケイ、ウグイス、キジバト、ヒヨドリ、ジジュウカラ、オナガ、ツバメ、オオジュリン、ハシブトカラス、トビ、ツバメ

頬白の鳴く枝高く頸は見せず

（夫婦池）

山野の鳥12種

5月4日（日）大井野鳥公園探鳥会10：20～14：48発

今日も貝29ばかり採る

野鳥公園～潮入りの池　コアジサシ、カイツブリ、ユリカモメ、ウミネコ、ダイサギ、コサギ、キンクロハジロ30、スズガモ30、ハシビロガモ50、オオバン40、コガモ20、オナガガモ、オカヨシガモ、カルガモ、イソシギ／セッカ、キジバト、ヒバリ、オオヨシキリ

高音する雪加（せっか）下りは声緩め

南風の池漆黒の鷭（ばん）潜り出で

潮吹きの汁や蹠(あうら)に昼の砂
（「寒雷」80年10月）

水辺の鳥15種　山野の鳥4種

5月10日（土）京都市　京大
（行政学会）

東山の裏　夕方　ユリカモメ300／ヒヨドリ、メジロ

鳥帰る京の街小さくなりにけり
（「寒雷」80年10月）

5月11日（日）京都市内　京大
（行政学会）

鴨川　セキレイ、ツバメ／ダイサギ

ダイサギ
©T. Taniguchi

5月12日（月）京都市郊外

嵯峨野　野宮神社～常寂光寺～定家山荘～落柿舎～化野念仏寺～嵐山

ホオジロ、ウグイス

鶯が鳴くたび土産小物売れ
囀りの自在に移り小倉山
頬白や化野(あだしの)新築分譲地

山野の鳥6種　水辺の鳥2種

京都行き合計
水辺の鳥7種　山野の鳥11種

5月16日（金）
大平内閣不信任案可決、解散衆参同時選挙決まる。

5月17日（土）
銀婚　三社祭り　妻・娘と浅草鳥金田で鳥すき。

銀婚の賽銭はずむ三社祭

6月1日（日）曇
大井野鳥公園　定例探鳥会

潮入りの池　カルガモ20、オオバン20、キンクロハジロ、ユリカモメ、ウミネコ、カイツブリ／セッカ、ヒバリ、オオヨシキリ、ハクセキレイ、ツバメ、ハシブトカラス、ムクドリ、キジバト

野鳥公園　カイツブリ（子供連れ）／ハクセキレイ、ツバメ、カラスsp

芦揺れる赤き口開け行行子

水辺の鳥7種　山野の鳥11種

6月12日（木）大平首相急死。

6月15日（土）明治神宮御苑探鳥会
8：45～途中で会の列抜け出す。
明治神宮も野鳥の会の毎月行う探鳥会の地である。神宮北参道鳥居下に集合。菖蒲の盛りで混雑。会も大

盛況。池に水蓮の花。神宮の森は東京中のカラスのねぐらという。

参道～御苑～南参道　コジュケイ、シジュウカラ、ハシブトカラス、ヒヨドリ、ゴイサギ、メジロ、スズメ

山野の鳥7種

6月29日（日）雨　白金自然植物園

カイツブリの子、コサギ／シジュウカラ、ハシブトカラス、ヒヨドリ、スズメ

鳰（にお）の子に芦の小道は雨季閉ざす
（「寒雷」80年11月）

鳰の子は子の鳰の声梅雨半ば
鳰の子は三十年振りと梅雨の園吏

水辺の鳥2種　山野の鳥4種

7月5日（土）浜離宮公園
13時～

カイツブリ、ゴイサギ、カルガモ、コサギ、カワウ／ツグミ、ヒヨドリ、スズメ、シジュウカラ、ツバメ

双親の軽鳧（かる）は頸立て子はせわし
（「寒雷」80年11月）

水辺の鳥5種　山野の鳥5種

7月13日（日）箱根行仙石原　快晴
小田原10：40バス～品の木～早川～台ヶ岳高原・湿原・草原～湿性花園12：30～観光ホテル2時～湖尻～
湿性花園

シジュウカラ、ウグイス、キセキレイ、センダイムシクイ、オオヨシキリ、セッカ、ヒヨドリ、ツバメ、イカル、ホトトギス、ハクセキレイ、オナガ

観光ホテル～自然遊歩道～湖尻

カラスsp、アカハラ、クロツグミ、ホオジロ、カワラヒワ、コルリ

自動車の絶え間の芦や行行子
カルデラの山裾やさし羊草
（「寒雷」80年11月）

時鳥（ホトトギス）妻は古歌いう翔け去りて
梅雨空の姥子の日暮れ時鳥

オオヨシキリ
©T. Taniguchi

7月14日（月）仙石原　快晴
湖尻9：45～小田原10：55発～

宿の朝4：30～　ホトトギス、シジュウカラ、アカハラ、クロツグミ、カッコウ

7：00～　ホオジロ、ウグイス、イカル、アオジ

ビジターセンター付近8：10～　ホトトギス、キセキレイ、ホオジロ、モズ、アカゲラ、シジュウカラ、クロツグミ、キジ、アオジ／カワガラス（酒匂川）

朝露のカルデラ鳥の唄満たし

梅雨晴れの富士に歌うか黒鶫（つぐみ）

仙石原合計
水辺の鳥1種　山野の鳥16種

7月20日（日）大井野鳥公園
大井町　11：17〜14：25発　京浜
大橋

野鳥公園　カイツブリ、カルガモ、イソシギ、ヨシゴイ、バン、オオバン
潮入の池　キジバト、ムクドリ、オオヨシキリ、ムクドリ、セッカ、ヒバリ、ダイサギ、コサギ、ウミネコ100、カルガモ30、カイツブリ、バン、オオバン、ヨシゴイ

軽鳧（かる）の屍の対岸に浮き軽鳧（かる）一家
（「寒雷」80年12月）

梅雨明けの大鷭子らにやや離れ
葦五位（よしごい）のすぐ芦に入る脚黄色

水辺の鳥9種　山野の鳥5種

8月10日（日）大井野鳥公園
15：35〜18：32発

野鳥公園　カイツブリ、バン、オオバン、ウミネコ、コアジサシ、カルガモ、ダイサギ、コサギ、ゴイサギ
潮入りの池　コアジサシ50、オオバン、カルガモ／セッカ、キジバト

満潮の日暮れ群れ鳴くコアジサシ

水辺の鳥9種　山野の鳥2種

8月16日（土）大井野鳥公園　雨
14時着〜

潮入りの池　コアジサシ、ヨシゴイ、ウミネコ、ダイサギ、アオサギ、カイツブリ、オオバン26、バン、カルガモ、キアシシギ、シギ類、ダイゼン、シロチドリ／キジバト、オオヨシキリ、セッカ、ヒバリ、ハクセキレイ

萍（うきくさ）の鳰（にお）の子二羽親は潜き出で

水辺の鳥9種　山野の鳥5種

8月23日（土）小雨
大井野鳥公園　干潟滞在13時15分
〜14時30分

コアジサシが水際で大きな魚を飲み込んだ。

潮入の池西側　オオバン、バン、カイツブリ、カルガモ、ウミネコ、キアシシギ、コアジサシ、／ハクセキレイ、セッカ、オオヨシキリ
野鳥公園　イソシギ、カイツブリ
水辺の鳥9種　山野の鳥3種

バン
©T. Taniguchi

8月24日（日）下北半島行　雨
羽田～三沢～尾駮～奥薬研温泉泊

三沢9：20タクシー～根井沼～小川原湖～尾駮沼11：10、巨大開発の一つ石油備蓄基地の入り口を見る。尾駮の海上により大規模の備蓄基地が計画されている。開発の金を貰った村人の子供が食堂に来ていた。

尾駮沼　カイツブリ、バン、キアシシギ、ウミネコ、オオセグロカモメ／カラスsp、ハクセキレイ、トビ、スズメ

尾駮橋やませの雨をダンプ駆す
（「寒雷」81年1月）

少年が外食やませの海荒れて

開発の村海荒れて合歓の花

尾駮13：22バス～野辺地～JR大湊～大畑～タクシー～奥薬研　カラスsp、トビ／カモメsp、ウミネコ

8月25日（月）下北半島　雨
奥薬研～大畑～大間崎～佐井～仏ヶ浦～下風呂　下風呂かど屋旅館泊

大畑海岸　ウミネコとオオセグロカモメ合計100、キアシシギ、トウネン／カラスsp、ツバメ、ハクセキレイ、トビ、ツバメ、イワツバメ

大畑10：15バス～下風呂～大間崎11：15　ウミネコ、オオセグロカモメ

大間崎　ウミネコ、オオセグロカモメ、キアシシギ、トウネン／ハクセキレイ

大間崎褐藻に鷸（しぎ）来ていたり

大間崎12：40～佐井　仏が浦行きの船に乗り遅れ、タクシーを使って追いかける。葛の花、くさぎの花、遠く津軽半島。福浦についてわれわれ二人のため舟を出す。

仏が浦　ウミネコ／ハクセキレイ

下北の果ては逞し葛の花

巨巌下の岩に鳥影白鶺鴒

仏宇多の夏の終わりの大鴎

仏が浦～船～佐井15：30バス～下風呂

下風呂　ツバメかイワツバメ100、ウミネコ、オオセグロカモメ／カラスsp、トビ

下風呂港はイカ釣りでにぎわう

8月26日（火）雨
下北半島尻屋崎・恐山　恐山宿坊泊

下風呂7：37～大畑～むつ8：55着　9：40発～尻屋崎口10：28

北通りの鴎、多いウミネコ、オオセグロの繁殖地は易国間～蛇浦とあるが？

東通りの部落・斗南丘は津軽藩の敗北の跡でその後も貧しい姿が残されているといわれるが、豊かな感じ、特に津軽海峡に出る口から岩屋

部落ではタイル張りの内装の家もあった。尻屋港を望む高地にある「東北セメント」も景気がいいようだ。

尻屋港　ウミネコ、オオセグロカモメ／トビ、カラスｓｐ

尻屋崎口～尻屋崎灯台（ハイキング）

牧場に牛、馬（寒立馬か）。草石という海藻であふれる海岸に波に浮くアカエリヒレアシシギなどを見る。

ウミネコ、オオセグロカモメ、アカエリヒレアシシギ、キョウジョシギ、キアシシギ、トウネン、ウミウ／カラスｓｐ、ツバメ、ハクセキレイ、トビ、ツバメ、キジバト、ウミネコ

尻屋崎波乗り上手の鷸（しぎ）浮び

（「寒雷」81年1月）

海峡の冷夏の晴れ間牛駆け足

尻屋崎12：27～田名部13：25～円通寺・常念寺　ツバメ20

夏寒き街央（まちなか）川に鴎浮き

むつ15：00バス～恐山15：35宿坊泊

恐山　地蔵堂～賽の河原　キジバト、カラスｓｐ、カラ類

ガレ歩む雉鳩霊場夏終り

鳥浮かぬ宇曽利湖雨の白鶺鴒

8月27日（火）雨　下北半島

恐山～芦崎～野辺地～三沢～大湊

妻の友人北村先生の知人枡田さんに芦崎の港に案内される。大湊はかつての軍港、当時、原子力船むつの受け入れでにぎわうも、その後原子力船座礁の事件おこる

ウミネコ／ハクセキレイ、キセキレイ、カラスｓｐ、キジバト

下北半島行合計

水辺の鳥29種　山野の鳥31種

9月7日（日）大井野鳥公園探鳥会

集合50人・10時　葛の花盛り

野鳥公園　カイツブリ、イソシギ、カルガモ

潮入りの池　イソシギ、カルガモ、ヨシゴイ、コチドリ、ムナグロ、タカブシギ、コサギ、アジサシ、ダイサギ、ウミネコ、コアジサシ、コガモ、シマアジ／ハクセキレイ

（アジサシ、シマアジ、タカブシギは新知見）

水辺の鳥14種　山野の鳥1種

9月21日（日）晴

行徳野鳥観察舎　12：34発バス～

15：20解散

観察舎　ウミネコ、カルガモ、キンクロハジロ、キアシシギ

保護区域内（蓮尾夫人説明　13：35～15：20）タカブシギ、セイタカシギ、オグロシギ、オオソリハシシギ、エリマキシギ、アオアシシギ、タシギ、オオジシギ、ダイゼン、ダイサギ、コサギ、アオサギ、

ゴイサギ、バン／セッカ、キジバト、コムクドリ?、ムクドリ
（セイタカシギ、オグロシギ、エリマキシギ、オオジシギ等新知見多し）

鳴く声は澄みて遠くて鷸（しぎ）の国
（「寒雷」81年2月）

鷸どもの漁る真中セイタカシギ
佇てり
（「寒雷」同）

鷸観るや少年鷸の口笛し
（「寒雷」同）

水辺の鳥14種　山野の鳥4種

9月28日（日）大井野鳥公園　曇
13：00タクシー～15：40

潮入りの池　2週間前に水路を拓いて池の水を海へ流したので対岸がかなり干上がったので水鳥はその辺に寄っていた。

池西側　キアシシギ、コガモ、オナガガモ、タカブシギ、コチドリ、ムナグロ
池東側　ウミネコ300、オオバン、サギ類30

野鳥公園　バンの池の水位が高く餌がないので鳥が来ないと掲示

埋立地北へ雲往き鳥渡る

鳴く鷸にあせらず鴨は餌を漁る

水辺の鳥9種　山野の鳥0

10月10日（金・休）大井野鳥公園
薄曇　13：20～タクシー16：07

潮入りの池（望遠鏡を持つ若い人にハマシギ、エリマキシギなど教わる）
池西側　ウミネコ500、カルガモ、オナガガモ、コガモ、ダイサギ20、タカブシギ、ハマシギ、オオバン
池東側　オグロシギリ、ハマシギ、コチドリ、ゴイサギ、オオバン、エリマキシギ、トウネン
野鳥公園　コガモ、オナガガモ、タカブシギ／ムクドリ、ヒヨドリ
（この日ラジオ第一でサシバの渡りを全国の聴取者の協力で実況）

水辺の鳥13種　山野の鳥2種

10月12日（日）大島・新島出張（都民相談）一行6人
大島　竹芝桟橋　10時発

10月13日（月）大島朝5時岡田港着。
宿に7時半まで仮寝、元町生活館と下地福祉会館で島民の相談を受ける。町の係長が車で島内案内。
大島　スズメ、カラスsp、ヒヨドリ、モズ

フリージャの球根潮焼け顔で呉れ
（「寒雷」81年3月）

10月14日（火）大島岡田港午後5時半発～新島7：20着
大島からの船中。暴風はこの時それる。しかしその後ひどくなり八丈

と三宅の間を通過、結局15日の船便は欠航、新島・調布の飛行機で帰ることになる。船で海鳥観察。新島到着頃は晴れ。新島福祉会館で相談を始めるが客が来ない。14時頃風雨強くなる。支庁の職員から野鳥をふくめた島の様子を聞く。無人島に放った鹿が海を渡る話など。6時頃から風雨激しくなる。

新島　オオミズナギドリ、ウミウ／モズ、スズメ、ハクセキレイ、ヒヨドリ、トビ

10月15日（水）新島〜調布（支庁の人から新島の鳥の話を聞く）

午後の飛行機を待つ間、島内を見学

新島　ウミウ／トビ、カラスｓｐ、ヒヨドリ、ハクセキレイ、キセキレイ、シジュウカラ、メジロ（宿で許可を得て買う）

入港す碧く澄む水頸出す鵜

（「寒雷」81年3月）

台風の坑火石の家に椅子深く

台風過モヤイ像みな海向かず

大島・新島出張合計

水辺の鳥2種　山野の鳥9種

10月18日（土）晴　浜離宮庭園

大西氏と　14：00〜16：00

潮入の池　キンクロハジロ30、ホシハジロ、カイツブリ、カルガモ20、マガモ、サギ類、ゴイサギ

海辺　ユリカモメ20、ウミネコ、カワウ、鴨類

園内　シジュウカラ、ヒヨドリ、スズメ、カラスｓｐ、トビ

水辺の鳥11種　山野の鳥5種

10月26日（日）五島美術館、多摩川台公園　晴　繁子誕生日

美術館　ヒヨドリ、キジバト、シジュウカラ

多摩川　ユリカモメ、ウミネコ、カモ類

列変えて鴨川筋を渡るらし

水辺の鳥3種　山野の鳥3種

11月2日（日）大井野鳥公園

野鳥の会観察会　10：40着〜

潮入りの池西側　ゴイサギ50、ダイサギ、コサギ、オナガガモ200、カルガモ50、コガモ50、ヒドリガモ、オオバン、コチドリ、シロチドリ、トウネン、ハマシギ30、エリマキシギ、オグロシギ

池東側　オナガガモ300、コガモ50、ヒドリガモ、ホシハジロ、ハマシギ20、エリマキシギ、オグロシギ、ユリカモメ300＋ウミネコ100＋、セグロカモメ10＋、カワウ

山野の鳥　チュウヒ、ハクセキレイ10＋、カラスｓｐ

鳥合せ往き来る鳥の空高く

（鳥合せはリーダーの下その日の探鳥会で観察した野鳥の名や数をおさらいすること）

水辺の鳥19種　山野の鳥3種

11月7日（金）

東帯の殿下歩めば鴨鳴くよ

（「寒雷」81年4月）

11月8日（土）箱根湯元

職場旅行　晴

S氏の車　開雲荘泊

東名高速　乙女峠～仙石　かえで紅葉美しく　箱根神社　ヒヨドリ

11月9日（日）

仙石原～湖尻　職場旅行

S氏の車で4人同乗　晴

宿の朝　ヒヨドリ、キジバト、カラスsp

仙石原自然探勝路　一行5人

カモ類／ツグミ、ハクセキレイ、シジュウカラ、エナガ、カラスsp、ウグイス、モズ、ジョウビタキ

まゆみの実熟れて日当る火口原

山野の鳥10種　水辺の鳥1種

11月15日（土）大井野鳥公園　快晴

大西氏を案内13：00～15：58

潮入の池　ウミネコとユリカモメ千以上、カルガモ、オナガガモ、コガモ、ヒドリガモ、オオバン、タカブシギ、オグロシギ?、ハマシギ

野鳥公園　カルガモとコガモ50／ジョウビタキ、ハクセキレイ、ムクドリ

じょうびたき見ての話がヒトとカネ

（「寒雷」81年4月）

水辺の鳥11種　山野の鳥3種

11月16日（日）目黒自然教育園

品川駅前女子マラソン14時～16時

何百というカラスとヒヨドリの鳴き声に圧倒される園内。

園内　カラスsp、ヒヨドリ、ムクドリ

池　オシドリ30、コガモ

池紅葉奥は明るく鴛鴦（おし）羽搏（う）つ

山野の鳥3種　水辺の鳥2種

11月23日（日）

明治神宮御苑・南池　晴後曇

10：30～13：00　マガモ50、オシドリ、コガモ、カルガモ、カイツブリ／シジュウカラ、ウグイス、ヒヨドリ、カラスsp

水辺の鳥6種　山野の鳥4種

11月24日（月）～30日（日）

家の庭　ウグイス、ヒヨドリ、シジュウカラ、ムクドリ、メジロ

内示され今年二度目のジョウビタキ

山野の鳥6種

12月4日（木）

転勤先の電気ビル15階　眺望よし

富士見ゆ

日比谷内堀　カワウ、ユリカモメ

水辺の鳥2種

12月7日（日）大井野鳥公園探鳥会

晴　9：35〜解散14：45発

女性記者に夫婦の探鳥取材さる。五位鷺の編隊、スズカモの大群

潮入の池　ヒヨドリ、キジバト、モズ、カワラヒワ、ヒバリ、ツグミ、スズメ、ハシブトカラス、セッカ、ジョウビタキ／カワウ、ゴイサギ、ダイサギ、コサギ、カルガモ、コガモ、ヒドリガモ、ハシビロガモ、オナガガモ、オカヨシガモ、キンクロハジロ、ホシハジロ、スズガモ、オオバン、ユリカモメ、ウミネコ、セグロカモメ

水辺の鳥17種　山野の鳥10種

12月13日（土）皇居東御苑・日比谷

濠　一人　13：30〜

カルガモ、カワウ、ハクチョウ、ホシハジロ、カイツブリ／アオジ、シジュウカラ、ヒヨドリ、スズメ、カラスｓｐ

青鵐（あおじ）鳴く落葉日翳る方へ去り

（「寒雷」81年5月）

水辺の鳥5種　山野の鳥5種

12月14日（日）19日（金）20日（土）

家の庭の柿の実に来る鳥

ツグミ、ウグイス、シジュウカラ、スズメ、メジロ、ヒヨドリ、ムクドリ

山野の鳥7種

12月20日（土）谷中墓地　不忍池

谷中墓地　カワラヒワ、ツグミ、シジュウカラ、スズメ

不忍池　オナガガモ、ヒドリガモ、ホシハジロ、キンクロハジロ、マガモ、カイツブリ、サギｓｐ、カワウ多数

水辺の鳥8種　山野の鳥4種

12月27日（土）

ラスの死　午前3時45分

月天心猫死す霜の暁け待たず

1981年1月～12月

新鳥種合計59種
　水辺の鳥28種　山野の鳥31種
観察地合計　69所
東京都内47所（うち大井野鳥公園21回、三宅濠10回、浜離宮5回、御苑4回、不忍池3回、その他目黒自然教育園、清澄庭園、蘇峰公園、自宅など）
都外22回（うち行徳観察舎4回、六郷河口5回、その他各1回城ケ島三浦海岸、江ノ島、石廊崎・弓ヶ浜、箱根芦の湯・駒ヶ岳、山中湖・篭坂峠、霧ヶ峰、広島・宮島、三宅島、北海道ウトナイ湖・霧多布、伊良湖汐川、片野鴨池など）

1月1日　大井野鳥公園　晴
3人　13：20発タクシー～15：40発　蘇峰公園　アオジ
坂道の年賀やアオジまだ鳴いて
大井野鳥公園　タカsp／カモメ類50、カルガモ、オオバン、コガモ、コサギ
干潟　オナガガモ10、スズカモ100、シロチドリ
沈埋ドッグ　カモ類500／ハクセキレイ
公園観察舎　カルガモ
荏原神社　初詣
水辺の鳥8種　山野の鳥3種

1月3日（土）城ケ島行き二人　晴
風強し　城ケ島バス13：45着～16：05発～三崎口発16：55～灯台～赤羽断崖15時　～城ケ島公園～大橋
ウミウ1000、セグロカモメ、ユリカモメ／ヒヨドリ
水辺の鳥3種　山野の鳥1種

1月4日（日）
庭にメジロ、柴田さんの庭　アオジ
蘇峰公園　ツグミ、シジュウカラ
山野の鳥4種

1月5日（月）浜離宮休園日
竹芝桟橋　ユリカモメ、ウミネコ
自宅　ムクドリ、メジロ、オナガ
水辺の鳥2種　山野の鳥3種

1月10日（土）浜離宮公園
13：30～15：30
汐入の池　キンクロハジロ500、ホシハジロ、オナガガモ、カイツブリ、マガモ、カワウ、サギsp、ツグミ30、ヒヨドリ30
鴨場　ハシビロガモ100、カルガモ100、コガモ、マガモ／シジュウカラ20、オナガ
水辺の鳥11種　山野の鳥4種

1月15日（木・休）芝離宮公園

15：15～16：15

芝離宮公園　ジジュウカラ、ツグミ、ヒヨドリ、ジョウビタキ雄、スズメ、カラスsp、キジバト／サギsp（上空）

水辺の鳥1種　山野の鳥7種

1月17日（土）晴

清澄庭園探鳥会

大西氏と　14：30～16：20

庭園　カイツブリ、カワウ11、ゴイサギ16、ダイサギ、コサギ、カルガモ80、コガモ70、ヒドリガモ／キジバト10、ヒヨドリ10、モズ、ツグミ、アオジ、カワラヒワ、スズメ、ムクドリ150、オナガ15、カラスsp、ジョウビタキ

水辺の鳥9種　山野の鳥11種

1月18日（日）晴

行徳観察舎探鳥会　参加60人

13：15着～16：53発

高校～観察舎　ツグミ、アオジ、ハクセキレイ、カワラヒワ、／コサギ、アオサギ

管理道路1周3・9㎞（蓮尾氏説明）

スズガモ、セグロカモメ20、ヒドリガモ、コブハクチョウ

新浜海溝　スズガモ、オカヨシガモ、マガモ、カルガモ、オナガガモ、ハマシギ50、シロチドリ、ダイゼン、チュウヒ

北池　オナガガモ、ヒドリガモ、コガモ、ハシビロガモ、スズガモ、カワウ

観察小屋で　ヒドリガモ、ハシビロガモ、コガモ、オナガガモ、ダイゼン／シロチドリ、コサギ、ダイサギ、ゴイサギ、コブハクチョウ

水辺の鳥16種　山野の鳥5種

1月24日（土）雨　石廊崎弓ヶ浜

弓ヶ浜国民休暇村泊

12：37下田着　14時過ぎ石廊崎着

石廊崎　カワラヒワ、ホオジロ、ジョウビタキ、アオジ、トビ、ツグミ、ヒヨドリ／ウミウ、カモメsp

15：00発石廊崎帰り～小稲（虹出る）～水産センター　15：20～休暇村17：00

ツグミ多数、ヒヨドリ多数、トビ、カモメsp、カワラヒワ、ジョウビタキ／イソヒヨドリ雄、アオジ、シジュウカラ、カラスsp（雨はげし、夜も）

1月25日（日）曇後晴

タライ岬ハイキング

弓ヶ浜～タライ岬～田牛

宿の朝　キセキレイ、ハクセキレイ、ツグミ、ジョウビタキ、カラ類、タヒバリ

弓ヶ浜海岸など　9：40～10：30

ツグミ、カラスsp、ヒヨドリ、メジロ、カワラヒワ、イソヒヨドリ、タヒバリ、スズメ、ウグイス、ホオジロ、アオジ、ムクドリ

タライ岬ハイキング～田牛　13：20

タヒバリ、カワラヒワ、メジロ、ツグミ、アオジ、トビ、ヒヨドリ、アカゲラ、ジョウビタキ、イソヒヨドリ雌／ウミウ30、カモメsp

プールサイドは冬鳥のショー　朝の浜

磯の道知らぬと返事栄螺(さざえ)盗り

（「寒雷」81年6月）

石廊崎弓ヶ浜合計

水辺の鳥2種　山野の鳥18種

1月31日（土）三宅濠

櫻田門～半蔵門　～15：40

祝田橋　ヒドリガモ、カイツブリ

三宅濠、半蔵濠　カワウ、ヒドリガモ200、ダイサギ、カルガモ30、マガモ、コブハクチョウ／ムクドリ20、キジバト、ヒヨドリ、カラスsp、シジュウカラ、スズメ

水辺の鳥6種　山野の鳥6種

2月3日（火）上野不忍池　曇

台東区役所の交通安全講習会挨拶後

鴨にパン屑をやる爺さんは鴨の脚の標識に無関心

不忍池　オナガ／ホシハジロ、オナガガモ、バン、ヒドリガモ

水辺の鳥4種　山野の鳥1種

2月5日（木）上野不忍池

東大の先生に会い、友人のコンパの前。

夕方の不忍池　カワウ、オナガガモ、カルガモ、カイツブリ、ハシビロガモ

水辺の鳥5種

2月7日（土）三宅濠　晴

櫻田門～半蔵門先の公園　13：00～15：30　ヒドリガモ300

桜田濠～三宅濠～半蔵門　カイツブリ、オシドリ、カルガモ45＋20、ダイサギ、コブハクチョウ／キジバト、ツグミ、ホオジロ

極北を知る瞳やさしく緋鳥鴨

水辺の鳥6種　山野の鳥3種

（「寒雷」81年7月）

2月8日（土）大井野鳥公園　晴

11：30着～14：48発

汐入の池東側　オナガガモ、カルガモ、コガモ、オオバン、ヒドリガモ、ダイサギ、ユリカモメ／ヒバリ、ツグミ、チュウビ

汐入の池西側　ゴイサギ、オナガガモ、カルガモ、ハシビロガモ、コガモ／ハクセキレイ、ツグミ、カラスsp

干潟と海　オナガガモ60＋15、スズガモ、ソロチドリ、ハマシギ、カモメsp／ムクドリ40

観察路帰り　カモメsp群舞／ヒバリ、カワラヒワ

野鳥公園観察所　コガモ20、ヒドリガモ、ダイサギ／ホオジロ、カワラヒワ、ムクドリ20、アオジ、シジュウカラ

水辺の鳥13種　山野の鳥11種

2月14日（土）薄曇
明治神宮外苑12時過ぎ〜14：30
南池　マガモ、カルガモ、オシドリ／シジュウカラ、ヒヨドリ、オナガ、カラスｓｐ、スズメ、ヤマガラ、アオジ
菖蒲園を囲む疎林　シジュウカラ、ヤマガラ
清正の井戸　シロハラ、カラスｓｐ、シジュウカラ

雅楽聞き小声に春の鴉ども
森春に山雀硬き枝を啄き　（「寒雷」81年7月）

水辺の鳥3種　山野の鳥9種

3月1日（日）大井野鳥公園探鳥会
晴・薄曇　11時着〜14時大森着山本先生の車
干潟と海　オナガガモとスズガモ100、シロチドリ、ハマシギ／ハクセキレイ
汐入の池西側　カルガモ、オオバン、コガモ、オカヨシガモ、ハシビロガモ、ゴイサギ、ダイサギ
汐入の池東側　鴎100＋100（ユリカモメ、ウミネコ、セグロカモメ、オオセグロカモメ）、オナガガモ、ハシビロガモ、カルガモ、コガモ、オカヨシガモ、ヒドリガモ、キンクロハジロ50、オオバン、タヒバリ、ゴイサギ、ダイサギ／オオジュリン、ツグミ、チュウヒ、トビ、カラスｓｐ、ハクセキレイ
水辺の鳥23種　山野の鳥6種

3月5日（土）三宅坂　**昼休**
12：05〜13：25
地下鉄櫻田門〜麹町
櫻田門　カイツブリ、ヒドリガモ100
三宅坂近辺　ヒドリガモ50、コハクチョウ、カルガモ10、カワウ、サギｓｐ／ツグミ、シロハラ、ムクドリ20、スズメ10、ハクセキレイ、ヒヨドリ
水辺の鳥6種　山野の鳥6種

3月7日（土）浜離宮庭園
13時〜15時
園内芝生　ツグミ
南端の芝生　ゴイサギ20、鴨類、鴎ｓｐ
汐入の池　カイツブリ、マガモ
鴨場　ハシビロガモ20、コガモ、カルガモ10、アオサギ、白サギ、キンクロハジロ／シジュウカラ、ヒヨドリ、ムクドリ、ツグミ
乗船場　シメ（初見）
水辺の9種　山野の5種

3月15日（日）朝8時ごろ夜来の風雨一休み　床の中でウグイスの初音
自宅の庭10時頃　ウグイス鳴く10分くらい、ツグミ、ムクドリ、ヒヨドリ、スズメ、カラスｓｐ、シジュウカラ声聞く

3月19日（木）三宅坂　**昼休み**
櫻田濠〜柳の井戸〜　ヒドリガモまだ100残る　半分近く帰った模様。
カワウ、白サギｓｐ、カイツブリ、ツグミ
水辺の鳥4種　山野の鳥1種

3月21日（土）雨　不忍池

谷中墓参後

15時バスで水族館前

不忍池　ヒドリガモ、ハシビロガモ、オナガガモ、ホシハジロ、カワウ、カイツブリ、白サギsp

水辺の鳥7種

3月22日（日）雨後晴　毘沙門・城ケ島神奈川支部探鳥会

9：30三浦海岸集合、一行15、16人

城ケ島～三崎口16：35発川崎17：32着

江奈湾干潟　ウグイス、コジュケイ、ツグミ、ハクセキレイ、タヒバリ、シロチドリ、マガモ、オオセグロカモメ、セグロカモメ、ウミウ30

毘沙門海岸　アオジ、ウグイス、ヒヨドリ、ハクセキレイ、ジョウビタキ、イソヒヨドリ雄と雌、アオジ、ツバメ、キジバト、トビ、メジロ

城ケ島大橋から公園へ　トビ、ウグイス

赤羽断崖と観測所　ウミウ、クロサギ、オオセグロカモメ

断崖の砂浜　イソヒヨドリ、ヒメウ／ムクドリ、アカハラ、コジュケイ

初燕断崖背より雲飛ばす

（「寒雷」81年8月）

磯菜摘み時聞き東京弁で去る

（「寒雷」81年8月）

磯晴れて帰る鶲（ひたき）が里で鳴く

水辺の鳥10種　山野の鳥14種

3月28日（土）大井野鳥公園

曇後晴　11：28大森発～15：28発

干潟　シロチドリ、ハマシギ10

汐入の池西側　コガモ、カルガモ、ハシビロガモ、オオバン、セグロカモメ／チュウヒ

汐入の東側　スズガモ５００、ハシビロガモ、コガモ、ユリカモメ、セグロカモメ／オオバン、バン、オオジュリン、ヒバリ、カラスsp、ジョウビタキ、ハクセキレイ、ツグミ

野鳥公園　カイツブリ／カワラヒワ、シジュウカラ、ハクセキレイ、ツグミ、オオジュリン

貝漁る妻よ彼方に鷸漁る

（「寒雷」81年8月）

鶫の眼木瓜咲く斜面の下にあり

水辺の鳥14種　山野の鳥11種

4月3日（金）晴暖かし

桜五分咲き、庭にアオジ

山野の鳥1種

4月5日（日）神宮外苑

神宮外苑　交通安全の集い

権田原の桜並木　カラスsp、オナガ、ムクドリ

神宮御苑

池　マガモ20、カルガモ、オシドリ、カイツブリ

林間　シジュウカラ、アオジ、カラスsp

水辺の鳥4種　山野の鳥5種

4月8日（水）江ノ島　晴

江ノ電　江ノ島着　11：00
片瀬川河口　コサギ／カラスsp、ツバメ
大橋西側の砂洲　ユリカモメ60／カラスsp、ハクセキレイ、トビ
奥の院　ウグイス、メジロ　栗鼠
岩屋〜海食台　イソヒヨドリ雌・雄
神社下西側の山道　アオジ、ツグミ
橋　ドバト、カラスsp、カワラヒワ15、トビ／ユリカモメ60
水辺の鳥3種　山野の鳥10種

4月11日（土）三宅坂　快晴

13時〜14：40
ヒドリガモまだ残る。
警視庁前〜三宅坂〜半蔵門　コサギ、ヒドリガモ30＋20、カイツブリ、カワウ
桜満開の公園　亀、大きい鯉
カイツブリ、カルガモ、オシドリ／ヒヨドリ、カラスsp
水辺の鳥7種　山野の鳥2種

4月18日（土）大井野鳥公園
晴風強し　13：30着〜16：23発

汐入の池西側　ハシビロガモ、カルガモ、コガモ、オオバン、コサギ、シロチドリ、ハマシギ／ハクセキレイ
汐入の池東側　ウミネコ、スズガモ２００、オオバン50
池の空　ツバメ、ツグミ／コアジサシ
干潟　コアジサシ30／ムクドリ、ハクセキレイ
野鳥公園と公園への道　ヒバリ、モズ、セッカ、カワラヒワ、アオジ、ムクドリ／カイツブリ
水辺の鳥10種　山野の鳥9種

4月19日（日）曇後雨　行徳野鳥観察舎

13：00着〜1周〜15：40
観察舎　ハシビロガモ、コガモ、オナガガモ、スズガモ、カルガモ、ヒドリガモ、ユリカモメ、セグロカモメ、シロチドリ、オオソリハシシギ、カワウ、コチドリ、ダイゼン、コブハクチョウ、ダイサギ、コサギ
観察舎出発　ハクセキレイ、キジ、ヒバリ、アオジ、オオジュリン、カワラヒワ／オナガガモ、コガモ、ダイサギ、コサギ、カモメsp、ハマシギ、ヨシガモ（初見）、ヒドリガモ、カルガモ、イソシギ、スズガモ、シロチドリ10＋、オオソリハシシギ、ハシビロガモ

繁子が出口近くの堤防から左側の枯れ芦の中へ落ちた。支えるバランスが崩れた。

春潮の鷸砂深く嘴刺しぬ　（「寒雷」81年9月）

水辺の鳥24種　山野の鳥6種

4月25日（土）大井野鳥公園
雨ずぶ濡れ　13：30〜タクシー16：20

汐入り池東側　オオジュリン、ツバメ20／シロチドリ、スズガモ80、セグロカモメ30、ユリカモメ90、バン、オオバン、カルガモ、コサギ
沈埋ドッグの海、干潟　コガモ、ヒドリ

ガモ、カルガモ、オオバン、カイツブリ、ダイゼン、キョウジョシギ（初見）10、ハマシギ30、シロチドリ20、メダイチドリ、ウズラシギ、スズガモ100、コアジサシ／ヒバリ、セッカ、オオヨシキリ

汐入り池西側　カルガモ、オオバン、コガモ、タシギ（初見）、カイツブリ／ツバメ（芦の先に止まる）

野鳥公園　バン、コガモ、カルガモ

春時雨田鴨頭を掻きいたり

（「寒雷」81年9月）

水辺の鳥18種　山野の鳥5種

5月1日（金）三宅島　晴

羽田15：20〜三宅空港16：05着

三宅空港付近　アマサギ10、キジ、カワラヒワ、トビ、シチトウメジロ、ウグイス、コジュケイ、イイジマムシクイ、カラスsp、スズメ

坊田・民宿付近

浅沼先生夫妻と初対面

アマツバメ、ツバメ、イイジマムシクイ、アカコッコ、ウグイス、シジュウカラ、コジュケイ、キジバト、アオバズク

島凪いで雉白絹を羽織るごと

遅き日の金縁の目してアカコッコ

青葉木菟（あおばずく）鳴かずば万星島に落つ

（「寒雷」81年10月）

5月2日（金）三宅島

伊豆岬と島内一周バス　晴

伊豆岬早朝探鳥　5：00〜

浅沼先生夫妻案内。

コジュケイ、イイジマムシクイ、ウグイス、アカコッコ、シジュウカラの雛、ウチヤマシマセンニュウ、メジロ、キジ

海岸の草地、　イソヒヨドリ、イソシギ、トビ、カラスsp、シマセンニュウ、ウグイス、アカコッコ、スズメ

海沿いの舗装路　ムナグロ、ウミネコ、オオミズナギドリ

坂の小道　ヒヨドリ50、シマセンニュウ、コムクドリ、コゲラ、シジュウカラ、アカコッコ、イイジマムシクイ

舗装路　ヤマガラ、ホオジロ

島一周観光バス

9：50三池バス車庫　トビ、アカコッコ、イイジマムシクイ、ウグイス

10：35発

サタドー岬　アカコッコ、イソヒヨドリ

〜三七山〜火の山峠　アカコッコ

〜島役所跡　アカコッコ

〜フェニックスレストラン昼食〜伊豆岬灯台　イソヒヨドリ、アカコッコ／オオミズナギドリ

〜阿古・夕景浜　カラスの群、イソヒヨドリ

富賀神社、鉢巻道路村営牧場。笠地観音　カラス、アカコッコ

展望台〜新みよう池　オオストンヤマガラ、コサギ

〜大路池〜飛行場草地　キジ

15：30終点。

三池浜と沖が平の間の都道　コジュケイ、ヒヨドリ、アカコッコ、イイジマムシクイ

ウグイス長い囀り

民宿付近　17：20　ホオジロ
暗くなってアカコッコ囀る
アオバズク、シマセンニュウも夜もなく

囀りや雄山は海へ裾を断つ
（「寒雷」81年10月）

沖の朝島捲き大水薙鳥光る
（「寒雷」81年10月）

宿昏れてよりアカコッコ囀れり

5月3日（土）曇　三宅島　大路池
8：20先生迎えの車～11時
大久保浜　オオミズナギドリ～浅沼稲次郎邸～
赤場暁～火山礫地　タカブシギ～飛行場脇草原　キジ、アマサギ
大路池　カラスバト、イイジマムシクイ、ウグイス、コジュケイ、アカコッコ、モスケミソサザイ、タネコマドリ、シジュウカラ、サシバ、トビ、カラスsp、ササゴイ、ヒメクイナ、シマセンニュウ
新みょう池　オオストンヤマガラ、バン、ゴイサギ

空港　アマサギ20＋

囀りの椎原生林に耳澄ます

連休の湖岸笹五位落着かず

三宅野鳥合計
水辺の鳥10種　山野の鳥27種

5月5日（火・休）大井野鳥公園
晴　10：20馬込銀座～バス15：30
潮干狩り　二人で1貫目　セッカ、ハクセキレイ
汐入の池　オオバン10＋10、カルガモ10＋10、バン、スズガモ、セグロカモメ、ウミネコ、コサギ、コチドリ、ヒドリガモ、コチドリ、シロチドリ、ハマシギ、コアジサシ／オオヨシキリ、セッカ、ヒバリ、オオセッカ、キジバト、ツバメ
沈埋ドッグの干潟　オオヨシキリ、ヒバリ、スズメ／カルガモ、ウミネコ、セグロカモメ、カモメsp
野鳥公園　公園への道　ヒバリ、セッカ、モズ／コアジサシ、カイツブリ
水辺の鳥16種　山野の鳥7種

5月9日（土）六郷河口　曇
蒲田発バス14時頃　帰り殿町小のバス停～川崎
潮干潮、帰りは公園の水道で靴を洗う。
大師橋下干潟　キョウジョシギ、シロチドリ、メダイチドリ、ハマシギ、キアシシギ、チュウチャクシギ／セッカ、オオヨシキリ、ツバメ、ヒヨドリ、ムクドリ、スズメ

浅瀬で足を捕られ泥んこ

下流へ　コアジサシ、ウミネコ、カルガモ10＋、スズガモ
水辺の鳥10種　山野の鳥6種

5月11日（月）
市ヶ谷濠のコアジサシ
コアジサシ10羽
水辺の鳥1種

5月13日（水）ウグイス昼間鳴く

5月14日（木）ウグイス早朝5時鳴く。

5月16日（土）ウグイス10時ごろから30分ぐらいずつ強く鳴く

徳富邸の植木がかなり刈られた影響か。

山野の鳥1種

5月14日（木）広島　宮島泊　出張

宮島干潮13時

厳島神社の鳥居干上がる　コアジサシ、サギsp

夕方の神社付近　トビ、カラスsp、ツバメ

厳島権現　鹿が多い　カワラヒワ

清盛神社付近　ムクドリ、ツバメ／イソシギ

夜の神社裏散歩　収穫なし

5月15日（金）宮島　広島市内

朝の裏山散歩

奥紅葉谷公園　6：40～7：30　カラスsp、ヒヨドリ、キジバト、トビ、ヤマガラ10、ヒヨドリ、イソヒヨドリ（声だけ）

神社見学　鳥居も舞台も楠の木

広島へ向かう観光バス

廿日市町の川　コサギ

井口町河口　チドリsp50

広島宮島合計

水辺の鳥3種　山野の鳥9種

5月16日（土）六郷河口　川崎

産業道路駅　14：10～16時過ぎ

産業道路～堤防

中洲干潟　ハクセキレイ／コサギ、コアジサシ、コチドリ、キョウジョシギ、チュウチャクシギ（声）

堤防と芦の間を下流へ　ハクセキレイ、セッカ、セグロセキレイ／コサギ、コアジサシ10、カルガモ、キョウジョシギ、カルガモ

堤防・中洲　キョウジョシギ、コサギ、コアジサシ10、ウミネコ、カルガモ／カワラヒワ、ムクドリ、ヒヨドリ、トビ、カラスsp

水辺の鳥10種　山野の鳥8種

5月22日（金）

怪我したムクドリの子を猫が連れてきてひと騒動

5月24日（日）六郷河口

雨ひどくなりずぶ濡れ

小島新田駅13時過ぎ～15：30

土堤・例の中洲より上流の干潟　オオヨシキリ、セッカ、バン／コチドリ、キアシシギ、コチドリ10＋、カルガモ、シロチドリ、コアジサシ

堤防と芦の間を下流へ　ハクセキレイ／ウミネコ、コアジサシ、チュウチャクシギ、コサギ

護岸コンクリート上　ダイゼン、キョウ

ジョシギ、キアシシギ、オオソリハシシギ

望遠鏡持つ人に見せてもらう
テープレコーダーでシギを録音してみたが雑音が多くて無理。セッカとオオヨシキリは録れたが

水辺の鳥12種

5月31日（日）大井野鳥公園　薄曇
タクシー10：40着～14：28発バス

汐入の池東側　ツバメ、オオヨシキリ、セッカ、ヒバリ／カルガモ20、オオバン13、ウミネコ若20、ヨシゴイ、シロチドリ、コサギ

汐入の池西側　カルガモ20、バン、カイツブリ／ハクセキレイ

沈埋ドッグの干潟　スズガモ、オオヨシキリ、ダイサギ、シロチドリ

池東端の台地　ヒバリ、セッカ、オオヨシキリ、オオセッカ／オオバン

～バンの池～緑道　オオヨシキリ、セッカ、ヒバリ、ウミネコ、カラスsp

野鳥公園　バン、カイツブリ、マガモ、イソシギ、／カラスsp、オオヨシキリ

鳴きやめて少し見回す行々子
鳴き上がる雪加の上の揚雲雀

水辺の鳥12種　山野の鳥9種

6月6日（土）山中湖旭丘（小森氏山荘）

14時新宿小森さんのタクシー　夫人も加え私たちと4人で山中湖へ17：00

山荘付近～県営キャンプ場17：30～18：10　カッコウ、クロツグミ、ウグイス、キビタキ、アカハラ、ヒガラ、ノジコ、アカゲラ、マミジロ、シジュウカラ、カワラヒワ

山荘の夜　アカハラ、ヒヨドリ、コノハズク、アオバズク

6月7日（日）山中湖旭丘　薄曇

早朝探鳥3：55～5：50　アカハラ、ホトトギス、カッコウ、キビタキ、ノジコ、クロツグミ、ヒガラ、シジュウカラ、アカゲラ、サンショウクイ、センダイムシクイ、サンコウチョウ、カラスsp、カワラヒワ、アオジ、ホオジロ

山荘六角諧9時　クロツグミ、シジュウカラ

山荘付近　ウグイス、コガラ、カッコウ

篭坂峠方面13：30～

村営墓地、大洞山入り口　キビタキ、マミジロ、ウグイス、ホトトギス

スキー場跡、朝霧キャンプ場　キジ、イワツバメ、カッコウ、ホトトギス、クロツグミ、キビタキ、キジ

須走り野鳥園　キビタキ

山中湖合計

山野の鳥20種

8月23日（日） 4：00台風、房総半島舘山上陸、船は遅れて下北半島沖5：30起床、荒天、船1時間半遅れ8：15苫小牧着と放送

〈ラウンジから〉トウゾクカモメ類、ハイイロミズナギドリ、ハシボソミズナギドリなど

〈騒がしくデッキへ〉コアホウドリ去るのを観る
〈苫小牧の煙突8時〉トウゾクカモメ、ウミネコ
ウトナイ湖　8：30上陸、ホテルへ
泥沼のウトナイ湖　アオサギ、カルガモ、ウミネコ
ネイチャーセンター　長靴で
安西さんのレク　その間にも台風の音　コブハクチョウ、カルガモ
冠水の中バスでホテルへ、ホテル再三停電。草臥れて昼寝。1時～3時、台風瞬間最大風速苫小牧37m。窓から立木が倒れ、大枝がへし折られた光景。停電中で16時過ぎ二人で6階の風呂へ。

台風に耐える音待ち樹と家と

台風のピークは14：30～15：30
17時夜食　青空、10時ようやく電気つく

北海道の交通機関麻痺、また停電、朝まで

8月24日（月）霧多布行き　快晴

千歳空港～釧路～霧多布
朝のウトナイ湖　5：30～6：50　ハクセキレイ多数、ユリカモメ20＋スズメ、カラスsp、トビ10＋、コブハクチョウ
嵐で打ち上げられ菱の実、大田螺。アオサギ、カルガモ、ムクドリ、カワラヒワ、シメ、アカゲラ
釧路へ　9：35バス千歳空港10：45～11：25
丹頂公園～釧路　タンチョウ、ヒバリ、アオジ、カモメ、〈幣舞橋〉オオセグロカモ、ウミネコ、〈春採湖〉ツバメ、オオバン、カラ類、ケラ類
霧多布へ15：20～　シギsp、ツバメ、〈厚岸〉～〈藻散布沼〉〈びわせ湿原〉シギ類。オオセグロカモメ、〈霧多布東本旅館〉

夜21時過ぎの宿付近

霧多布橋銀河の両端海に着く

（「寒雷」82年1月）

津波母子像夜長の若衆車駆る

8月25日（火）霧多布探鳥　快晴

暮帰別干潟早朝　5：50～8：10　カラスsp、スズメ、ハクセキレイ、カワラヒワ／オオセグロカモメ50＋、キアシシギ、コガモ、アカアシシギ、チュウチャクシギ、ソリハシシギ、アオサギ

湾深く千鳥から来し鷸鳴きぬ

鷸鳴ける向いは広く昆布干す

電線で餌貰う浜中鵜の子

霧多布9：00～〈休憩所〉カワラヒワ、オセグロカモメ
〈灯台〉〈岬先端〉〈オオセグロカモメのコロニー〉〈ウミウのコロニー〉
ベンチたくさんあり　エトピリカ見つからず　茶店にアザラシの模型、この岬はもともとアザラシが多くトッカリ

岬といっていた

台風過潮枯れの下風露草

霧多布から釧路へ　11：30発浜中へ　12：45浜中観光ホテル13：04発釧路行き列車〈別寒辺牛川〉アオサギ　釧路15時着　17：10釧路空港発

ウトナイ湖霧多布行合計

水辺の鳥19種　山野の鳥10種

8月29日（土）六郷河口

晴一時俄雨　14時過ぎ小島新田帰り産業道路駅発16時過ぎ

小島新田から川岸　キアシシギ、エリマキシギ、コチドリ、ウミネコ、コアジサシ、チュウチャクシギ、ユリカモメ／セッカ、ハクセキレイ、カワラヒワ

水辺の鳥7種　山野の鳥3種

9月5日（土）行徳野鳥観察舎

曇涼　13：40バス〜15：59

観察舎　バン、コハクチョウ、カルガモ、アオアシシギ、キアシシギ

観察舎中央干潟右　ウミネコ50、カルガモ、ゴイサギ、チュウチャクシギ、コチドリ、アオサギ、ダイサギ、カワウ、コアジサシ、アジサシ10、シロチドリ、トウネン、キアシシギ、ダイゼン

観察舎干潟中央　カルガモ30＋20、ウミネコ、ダイサギ、コサギ、チュウチャクシギ

観察舎中央干潟左　コサギ、コチドリ、キアシシギ、チュウチャクシギ、アオアシシギ

左方、鴨場との間の湿地　シロチドリ、トウネン、ソリハシシギ

空飛ぶ鳥と鳴く声　ウミネコ、カルガモ、アジサシ、コアジサシ、カワウ、ソリハシシギ

鳴きつ跳ぶ鷸の嘴鉤曲り

（「寒雷」82年2月）

四、五歩行き鷸嘴先の餌を洗う

水辺の鳥22種　山野の鳥0

9月6日（日）大井野鳥公園

9：40タクシー〜

汐入の池東側　ウミネコ75、アジサシ13、コアジサシ、コガモ10＋5、キンクロハジロ、カルガモ130、チュウサギ、コサギ、シマアジ、オグロシギ20、タカブシギ10、キアシシギ、アオアシシギ、コアオアシシギ、オバシギ6、オオソリハシシギ、キリアイ、コチドリ、メダイチドリ、ダイサギ、オオバン、バン、タゲリ、ツバメチドリ／ハクセキエイ

東観察小屋　コサギ、オオバン

12：18　カルガモ、タカブシギ、アオアシシギ

虫の声も

汐入の池西側　オグロシギ、アカエリヒレアシシギ、アオアシシギ、タカブシギ

西観察小屋　会費4百円を払って

遅れている鳥合せを抜け出す

橋下の干潟　葛の花

公園　北海道行きで一緒だった弦間君が声をかけてきた

白き身に公家の眉毛の泳ぐ鷭

水辺の鳥26種　山野の鳥0

9月8日（火）大井野鳥公園

小雨夕方より雨強し　4時～5時半

汐入の池東池　タカブシギの死骸

ずぶ濡れの鷹斑の鷸や死後の雨

ウミネコ120+80、カルガモ100、アオサギ、ゴイサギ10、ヒドリガモ、タカブシギ、アオアシシギ、コチドリ、オグロシギ50、キアシシギ

汐入の池西池　アオアシシギ、タカブシギ、キアシシギ、ソリハシシギ、オグロシギ30+5、カルガモ30、トウネン、タシギ、アカエリヒレアシシギ3、ゴイサギ、ウズラシギ

泳ぐ鷸白き身昏れる灯は遠く

蒿匂い鷸らに夜が来る埋立地

水辺の鳥18種　山野の鳥0

9月12日（土）霧ヶ峰法大ゼミ合宿

10：46上諏訪　駅前10人

沢渡のヒュッテ前　クヌルプヒュッテ泊（小島先生の友人経営）

9月13日（日）霧ヶ峰　晴

朝の探鳥7：15～7：40

ヒュッテの浦山・草原　ノビタキ

ハイキング　12：50～16：00　コガラ

〈クヌルプの丘〉ノスリ4、イワツバメ、トビ

〈湿原〉ノビタキ、ホオアカ、ノスリ

〈旧御射山〉キジバト、トビ、カラスsp

植物　とりかぶと、まつむしそう、あきのきりんそう、ふうろそう、みやまうすゆきそう、おやまりんどう、やまははこ

9月14日（月）霧ヶ峰　晴

早朝探鳥7：15～7：50

スキー場の丘　ノビタキ、アカゲラ、アオジ

車山～白樺湖行11：50～　ノスリ、トビ

〈車山山頂〉トビ〈車山高原〉

〈白樺湖〉カイツブリ

小島先生到着　夜20：30打ち上げコンパ　OB6人も加わる

9月15日（火）霧ヶ峰

朝　寝坊　コガラ、ノスリ、イワツバメ

リフト今松虫草の原の上

鰯雲稜線の背よりのすり浮く

霧ヶ峰合宿合計

水辺の鳥1種　山野の鳥10種類

9月19日（土）大井野鳥公園　曇

16時～18：30

汐入の池東池　ウミネコ、セグロカモメ、

汐入の池西池　オオバン、ゴイサギ、トウネン、キリアイ

干潟　チュウシャクシギ、コサギ、カルガモ、オグロシギ、ホウロクシギ、ダイゼン、イ

ソシギ／ハクセキレイ
西観測小屋　16：50～17：15～コチドリ、カルガモ50、コガモ10、オグロシギ、キアシシギ、タカブシギ、アオアシシギ、ウズラシギ、ソリハシシギ、タシギ、トウネン、コガモ、ヒドリガモ、アオサギ、ゴイサギ、コサギ／スズメ
公園　弦間さんの話　猟犬が池に入って困っている、釣り客にも、と。
水辺の鳥22種　山野の鳥2種

10月4日（日）大阪・愛知汐川干潟

部落解放研究会出張後
田原ホテル泊
大阪西成会館付近　スズメ、ムクドリ午後は豊橋へその沿線　ケリ30
汐川干潟　アオアシシギ、イソシギ、ソリハシシギ、シロチドリ、タカブシギ、オグロシギ、ゴイサギ、ダイサギ、コサギ、ケリ／スズメ、トビ、カラスsp、モズ

鳴き去るか青芦鷸に田原暮れ

10月5日（月）伊良湖行き　晴

田原の朝6：15　サシバ30＋10（上空）モズ、コジュケイ、キジバト、ヒヨドリ、サシバ（松の木）スズメ
伊良湖のサシバの渡り7：29～バス～8：40
〈8：50〉松林の5、もっと高くに15渡る、ヒヨドリ100、サシバ2＋3トビ
〈9：00〉松林の3、裏山から過ぎていくもの、万葉歌碑へ
〈9：08〉サシバ24
〈9：11〉サシバ19（高空）
〈9：16〉サシバ23
〈9：20〉ヒヨドリ70
〈9：22〉サシバ2
〈9：25〉サシバ2
〈9：30〉サシバ3＋3
〈9：38〉サシバ8
〈9：42〉サシバ11
〈9：43〉サシバ3＋3＋3
〈9：45〉サシバ7
万葉歌碑前の柵に寄りかかってひとりで見ていたが、歌碑を訪れる若い娘たち、外人夫婦など10人、サシバに無関心。
〈9：55〉サシバ19　サシバのほかハチクマも渡っているという。
渡り合計196羽、8：55～10：00まで1時間余

湾渡りし刺羽らはるか山低し

（「寒雷」82年3月）

湾渡る鷹観る脳裏に来襲機

田原伊良湖合計
水辺の鳥10種　山野の鳥11種

10月11日（日）大井野鳥公園　晴

十三夜の月　14時～17：57
城南大橋付近　チュウヒ
汐入の池　カモメ類200、サギ類、カルガモ、タゲリ、ウミネコ、イソシギ、カモ類。ユリカモメ、セグロカモメ、バン、ゴイサギ／スズメ大群

水辺の鳥9種　山野の鳥2種

10月16日（金）浜離宮公園
昼休み　曇　12：35～13：15
池　キンクロハジロ16、カイツブリ、アオサギ、コサギ、イソシギ／シジュウカラ
海　ウミネコ20
鴨場　キンクロハジロ10、ゴイサギ、コサギ／ヒヨドリ、モズ、カラスsp、キジバト、スズメ
水辺の鳥7種　山野の鳥6種

10月23日（金）大井野鳥公園　晴
昨夜の台風の後で休暇して行く。
京浜島海浜公園　初めて行く。
鴨群500+、カモメ群／モズ
汐入の池　14：22～15：15
スズガモ50、カモメ群500、キンクロハジロ、ゴイサギ300、ダイサギ、カイツブリ、カルガモ
公園　チョウゲンボウ、モズ
水辺の鳥7種　山野の鳥2種

10月25日（日）鎌倉
葛原が岡～鎌倉寿福寺　実朝と政子の墓、虚子の墓、大仏次郎の墓～源氏山　ヒヨドリ
葛原が岡神社～化粧坂～海蔵寺～英勝寺　阿仏尼の墓　トビ、カラス
山野の鳥3種

11月1日（日）大井野鳥公園探鳥会
快晴　タクシー9：36着、出発10：30～13：40解散
野鳥公園　カルガモ、コガモ、ハシビロガモ、マガモ／キジバト、ヒヨドリ、トビ
緑道～葦原～　スズメ、チュウヒ、ジョウビタキ、モズ、タヒバリ
汐入の池　ハマシギ、ダイゼン
西側　カルガモ、50、コガモ、マガモ、タシギ、オオバン、ゴイサギ、ウミネコ
東側　キンクロハジロ200、スズガモ、ホシハジロ、カモメ群100（ユリカモメ、ウミネコ、オオセグロカモメ）、ゴイサギ、カイツブリ、オオバン、バン、コサギ10、ダイサギ／トビ、ヒバリ

ごかい呑みはや知らぬ
気に佇つ大膳（だいぜん）

水辺の鳥20種　山野の鳥10種
鳥合わせでは38種

11月2日（月）東京港見学
法大ゼミ　13人　13：40～15：30
中央防波堤　オオモズナギドリ50
人工なぎさ　カワウ、カモ50
15号地と14号との間の水路を通って戻る。
水辺の鳥3種

11月5日（木）三宅坂
警視庁交通部での用事の後　一人

桜田門　カイツブリ／カラスsp
柳の井戸跡　カワウ、ヒドリガモ50＋30

来ていたる鴨妻恋いの羽色なり

半蔵門　カルガモ、ハクチョウ、カイツブリ／カラスsp
水辺の鳥4種　山野の鳥1種

11月11日（水）目黒　自然教育園
晴　12時～

園内　カラスsp、ヒヨドリ
ひょうたん池　オシドリ
中央池　カラスsp、ヒヨドリ、シジュウカラ、ウグイス、モズ、／コサギ
水鳥の沼　アオジ、オシドリ
品川駅　カラスsp
水辺の鳥1種　山野の鳥7種

12月12日（土）浜離宮庭園

新聞にキンクロハジロ千羽の写真
汐入の池ほか　ヒヨドリ、シジュウカラ、ジョウビタキ／キンクロハジロ数百＋60＋80、カイツブリ、ハシビロガモ、コサギ
鴨場　ヒヨドリ、ウグイス、シジュウカラ、キジバト／カルガモ60、マガモ20、ハシビロガモ20、コガモ、アオサギ、ゴイサギ20
海側　カワウ
帰りスコープと三脚買う。
水辺の鳥10種　山野の鳥5種

12月13日（日）快晴

自宅の柿の実に集まる鳥
20ほど残った柿の実に次々と小鳥来る。昨日まではスズメだけ見ていたが、ほかにヒヨドリ、オナガ、ムクドリ、メジロ、シジュウカラ
まだ新しいのに手がついたわけではない。
山野の鳥6種

12月19日（土）大井野鳥公園　晴

初めて望遠鏡を持って2時～3時半
汐入の池西側　ユリカモメ、ウミネコ、セグロカモメ、池上鴨千羽以上、オナガガモ、カルガモ、キンクロハジロ、オナガガモ、ダイサギ、コサギ、ゴイサギ20、コガモ、カルガモ、カイツブリ、オオバン10、スズガモ20＋10／ハクセキレイ
汐入の池東側　ミコアイサ
水辺の鳥16種　山野の鳥1種

12月27日（日）六郷河口
11時出発～3時帰り小島新田

産業道路～大師橋下干潟　コチドリ、コガモ、オナガガモ多数、マガモ／カワラヒワ
中洲　ユリカモメ50、ゴイサギ
コンクリ防潮堤　コガモ、オナガガモ600、マガモ、スズガモ、コサギ、ダイサギ／スズメ
湾曲部より先　カルガモ30、オナガガモ

広告塔先の干潟　オナガガモ50、カルガモ、コガモ、ユリカモメ、ウミネコ

水辺の鳥11種　山野の鳥2種

12月31日（木）大聖寺行き
羽田8：55〜10：35〜大聖寺タクシー鴨池12：20

片野鴨池　破れた生垣　ヒシクイ300／カワラヒワ

ロッジ木造2階へ暖房なし、ガラス張り　隅に机1つ

池中央松の木　ノスリ

畦にヒシクイ並ぶ　マガモ、マガン20

水田　ガンの他ほとんどマガモ数千〜数万

奥の大池　トモエガモ

右中央の森　オオタカ

奥の大池の左側　カワウの糞で白化

貯水池　マガモ、ハシビロガモとホシハジロ少し、カワラヒワの大群。

ホオジロ地鳴き

片野鴨池と畦道に並ぶガン

片野海岸　静岡グループの山田さんの勧めでついていく（山田さんは中西梧堂の知人）。

アビの群、ウミネコ、セグロカモメ、ウミスズメ

潜く阿比（あび）波間に列が消えかかる

（「寒雷」82年7月）

片野鴨池　畦にガン並ぶ

黒崎〜近藤旅館　アオジ

波超える阿比（あび）の縦列浪間越し

（「寒雷」82年7月）

1982年1月～12月

新鳥種合計5種
　水辺の鳥4種　山野の鳥1種
観察地合計　63箇所
東京都内　39箇所（大井野鳥公園16回、三宅坂10回、不忍池・谷中墓地4回、浜離宮庭園2回、その他各1回　なぎさ公園、神宮御苑、目黒自然教育園、葛西臨海公園、関戸橋・多摩川、東京湾、石神井池、八王子・高尾山）
東京都外　24箇所（六郷河口6回、行徳観察舎6回、小机2回、その他各1回　谷津干潟。千葉ホーム、城ケ島・三浦海岸、千葉白浜、稲荷山古墳、真鶴岬、兵庫・舞子、小諸布引観音、津軽十三湖、琵琶湖・片野鴨池）

1月1日（金）近藤旅館2泊目　旅館主人の車で巡回、時雨後晴
那谷寺～全昌寺～東尋坊

那谷寺　時雨の塔の雫に打たれ初詣
北潟湖付近　鴨多数500、アオサギ／トビ20、セグロセキレイ
東尋坊付近　イソヒヨドリ、ウミウ、カモメsp／トビ
水辺の鳥3と鴨多数　山野の鳥2種

1月2日（土）片野～小松～羽田
片野時雨模様、東京晴

片野鴨池（片野海岸鳥水）ヒシクイ、マガモ大群、トモエガモ、マガン15、ヒドリガモ、カワウ／オジロワシ、チュウヒ、トビ

大池は遠し群翔つ巴鴨
大池の鴨翔つ鷹らの戦止み
背に湧きし時雨黒雲鷲翔たず
（「寒雷」82年6月）

競る鷹は失速尾白鷲翔たず
（「寒雷」82年6月）

真雁来ぬしばらく鴨溜め翔けめぐり

水辺の鳥6種　山野の鳥3種
片野東尋坊等合計
水辺の鳥15種　山野の鳥8種

1月4日（月）大井野鳥公園
御用初　一人　曇後雨

汐入の池　ユリカモメ、セグロカモメ、ウミネコ、カルガモ、コガモ、マガモ、キンクロハジロ、オナガガモ、スズガモ30＋、ハマシギ30、シロチドリ10、ゴイサギ10、ミコアイサ
水辺の鳥13種

1月9日（土）櫻田濠　晴

半蔵門会館の行事の後
半蔵門脇の崖～国立劇場前～三宅坂前

（曲がり口）～櫻田濠～日比谷濠　カルガモ50、カイツブリ12＋、オシドリ、カワウ、ヒドリガモ280＋、コブハクチョウ、ユリカモメ、ウミネコ、ダイサギ／カラスsp20、ヒヨドリ多数、スズメ群、キジバト

水辺の鳥9種　山野の鳥4種

1月10日（土）なぎさの森～大井ふ頭中央海浜公園行

ここは大井埋立地に運河と干潟を利用して野鳥観察ができる。八千代団地とバス道路をはさみ、また運河をはさんで大井競馬場裏に東京都港湾局が1981年に6月に設けた。野鳥観察の小屋は土日にかぎられるが、対岸にある観測窓のある施設はいつも利用できる。この日も港湾局職員から説明があった。

ハシビロガモ、キンクロハジロ、スズガモ、ユリカモメ300、セグロカモメ50、ウミネコ、カルガモ50、ハシビロガモ、キンクロハジロ500、ホシハジロ、オナガガモ300、スズガモ100、シロチドリ、ダイサギ、カイツブリ、マガモ、ハシビロガモ、コガモ、サギ類、カワウ／ハクセキレイ、トビ、カラスsp、スズメ、ヒヨドリ、カワラヒワ50、ツグミ、ジョウビタキ、キジバト、シジュウカラ、オナガ、カシラダカ

水辺の鳥17種　山野の鳥12種

1月15日（祝）行徳野鳥観察舎　晴暖かし

野鳥観察舎　ハクセキレイ、ツグミ、スズメ、ヒヨドリ、フクロウ、チュウヒ／アオアシシギ、アカエリヒレアシシギ、イソシギ、コガモ、ハシビロガモ、オナガガモ、ヒドリガモ、カルガモ、スズガモ大群、カワウ、ユリカモメ、セグロカモメ100、コブハクチョウ、ゴイサギ、アオサギ、バン

ここはいつも怪我や病気の鳥が飼われ、この日もアオアシシギ、アカエリヒレアシシギ、フクロウとチュウヒがいた。
別にチュウヒなど鷹は葦原の上を飛んで池などにいる鴨などをねらっており、この鷹と鴨のかけひきが見所である。

鷹去りぬ円陣変ず鴨大群

水辺の鳥15種　山野の鳥6種

1月24日（日）大井野鳥公園　晴　暖かし

汐入の池　ユリカモメ1000＋300、セグロカモメ、ウミネコ、ゴイサギ50、カルガモ、オナガガモ、コガモ、ハシビロガモ、キンクロハジロ、コガモ、スズガモ、ミコアイサ（とくにユリカモメの上下左右に飛び回るのが活発）

野鳥公園・付近　モズ、オオジュリン、カワラヒワ、ヒヨドリ、トビ、チュウヒ、トラフズク（会の弦間さんにみせてもらう）、スズメ、カラスsp、キジバト

水辺の鳥12種　山野の鳥10種

1月31日（日）六郷河口

小島新田～堤防～堤防下の干潟～中州・対岸～上流・下流　カワウ10+、ゴイサギ、ダイサギ、コサギ、オナガガモ1000+、コガモ、カルガモ、ヒドリガモ、ハマシギ50、シロチドリ50、ユリカモメ200+／ムクドリ、キジバト、ヒヨドリ、スズメ、ツグミ30+群、ハクセキレイ、トビ、カワラヒワ、カラスsp、タヒバリ（ハマシギの群舞、向きを変えるときの白色見事）

水辺の鳥11種　山野の鳥11種

2月6日（土）千葉・白浜海岸

晴　風強し　法大ゼミ

海岸　ウミウ、カモメsp／トビ多し

2月7日（日）白浜海岸

晴　風強し　法大ゼミ

海岸・灯台　海辺で見る翡翠（カワセミ）は珍しい、トビ、ツグミ、カワセミ、スズメ、ヒヨドリ、タヒバリ、ハクセキレイ、カワラヒワ、イソヒヨドリ／ウミウ、ウミネコ多数、コサギ

法大合宿計

水辺の鳥4種　山野の鳥9種

2月20日（土）晴後曇

家の庭　ウグイス2羽

目黒自然教育園　カラスsp多数、モズ、シジュウカラ、キジバト、ヒヨドリ、アオジ／マガモ、カルガモ、オシドリ

園早春百舌の隈取黒太し

水辺の鳥3種　山野の鳥7種

2月21日（日）大井野鳥公園　雨

汐入の池　スズガモ35+70、オナガガモ5+50、ヒドリガモ30、カルガモ、ハシビロガモ50+キンクロハジロ50+、ミコアイサ、マガモ、コガモ、ウミネコ、ユリカモメ300+、ゴイサギ、ダイサギ、アオサギ25／オオジュリン、ツグミ、キジバト、ヒヨドリ、カラスsp

野鳥公園　ユリカモメ20、カルガモ、コガモ／トラフズク（会の藤本氏が7羽いると。繁子の友人とも会う）

水辺の鳥14種　山野の鳥6種

2月23日（火）不忍池

役所第3庁舎アンテナ　チョウゲンボウ

不忍池夕方（6時精養軒の会合の前）（夕方の鴨の声）　オナガガモ、ヒドリガモ、ハシビロガモ、ホシハジロ、マガモ、コガモ、カワウ

水辺の鳥7種　山野の鳥1種

2月27日（土）浜離宮公園

池・鴨場　ダイサギ、アオサギ、ゴイサギ、コサギ、キンクロハジロ30+20、マガモ、カワウ10、カルガモ、カイツブリ10、ハシビロガモ40、コガモ、ウミネコ、ユリカモメ／ツグミ、シジュウカラ、キジバト、ヒヨドリ、カラスsp、スズメ、ウグイス、ムクドリ

今日はツグミの活動が活発で目立つ

た。

逃れたき鴨ども鴎戻り浮く

水辺の鳥13種　山野の鳥8種

2月28日（日）晴
石神井池・三宝寺池　矢ヶ崎家に挨拶のついで

三宝寺池　カイツブリ、コガモ、オナガガモ、マガモ、バン、オシドリ、カルガモ
石神井池　カイツブリ／シジュウカラ、ヒヨドリ、ムクドリ、キジバト、ハクセキレイ、スズメ、カラスsp

鴨棲める湿地の奥に鴛鴦も見ゆ

水辺の鳥8種　山野の鳥7種

3月10日（木）櫻田濠
晴　昼休み

桜田濠　半蔵門近くの濠～最高裁前の濠～三宅坂濠の曲がる辺～柳の井戸
警視庁近くの土堤　カワウ、カルガモ10、ヒドリガモ150、ハシビロガモ、コガモ、カイツブリ、ユリカモメ、ウミネコ／ツグミ、カラスsp

水辺の鳥8種　山野の鳥2種

3月20日（土）谷中墓地・不忍池
小雨

谷中墓地　ヒヨドリ、カワラヒワ、ツグミ、ムクドリ、キジバト、カラスsp、スズメ、アオジ
不忍池（上野動物園百周年）マガモ、カルガモ、ホシハジロ、ヒドリガモ、オナガガモ、ハシビロガモ、コガモ、バン

水辺の鳥8種　山野の鳥8種

3月22日（月・休）大井野鳥公園

汐入の池　キンクロハジロ200、スズガモ100、カルガモ、コガモ、ハシビロガモ、ゴイサギ、オオバン、タシギ、ウミネコ800、ユリカモメ200、カルガモ、カワウ／ハクセキレイ、オオジュリン多数、ヒバリ、ウグイス、ツグミ
野鳥公園　モズ、トビ、カラスsp、カワラヒワ、キジバト、スズメ、ムクドリ

水辺の鳥12種　山野の鳥11種

3月24日（水）三宅坂　半蔵門際～最高裁前・濠の曲がる辺～柳の井戸～警視庁前

カルガモ、ヒドリガモ80+40、カイツブリ、コサギ、アオサギ、ユリカモメ、ウミネコ（ヒドリガモは半月ほどで50減ったが思ったより残る）／ツグミ、ヒヨドリ、ムクドリ

水辺の鳥7種　山野の鳥3種

3月27日（土）六郷河口

干潟の泥濘に足を取られ20分かかる。昨年と同様、公園の蛇口で靴の泥をとる。缶コーヒーを飲み休憩、その間に足乾かす。

ユリカモメ100+500、コサギ、シロチドリ、コチドリ、スズガモ85+40、マガモ、カルガモ15+5、コガモ40、オナガガ

モ、コサギ、カワウ、バン／ムクドリ、ハクセキレイ、スズメ、オオジュリン、ツグミ、トビ

コチドリ

永き日の鴎ら河を去る迅し
霞まざるコチドリ芦辺を歌が翔ち
（「寒雷」82年8月）

水辺の鳥12種　山野の鳥6種

3月28日（日）三浦海岸・城ケ島
野鳥の会探鳥会　参加50余人

三浦海岸〜剣崎　ウミウ、ワシカモメ、ウミネコ、オオミズナギドリ、クロサギ、コサギ、（鋸状の岩場で三脚を担ぎ、繁子の手を引く困難。役員らに助けられる）／トビ、ムクドリ、ツグミ、メジロ、ホオジロ、ジョウビタキ、イソヒヨドリ、ツグミ、ヒヨドリ、キジバト、ツバメ、ハクセキレイ、ウグイス、カラスｓｐ
毘沙門　イソヒヨドリ、ツグミ、タヒバリ／シロチドリ10、コサギ
城ケ島　ウミウ数百、カモメｓｐ／コジュケイ、シジュウカラ

断崖が舞台よ鶲（ひたき）歌いだす
砂蟹ら動きを止めし大干潟
（「寒雷」82年8月）

水辺の鳥10種　山野の鳥16種

4月1日（木）休暇・大井野鳥公園

汐入の池　京浜島入口〜葦原〜汐入り池〜干潟（潮吹き15個）〜池（繁子転落・西小屋で濡れた着衣を脱ぎ介抱）　ヒバリ、セッカ、ツグミ、オオジュリン、ムクドリ、モズ、キジバト、タヒバリ、チュウヒ、ヒヨドリ、ハクセキレイ、スズメ／コガモ、カルガモ、コチドリ、スズガモ、ハシビロガモ、オナガガモ、ヒドリガモ、ホシハジロ、カイツブリ、ユリカモメ、セグロカモメ、ウミネコ、アオサギ、ゴイサギ、コサギ

貝若し潟に靴跡鳥の跡

水辺の鳥15種　山野の鳥11種

4月4日（日）

まき結婚式福永陽一郎夫妻媒酌

賛歌統べ終えしあたたかく繊き指
春の燭の影に歌はず和しており
（「寒雷」82年9月）

4月9日（金・午前休暇）
大井野鳥公園　快晴　潮干狩り

汐入の池　オオジュリン、ツグミ、カラスｓｐ、カワラヒワ、セッカ、ヒバリ／キアシシギ、カルガモ、コガモ、ハシビロガモ、オナガガモ、スズガモ150、キンクロハジロ150、コサギ、ゴイサギ、ハマシギ、オオバン、ユリカモメ、カイツブリ

水辺の鳥13種　山野の鳥6種

4月10日（土）行徳野鳥観察舎
晴　風強し

観察舎　ツグミ、ヒバリ、カラスsp、チュウヒ、ハクセキレイ、トビ／スズガモ数千、ヒドリガモ、コガモ30、オナガガモ、カルガモ、ハマシギ、オオソリハシシギ、コチドリ、ダイゼン、メダイチドリ、シロチドリ、ユリカモメ数十、セグロカモメ（蓮尾さんがバケツから魚のあらを出すと一斉に集まる）、ゴイサギ、コサギ、カワウ
水辺の鳥16種　山野の鳥6種

4月13日（火）三宅坂
雨後曇　昼休み

国立劇場前～三宅坂前～警視庁前
ヒドリガモ20、カイツブリ、コサギ、カワウ、カルガモ／カラスsp、カワラヒワ、キジバト
ヒドリガモも他の鴨もほとんど帰った。
花：どうだんつつじなど
水辺の鳥5種　山野の鳥3種

4月17日（土）大井野鳥公園

汐入の池　アオジ、ツグミ、ツバメ（池の上をかなり飛ぶ）、セッカ／スズガモ10＋コガモ10、カルガモ、ハシビロガモ、ユリカモメ（ほとんど夏羽、頭が黒い）、コチドリ、メダイチドリ、シロチドリ、タシギ、ハマシギ10、タカブシギ、コサギ、アオサギ、オオバン
水辺の鳥14種　山野の鳥4種

ハマシギ

4月18日（日）大師河原＝六郷河口
晴

小島新田駅～土堤～河中央～いすゞ広告板～洲・芦原～河口
ハシビロガモ、オナガガモ、コガモ10、カルガモ、スズガモ20、オオバン、シロチドリ、ハマシギ1000＋（上流、下流と群飛）、コサギ、ゴイサギ、ユリカモメ50＋30＋50、ウミネコ、シロチドリ、メダイチドリ、コチドリ／ツバメ30＋、ツグミ、ムクドリ、ハクセキレイ、ヒバリ、モズ、セッカ、カワラヒワ

鷸の群数へぬ芽組む芦の間を
（「寒雷」82年10月）

水辺の鳥15種　山野の鳥4種

4月24日（土）大井野鳥公園

釣り人による火事のため自然観察路一時通行禁止という。
野鳥公園・緑道　バン、イソシギ／セッカ、ヒヨドリ、ツバメ、ヒバリ

ヒバリ、セッカよく上がる

汐入の池　ハシビロガモ、コガモ、カルガモ、オナガガモ、スズガモ100、キンクロハジロ200、ヒドリガモ、ヨシガモ初見、ユリカモメ50、ウミネコ20、シロチドリ、コチドリ、ダイゼン、イソシギ、タカブシギ、タシギ、ハマシギ、オオバン20、カワウ、カイツブリ、ダイサギ、コサギ、ゴイサギ、／ツグミ、ハクセキレイ、オオヨシキリ（初鳴き）、キジバト、カラスｓｐ

水辺の鳥23種　山野の鳥9種

4月29日（休）大師河原調査探鳥会

曇　大塚豊氏案内　参加6人

大師河原　芦原～中州～コンクリート護岸～いすゞ工場先～葦原～堰

7時50分集合～11時15分鳥合せ　ユリカモメ100＋100、セグロカモメ、コチドリ、シロチドリ、メダイチドリ、ダイゼン、オオバン、バン、スズガモ100、キンクロハジロ、カイツブリ、ウミネコ、コアジサシ、カルガモ、ハマシギ大群、オオソリハシシギ、キョウジョシギ30、チュウチャクシギ、キアシシギ、トウネン10、コガモ、シーズンのこととてさすがシギ、チドリが多かった／キジバト、ツグミ、ヒヨドリ、ツバメ、ハクセキエイ

忘れ潮得し春装の京女鴫

鶏交る乗るはすぐさま芦蔭へ

水辺の鳥21種　山野の鳥5種

5月3日　神奈川県小机（南部線）

晴

小机も有名な探鳥地で、会った高校生はタマシギとアマサギを見に来たという。

小机駅～亀子駅前の農道・春田～小机城址の森～鶴見川～

ツバメ、ツグミ、カワラヒワ、ムクドリ、セッカ、ヒバリ、トビ、メジロ、カラスｓｐ、スズメ、コジュケイ、ツバメ／コチドリ、カルガモ、キアシシギ

ポリ袋に蛙泣かして父に付く

母と少年蓮華田に鴫降りる観し

水辺の鳥12種　山野の鳥3種

（「寒雷」82年10月）

5月9日（日）大井野鳥公園　晴

バードウォッチングフェスティバル

野鳥公園・バンの池ほか　イソシギ、バン、オオバン、コチドリ、コアジサシ、カルガモ、キアシシギ／セッカ、ヒバリ、オオヨシキリ

汐入の池　ツバメ、カラスｓｐ、スズメ、ヒヨドリ、ウグイス／コガモ、ハシビロガモ、ホシハジロ、スズガモ、キンクロハジロ、キアシシギ、タシギ、タカブシギ、イソシギ、コチドリ、メダイチドリ、シロチドリ、バン、オオバン、ユリカモメ、セグロカモメ、ウミネコ、ダイサギ

茅花野や座ればなびく柄が赤し

バードデー大鷲大魚採り落とす

水辺の鳥23種　山野の鳥8種

5月16日（日）小机

神奈川支部探鳥会　参加70余人

7：20出発～　アマサギ20、コサギ、カルガモ、コチドリ、キアシシギ、イソシギ、ウズラシギ、タシギ、ササゴイ、ヒメクイナ初見、オオバン、キンクロハジロ／ツバメ、ハシブトガラス、ハシボソカラス、キジバト、ヒバリ、セッカ、オオヨシキリ、オナガ、スズメ、トビ、ヒバリ

水辺の鳥12種　山野の鳥11種

5月23日（日）八王子霊園と高尾山

都先輩村田一典氏十七回忌

八王子霊園～うかい鳥山～高尾山

イワツバメ、スズメ、ヒヨドリ、カラスsp、ムクドリ、ホオジロ、シジュウカラ、ヒガラ、コガラ、カケス、オオルリ、ハクセキレイ、ヒバリ、キジバト、モズ

村田氏未亡人に

進まれる墓前青筋揚羽翔ち

山野の鳥15種

5月27日（木）神戸出張

神戸舞子ビラ泊

5月28日（金）舞子ビラ

早朝散歩5：00～6：30

淡路島と海　五色塚古墳　ウミネコなど

鳥帰る沖や舞子に浜なくて

（「寒雷」82年11月）

海峡の夏月薄れ灯は明石

舞子～太山寺～神戸市内見学

堂去るや定家葛は咲き上る

（「寒雷」82年11月）

水辺の鳥1種

6月5日（日）町田高ヶ坂

田中米喜氏弔問　田中桃枝夫人急死

夏燕住む駅を過ぐ訃報持ち

6月12日（日）大井野鳥公園

汐入の池　ウミネコ、ユリカモメ、カルガモ10＋、オオバン、コチドリ10、コサギ、ゴイサギ、コアジサシ、バン、オオバン、イソシギ、／セッカ、オオヨシキリ、ヒバリ

水辺の鳥11種　山野の鳥4種

7月3日（土）大井野鳥公園　京浜大橋～ごみ積かえ場

汐入の池　ツバメ、イワツバメ、オオヨシキリ、セッカ、ヒバリ、カラスsp／カルガモ、コチドリ、コアジサシ30、ウミネコ70＋ユリカモメ20、オオバン、バン、ダイサギ、コサギ

水辺の鳥10種　山野の鳥6種

7月11日（日）行徳・新浜探鳥会

オオヨシキリ、セッカ、ムクドリ、ツバメ、スズメ、カワラヒワ、ハクセキレイ、キジバト、ヒバリ、ヒヨドリ、トラツグミ、カラスsp／コサギ、アオサギ、コアジサシ20、コチドリ、シロチドリ、カルガモ、ハ

シビロガモ、スズガモ、オナガガモ、オオミズナギドリ、オオバン、バン、ダイサギ、ヨシゴイ、ゴイサギ、カイツブリ、セイタカシギ、キョウジョシギ。チュウチャクシギ、イソシギ、アオアシシギ、ウミネコ、ユリカモメ

南風ときに片脚セイタカシギ揺らす

（「寒雷」82年12月）

水辺の鳥22種　山野の鳥12種

7月31日（土）曇時々小雨

中村先生案内　大田地区連

稲荷山古墳等埼玉古墳見学

上野～吹上　ハクセキレイ、スズメ、イカル、ハシブトガラス、ハシボソカラス、キジバト、ツバメ、オオヨシキリ、セッカ／カルガモ

稲荷山古墳出土鉄剣

金文涼し獲加多支鹵（わかたける）の字は剣の裏

（「寒雷」82年12月）

水辺の鳥1種　山野の鳥10種

8月7日（土）大井野鳥公園　薄曇

汐入の池　帰り道が先日の大雨で通れず、芦の中を迷い、大戻り30分

コアジサシ20、カイツブリ、カルガモ、バン、オオバン、ウミネコ80、ユリカモメ、コサギ、ダイサギ30＋15、アオサギ、シロチドリ、コチドリ、イソシギ、キアシシギ／ムクドリ、ハクセキレイ、オオヨシキリ、セッカ、ヒバリ、カラスsp、ツバメ

水辺の鳥14種　山野の鳥7種

8月12日（木）六郷河口

小島新田駅～堤防・中州・干潟～河口・葦原～上流・堤防

ウミネコ300、キアシシギ、コチドリ、シロチドリ、メダイチドリ、ムナグロ、ダイゼン、キョウジョシギ、オオソリハシシギ、キアシシギ、アオアシシギ、オオメダイチドリ、コアジサシ、トウネン、コサギ20、カルガモ

地震知らぬ鷗たらたらごかい呑む

満腹の鷗なり鳴かず海へ翔つ

（「寒雷」82年1月）

水辺の鳥16種　山野の鳥0

8月20日（金）曇　津軽行

羽田～三沢　竜飛崎ホテル泊

汐入の池（乗り遅れのため尾駮、高瀬川河口諦める・双眼鏡なくす）

コアジサシ、コチドリ、シロチドリ、メダイチドリ、ダイゼン、キアシシギ、キョウジョシギ、トウネン、アオアシシギ、ユリカモメ、ウミネコ、バン、オオバン、ダイサギ10、コサギ20、カイツブリ／セッカ、カラスsp

竜飛崎ホテル泊　三沢駅～青森～（津軽線）～三厩～バス～竜飛

ウミネコ／ウグイス

津軽線稲咲き婆ら高笑い

踊りの輪消えて霧笛の工事基地

水辺の鳥16種　山野の鳥3種

8月21日（土）津軽竜飛崎～小泊～十三湖　琴湖園泊　曇

竜飛崎　カラスsp、スズメ、ムクドリ、ウグイス、ホオジロ／ウミネコ

松蔭の詠いし海峡霧笛せり

北海道見えず靴底まで霧笛

小泊　竜飛崎～バス～三厩～タクシー

小泊　ツバメ

水辺の鳥1種　山野の鳥6種

8月22日（日）津軽深浦　十三湖～バス～富萢～バス～五所川原～五能線～鰺ヶ沢～深浦　越後谷泊

松風の五月女萢原（そとめやちがら）百合暗し

五所川原駅スタンプ

岩木川河口　トビ、ツバメ、イワツバメ、カワラヒワ、スズメ、ホオジロ、ハシブトカラスsp、トビ／カルガモ20、タシギ、ウミネコ、ササゴイ

深浦　ウミネコ／ツバメ

水辺の鳥4種　山野の鳥8種

8月23日（月）十二湖・東能代・秋田～羽田

深浦～十二湖～東能代～秋田～空港～羽田　トビ、カラスsp、イワツバメ、ホオジロ

津軽行計

水辺の鳥6種　山野の鳥17種

9月1日（水）休暇　六郷河口

14：00過ぎ～16：00過ぎ

満潮の大師河原　ウミネコ16、カルガモ、コアジサシ、キアシシギ、ムナグロ、メダイチドリ、コチドリ、シロチドリ、コサギ7／ハクセキレイ

水辺の鳥9種　山野の鳥1種

9月4日（土）大井野鳥公園　雨後曇　台風八丈島沖北上中

汐入の池　セイタカシギ10（親3、子7）

強い風を避けて　シギの季節

ササゴイ、ダイサギ、コサギ、ゴイサギ、ウミネコ300、コアジサシ10、アジサシ、カルガモ10、マガモ、コガモ、ハシビロガモ、キアシシギ、キョウジョシギ、ソリハシシギ、エリマキシギ、タカブシギ10、オグロシギ、アオアシシギ、オオハシシギ、コチドリ多数、トウネン、バン／ムクドリ、ツバメ

台風それセイタカシギ一家来ぬ

水辺の鳥24種　山野の鳥2種

9月5日（日）長野みまきが原

法大小島ゼミ合宿　小諸みまき荘泊

小島先生と散歩　浅間山一望　古池に蟇蛙、そのお玉杓子群れる。

みまきが原　ヤマドリ、トビ、カラ類

山野の鳥3種

9月6日（月）宿舎付近　雨

スズメ、カラスsp、トビ、ヒヨドリ、ムクドリ、オナガ

布引観音　一人先に帰る　お堂の見晴らし台、浅間山、千曲川見ゆ

サギ類、コジュケイ、ホオジロ、カラ類

合宿計

水辺の鳥1種　山野の鳥9種

9月9日（木・夏休早退）

大井野鳥公園

汐入の池　ごかい採り20人　東南に4分の1虹

西池に　アカエリヒレアシシギ2羽、干潟にオオソリハシシギ25、ともかくシギ溢れる　オオソリハシシギ10+15、ウミネコ500、タカブシギ10、キアシシギ、アオアシシギ、ソリハシシギ、アカエリヒレアシシギ、タシギ、ダイゼン、コチドリ10、メダイチドリ、シロチドリ、トウネン、コアジサシ30、ダイサギ、コサギ、カルガモ、コガモ、オオバン、バン／ムクドリ、セッカ、ツバメ

沙蚕（ごかい）獲り移りし跡を鷸漁る

薄陽さす鷸ら俯き漁る水

（「寒雷」83年2月）

水辺の鳥20種　山野の鳥3種

オオソリハシシギ

9月15日（祝）大井野鳥公園

葛の葉12日の台風の大雨で萎える

汐入の池　ウミネコ100、アオサギ、コサギ、ダイサギ、コチドリ、バン、コアジサシ、オオバン、カルガモ、コガモ、イソシギ、タカブシギ／ツバメ、ハクセキレイ、セッカ

水辺の鳥12種　山野の鳥3種

9月19日（日）六郷河口　雨

干潟、中洲から下流へ200m干上がる

六郷河口　中洲〜いすゞ前の干潟〜雨強く引き上げ

コチドリ、シロチドリ、メダイチドリ、ダイゼン、ムナグロ、ハマシギ、ソリハシシギ、オグロシギ10、アオアシシギ、キアシシギ

水辺の鳥10種

9月26日（日）行徳野鳥観察舎　谷中墓参後

カルガモ30+15、バン、ウミネコ100+30、アジサシ、コサギ、アオサギ30、アオアシシギ12+、イソシギ、ソリハシシギ、シロチドリ、ダイゼン、コブハクチョウ、スズガモ30+50、カワウ

並び佇つ青鷺台風2つ経て
（「寒雷」83年2月）

水辺の鳥14種

10月3日（日）大井野鳥公園探鳥会

快晴（リーダー叶内氏）

汐入の池（探鳥会の人たちと合流）ダイサギ、コサギ、カルガモ、カイツブリ、バン、オオバン、ウミネコ100+、ヒドリガモ、イソシギ、タシギ、ツバメチドリ、クロハラアジサシ、アオサギ、カルガモ、ユリカモメ／カラスsp、トビ、モズ、チョウゲンボウ、セッカ、ヒヨドリ、スズメ、キジバト

水辺の鳥15種　山野の鳥8種

10月10日（日）浜離宮公園

宿直明け、一人で

池　ヒヨドリ、ハクセキレイ、スズメ、カラスsp、トビ、カワラヒワ、モズ、シジュウカラ、スズメ、ムクドリ／キンクロハジロ38、ハシビロガモ、コガモ、マガモ、カルガモ、カワウ、カイツブリ、ユリカモメ

鴨場　アオサギ10+、ゴイサギ、コサギ、カルガモ50、ハシビロガモ、キンクロハジロ10、コガモ

海側　ウミネコ

水辺の鳥13種　山野の鳥10種

十階の宿直明けや鵯（ひよ）渡る

10月12日（火）三宅坂　昼休

まだヒドリガモの時期でない

カラスsp、ヒヨドリ、／カイツブリ16、ヒドリガモ、カルガモ

水辺の鳥3種　山野の鳥2種

10月23日（土・休）真鶴岬10：30着

快晴

ウミネコ、ウミウ、オオミズナギドリ100+／ヒヨドリ30、シジュウカラ、メジロ、モズ

水辺の鳥3種　山野の鳥4種

10月24日（日）谷中墓地　不忍池

谷中墓地　ヒヨドリ、シジュウカラ、カワラヒワ、キジバト、ハシブトガラス、カモsp30

不忍の池　オナガガモ、ヒドリガモ、カワウ（新聞はもう500羽来ているとあったが）／カラスsp多数

水辺の鳥4種　山野の鳥6種

10月26日（火）三宅濠　昼休み

三宅坂　ヒドリガモ0

カワウ、カイツブリ、カルガモ10、コサギ／カラスsp、ヒヨドリ、トビ

水辺の鳥5種　山野の鳥6種

10月31日（日）大井野鳥公園

汐入の池東側　コサギ10、ユリカモメ50+、セグロカモメ20、ウミネコ50、カルガモ100、コガモ、ヒドリガモ、オナガガモ、マガモ、スズガモ30、タシギ、ダイサギ、アオサギ／チュウヒ、チョウゲンボウ、アオジ、モズ

西側　カルガモ、コガモ、オナガガモ、ヒドリガモ、ユリカモメ／チュウヒ

水辺の鳥13種　山野の鳥4種

11月2日（火）櫻田濠　昼休

カイツブリ19、コサギ／カラスsp、スズメ、ヒヨドリ、キジバト

水辺の鳥2種　山野の鳥4種

11月7日（日）雨

多摩川野鳥の会バードウォッチングフェスティバル

聖蹟桜ヶ丘駅～河原～関戸橋～大栗川との合流点　カワラヒワ、ヒヨドリ、カラスsp、ハクセキレイ、キセキレイ、スズメ、キジ、トビ、モズ、シジュウカラ、キジバト、ハクセキレイ、ジョウビタキ、ムクドリ／オナガガモ100、コガモ20、ヒドリガモ20、ユリカモメ20、カイツブリ30、コサギ

雉父子棲む崖来し川向う

水辺の鳥6種　山野の鳥15種

11月12日（金）曇　法大ゼミごみ埋立地見学　学生7人

船の科学館前～清掃局の車～現地・防波堤内側・お立ち台

ゆりかもめ群れガス保ち
　ゴミは陸となる

スモッグ遠くゴミ積み
　皇居の鴉寄す

ユリカモメ数千、オオバン、キンクロハジロ、スズガモ、カワウ、コサギ／トビ、モズ、ヒヨドリ、キジバト、ムクドリ、カラスsp、カワラヒワ

水辺の鳥6種　山野の鳥7種

11月21日（日）谷津干潟探鳥会

千葉県の谷津干潟も東京湾の埋め立てでできた探鳥地で野鳥の会の月例の探鳥会の一つである。私たちは初めてであった。船橋駅に近い若松団地10時集合に遅れたが待っていてくれた。この団地から湾岸道路をへて干潟の西端にでる

谷津干潟　カワラヒワ、ツグミ、ムクドリ、チョウゲンボウ、キジバト、ヒバリ、ハクセキレイ、タヒバリ、ヒヨドリ、スズメ、ハシボソカラス／オナガガモ500、コガモ20、カルガモ50、ヒドリガモ、ハシビロガモ、アメリカヒドリ、コサギ、ダイサギ、アオサギ、ユリカモメ1000+、ウミネコ100、ハマシギ2000、ダイシャクシギ、シロチドリ500、ダイゼン200

時雨雲谷津のダイゼン鳴き交わす

水辺の鳥16種　山野の鳥11種

11月23日（火）三宅坂

ヒドリガモようやく到着

半蔵門近い高い崖に50羽　ヒドリガモ50+、コサギ、カワウ、ユリカモメ

水辺の鳥4種

11月27日（土）桜田濠　半蔵門にはいないで櫻田門脇から警視庁前にかけてヒドリガモが集まっていた。

スズメ、トビ、カラスsp、モズ／ヒドリガモ90+、カワウ、カイツブリ、コブハクチョウ、カルガモ、コサギ

水辺の鳥6種　山野の鳥4種

11月28日（日）行徳野鳥観察舎
夕暮れの鴨の飛び立ちを見る会

行徳の海には毎年数万のスズガモが来ていて、それが昼間は観察舎の池に休んでいるが、夜は海で休むため毎日夕方にその飛び立ちがある。それを見せてくれるのである。

15：20頃観察舎着。16：30頃出発だが観察舎は2階も3階も混んでいた。スズガモは3万羽いるというが、ようやく1万で水面を埋めていた。蓮尾さんの案内で4：30過ぎ出発。参加者30人、小学生多し。コンクリート護岸道路に入る。日没は4：30より前だが12日ぐらいの月が照り始め、風もあり、かない寒い、暗くなった中空をサギなどの群れが帰ってくる。水上からヒドリガモなどのとても綺麗な囀りも聞こえたが……急ぎ足で湾岸道路際の舗装路を歩き、観察舎が真正面に見える辺で真っ暗な中で遠く夕焼けが残っていた。もう飛び立ちは始まっていた、5：20ころか。湾岸道路は北北東に向いており、海はこの道路を越えた先にあるのだが、鴨の翔つ方向は道路に沿った水路の岸に沿って湾岸道路をかなり斜めに低い角度で横切る。東北東方向にみえる。少なくとも見ている我々からは、斜め左奥から飛び立って右奥へ消えていく。そのうちに真上に来るものあり、反対側に飛ぶもの少し。真上に来たものを仰向き振り返ると湾岸道路の街灯に照らされて、白く光るのが美しい。飛び立ちの時間は5：10頃～5：30。もう飛び立ちは始まっていた。蓮尾さんはきょうは迫力が無かったという。

鴨の飛び立ち

ハクセキレイ、ツグミ、カラスsp、トビ、ウグイス／ウミネコ、セグロカモメ、ゴイ

サギ、ダイサギ、コサギ、コブハクチョウ、バン、アオサギ、スズガモ1万、オナガガモ、ヒドリガモ、カルガモ、コガモ、ホシハジロ、マガモ、ハマシギ100+、ユリカモメ、カワウ

夜の海へ翔ち継ぐ鴨ら羽音なく
鳴く鴨もやはり翔ち行く夜の海へ
（「寒雷」83年4月）

月に惹かれず海へ翔つ鴨右手左手
（「寒雷」83年4月）

水辺の鳥18種　山野の鳥5種

11月30日（火）櫻田濠　晴

養育院企画部長に転任内示

昨晩から感冒気味だがS女史らに約束したので5人ほどで出かけた。

桜田濠　ヒドリガモ40+10+8、カルガモ、カイツブリ、コサギ、カワウ、ウミネコ、ユリカモメ、コサギ、ダイサギ、オオバン

ヒドリガモは数はまあまあだが、はじめいたのは遠すぎた。

緋鳥鴨日比谷の角に来て鳴けり
（「寒雷」83年4月）

水辺の鳥8種

12月12日（日）大井野鳥公園　晴

中島夫妻の自動車で

汐入の池　中島夫人の眼がよいのに驚く　スズガモ40、ユリカモメ1000+、ウミネコ、カイツブリ、オナガガモ。コガモ、ゴイサギ（屍骸）／**コチョウゲンボウ**（二羽目を夫人がみつける）、ハクセキレイ、チュウヒ、タヒバリ、ツグミ、**トラフズク**、ヒヨドリ、スズメ、ハシブトガラス、キジバト、ムクドリ

クレーン立つ宙に停まり長元坊
枯れきらぬ柳に夢みトラフズク
（「寒雷」83年5月）

眼裏に夜のゆりかもめ列止まず
（「寒雷」83年5月）

水辺の鳥9種　山野の鳥11種

12月16日(木)晴　袖ヶ浦・千葉ホーム行（就任挨拶）

袖ヶ浦町長訪問

千葉ホーム（集団赤痢峠を超え平穏）

トビ、ヒヨドリ

山野の鳥2種

12月18日（日）不忍池

谷中墓参後

谷中墓地　ハシブトガラス、ヒヨドリ、ムクドリ、ツグミ、ウグイス、メジロ

不忍池　トビ、カラスsp／カワウ、オナガガモ、ホシハジロ、キンクロハジロ、ヒドリガモ、ヒドリガモ、コガモ、ハシビロガモ

パン屑撒かれ舗道へ鴨ら濡れ足で

水辺の鳥7種　山野の鳥7種

12月25日（土）神宮御苑

参道・御苑　オシドリ40、マガモ60、カルガモ10／シジュウカラ、カラスsp、アオ

ジ、カケス、メジロ、ヤマガラ、ウグイス、
キジバト、ヒヨドリ、トビ、スズメ

数え日の森でカケスに覗かれぬ

（「寒雷」83年5月）

二羽三羽鴛鴦（おし）横向きに
木をたどる

四十雀素早し森に寒気来て

水辺の鳥3種　山野の鳥11種

１９８３年１月～12月

新鳥種合計　21種

水辺の鳥６種　山野の鳥15種

観察地合計　42箇所

東京都内23箇所（東京都野鳥公園13回、不忍池５回、その他各１回、三宅坂、目黒自然教育園、浜離宮、養育院、近所）

東京都外19箇所（六郷河口５回、千葉小櫃川河口２回、千葉ホーム２回、北海道東部２回、その他各１回、谷津干潟、箱根仙石原、山中湖富士五合目、行徳観察舎、河口湖、真鶴岬、伊賀奈良、伊良湖汐川）

１月３日（月）大井野鳥公園　快晴

12：10着タクシー14：48発

潮入の池　オナガガモ10、スズガモ20、コサギ、ウミネコとセグロカモメ計30、ユリカモメ、オナガガモ、コガモ、カイツブリ、オオバン／ハクセキレイ

草原・池周辺　チョウゲンボウ、トビ、ツグミ、カワラヒワ、カラスsp、スズメ、キジバト、オオジュリン、チュウヒ

西池　ハマシギ50、ダイサギ、オナガガモ10、ハシビロガモ、コガモ、コサギ、ユリカモメ

公園と周辺　トラフズク、ユリカモメ、コガモ、オナガガモ、カルガモ、オオバン、バン

水辺の鳥14種　山野の鳥10種

１月７日（金）晴

床の中でウグイスの笹鳴き鳴く、吊るした笊のひまわりの種を食べるようだ。

１月８日（土）東社協の後、勝鬨橋によりヒドリガモを見に

勝鬨橋　ユリカモメ／カラスsp

三宅坂　ユリカモメ、セグロカモメ、ウミネコ、カイツブリ4、ハクチョウ、カルガモ18、ヒドリガモ１６７+、コガモ、マガモ、オナガガモ、キンクロハジロ、スズガモ、オシドリ13、ハマシギ、シロチドリ、ゴイサギ／ツグミ、シジュウカラ、ムクドリ、スズメ、カラスsp、ヒヨドリ

水辺の鳥16種　山野の鳥６種

１月10日（月）

猫３匹風邪　渡辺先生

飯田橋駅前の濠　ユリカモメ15

１月16日（日）目黒自然教育園　晴

14：00～15：30　モン重態続く

池と森　カラスspの大群、シジュウカラ、ヒヨドリ、キジバト、スズメ、ヒガラ／ダイサギ、コサギ

水辺の鳥2種　山野の鳥6種

1月19日（水） 猫モン死す。16日ごろから3匹流感。その1匹。

1月22日（日）浜離宮公園　14：30〜16：00

数寄屋橋ニュー東京・千葉ホーム新年懇親会後

キンクロハジロ+500、ハシビロガモ、カルガモ、コガモ、オナガガモ、マガモ、ユリカモネ、コサギ、ゴイサギ、アオサギ10、カワウ、カイツブリ／ヒヨドリ、シジユウカラ、カラスsp、ツグミ、スズメ

鳴きし鳰浮寝の群れにゐて

（「寒雷」83年6月）

水辺の鳥12種　山野の鳥6種

1月30日（日）六郷河口　晴

小島新田・中州　ユリカモメ多数、セグロカモメ、ウミネコ、カワウ、オナガガモ多数、マガモ、コガモ、キンクロハジロ、スズガモ、カルガモ、コサギ

下流〜いすゞ工場先　ハマシギ、シロチドリ／トビ、ムクドリ、カワラヒワ、ヒヨドリ、カラスsp

羽搏つあり満潮の鴨深く浮き

（「寒雷」83年6月）

水辺の鳥9種　山野の鳥2種

2月13日（日）大井野鳥公園　快晴

12：30〜15：40

汐入の池　ユリカモメ、セグロカモメ70、ウミネコ、カモメ、ハシビロガモ、カルガモ、コガモ、オナガガモ、スズガモ、コチドリ、シロチドリ、メダイチドリ、イソシギ、タシギ9、オオバン、バン、カイツブリ、ギサギ、ダイサギ、コアジサシ／ヒバリ、セッカ、オオジュリン、オオヨシキリ、キジバト、ハクセキレイ、カラスsp、ウグイス

水辺の鳥21種　山野の鳥9種

2月27日（日）六郷河口　晴

はじめ北風、帰り西か南風

産業道路駅〜大師橋・干潟　モズ、ツグミ、トビ、スズメ、オオジュリン、カラスsp／コガモ、オナガガモ、マガモ、キンクロハジロ、コサギ20、カルガモ、カワウ、ユリカモメ50+、ハマシギ10

下流の干潟　オナガガモ12+、コガモ、シロチドリ、キンクロハジロ80+、マガモ、コサギ、スズメ、ムクドリ、ヒヨドリ、カワラヒワ

泥啜り小鴨干潟の漁り時

水辺の鳥10種　山野の鳥9種

3月6日（日）大井野鳥公園　晴

探鳥会

汐入の池　カイツブリ、ゴイサギ、ダイサギ、アオサギ、コサギ、カルガモ、コガモ、ヒドリガモ、オナガガモ（鴨最多）、ハシビロガモ、キンクロハジロ10+、スズガモ20、オオバン10+、ハマシギ20、シロチドリ、タシギ、ユリカモメ100、セグロカモメ10、カモメ、ウミネコ／チュウヒ、ノ

スリ、ハヤブサ（東京湾に1羽しかいないとされていると）、ヒバリ、ヒヨドリ、モズ、ツグミ、オオジュリン、カラスｓｐ

水辺の鳥20種　山野の鳥9種

会の鳥合わせでは44種。残念ながら私どもはトラフズクもアリスイも見なかった

3月10日（木）雨

袖ヶ浦・千葉ホーム

千葉ホーム　ハクセキレイ、ツグミ、ヒヨドリ、スズメ

姉ヶ崎駅　コサギ

水辺の鳥1種　山野の鳥4種

4月3日（土）滋賀県湖北行　晴

米原～タクシー～三島池　大音想古亭泊

三島池・三島神社・ビジターセンター・観測小屋　マガモ数百、カイツブリ、アオサギ／ヤマガラ、カワラヒワ、ホオジロ、エナガ、ウグイス、スズメ、カラスｓｐ、トビ

雪解けし伊吹雲切れ残り鴨

芽柳の鳥へマガモは遠ざかる

長浜・大通寺～渡岸寺（十一面観音）トビ、ムクドリ、ツグミ、ヒヨドリ、カワラヒワ

観音に臍あり鶫引く湖北

木の本～余吾湖～大音・想古亭　ホオジロ

水辺の鳥3種　山野の鳥13種

4月4日（日）滋賀県湖北行　晴

余呉～米原～東京

想古亭の朝　キセキレイ、ホオジロ、カラスｓｐ、トビ、ウグイス、カワラヒワ、ツバメ、ヤマガラ

賎ヶ嶽（リフト）　ホオジロ、ヤマガラ、ウグイス、トビ、カラスｓｐ、ツグミ

重なりて木の芽がかざす
余呉の湖

芽柳に風なりわたる賎ヶ嶽

賎ヶ嶽～木の本地蔵～石導寺　キセキレイ

当番の堂守無口崖すみれ

余呉湖　ウグイス、ホオジロ、ジョウビタキ／マガモ、カイツブリ、アオサギ、カンムリカイツブリ、コサギ、ユリカモメ

帰るべき余呉の大鳰すぐ潜る

余呉の春去る大鳰や冠せり

山に迫る汽笛や余呉の土筆摘む

水辺の鳥6種　山野の鳥11種

4月10日（日）大井野鳥公園

汐入の池・西池　セイタカシギ、コチドリ（よく鳴く）、カワウ、コサギ、カモメＳＰ、カルガモ、コガモ／ツグミ、ムクドリ

東池　オオジュリン、ヒバリ、トビ、キジバト、スズメ、カラスｓｐ／ダイサギ、シ

ロチドリ、コチドリ、オオバン、カルガモ、コガモ、ハシビロガモ、スズガモ、ハマシギ、イソシギ、タシギ、ユリカモメ50、カモメ、オオセグロカモメ、ウミネコ、カイツブリ

公園　イソシギ

水辺の鳥23種　山野の鳥8種

4月24日（日）大井野鳥公園

汐入の池東側　ヒバリ、セッカ、オオジュリン／ユリカモメ、オオセグロカモメ70、ハシビロガモ、カルガモ、コガモ、オオバン、バン、カイツブリ、スズガモ、コチドリ、シロチドリ、オナガガモ、ダイサギ

西側　カルガモ、コガモ、シロチドリ、コチドリ、メダイチドリ、コアジサシ、ウミネコ、イソシギ、タシギ10、ゴイサギ／ヒバリ、セッカ、オオヨシキリ、キジバト、ハクセキレイ、カラスsp

水辺の鳥18種　山野の鳥7種

4月30日（土）木更津行　曇時々霧雨　潮干狩り

川崎からフェリー10時発～11：15木更津港着

小櫃川の土手～葦原～松林と大干潟

ハマシギ、タシギ6、タカブシギ、ダイシャクシギ7、コチドリ、シロチドリ、メダイチドリ、コサギ、ユリカモメ、セグロカモメ、スズカモ、コガモ10、カルガモ、ハシビロガモ、オオバン、アオサギ／カラス、ハシボソカラス、ハクセキレイ、ツバメ、セッカ、ヒバリ、オオヨシキリ、ツグミ、オオジュリン、トビ、カワラヒワ、コジュケイ

へり編隊行かせ軽鳧（かる）どもまた翔てり

（「寒雷」83年9月）

足捕られ泥の潮干に聞く雲雀

（「寒雷」83年9月）

杓鷸ら見えぬ潮干の沖歩む

水辺の鳥17種　山野の鳥12種

5月3日（休）早起き近所の探鳥

4：40起床～徳富邸～5時過ぎ

スズメ、カラスsp、キジバト、シジュウカラ

山野の鳥4種

5月5日（木）海芝浦・六郷河口　晴

海芝浦駅はホームが海に臨み、その先は石油タンクの並ぶ扇島、改札口から東芝の敷地に出られず

海芝浦駅　ユリカモメ／ムクドリ、スズメ

六郷河口（小島新田駅14：30）

干潟17時　ユリカモメ、セグロカモメ、ウミネコ、コチドリ、メダイチドリ、オオメダイチドリ、ダイゼン、ハマシギ大群、トウネン、キアジサシ、キョウジョウシギ、コガモ、スズカモ、コアジサシ、ダイサギ、コサギ／ハクセキレイ、ムクドリ、スズメ、キジバト、トビ、カワラヒワ

眼がやさしダイゼン夏羽黒き面

水辺の鳥18種　山野の鳥6種

5月7日（土）快晴　大井野鳥公園

風強し　15：30〜18：00過ぎ

潮入の池　東池　ウミネコ、キンクロハジロ15、カルガモ、コガモ、オナガガモ、オオバン10、バン、アカエリヒレアシシギ・夏羽、ダイサギ、コサギ、コアジサシ、シロチドリ／ツバメ、オオヨシキリ、セッカ、ヒバリ、ハクセキレイ

西池　シロチドリ、コチドリ、ハマシギ30、コアジサシ、オオバン、キョウジョシギ、イソシギ、キアシシギ、イカルチドリ、メダイチドリ、オオメダイチドリ／オオヨシキリ

干潟　ハマシギ15、キョウジョウシギ、シロチドリ、コサギ、ウミネコ、コアジサシ

風残る春荒はぐれ鷗泳ぐ

水辺の鳥23種　山野の鳥9種

5月15日（日）谷津干潟探鳥会　快晴後雨

若松団地10時集合（田久保氏案内）

団地〜湾岸道路〜観察歩道〜中央〜高校側　13時鳥合わせ

シロチドリ200、コチドリ、メダイチドリ200、イカルチドリ、ダイゼン400、ハマシギ3000、オオソリハシシギ40、ダイシャクシギ、ホウロクシギ、チュウシャクシギ数十、トウネン100、キアシシギ100、ソリハシシギ、アオアシシギ6、キョウジョシギ300、コサギ、ダイサギ、アオサギ、コアジサシ50／ヒバリ、ハクセキレイ、セッカ、キジバト、ムクドリ、オオヨシキリ、カワラヒワ、ツバメ、スズメ、カラスsp、チョウゲンボウ（出発前、参加外人が見つける）

杓鷸ら漁れど尽きぬ蟹干潟

鷸刺せど抓めど穴は蟹のくに

（「寒雷」83年10月）

水辺の鳥19種　山野の鳥11種

（種数は田久保氏による）

5月21日（土）大井野鳥公園　16：10

潮入の池　メダイチドリ、シロチドリ60、コチドリ7、ダイゼン、オオバン、ウズラシギ、キョウジョシギ、トウネン10＋15＋20、ハマシギ、カルガモ10＋12、ハシビロガモ、オナガガモ、カイツブリ、ユリカモメ20、ウミネコ12、セグロカモメ、カワウ、ダイサギ、コサギ、ゴイサギ、コアジサシ

旅遅れ漁るは小鷸軽鳧(かる)は子連れ

水辺の鳥21種（カルガモの子連れはその後マスコミで報道される）

6月12日（日）箱根レイクホテル泊　曇後雨　強羅駅〜大涌谷〜姥子14時少し前〜自然遊歩道〜ホテル着16時過ぎ

ウグイス、ビンズイ、カラスsp、ホトトギス、コジュケイ、カケス、コガラ、ヒガラ、ヒヨドリ、センダイムシクイ、シジュウカラ、ヤマガラ、イカル、クロツグミ、アカハラ

チョチョリコキーすでに鵤（いかる）が
梅雨入り報

6月13日（月）仙石原〜湿性花園〜
早川遊歩道　雨はげし後曇

ホテルの雨の朝　ウグイス、カラスsp、ヒヨドリ、キジバト

湿生花園　カワラヒワ、クロツグミ、モズ、ヒヨドリ、オオヨシキリ、アオジ、カッコウ、ウグイス、ツバメ、スズメ

早川自然遊歩道　カッコウ、ウグイス、オオヨシキリ、センダイムシクイ、ホトトギス、コジュケイ、ヤブサメ、カワセミ、ハクセキレイ、キジ、ホオジロ、セグロセキレイ、オナガ／カルガモ、ウミネコ（酒匂川）

尾が重そう鳴きゆく梅雨の時鳥
黒鶫鳴き雉子も聞こゆと
眼見えぬ妻

箱根2日間合計
水辺の鳥2種　山野の鳥36種

6月25日（土）大井野鳥公園
16：50家発〜18：00

汐入の池　ウミネコ160、オナガガモ、カルガモ10、オグロシギ、シロチドリ、コチドリ、オオバン、コサギ、ダイサギ、ユリカモメ、コアジサシ／オオヨシキリ、セッカ、カラスsp

牛蛙鳴く、結局日没なく、雲多く月の出もなし　ただあぶら蝙蝠が夕闇を舞う

蝙蝠と五位翔け月出ぬ埋立地

水辺の鳥17種　山野の鳥3種

7月9日（土）私の職場でキジバトが子を生んだ。

梅雨の夜の巣鳩は赤き眼を閉じず
（「寒雷」83年11月）

7月18日（月）せっかく育てた小鳩は猫の餌食になってしまった。

咲き立てる捩じ花雛鳩屍となりて
（「寒雷」83年12月）

山野の鳥1種

7月24日（日）大井野鳥公園

18：39の月の出を見ようと16：10頃家を出、タクシーで大橋手前で下車。
橋上、橋際に自動車かなり停車。

潮入の池　バン、コサギ15、ダイサギ5、アオサギ、カルガモ、ゴイサギ10、カイツブリ、ユリカモメ、ウミネコ100、オナガガモ、コチドリ、シロチドリ、メダイチドリ、イソシギ、コアジサシ／オオヨシキリ、ツバメ、カラスsp

月見果たせず。バスに乗り損ね徒歩で平和島駅へ。

鷭の子の泳げど親に蹤（つ）き翔べず
（「寒雷」83年12月）

水辺の鳥14種　山野の鳥3種

7月30日（土）晴　山中湖・富士探鳥会　6：45集合～山中湖旭丘

山中湖別荘地　9：30～11：00　アカハラ、コガラ、エナガ、メジロ、アカゲラ、アオゲラ、クロツグミ、ツバメ、イワツバメ、カラスsp、キジバト

梨が原12：00～13：00　ホオジロ、キジバト、カラスsp、ムクドリ、ノジコ、ホオアカ、モズ、アカモズ

スバルライン・富士5合目お中道14：30～御庭山荘16：30～奥庭山荘（水場）ルリビタキ、メボソムシクイ、ヒガラ、エナガ、コガラ、ホシガラス、キジバト

栗鼠走る。

野鵐（のじこ）待ち基地反対の幟見ゆ

（「寒雷」83年12月）

7月31日（土）富士五合目～三合目林道探鳥　晴御来迎　4：30

鳥の水場　ホシガラス、キジバト、カヤクグリ、ルリビタキ、ウソ

林道5合目～3合目　カラスsp、ミソサザイ、メボソムシクイ、ウソ、トビ、アマツバメ、コマドリ、コルリ

下闇を一声鷽（うそ）は水場に来

小休止鳴く駒鳥に間を合わす

鳥聴くや雷か裾野の砲音か

（「寒雷」84年1月）

山中湖・富士合計

水辺の鳥18種　山野の鳥23種

鳥合わせ51種

8月14日（土）

水撒きし庭に蟇出る土曜の夜

8月19日（金）北海道東部行

ウトナイ湖小清水「おばちゃん」の家泊　札幌雨網走曇

ウトナイ湖　カルガモ、キンクロハジロ、ヨシガモ、ウズラシギ、イソシギ、アオアシシギ、コチドリ、シロチドリ、アカエリカイツブリ／ツバメ、イワツバメ、トビ、カラスsp、カワラヒワ

札幌11：58～女満別空港　網走湖　アオサギ

網走観光バス　網走監獄～能取岬～オホーツク水族館　アオサギ、オオセグロカモメ、ウミウ／ウグイス類

とうふつ原生花園～小清水

崖直下青鷺オホーツクに向き不動

（「寒雷」84年2月）

8月20日（土）濤沸湖（とうふつこ）　ウトロ知床観光船　曇　ホテル知床泊

濤沸湖の朝5：35～7：20

湖畔の道～ユースホステル前　カイツ

ブリ、カルガモ、カモメ類／カラスsp、ハクセキレイ、カワラヒワ、エゾセンニュウ、ノビタキ、キジバト、スズメ

孫たちはジッチと言います野鶲（のびたき）を　目覚め

エゾセンニュウ鳴くや標津の鴎（ごめ）

（「寒雷」84年2月）

ウトロ　小清水8：45～斜里9：30～バス～10：15ウトロ　オオセグロカモメ、イソシギ、ハクセキレイ、カラスsp

知床岬巡り観光船12：10～15：45　ウミウ、ウミネコ、オオセグロカモメ、ハイイロミズナギドリ、ウミツバメsp、セグロカモメ、アマツバメ

知床岬羽裏光らせ水薙鳥

8月21日（日）ホテル～知床峠～羅臼～野付半島（根室標津～トドワラ）知床峠は霧雨　曇

ホテル楠泊

ホテルの朝　6：30～7：30　カラスsp、イワツバメ、スズメ、ウグイス類、ハクセキレイ、センダイムシクイ、アカゲラ、シジュウカラ、アオジ

ホテル～知床峠　オオセグロカモメ、イソシギ

大虎杖（おおいたどり）の花穂オホーツクの　雨吐けり

（「寒雷」84年2月）

北きつね知床道路に夏痩せて

羅臼～根室標津12：15～トドワラ15：15～尾岱沼～標津・ホテル

オオセグロカモメ、キアシシギ、アジサシ、メダイチドリ、カモメ類／カワラヒワ、カラスsp

トドワラに鳴く鷗見えぬ千島より

人急ぐ木道キアシシギ鳴けり

8月22日（月）標津海岸8：41～中標津～標茶10：41～（釧路湿原）～11：51釧路～千歳16：55～羽田18：55　ほとんど雨

標津海岸　6：30～　エゾセンニュウ、カラスsp、センダイムシクイ、トビ、ハクセキレイ、シマセンニュウ

道東19日～22日合計

水辺の鳥17種　山野の鳥17種

8月27日（土）大井野鳥公園

16時タクシー着～18時発

汐入の池　コアジサシ50、キアシシギ、トウネン、エリマキシギ、キョウジョシギ、アオアシシギ、オバシギ、タカブシギ、タマシギ、コチドリ、シロチドリ、メダイチドリ、ウミネコ100、カルガモ、オオバン、コサギ、ダイサギ、ゴイサギ、バン／ハクセキレイ、セッカ、ツバメ、カラスsp

夕べ鳴くタマシギ葛はまだ咲かず

浜を背に片脚アオアシシギ　寝入る

水辺の鳥19種　山野の鳥5種

9月3日（土）大井野鳥公園
15：30タクシー着～17：45

潮入の池　ウミネコ100、カルガモ30、シロチドリ50、コチドリ50、メダイチドリ10、ムナグロ、キョウジョシギ、トウネン50、エリマキシギ5、キアシシギ20、タカブシギ20、ソリハシシギ、イソシギ、タシギ、ウズラシギ、コサギ、バン、オオバン、コアジサシ50／カラスsp、ほか8種

水辺の鳥20種　山野の鳥9種

9月8日（木）六郷河口平日探鳥会
雨後曇　大塚さん指導　参加20人
10時産業道路駅集合　15時解散

小島新田先堤防・干潟　トウネン、キアジサシ、キョウジョシギ、オグロシギ、オオソリハシシギ、ソリハシシギ、ハマシギ、ミユビシギ、アオアシシギ、イソシギ、タマシギ、シロチドリ、メダイチドリ、ムナグロ、ダイゼン、カルガモ、ハシビロガモ、ウミネコ、コサギ、ダイサギ、コアジサシ／トビ、ハクセキレイ、ツバメ、カワラヒワ、スズメ、キジバト、ヒヨドリ、カラスsp

水辺の鳥21種　山野の鳥8種　野鳥の会の鳥合わせ35種

9月17日（土）大井野鳥公園　14時発バス公園17：20潮入池発

野鳥公園　イソシギ

潮入の池　葛咲き、半数は房落ちる繁子よく匂うと。

タシギ5＋8、タカブシギ10、キアシシギ11、アオアシシギ、ウズラシギ、タマシギ、トウネン、コチドリ23、シロチドリ、メダイチドリ、カルガモ23、マガモ、ハシビロガモ、コガモ、オナガガモ、ウミネコ200、コサギ、ダイサギ、バン、オオバン、バン、オオバン／ハクセキレイ、トビ、ツバメ

葦出でし玉鷸妻に二夫蹤いて

水辺の鳥22種　山野の鳥3種

9月23日（金・秋分）不忍池
谷中墓参後

不忍池　カワウ500

池浚渫工事のためカワウが棲家を奪われ上空を舞い回る。

降りられず待つ鵜ら　上野の天高く

タマシギ夫妻

9月25日（日）行徳野鳥観察舎
曇時々雨　12：00着

観察舎　カワウ26、ダイサギ9、コサギ7、ゴイサギ5、アオサギ、カルガモ70＋、コ

ガモ、ヒドリガモ、ソリハシシギ、オオソリハシシギ、タシギ、ウミネコ、ユリカモメ、キアシシギ、イソシギ、アオアシシギ、コチドリ、シロチドリ30、ダイゼン、トウネン、バン／トビ、モズ、ムクドリ、オナガ、ツクミ、ヒヨドリ、ハクセキレイ
水辺の鳥22種　山野の鳥7種

10月2日（日）千葉ホーム運動会
快晴　10月1日に1泊
千葉ホームグランド裏の池　モズ、キジバト、ヒヨドリ、スズメ、カラスsp
小櫃川河口　12：30発～14：30木更津港着15：05発川崎行きフェリー
イソシギ、キアシシギ、シロチドリ500+、チュウシャクシギ、ダイゼン、ダイサギ、ウミネコ／トビ、ヒバリ

もう浜に戻らぬ高さ渡り鳥
（「寒雷」84年3月）

小走りを止めず杓鷸着地して
（「寒雷」84年3月）

水辺の鳥25種　山野の鳥7種

10月8日（土）伊良湖岬探鳥
夜10：25新宿発～4：20着

10月9日（日）伊良湖岬　曇後雨
伊良湖岬　恋路が浜7時発　トビ、オオミズナギドリ、ウミネコ／ハヤブサ、ヒヨドリ500+、カケス、サシバ10数組、カラスsp、モズ（サシバは好天ですでに大半が渡ってしまったと説明）

鵙（もず）鳴いて刺羽（さしば）ら海を指し羽搏つ
渡る鵯（ひよ）捕る隼も来て伊良湖崎
隼のむしる羽落つ伊良湖崎

初立池（岬発11時）コサギ、ダイサギ、アマサギ、カルガモ、マガモ、ホシハジロ、カワウ／サシバ、コジュケイ、ハチクマ、モズ、トビ、カラスsp、チョウゲンボウ
汐川干潟（13：30着）ケリ、トビ、カラスsp／イソシギ、アオサギ、カイツブリ、ダイゼン、ハマシギ、チュウシャクシギ、オグロシギ4、コアオアシシギ、シロチドリ、ムナグロ、ウミネコ、ユリカモメ

鳧（けり）翔つは刈田入り江に花火鳴る
（「寒雷」84年4月）

10月10日（月）伊良湖岬　曇時々晴
6時宿舎前集合10時出発新宿へ
伊良湖岬　恋路が浜・万葉歌碑
ハヤブサ、トビ、サシバ、ハチクマ、アオバト、ヒヨドリ、ホオジロ、カケス、キセキレイ、スズメ、カラスsp、トビ、ムクドリ、オナガ、ツバメ、コジュケイ／オオミズナギドリ

隼は翔たず稜線鵯（ひよどり）渡る
湾渡る鷲より低く青鳩も

伊良湖探鳥　合計
水辺の鳥19種　山野の鳥29種

1月15日（土）大井野鳥公園
汐入の池　アオアシシギ、コアオアシシギ10、タシギ25、オオソリハシシギ15、オバシギ、キアシギ、タカブシギ6、カルガモ、

コガモ、ヒヨドリガモ、ハシビロガモ、オナガガモ、ウミネコ100+ユリカモメ400、オオセグロカモメ、コチドリ、シロチドリ、カイツブリ、ダイサギ、コサギ、ゴイサギ、オオバン/モズ、ヒヨドリ、チュウヒ、スズメ、カラスsp、ハクセキレイ

水辺の鳥18種　山野の鳥5種

ハクセキレイ

10月29日（土）企画部旅行　快晴

産屋が崎ホテル泊

10月30日（日）河口湖畔散歩　湖上遊覧

西湖　カケス、カラスsp、シジュウカラ、コガラ、ヒガラ、モズ、セグロセキレイ、トビ、ホオジロ/マガモ、カルガモ、キンクロハジロ

河口湖計

水辺の鳥4種　山野の鳥8種

11月12日（土）大井野鳥公園

14：15家を出タクシーで公園へ～16：54発で帰る

公園　カルガモ10、キンクロハジロ、コガモ、コサギ、オオバン/トビ、ヒヨドリ、ハクセキレイ、シジュウカラ

バンの池　ユリカモメ39/ツグミ、セッカ

潮入の池　カルガモ10、キンクロハジロ、コガモ、ハシビロガモ、オナガガモ、バン、ウミネコ1000、ユリカモメ300+200、シロチドリ、カワウ、オオバン、コサギ、ゴイサギ20、アオサギ、タシギ20、ハマシギ10、イソシギ、アオアシシギ12+、キアシシギ/トビ、ヒヨドリ、ハクセキレイ、シジュウカラ、ツグミ、セッカ、チョウゲンボウ

水辺の鳥19種　山野の鳥7種

12月4日（日）大井野鳥公園

13：50家を出てタクシーで公園着16：55発で帰る

公園　ユリカモメ70、オオバン、コサギ

バンの池～潮入の池　ユリカモメ300/ツグミ、ハクセキレイ、ウグイス、スズメ

潮入の池　ダイサギ、コサギ、アオサギ、オオバン6、ユリカモメ300+数千、ウミネコ、カルガモ、コガモ、オナガガモ、ハシビロガモ、ヒドリガモ、スズガモ30、タシギ、イソシギ、キアシシギ/モズ、カラスsp、トビ、ヒバリ、セッカ、チョウゲンボウ

水辺の鳥18種　山野の鳥13種

12月10日（土）真鶴岬　快晴　真鶴駅11：58～岬～シャボテン公園
公園～灯台山～三石　ヒヨドリ、キジバト、ウグイス、アオジ、クロジ、トビ、カワヒワ、スズメ、ツグミ、モズ、ジョウビタキ、ハシボソカラス、ハシブトカラス／ユリカモメ、ウミネコ、ウミウ、クロサギ、コサギ、ゴイサギ
水辺の鳥6種　山野の鳥15種

12月15日（木）四日市市・伊賀行き
出張　同行吉田係長
伊賀上野北村屋泊
朝　山椒の木にジョウビタキ
新幹線　近鉄線沿線　ユリカモメ、コサギ、ケリ（桑名）／トビ、カラスsp
四日市～小山田13：30着～15：00発
コサギ、**ケリ6**／ハクセキレイ、モズ、スズメ、カラス、トビ

冬山田鳧鳴き老人ホーム去る
（「寒雷」84年5月）

四日市～伊賀上野着18：39

月天心伊賀は師走の甍跳ね
（「寒雷」84年5月）

12月16日（金）伊賀上野～壺坂～奈良　共済組合「やまと」泊
伊賀　芭蕉記念館～上野城～鍵屋の辻
ハクセキレイ、カワラヒワ、ツグミ、モズ、ハシブトカラス、途中アトリ

伊賀の冬鶫（つぐみ）はや地を駆け漁る

壺坂上野～近鉄大阪線～八木～樫原～壺坂山　壺坂寺の盲人専用養護ホーム
奈良　壺坂～樫原～西大寺～奈良

月の奈良枯れ芝暗く鹿動く

12月17日（土）奈良・春日山～若草山～時代行列
春日山探鳥　8：30～　ヒヨドリ、ツグミ、スズメ、キジバト、ムクドリ、カラスsp、コガラ、ヒガラ、シジュウカラ、キバシリ、メジロ、ルリビタキ、ハクセキレイ
帰り　ユリカモメ（賀茂川）

瑠璃鶲（るりびたき）春日山道冬日さす

四日市壺坂・奈良　合計
水辺の鳥3種　山野の鳥18種

12月24日（土）神宮御苑
アオジ5＋、ヤマガラ、ツグミ、ヒヨドリ、カラスsp、スズメ、ルリビタキ／マガモ18、オシドリ8
水辺の鳥2種　山野の鳥7種

ヤマガラ
©T. Taniguchi

12月25日（日）

六郷川河口　オナガガモ、ヒドリガモ、カルガモ、マガモ、コサギ、ユリカモメ数百、ウミネコ、ハマシギ数千、キアシシギ、シロチドリ／トビ、カワラヒワ、ヒヨドリ、カラスｓｐ、スズメ50、モズ、ツグミ、ハクセキレイ

水辺の鳥10種　山野の鳥8種

12月27日（火）千葉ホーム　職員に年末挨拶

ホーム付近　ジョウビタキ、カワラヒワ

久留里城　アオジ、メジロ、カラスｓｐ、ヒヨドリ、トビ、スズメ

山野の鳥8種

１９８４年１月～12月

新鳥種合計６種

水辺の鳥５種　山野の鳥１種

観察地合計　38箇所

東京都内27箇所（大井野鳥公園15回、浜離宮庭園３回、不忍池３回、なぎさの森２回、目黒自然教育園２回、その他各１回２箇所）

東京都外11箇所（城ヶ島・毘沙門２回、箱根駒ケ岳・仙石原２回、妙義湖・軽井沢２回、その他各１回）

1月3日（火）大井野鳥公園　晴後雨

城南大橋～東池～西池～池向かいの草原～バンの池～公園　コサギ、コガモ、オナガガモ、カルガモ、スズガモ、バン、オオバン、ゴイサギ、アオサギ、ユリカモメ、シロチドリ、ハマシギ／トビ、チュウヒ、キジバト、ハクセキレイ、ヒヨドリ、ジョウビタキ、イソヒヨドリ、ツグミ、セッカ、シジュウカラ、アオジ、カワラヒワ

水辺の鳥12種　山野の鳥13種

1月7日（土）三宅坂　13：30～14時

櫻田門～半蔵門　**ヒドリガモ132**、キンクロハジロ10、カルガモ60＋、オシドリ、カイツブリ、ユリカモメ34、コサギ／カラスsp、キジバト、ツグミ

水辺の鳥7種　山野の鳥3種

1月14日（金）妙義湖　晴

万平ホテル泊

1月15日（日）軽井沢星野温泉

万平ホテル～駅～星野温泉

星野温泉ホテル～野鳥の森　コゲラ、セグロセキレイ、コガラ、ヒガラ、エナガ、ゴジュウカラ、ヤマガラ、ハクセキレイ、トビ、モズ

横川駅～タクシー～国民宿舎　シジュウカラ、ヒガラ、セグロセキレイ、ホオジロ、ヒヨドリ、ベニマシコ、イスカ、エナガ、ヒガラ、ジョビタキ、カラスsp100＋／マガモ30＋30、カイツブリ、オシドリ

水辺の鳥3種　山野の鳥12種

黄の腹よ青鵐(あおじ)ら枯木道に降り

（「寒雷」84年6月）

鴨佇つも伏すも氷上刻止まる

（「寒雷」84年6月）

コガラ
©T. Taniguchi

水辺の鳥0　山野の鳥10種

1月16日（月）星野野鳥の森

ホテル発～星野温泉～旧探鳥コース～温泉入り口～中軽井沢～長倉神社

ホオジロ、カラ類、エナガ、シジュウカラ、コゲラ、トビ、カラスsp

下がりつ乗りつエナガ揺らせし　枯小枝

（「寒雷」84年7月）

山野の鳥6種

1月28日（土）浜離宮庭園

市谷濠　カイツブリ、ユリカモメ10

庭園　ツグミ、ヒヨドリ、モズ、キジバト、ムクドリ

潮入の池　キンクロハジロ180、カイツブリ10、ハシビロガモ、マガモ、カルガモ10、ゴイサギ、カワウ

鴨場　カワウ300、ユリカモメ

水辺の鳥11種　山野の鳥5種

2月4日（土）上野不忍池探鳥会

節分大変寒し　50人女性ばかり

不忍池　オナガガモ絶対多数、ホシハジロ、ヒドリガモ、キンクロハジロ、カワウ700（少し減った。浚渫工事で浜離宮に移動）、カイツブリ、バン／キジバト、ハクセキレイ、ヒヨドリ、シジュウカラ、アオジ、カワラヒワ、スズメ、ハシブトガラス

潜き出で冠羽濡れずに羽白鴨

（「寒雷」84年7月）

水辺の鳥7種　山野の鳥8種

2月11日（土・休）大井野鳥公園

晴　寒さ緩む

潮入の池（池は結氷がかなり残る）

ハマシギ300、シロチドリ100、オナガガモ、スズガモ、コサギ、カルガモ多数、コガモ、ハシビロガモ、ヒドリガモ、オオバン、バン、ゴイサギ、アオサギ、ウミネコ、イソシギ、**ユリカモメ1000+700**、オカヨシガモ／ツグミ、ジョウビタキ、ヒヨドリ、カラスsp、カワラヒワ、スズメ、オオジュリン、ムクドリ

水辺の鳥17種　山野の鳥12種

スズガモ
©T. Taniguchi

3月18日（土）11：00前後

家で聞く　イカル

3月25日（土）浜離宮公園

谷中墓参後

谷中墓地　ツバメ、カラスsp、スズメ、シジュウカラ、ヒヨドリ、ウグイス、カワラヒワ、コガラ、ツグミ

浜離宮公園・潮入の池　キンクロハジロ425、カイツブリ、マガモ10、カワウ10、コサギ、ユリカモメ／ヒヨドリ、キジバト、シジュウカラ

鴨場　ゴイサギ30、コサギ、カルガモ10、コガモ／ツグミ、オナガ、ムクドリ

水辺の鳥9種　山野の鳥13種

3月31日（土）晴後雨

目黒自然植物園　カラスsp多数、シジュウカラ、ヒヨドリ、ツグミ、キジバト、ムクドリ／オシドリ10＋

薹浮いてよろけて累々たる数珠子

（「寒雷」84年8月）

水辺の鳥1種　山野の鳥6種

4月7日（土）薄曇　城ヶ島・毘沙門

城ヶ島　カワラヒワ、ツバメ、ハクセキレイ、ヒヨドリ、スズメ、イソヒヨドリ、トビ／ウミウ、ヒメウ、オオセグロカモメ

毘沙門・江奈湾　タシギ、イソシギ、クサシギ、シロチドリ10、ムナグロ、タヒバリ、ウミネコ／オオジュリン、トビ、カラスsp、ツグミ、コジュケイ

イソヒヨを歌わせひねもす鹿尾菜（ひじき）採る

（「寒雷」84年9月）

水辺の鳥10種　山野の鳥12種

4月14日（土）大井野鳥公園

城南大橋手前　タクシー降車

汐入の池・西池・干潟　ツグミ、オオジュリン、キジバト、ムクドリ／コガモ、カルガモ、コチドリ、シロチドリ、ハシビロガモ、ヒドリガモ10、マガモ、カルガモ、コサギ、オオソリハシシギ、オバシギ、スズガモ

東池　カルガモ14＋20、ハシビロガモ17、ヒドリガモ16、ユリカモメ、カモメ、オオソリハシシギ、コガモ17、オオバン、クサシギ、コサギ、ダイサギ／ヒバリ、ツバメ、ハクセキレイ

野鳥公園　ハクセキレイ、ツバメ、ツグミ、ハッカチョウ／タシギ、オオバン

水辺の鳥19種　山野の鳥9種

ヒドリガモ
©T. Taniguchi

4月15日（日）大磯照ケ崎

16：40～17：10金丸先生を囲む同窓会・滄浪閣の帰り黒田氏と

照ヶ崎・海上・浜辺　オオミズナギドリ10、ウミネコ／カラスsp、ツバメ、スズメ、トビ

水薙鳥見てきて宵の花の下

水辺の鳥2種　山野の鳥4種

4月20日（金）なぎさの森・大井ふ頭中央海浜公園　曇

管理事務所から干潟を望む　スズガモ、コガモ、シロチドリ、ハマシギ、コサギ、キョウジョシギ、セグロカモメ、ウミネコ、カルガモ／ツグミ

水辺の鳥9種　山野の鳥1種

4月22日（日）六郷河口

小島新田から土手

中州と付近の干潟　スズガモ多数、カワウ、シロチドリ、ハマシギ、キョウジョシギ、コガモ、トウネン、ユリカモメ、ウミネコ、オナガガモ、マガモ

いすゞ工場脇と枯葦原先の干潟　コサギ、カルガモ、コガモ30、ホシハジロ、ハマシギ300、シロチドリ、メダイチドリ、トウネン、キョウジョシギ

枯芦原の末　ハマシギ、シロチドリ、メダイチドリ、マガモ、カルガモ、スズガモ、アオサギ、コサギ、セグロカモメ／カラスsp、ヒバリ

水辺の鳥19種　山野の鳥2種

4月28日（土）決算委員会伊豆山視察　熱海後楽園泊

熱海城付近　イソヒヨドリ、シジュウカラ、コゲラ、カワラヒワ、トビ、コジュケイ

ホテル・アカイ付近（錦ヶ浦展望）　イソヒヨドリ、ヒヨドリ、スズメ、キジバト、シジュウカラ／ウミウ、カモメsp

水辺の鳥2種　山野の鳥9種

4月29日（日）下北探鳥　曇　羽田～三沢空港～タクシー～野辺地～バス～むつ～尻屋　尻屋新谷旅館泊

弁天島　ユリカモメ、ツグミ、オオセグロカモメ、ウミウ、**ケイマフリ**、ハクセキレイ、イソヒヨドリ

弁天島～尻屋岬　ハシボソカラス、カワラヒワ、ハクセキレイ／ウミウ、**シノリガモ**（15：30～16：30）、**ウミアイサ**

シノリガモを見つけた頃から寒くなり尻屋崎でバスを待つ時間、本当に寒かった。

尻屋崎18：08～尻屋　ヒバリ／オオセグロカモメ

尻屋もうやませ雲雀がよろけ翔つ

（「寒雷」84年10月）

ケイマフリ
©T. Taniguchi

水辺の鳥9種　山野の鳥6種

4月30日（月）下北半島行　曇後雨

六ヶ所稲穂旅館泊

岩尾海岸の朝（6：40〜7：50）カモメsp、オオセグロカモメ、ウミスズメ、クロガモ、ウミウ、キンクロハジロ10／カラスsp、スズメ、カワラヒワ、ハクセキレイ

岩尾〜むつ　ツグミ、カラスsp、トビ

東風寒き下北の旅軍手買う

むつ〜砂子又〜左京沼（湿地帯・水芭蕉）〜小田野沢（まだ湿地帯・水芭蕉咲く）〜老部（おいっぺ）・東通村原子力連絡所（東北電力の施設）〜白糠〜泊港　ウミネコ200／カラスsp

泊12：30〜

尾駮・六ヶ所役場前13：10

尾駮沼　カモメsp 30／カラスsp、ハクセキレイ、ムクドリ、カワラヒワ、トビ

尾駮浜　カワラヒワ大群、シジュウカラ、ムクドリ、スズメ

石油備蓄基地（タンク51基完成、タンクは直径60ｍ、高さ20ｍ）中継ポンプ場、新納屋の港

漁港すらない土地に大型タンカーの石油を運び入れるため沖合4㎞にブイを設置してタンカーを繋留する無理をしている。しかもこの石油備蓄関係だけでむつ小川原開発kkが買収した用地の十分の一が使われただけであとは買収した借金1千億円以上があてもなく利子を増やしている。そこで核燃料サイクルの受け入れが始まったが、これがいまもって稼動しないでいる。田尻氏の論文参考。

高瀬川　タクシーで平沼へ行くつもりが行き過ぎて小川原湖の入り口まで行った。戻って高瀬川の見えたところで戻り17：30に稲穂旅館に着く。

水辺の鳥13種　山野の鳥11種

5月1日（火）田母木沼と高瀬川河口

田母木沼　7：00発　アオサギ、カイツブリ、スズガモ、カンムリカイツブリ（すっかり夏羽でノーブルな姿）、カイツブリ、バン、ジシギsp／ツバメ、ツグミ、ヒヨドリ、スズメ、ムクドリ、カワラヒワ、オオジュリン、トビ

高瀬川河口9：00発11：30　アオジ、トビ、カワラヒワ、ハクセキレイ、ミソサザイ、アオサギ、オオセグロカモメ、カルガモ、ウミネコ、オオミズナギドリ、キョウジョシギ10、キンクロハジロ

ミソサザイ
©T. Taniguchi

六ヶ所の荒波水薙鳥（みずなぎどり）嬉々と

（「寒雷」84年10月）

水芭蕉海辺に原発容るる村

（「寒雷」84年10月）

水辺の鳥13種　山野の鳥11種

5月3日（木・休）快晴

大井野鳥公園

潮入の池西池　コサギ、スズガモ、タシギ、キアシシギ、コアジサシ25+、コガモ、カルガモ、ヒドリガモ、コチドリ、シロチドリ、バン、カイツブリ、ユリカモメ／ハクセキレイ、セッカ、ヒバリ、オオヨシキリ、スズメ、キジバト

東池　カルガモ30、コアジサシ、コチドリ、ダイサギ、シロチドリ、カイツブリ、バン、ハマシギ

潮干潟　コアジサシ、カルガモ

公園　オオバン

（潮干狩）潮吹きと浅利すこし

水辺の鳥15種　山野の鳥6種

5月5日（土・休）小櫃川河口　晴

木更津～タクシー～畔戸

畔戸～浜　ダイサギ、キアシシギ、カルガモ／セッカ、カラスsp、ツグミ、ヒバリ

干潟（1㎞沖まで干上がる、しかし500mで引き返す）　キアシシギ、ハマシギ大群

松林　カワラヒワ、コジュケイ／カルガモ、スズガモ100、ハマシギ大群、カモメsp、コアジサシ、キアシシギ

浜～畔戸～畔戸・高須入り口　ヒバリ、オオヨシキリ、セッカ、ハシボソガラス、スズメ、カラスsp、ムクドリ、カルガモ

スズガモ
©T. Taniguchi

駅までのバスが渋滞、駅まで歩く。19時過ぎてんぷら屋で夕食。21時半帰宅。

引く鴨の列コンビナートを越え行くか

（「寒雷」84年10月）

古芦の揺れ揺れ葦切り歌い初め

水辺の鳥10種　山野の鳥15種

5月12日（土）薄曇　大井野鳥公園

茅花揃う

潮入の池・西側　タシギ、コアジサシ、アジサシ、コチドリ10、シロチドリ20、カルガモ、バン、トウネン20、キアシシギ／オオヨシキリ、セッカ

干潟　キョウジョシギ、メダイチドリ、シロチドリ、コチドリ、スズガモ、コサギ、アジサシ20、カルガモ、キアシシギ／オオヨシキリ、ヒバリ、セッカ、スズメ

東側　タシギ、**アカエリヒレアシシギ夏羽**、ウミネコ、ユリカモメ10、アジサシ30、コアジサシ10、ダイサギ、コサギ、シロチドリ、

コチドリ、カルガモ、バン10、コガモ、マガモ、タシギ、キアシシギ／オオヨシキリ

アカエリヒレアシシギの夏羽は初めて。飛び立つと翼に白筋が入って美しい。5羽が絶えず泳ぎ回って頭を動かし水中を漁る。

極地指す一日頸振り泳ぐ鴫

（「寒雷」84年11月）

公園付近　オオバン、コチドリ／カラスsp、ヒヨドリ、オオヨシキリ、セッカ、ツバメ

コチドリ
©T. Taniguchi

水辺の鳥21種　山野の鳥8種

5月20日（日）行徳野鳥観察舎　薄曇

観察舎　スズガモ20、オオソリハシシギ、コアジサシ、カルガモ多数、バン、アオサギ、コサギ、カルガモ、ムナグロ、オナガガモ、カワウ／オオヨシキリ、セッカ、キジ、トビ

園内観察会13：30～14：50　ツバメ、オオヨシキリ、ヒバリ、スズメ／ゴイサギ30、カルガモ、アオサギ、ダイサギ、コサギ、コアジサシ、カワウ20、コチドリ、キョウジョシギ、ダイゼン、アオアシシギ、チドリsp、キアシシギ

鳥の病舎　8種　名省略

水辺の鳥20種　山野の鳥6種

6月2日（土）箱根芦の湯・駒ケ岳

芦の湯・紀伊国屋泊

大涌谷13：20発　カラスsp、ウグイス、センダイムシクイ、コガラ、コルリ、ヤマガラ、ミソサザイ、ヒガラ

神山頂上14：50着～17：15　着芦の湯

紀伊国屋　コルリ、コガラ、シジュウカラ、ウグイス、カラスsp、ホトトギス、クロツグミ、キビタキ、キジ、ヒヨドリ

硫気消えし高み

ベニバナイチヤクソウ

声だけの小瑠璃や神山余花散らす

水辺の鳥0　山野の鳥15種

6月3日（日）芦の湯　晴

芦の湯朝・東光園6：00～7：10

ホオジロ、シジュウカラ、ホトトギス、ヒヨドリ、カラスsp、カケス、クロツグミ、イカル、アオバト

東芦の湯～宮下9：37発～仙石高原12：55発～小田原　ホオジロ、ウグイス、カラスsp、キジ、オオヨシキリ

早川・自然探勝路　キジ、クロツグミ、ヒヨドリ、ホトトギス、カッコウ、オオヨシキリ、ウグイス、ノジコ、**セグロセキレイ**、ハクセキレイ、シジュウカラ、コジュケイ、ツバメ／カルガモ

青鳩の呼べり野仏目瞑れど

黒鶫朗々大杉墓地包む

（「寒雷」84年11月）

水辺の鳥1種　山野の鳥21種

6月16日（土）大井野鳥公園

カルガモの親子デー

潮入の池西池　オオヨシキリ、ツバメ、ムクドリ、ハクセキレイ／カルガモ100、コチドリ10、シロチドリ、コアジサシ

東池　ウミネコ25、カルガモ20、コサギ、バン10、オオバン、コアジサシ、コチドリ、シロチドリ、アジサシ／ヒバリ、セッカ、オオヨシキリ

水辺の鳥12種　山野の鳥6種

7月1日（日）上野動物園　晴

谷中墓参後

不忍池　カワウ、マガモ11、オナガガモ、

新築バード舎　タンチョウ、マナズル、タメコウ、ツグロ、チメドリ、アオバト、カラスバト、フクロウ、シマフクロウ、オオオハシ、ワライカワセミ、セイケイ、アマサギ、ハチドリ、オオコノハズク、ヤマセミ、イヌワシ、オオワシ、オジロワシ、ノスリ、コンドル、ハクトウワシ

水辺の鳥3種　動物園バード舎の鳥省略

7月14日（土）晴

台場海浜公園・大井野鳥公園

お台場の海浜公園　カワラヒワ、セッカ、キジバト、ヒヨドリ、カラスｓｐ／カモメｓｐ

大井野鳥公園

潮入の池　カルガモ親子、コチドリ、コアジサシ、ウミネコ、コサギ、ダイサギ／ツバメ、オオヨシキリ

水辺の鳥7種　山野の鳥6種

8月9日（木）大井野鳥公園　晴

潮入の池西池　キョウジョシギ25、タカブシギ10、キアシシギ10、コチドリ20、シロチドリ10、トウネン、アオアシシギ

東池　ウミネコ1000、セグロカモメ、ユリカモメ20、カルガモ50、カイツブリ（親2＋子3、親1＋子2）、アオサギ、バン20、ダイサギ、コサギ、イソシギ、キアシシギ／ハクセキレイ、ツバメ、カラスｓｐ、スズメ

声待ちしアオアシシギは鳴きつ去る

潜り出る親に鳰の子すぐ蹤きぬ

鳴きやめずつく鳰の子に親潜る

（「寒雷」84年12月）

水辺の鳥18種　山野の鳥4種

8月12日（日）大井野鳥公園

潮入の池東池　ウミネコ多数、セグロカモメ、カルガモ、バン、アオアシシギ、キアシシギ、コチドリ、アオサギ、ゴイサギ／セッカ、オオヨシキリ、ツバメ、ヒバリ

西池　タカブシギ、エリマキシギ、ソリハシシギ10、キアシシギ10、コチドリ30、メダイチドリ10、キョウジョシギ10、ゴイサギ、カルガモ、ダイサギ、コサギ、コアジ

サシ

水辺の鳥17種　山野の鳥4種

キョウジョシギ
©T. Taniguchi

8月17日（金）黒部立山新湊行　晴

新宿8：00発大町12：04着バスに繁子だけ乗せて出発。

大町前の池　コブハクチョウ、カルガモ／ツバメ

扇沢14：00発〜黒部ダム

黒部ダム　イワツバメ

黒部湖〜1455m地下ケーブル1828m・5分〜黒部平　黒部平〜ロープウエー7分2316m大観峯　イワツバメ、メボソムシクイ

大観峯〜トンネルバス〜10分2450m室堂平

みくりが池一周　イワツバメ、メボソムシクイ、カヤクグリ

室堂の網戸の月や峯離れ
岩つばめ雄山の峯に灯がつきぬ
霧晴れし茜立山肉噛む間

水辺の鳥2種　山野の鳥4種

8月18日（土）室堂平・弥陀ヶ原・極楽坂　晴　極楽坂ホテル泊

室堂平　繁子朝4時半から起きてテープをとるもメボソムシクイのみ。

室堂山コースを歩くもライチョウ見当たらず。

室堂の雪渓目見えぬ妻踏みぬ
目細鳴き見晴らす稜線どこも人

弥陀ヶ原　10：40発のバス下るにつれて剱岳がよく見えたというのも弥陀ヶ原のバス15分の間に霧がでてきてたちまち見えなくなる。

ウグイス、メボソムシクイ、ルリビタキ、ハクセキレイ、キセキレイ、イワツバメ、ウソ

13：55のバスで美女平へ14：30着

15：15発で立山駅へ　極楽坂

赤鷽（あかうそ）を観たりガス這う弥陀ヶ原
赤鷽（あかうそ）やガスは傾く弥陀ヶ原

（「寒雷」84年12月）

山野の鳥7種

8月19日（日）称名ノ滝・富山新湊　晴　新湊安田旅館泊

称名ノ滝　極楽坂のホテル8：00発〜立山駅〜常願寺川〜9：05着

スズメ、ツバメ　滝の高さ350m

10：15〜10：30立山駅〜富山〜西新湊

新湊埋立地　セッカ、ヒバリ、ツバメ、トビ／ウミネコ、キョウジョシギ、コチドリ、メダイチドリ、トウネン、ハマシギ、コアジサシ、アジサシ、オオソリハシシギ、カルガモ、ユリカモメ、ソリハシシギ、キアシシギ

ソリハシシギ
©T. Taniguchi

宿から　アオバズク、ゴイサギ／カラスsp、キジバト

この埋め立ては奈呉の浦を埋め立てるものだが予定の工場が来ず、工事が遅れて干潟が残っている。すでに放生津潟は新港として埋め立てられた。かくて鳥たちの立ち寄る場所もはるかに小さくなったのであろう。

高原の雲溢れ出ず滝の上
夏雲雀翔たせて奈呉は埋立地
（「寒雷」85年1月）

防潮堤内西日の翳る奈呉の鷗

朝の新湊港　ウミネコ、ユリカモメ／ツバメ、トビ
放生津八幡宮　ウミネコ、キアシシギ／オナガ、トビ、スズメ、

汗拭う社廊や鳴かぬ蝉移る

水辺の鳥15種　山野の鳥10種

8月26日（日）大井野鳥公園　晴

潮入の池　干上がる。4、5年振り　ムクドリ、ハクセキレイ、ヒバリ、スズメ
海　スズガモ11、ウミネコ、カルガモ
野鳥公園　イソシギ、シロチドリ／キジバト、ハクセキレイ
水辺の鳥5種　山野の鳥5種

9月　2日（日）なぎさ・大井中央海浜公園　晴　フェーン現象37度

観察小屋非開放
事務所　ウミネコ65＋10＋30、カルガモ、イソシギ、ムナグロ11／ムクドリ、カラスsp
水辺の鳥4種　山野の鳥2種
参加者山本先生ら地区連の人の他青樹夫婦、伊庭夫人ら

9月8日（土）台場海浜公園・野鳥公園　地区連歴史ハイク　晴10人

台場海浜公園　カラスsp、ヒバリ、スズメ／ウミネコ、ユリカモメ、アオサギ

青鷺は一飛び黒船来ざりし江

大井野鳥公園・バンの池　バン、カルガモ、イソシギ、ウミネコ12／ツバメ、キジバト、ヒヨドリ、オナガ
潮入の池　カルガモ12
十三夜の月　干上がる池は今晩原製作

所のポンプで海水いれると。
城南大橋　ウミネコ10、ゴイサギ
海上に月
京浜大橋　こうもり4、5羽

水涸れし埋立地の月五位跳んで
旱経し五位月へ翔つ埋立地
（「寒雷」85年1月）

水辺の鳥7種　山野の鳥7種

9月16日（日）谷津干潟探鳥会　曇後雨　繁子の友人水谷夫人も参加
10時若松団地集合
西側干潟　シロチドリ300、ダイサギ13、コサギ、トウネン40、キョウジョシギ、オオソリハシシギ、カルガモ58、アオサギ15、ウミネコ150、**ダイゼン280**、コチドリ、コアジサシ、コガモ、アオアシシギ10、キアシシギ／ハクセキレイ
干潟中央　ダイゼン、オバシギ50、コオバシギ、**ダイシャクシギ**、**ホウロクシギ**、チュウシャクシギ24、キアシシギ、イソシギ、ソリハシシギ、コガモ10、バン、メダイチドリ40／スズメ、ハシブトガラス
水辺の鳥31種　山野の鳥9種
鳥合せ　私たちが気が付かなかったもの13種、数は10以上は加えた
東端・学校脇　チュウシャクシギ12羽、ホウロクシギ、ダイシャクシギもあらためて見直した。画家である水谷女史は蟹の多いこと、ホウロクの嘴の長いことに感心していた。

鳴き合いのソロ出てチュウシャクシギ翔てり

水辺の鳥29種　山野の鳥2種（気づかなかった6種）

9月23日（日）六郷河口　爽やかな秋晴
13時、小島新田から堤防・中州周辺
ウミネコ多数、ユリカモメ、コサギ、ダイサギ、コサギ23、キアシシギ、カワウ
空港正面・いすゞ工場裏の堤防　釣り客多く鳥の邪魔　キアシシギ、コガモ、カルガモ、オナガガモ、ヒドリガモ、マガモ／ハクセキレイ、スズメ大群

旋回の鷗らにどこも鯊釣れり
（「寒雷」85年2月）

帰り（上げ潮）ツバメ、カラスsp／コサギ20、ダイサギ、ユリカモメ120、アオサギ、ウミネコ数百

渡りきて上げ潮まかせゆりかもめ
（「寒雷」85年2月）

水辺の鳥13種　山野の鳥4種

9月24日（月・休）行徳野鳥観察舎
快晴　水谷氏と元八幡で待合せ
観察舎と付近　バン、ウミネコ、コサギ、

アオサギ
©T. Taniguchi

ゴイサギ、ダイサギ、カワウ20、ダイシャクシギ、シロチドリ多数、コチドリ、アオサギ多数、アオアシシギ10、アオサギ20、ソリハシシギ、イソシギ、スズガモ20、オナガガモ10、カルガモ

帰り道　モズ、セグロカモメ

初鴨の雌雄は識らず濡れ羽照る

（「寒雷」85年2月）

水辺の鳥18種　山野の鳥1種

10月7日（日）小櫃川河口　千葉ホームの運動会後昨年と同様、車で

畔戸先の堰堤　キアシシギ、コサギ、ハマシギ、キアシシギ、シロチドリ、ウミネコ、アオサギ、カルガモ10、アオサギ、オオソリハシシギ、コサギ11／ハクセキレイ、チョウゲンボウ

鷸鳴いて葦原蟹が二つ三つ

水辺の鳥10種　山野の鳥2種

10月13日（土）大井野鳥公園　12時大森バス～16時公園発

公園・バンの池　カルガモ10、オオバン、タシギ、ウミネコ300、ユリカモメ、キアシシギ、ダイサギ、アオアシシギ、イソシギ／シジュウカラ

潮入の池西池　タカブシギ、コチドリ、タシギ、コガモ30、カルガモ50、オナガガモ、ヒドリガモ、ウミネコ

東池　ウミネコ500、ユリカモメ20、カルガモ、オナガガモ、ハシビロガモ、コガモ、ヒドリガモ、マガモ、セイタカシギ、アオサギ、ゴイサギ、ダイサギ、ゴイサギ10、オオバン／ヒバリ

虹の干潟　オオソリハシシギ11、コサギ／ハクセキレイ、スズメ

紅の脚浅瀬へセイタカシギ進む
さす潮に小声し移る大鷸ら

水辺の鳥23種　山野の鳥4種

10月20日（土）宮城県伊豆沼　小雨

野鳥の会中止の翌日　新幹線一ノ関11：36着、新田12：42着本吉屋で休息

観察舎（今年完成）マガン33、コハクチョウ10、オナガガモ、マガモ、キンクロハジロ（舎の表示板ガン6000、ハクチョウ34、カモ13，000）

屋上　カイツブリ、マガン

着水の雁ら頸立て群れ密に

小屋西の岸　ムクドリ大群、ハシボソガラス、ヒヨドリ、スズメ／コサギ20、マガン、ヒドリガモ、コガモ、**雁第2陣**

観察舎屋上　**雁第4陣**／ムクドリ、カラスsp

10月21日（日）伊豆沼　雨

マガンの朝翔ち　5：50zに宿を出たが、小屋へ着く前、雨の中を雁は南南東か南東へ向かう。小屋の屋上につく頃は大半の雁は飛び去った後、6：30頃で終わり。ハクチョウ6：20雨止む。ハシボソカラス、ムクドリ、アカゲラ、モズ、ハクセキレイ

獅子鼻　9：00発　カイツブリ、タゲリ、コサギ10、マガモ、カルガモ、ゴイサギ

獅子鼻～内沼　**マガン10＋10**　マガモ、カルガモ、カイツブリ、タゲリ、**マガン**（300**続々飛来**）／バン、モズ、ハクセキレイ
観察舎　キンクロハジロ、マガモ、ホシハジロ、ヒドリガモ、オナガガモ、ハクチョウ25、コサギ10

舞う雁の大合唱下沼黙す　（「寒雷」85年3月）

白鳥の水尾先陣の鴨圧す　（「寒雷」85年3月）

崖の背に声湧きしかと雁の列　（「寒雷」85年3月）

雁見たる帰りみちのく稲積（にお）の列

雁のくに伊豆沼四方に　ホンニョ立つ　（「寒雷」85年3月）

水辺の鳥16種　山野の鳥5種

11月4日（日）大井野鳥公園

潮入の池西池・干潟　ハマシギ120＋50、ユリカモメ100、アオアシシギ、コアオアシシギ、ダイゼン、**オオハシシギ**、オオソリハシシギ10、カルガモ、コガモ、オナガガモ、ヨシガモ、ダイゼン／トビ、ハクセキレイ、ヒヨドリ、カラスsp、セッカ、オオジュリン
東池　カルガモ、コガモ、オナガガモ、ハシビロガモ、ヒドリガモ、コガモ、コサギ、ゴイサギ多数、セイタカシギ、アオアシシギ
バンの池・公園　ユリカモメ、バン、ダイサギ、カイツブリ、バン、オオバン／モズ、ハクセキレイ

鷭は立寝つながり蜻蛉尾を浸し

水辺の鳥23種　山野の鳥7種

11月17日（土）櫻田濠

日比谷～三宅坂～半蔵門　カラスsp／カイツブリ、ユリカモメ、**ヒドリガモ40**（**土手**）**＋20**（**水上**）＋2、カルガモ、カワウ

水辺の鳥6種　山野の鳥1種

11月18日（日）目黒自然教育園

紅葉美しい。いいぎりの赤い実
園内　カラスsp、ヒヨドリ、シジュウカラ、アオジ、スズメ
ひょうたん池　オシドリ

学生ら描かず紅葉の蔭の鴛鴦

水辺の鳥1種　山野の鳥5種

11月24日（土）神宮御苑

園内　シジュウカラ、ヤマガラ、ヒガラ、カワラヒワ

御苑　アオジ、シジュウカラ、ヒヨドリ、カワラヒワ、カラスsp、メジロ／マガモ50、オシドリ20
水辺の鳥2種　山野の鳥8種

11月25日（日）京浜島・大井野鳥公園　木枯し1号
京浜島　ダイサギ、コサギ、カワウ、カモメ類30（沖の鵜の大群を見ようとしたが）／シジュウカラ、スズメ、ハクセキレイ
バンの池　ユリカモメ、オオバン／ヒバリ、カラスsp、トビ、オオジュリン、ベニスズメ
潮入の池　スズガモ30、オナガガモ、ウミネコ12、カルガモ、コガモ、ハシビロガモ、コサギ、ヒドリガモ、マガモ、セイタカシギ、セグロカモメ、ユリカモメ多数、スズガモ500
野鳥公園　カルガモ30、コガモ、オナガガモ、オオバン、カイツブリ、ユリカモメ
水辺の鳥20種　山野の鳥7種

12月8日（土）浜離宮公園
13：40入園〜15：40退園
休憩所前　シジュウカラ、ヒヨドリ
潮入の池　カイツブリ、キンクロハジロ100+300、マガモ、オナガガモ、ハシビロガモ、コガモ／シジュウカラ
鴨場　カワウの糞で汚れた木々跡形なし。マガモ、カルガモ、カイツブリ／ツグミ、オナガ、ハシブトガラス
海　ユリカモメ50+、カワウ／ハシブトガラス50、ヒヨドリ、カラスsp
乗船場近くの林　ツグミ、ムクドリ20、ヒヨドリ、ジョウビタキ
水辺の鳥9種　山野の鳥8種

12月9日（日）新浜探鳥会　晴
凪なし　10時集合（東さん案内）
蓮田　タシギ、コガモ10、オナガガモ30、ハシビロガモ、ダイサギ、ハマシギ10／トビ、スズメ、ハシブトガラス、ハクセキレイ、オオジュリン
土手を下流へ　オナガガモとスズガモの大群、ハマシギ群、シロチドリ群／ユリカモメ10
飛行船、鴨を驚かす。
行徳橋へ　セイタカシギ、ハマシギ

枯蓮田いまやセイタカシギの水
（「寒雷」85年4月）

排水場入り口〜本土の草地　ユリカモメ、ヒドリガモ、カワウ30
鳥合わせ　水辺の鳥9種+私が見なかったもの18種
山野の鳥5種+私が見なかったもの15種
観察舎　アオサギ、セグロカモメ、ゴイサギ、セイタカシギ
帰りの水路　チュウヒ
水辺の鳥12種　山野の鳥6種

チュウヒ
©T. Taniguchi

12月16日（日）大井野鳥公園

11：50タクシー着～14：25発

潮入の池　チュウヒ

偵察の鷹海へ抜け鴨翔つか

ドッグの海　スズガモ500、オナガガモ、ハシビロガモ、カルガモ、ヒドリガモ、オカヨシガモ、カイツブリ／カワラヒワ、タヒバリ、オオジュリン

潮入の池東池　オナガガモ多数、ハシビロガモ20、ヒドリガモ、マガモ、コガモ、オオバン20、コサギ、カルガモ

西池　コガモ、カルガモ、セイタカシギ、ダイサギ、オカヨシガモ／ウグイス、アオジ、キジバト、ジョウビタキ

虹の干潟　セイタカシギ8　スズガモ100、オナガガモ多数、カルガモ、ハシビロガモ、ハマシギ、ダイサギ／ハクセキレイ

木枯のスズガモ一団波に眠る

（「寒雷」85年4月）

引く潮に年越すセイタカシギ一家

バンの池・遊歩道　ヒバリ、オオジュリン、スズメ、キジバト／ユリカモメ、オオバン、コガモ

公園　ユリカモメ500、オオバン、バン、カルガモ／ムクドリ

水辺の鳥18種　山野の鳥12種

12月23日（日）不忍池　谷中墓参後

谷中墓地　カワラヒワ、オナガ、ツグミ、スズメ、カラスsp

不忍池　動物園内　オナガガモ最大　ホシハジロ

弁天堂脇の池　オナガガモ、ヒドリガモ、バン、カワウ、カイツブリ、コガモ、ハシビロガモ／スズメ

水辺の鳥8種　山野の鳥6種

1985年1月～12月

新鳥種合計4種
　水辺の鳥1種　山野の鳥3種
観察地合計　38箇所
東京都内22箇所（大井野鳥公園15回、不忍池2回、その他各1回浜離宮庭園、九品仏、太田図書館、自宅付近、蘇峰公園）
東京都外16箇所（六郷河口4回、谷津干潟2回、行徳新浜2回、その他各1回浜松佐鳴湖、舳倉島・金沢、仙石・堂ヶ島・伊豆山、鬼怒川、軽井沢星野温泉、千葉ホーム、養育院、北海道旭川・礼文・稚咲内）

1月5日　大井野鳥公園　快晴　小寒

野鳥公園　コガモ300、オオバン、バン／キジバト、スズメ、ヒヨドリ、ツグミ、ムクドリ、アオジ、カワラヒワ
自然観察路～虹の干潟　ダイサギ、セイタカシギ7、スズガモ、オナガガモ、コチドリ10、ハマシギ、ユリカモメ／モズ、キジバト、カワラヒワ、オオジュリン、ベニスズメ
潮入の池西池　カルガモ多数、オナガガモ、コガモ、ハシビロガモ、セイタカシギ、アオサギ、コサギ
東池　カルガモ、オナガガモ、コガモ、ヒドリガモ、ハシビロガモ、セグロカモメ、
空　トビ、ハヤブサ
水辺の鳥17種　山野の鳥14種

2月2日（土）大井野鳥公園

11時バス大森発～14：28発大森行き
公園　シジュウカラ、ツグミ、アオジ
バンの池　ツグミ、オオジュリン
自然観察路　1週間前の土曜日子供の焚き火で30haが焼けたが通行可能　トビ、ツグミ、ムクドリ、ジョウビタキ、オオジュリン、ヒバリ、ウグイス、モズ、キジバト
虹の干潟　オナガガモ50、スズガモ、キンクロハジロ、ハマシギ、シロチドリ
潮入の池西池　オナガガモ多数、カルガモ多数、コガモ、ハシビロガモ／チュウヒ
東池　ユリカモメ1千以上、セグロカモメ、ウミネコ、アオサギ、オナガガモ、カルガモ、オオバン、ハシビロガモ、コガモ
水辺の鳥15種　山野の鳥13種

2月7日（土）浜松舘山寺　佐鳴湖

浜松聖隷ホスピス出張
舘山寺荘泊
宿の朝6：40　鴨の群　7時大群
舘山寺朝翔ちの鴨棚引けり
月残し鴨ども暁けの湖へ翔つ
大草山頂（7時ケーブル）アオジ、メジロ、シジュウカラ、ヒヨドリ、カラスsp／カルガモ

宿から　カラスｓｐ、アオジ10、メジロ30
　シジュウカラ／鴨群、キンクロハジロ、

佐鳴湖　11：45タクシー～入野区　トビ、ヒヨドリ、カラスｓｐ／カルガモ、キンクロハジロ、カイツブリ、カンムリカイツブリ、アカエリカイブリ、ミコアイサ、オナガガモ、コガモ、ヒドリガモ、ハシビロガモ、カワウ10、ダイサギ、コサギ

鴨遠き岸行き逢へり大き鳴
息長き大鳴別れ浮きにけり

水辺の鳥14種　山野の鳥9種

3月23日（土）

家の2階　他のカラに混じってヤマガラ

3月24日（日）大井野鳥公園　曇後晴　11：27大森発バス～14：05発

野鳥公園　オオバン、バン、コガモ、カルガモ、コサギ／スズメ、シジュウカラ
　カラスｓｐ

バンの池・緑道　アオジ、オオジュリン、

焼け跡　タヒバリ、ツグミ、ヒバリ、ムクドリ、ジョウビタキ

潮入の池西池　オカヨシガモ、カルガモ、コガモ、ハシビロガモ、オオバン

東池　ユリカモメ２５０、セグロカモメ20、オオバン、ハシビロガモ、カルガモ、コガモ

沈埋ドッグの海　スズガモ１００、カイツブリ10／ハクセキレイ、タヒバリ、ヒバリ、オオジュリン、モズ

遅速やや合はず一団鳥雲に

水辺の鳥12種　山野の鳥12種

3月30日（土）六郷河口　曇時々雨

土手15：20着

小島新田～土手・中洲　ツグミ、カラスｓｐ、キジバト／マガモ、キンクロハジロ、スズガモ、ゴイサギ50・ユリカモメ３００、キンクロハジロ、ホシハジロ、カルガモ、マガモ、コガモ、シロチドリ、ハマシギ、ウミネコ、カワウ、アオサギ

中州手前の干潟　マガモ、シロチドリ、ハマシギ、コチドリ、キョウジョシギ、コガモ、ダイサギ、コサギ／オオジュリン、ハクセキレイ、スズメ、ツグミ、ムクドリ

湾曲部・工場裏　シロチドリ、ハマシギ、スズガモ、マガモ、ユリカモメ５００

水辺の鳥17種　山野の鳥8種

3月31日（日）不忍池　交響楽ドイツレクイエムの後

不忍池　バン、ハシビロガモ、オナガガモ、ヒドリガモ、マガモ、カイツブリ／ヒヨドリ、スズメ、カラスｓｐ

動物園内　キンクロハジロ、スズガモ、ホシハジロ、オナガガモ、マガモ、カワウ、ヒドリガモ

水辺の鳥12種　山野の鳥3種

4月14日（日）大井野鳥公園

13：15大森タクシー～15：57バス

公園　アオサギ

緑道・バンの池・焼け跡　アオジ、ヒヨドリ、ツバメ、ヒバリ

汐入の池　オオバン、カイツブリ、ハシビロガモ、ユリカモメとウミネコとセグロカ

モメ計200、キンクロハジロとスズガモ200、ハシビロガモ、ホシハジロ、カイツブリ、オオバン、カルガモ100、コガモ／ツバメ、オオジュリン、ヒバリ、セッカ、ハクセキレイ

水辺の鳥13種　山野の鳥7種

4月21日（日）大井野鳥公園　晴

9：50タクシー大橋～13：20発

虹の干潟　ヒバリ、セッカ、ツグミ

潮入の池西池　カイツブリ、コガモ、カルガモ多数、ハシビロガモ、オナガガモ、オオバン、ヒドリガモ、イソシギ、メダイチドリ、コチドリ／オオジュリン、カラスsp、モズ、ムクドリ、カワラヒワ

東池　コガモ、カルガモ、ハシビロガモ、スズガモ、キンクロハジロ、オオバン、オカヨシガモ、カイツブリ、ユリカモメ20、セグロカモメ／ヒバリ

沈埋ドッグの干潟　カイツブリ、スズガモ

ヘドロの中から浅利、潮吹きをとる

沖に五羽鳰寝てヘドロの潮干狩

水辺の鳥17種　山野の鳥6種

4月28日（日）多摩川河口　誕生日

まきも来て3人で

産業道路から土手・中州　ツグミ、ムクドリ、ツバメ、スズメ／メダイチドリ、カワウ、ユリカモメ多数、ハマシギ、コガモ、カルガモ、ホシハジロ、キンクロハジロ、セグロカモメ、ウミネコ、ムナグロ、コアジサシ、キアシシギ、キョウジョシギ

手前の干潟・なぎさ　ハマシギ、メダイチドリ、シロチドリ、コチドリ

下流の干潟　ハマシギ、メダイチドリ、シロチドリ、ユリカモメ、ダイゼン、コサギ、チュウシャクシギ／カワラヒワ

水辺の鳥21種　山野の鳥7種

5月2日（木）能登・舳倉島行き

羽田～小松

小松～安宅関　シジュウカラ、コガラ、カワラヒワ、ムクドリ／カモメsp

関跡も黒書も砂上河原鶸

小松～金沢　サギsp、コアジサシ、ユリカモメ／トビ、ツバメ、ヒバリ

観光バス（金沢～輪島）11：50～17：45〈千里が浜ドライブウエイ〉大型カモメsp／ツバメ、ヒヨドリ

〈妙正寺〉カケス、〈関の鼻〉ホオジロ、イソヒヨドリ、スズメ／ウミウ

〈総持寺〉カケス、シジュウカラ、トビ

楼門の春空高く能登の鳶

水辺の鳥6種　山野の鳥14種

5月3日（金・休）輪島～舳倉島～輪島～曽々木　大観荘泊

輪島の朝　トビ、スズメ、ツバメ

7：40出発、輪島川　ウミネコ／トビ、ハクセキレイ、カラスsp、ツバメ

輪島港8：30発～9：20　七つ島見ゆ　オオミズナギドリ、カモメsp、ウミネコ

9：30　大島通過　オオミズナギドリ10、シロエリオオハム

天辺まで花菜鳥棲む大岩礁

図鑑すぐ開かるデッキ阿比過ぎり

水雞鳥水尾に舳倉の灯台見ゆ
灯台が近づく卯波の島平ら
～10：21舳倉島着
舳倉島（港・民宿「つかさ」　菜の花）
ウミネコ、セグロカモメ／ウソ

舳倉島鶯鳴く先は裏の磯
（「寒雷」85年8月）

（北部の草原と磯）ウグイス、カワラヒワ、マヒワ、ハクセキレイ、ツグミ、ドバト20、（アトリ）／ゴイサギ
（昼食「つき」）釣り客と一緒、女主人は昼食なんかしないで鳥を早くみろという。
（島南部）ハクセキレイ、ツグミ／ウミネコ、ゴイサギ
舟であった京都の人が「好天が続き、渡り鳥が舳倉に寄らず、また来てもすぐ去るので鳥の数が日一日と減り、4月末90種以上が70種に減り、今日は50種ぐらいしかいない」という。カワラヒワだけいるというとカワラヒワは舳倉の留鳥だといっていた。
舳倉港去る14：30～16：21輪島着

見送りは河原鶸だけ舳倉港
（「寒雷」85年8月）

輪島～タクシー～曽々木
途中　千枚田、時国家に寄る
曽々木の宿　トビ／ウミウ、ウミネコ、セグロセキレイ
水辺の鳥7種　山野の鳥17種

5月4日（土）曽々木～木の浦～狼煙～金沢　民宿池亀泊

曽々木の朝　イソヒヨドリ、ウミネコ／トビ、カワラヒワ、ツバメ、ハクセキレイ、ホオジロ
木の浦　ツバメ、ウグイス、ホオジロ、シジュウカラ、コガラ、アオジ、クロジ、ヒヨドリ、モズ、コゲラ、スズメ／イソヒヨドリ、コチドリ

蛙聞くコチドリ去りし能登の果

狼煙　トビ、ツバメ、ヒヨドリ、カラ類、スズメ
金沢。犀川畔散歩　夜中に繁子がトイレに連れていってくれと言われ月蝕があることを思い出す。吹き抜けの階段の一つに窓があり、こっそり開けると欅の新芽を吹いた大木の先に少し欠けた月があるようだ、しかもアオバズクが鳴いているではないか

蝕の月告げる大樹の青葉木菟
（「寒雷」85年9月）

水辺の鳥4種　山野の鳥18種

5月5日（日）金沢・犀川・兼六園～敦賀

犀川散歩7：00〈両宝院〉ツバメ、ムクドリ、トビ、カワラヒワ、ハシブトガラス
〈願念寺〉

藤散って夭折の句碑庭隅に

兼六園　シジュウカラ
金沢～小松　アマサギ
小松～敦賀　白サギｓｐ
敦賀～長浜　白サギｓｐ、カルガモ

浮鴎帰して加賀やすぐ植田
（「寒雷」85年9月）

水辺の鳥3種　山野の鳥6種
能登行合計
水辺の鳥14種　山野の鳥28種

5月11日（土）大井野鳥公園　晴
14：40タクシー着～17：39発

虹の干潟　コアジサシ、カルガモ、コサギ、キアシシギ、メダイチドリ、シロチドリ／ヒバリ、セッカ、オオヨシキリ、ハクセキレイ、ツバメ、ツグ、カワラヒワ、ヒヨドリ、カラスｓｐ
潮干狩り…潮吹き20ほど
潮入の池西池　オオバン、バン、カルガモ20／ヒバリ、セッカ
潮入の池東池　カルガモ50、コガモ、ハシビロガモ、オオバン、バン、ユリカモメ30+5、コサギ、カイツブリ、キアシシギ、コチドリ
水辺の鳥14種　山野の鳥11種

5月19日(日)谷津干潟探鳥会　晴・
南風強し　若松団地10時集合
茅花流しの日
干潟　ヒバリ、カワラヒワ10、オオヨシキリ、セッカ、ツバメ18、キジバト20、ハクセキレイ、ヒヨドリ15、モズ、スズメ50、ムクドリ30、カラスｓｐ／ダイゼン３００（ここで越冬）、シロチドリ１００、メダイチドリ１００、ハマシギ５００（全国の1割がここに）、キアシシギ１００、ダイサギ、コサギ、カルガモ、キョウジョシギ30、トウネン１５０、アオアシシギ、オオソリハシシギ１００、チュウシャクシギ50、コアジサシ50、ホウロクシギ、ダイシャクシギ、オバシギ、オオバン20

逆らわず茅花流しの揚雲雀
蟹どもの瞑想片脚穴に掛け
（「寒雷」85年10月）

漁る鷸遠し穴出たる蟹百万

水辺の鳥13種　山野の鳥12種（野鳥の会鳥合わせ）

6月2日（日）六郷河口潮干狩り
加藤雅子区議の会、参加30人
貴船堀8：00発　ムクドリ、ハクセキレイ／コアジサシ、鴎類、ウミネコ
浅利、潮吹き、青柳など泥のすくない貝をリュック一杯

鯵刺や帰る潮待つ潮干船

水辺の鳥3種　山野の鳥2種

6月16日（日）大井野鳥公園　薄曇
12：20家を出タクシー15：26発
汐入の池　オオヨシキリ、セッカ、ツバメ、ヒバリ、ハクセキレイ、ムクドリ／カルガモ親子連れ4グループ、ウミネコ30+30、オオバン親子2グループ、バン、ダイサギ、コサギ、ゴイサギ、カイツブリ、コアジサシ10+

公園　カワラヒワ、ヒヨドリ、スズメ

　親を待つ子燕揺れる芦の先

水辺の鳥9種　山野の鳥9種

6月23日（日）宮内庁新浜鴨場　水谷夫人も、蓮尾、田久保氏ら案内

鴨場　入り口　ダイサギ、バン、カワウ、シロサギsp、セイタカシギ、コチドリ、カワウ、コサギ、ゴイサギ、ホシゴイ（ゴイサギの幼鳥）／オオヨシキリ、キジ、モズ

　梅雨の間に育つ食われる鴨の子も

解散15：00

水辺の鳥9種　山野の鳥9種

観察舎　ゴイサギ、コブハクチョウ、ウミネコ、カワウ、アオサギ

水谷女史、アオサギのスケッチ始める

　梅雨霧の動くアオサギ　描かれゆく

　子ら漁らせ歩みつつセイタカシギ　鳴けり

水辺の鳥12種　山野の鳥3種

6月17日（月）千葉福祉ホーム

千葉ホーム　退職に先立って同ホーム職員に児社転換など緊急対策の話合い、休憩時ホトトギスの声。

　閉会の辞は暮近く時鳥

6月25日（火）鈴木知事より知事室で退職勧しょう通告

　青梅雨の各棟日課進む刻

　ナースらに梅雨の廊下で　別れ言ふ

7月8日（月）伊豆山ホーム退職挨拶　そこのテレビで都議選結果。社会党惨敗、自民、公明増。

繁子の戦時中疎開した堂ヶ島の対星館泊

7月9日（火）堂ヶ島～湖尻～樹木園～仙石　ろくろ兵衛

朝の対星館付近　カラスsp、ヒヨドリ、セキレイsp、シジュウカラ、クロツグミ

湖尻　コシアカツバメ

樹木園　ウグイス、クロツグミ、コジュケイ、ヤマガラ、メジロ、コルリ、イカル、ヒヨドリ、ケラ類、メボソムシクイ

　登りきし人行かせ鳴く　小瑠璃探す

ホトトギス、カラスsp、ヒヨドリ、コガラ、ヒガラ、シジュウカラ、クロツグミ、ウグイス、ホトトギス、カワラヒワ、ホオジロ、アオジ、コブハクチョウ

仙石　ろくろ兵衛で小憩　クロツグミ、ホトトギス、キセキレイ、コジュケイ、スズメ、ウグイス、ヒヨドリ、カラ類、オオヨシキリ、アオジ、ホトトギス、クロツグミ、ウグイス、ヒヨドリ、ホオジロ、ノジコ、オオヨシキリ、コジュケイ／カルガモ

水辺の鳥2種　山野の鳥26種

7月10日（水）仙石〜台が岳〜湿生花園〜小田原

仙石　クロツグミ、ホトトギス、カッコウ、ウグイス、シジュウカラ、ヒヨドリ、ホオジロ、ホオアカ、オオヨシキリ、オナガ、ハシブトガラ、モズ、ムクドリ、スズメ、キジバト、ツバメ、カワセミ、ハシボソカラスsp、アオジ、ハクセキレイ、カワラヒワ

時鳥鳴きつ山捲く朝霧へ

（「寒雷」85年12月）

草刈られどこか巣を持つ黄鶺鴒

（「寒雷」85年12月）

山野の鳥21種

7月24日（木）大井野鳥公園　15：00タクシー着〜18：00バス発

潮入の池　中央市場移転計画進み立入規制強まる

セッカ、ハクセキレイ、ツバメ、オオヨシキリ、スズメ、ヒバリ／ウミネコ10＋20、オオバン10、バン、コサギ、ダイサギ、ゴイサギ、アオサギ、カイツブリ、キョウジョシギ、オオソリハシシギ、イソシギ、コアジサシ、カルガモ200＋100、ウミネコ、カワウ

水辺の鳥15種　山野の鳥5種

8月4日（日）大井野鳥公園

まきも参加し3人で　14：53タクシー着〜帰り流通センターまで歩き17：33発大森へ

潮入の池　ダイサギ20、コサギ、アオサギ、ゴイサギ、ウミネコ群、カワウ、オオバン、カルガモ、タカブシギ20＋、イソシギ、キアシシギ、アオアシシギ、コチドリ、カイツブリ、コアジサシ／ハクセキレイ、セッカ、ツバメ、ヒヨドリ、キジバト、スズメ、ムクドリ

群鷗は漁り恋鷗羽搏ちあう

水辺の鳥15種　山野の鳥7種

8月18日（日）六郷河口

9：28の川崎発12：15着小島新田

小島新田先干潟　キョウジョシギ、ムナグロ、ダイゼン、シロチドリ、メダイチドリ、コチドリ、ウミネコ100、キアシシギ、ソリハシシギ、オオソリハシシギ8、トウネン、ハマシギ

河口湾曲部　アオアシシギ10、サルハマシギ、ウズラシギ、ユリカモメ

水辺の鳥17種

8月23日（金）大井野鳥公園

15：45タクシー着〜18：30発

潮入の池　カルガモ多数、スズガモ、カイツブリ、オオバン、バン、マガモ、オナガガモ60、カワウ、ユリカモメ、ダイサギ30、コサギ、ゴイサギ14、ウミネコ、コアジサシ、メダイチドリ、ムナグロ、セイタカシギ、イソシギ、ソリハシシギ、キョウジョシギ、タカブシギ、キアシシギ、ア

オアシシギ、オオソリハシシギ／ツバメ、スズメ、セッカ、ヒヨドリ、キジバト、オナガ、カラスsp

暮るる江を打つ鯵刺ら帰旅近し

寄れぬ距離佇つ白鷺ら翔け移り

水辺の鳥26種　山野の鳥7種

8月27日（火）北北海道行　羽田〜旭川〜浜頓別　曇後雨

旭川平和通り買い物公園　緑道・土地の婦人写真家に私たちの写真とられる

常盤公園ほか　カラ類、ゴジュウカラ、キバシリ、カラスsp、ハクセキレイ、スズメ

公園裏の石狩川　ウミネコ〈宗谷本線〉

旭川〜名寄〜音威子府〜浜頓別〜ベニヤ原生花園

その海は2年前大韓機墜落の残骸あり　北オホーツク荘泊

天北線オオイタドリの果ては海

実はまなす機体流れし海曇る

水辺の鳥1種　山野の鳥5種

8月28日（水）浜頓別〜宗谷岬〜稚内〜（船）〜礼文島・香深　三井ホテル泊

浜頓別クッチャロ湖行かず　雨のため
カラスspだけ

猿払村立公園　猿払原野（牧野続く）の中、バス休憩〜海岸線〜宗谷岬

宗谷岬　最北端の地の碑・間宮林蔵の銅像　カモメsp、ウミウ　曇

稚内　ウミウ〈港〉

ドーム式防波堤〈港内〉　カモメsp多数　曇

ノシャップ岬　カモメ、ウミウ／ハクセキレイ　曇

礼文島香深　ウミウ、カモメ　香深〜（バス）船泊本町〜タクシー〜スコトン岬

スコトン岬　セグロカモメ、ウミネコ、ユリカモメ、ウミウ／ハクセキレイ、カラスsp

久種湖　ユリカモメ、ウミネコ、カモメ類、ウミウ

芦の穂や島の婆言うやませ来し

芦の穂にやませサガレンの鴎乗せ

水辺の鳥4種　山野の鳥2種

礼文島スコトン岬

8月29日（木）礼文島・桃岩～香深港～利尻島～（一周バス）～ペシ岬薄曇後晴　民宿姫沼荘泊

香深散歩　オオセグロカモメ、ウミネコ、ウミウ、カモメsp

桃岩登山　カラスsp

利尻鴛泊　オオミズナギドリ、ケイマフリ、ウミウ

利尻観光バス（おだどまり沼で小憩）
カモメsp、ショウドウツバメ、キアシシギ、ユリカモメ

沖の鵜が並走晩夏の島のバス
（「寒雷」86年1月）

鷗鳴いて海胆採り四肢と舟傾げ

ペシ岬　アマツバメ／カモメspとウミウのコロニー、オオセグロカモメ、ウミネコ

水辺の鳥9種　山野の鳥1種

8月30日（金）利尻～稚内～パンケ沼～サロベツ花園～　曇後晴

パンケ沼～サロベツ花園～稚咲内

利尻　ポン山登山（タクシー）～野営場、8：30～10：45　カラスsp、コガラ、ヨタカ、アカゲラ、キバシリ、ウソ

甘露泉あり　くまぜみ鳴く、ねまがりだけ

港11：30～船から13：40稚内～宗谷本線～下沼～名山台～パンケ沼

名山台　サロベツ原野一望（利尻頂上雲取れ）モズ、スズメ、ホオジロ

パンケ沼　チュウヒ、アジサシ、アオサギ、カワセミ、トビ、ノスリ、ノビタキ、スズメ、キジバト、ムクドリ、モズ、エゾセンニュウ

獲物得て夕焼けの荒野鷹戻る

泥炭の葦原はるか鷹沈む

サロベツ原生花園　エゾセンニュウ

裏浜は真向い夕焼け利尻富士

闇に声して翁の夕焼け利尻富士
（「寒雷」86年2月）

暮れし土間妻エゾセンニュウ
鳴きしいう

人家二戸霧のノビタキ電線に
（「寒雷」86年2月）

稚咲内（わかさかない）宿主爺寝て月覗く

水辺の鳥3種　山野の鳥17種

稚咲内からみた利尻富士

8月31日（土）稚咲内（わかさかない）～稚内～千歳～ウトナイ湖～苫小牧

稚咲内　カラスsp多数、コヨシキリ、ノ

ビタキ群、ヒバリ、トビ、スズメ、ツバメ、ハクセキレイ、ヒヨドリ、カワラヒワ

ウトナイ湖　コブハクチョウ、カルガモ、コチドリ、シロチドリ、メダイチドリ、アオサギ、アジサシ、トウネン、カモメsp

北海道行合計

水辺の鳥12種　山野の鳥28種

9月1日（日）千歳～羽田　前日霧のため帰れず

9月8日（日）新浜探鳥会　水谷女史と繁子と3人

妙典の蓮田・江戸川堤・行徳保護区

タシギ、イソシギ10、キョウジョシギ10、トウネン40、アオアシシギ20、キアシシギ100、ソリハシシギ10＋18、オグロシギ30、オオソリハシシギ8、チュウシャクシギ、タカブシギ、キリアイ、ダイサギ、コサギ、アオサギ50＋20、ゴイサギ、ヨシゴイ、コチドリ20、シロチドリ20、ムナグロ、ダイゼン30、カルガモ、スズガモ、コガモ、バン、コチドリ、シロチドリ、メダイチドリ20、ハマシギ、キョウジョシギ、ウミネコ100、アジサシ15、カワウ30＋5／キジバト15、ツバメ50、ハクセキレイ10、ヒヨドリ、スズメ300、ムクドリ50、ハシボソカラス、オナガ、サシバ、セッカ、オオヨシキリ、フクロウ、コミミズク

声も消ゆ鳴き合う極み発ちし鷸

水辺の鳥34種　山野の鳥13種

9月14日（土）大井野鳥公園

15：30タクシー着

潮入の池　セイタカシギ12、ソリハシシギ、タカブシギ12、タシギ、キアシシギ、エリマキシギ、オグロシギ、アオアシシギ、コアオアシシギ、カルガモ、オナガガモ、ヒドリガモ、コガモ多数、シロチドリ20、メダイチドリ20、ハマシギ100、トウネン、キョウジョシギ、ダイサギ、コサギ、アオサギ、カワウ、ウミネコ

水辺の鳥23種

9月21日（土）谷津干潟　曇　**山本先生宅挨拶**

先生のお嬢さんが車を用意してくれた。14時～15：20車で津田沼駅まで

谷津干潟　チュウシャクシギ、アオアシシギ、トウネン10、ソリハシシギ、オバシギ10、キアシシギ、ハマシギ10、アオサギ、ホウロクシギ、カルガモ、ウミネコ300、ダイゼン100、シロチドリ、メダイチドリ／ヒヨドリ、ハクセキレイ、スズメ

水辺の鳥14種　山野の鳥3種

10月2日（水）大井野鳥公園　晴

11：50大森駅タクシー～14：52着

潮入の池　カルガモ、ヒドリガモ、コガモ、ハシビロガモ、キンクロハジロ150、スズガモ、ウミネコ20、ユリカモメ、ダイサギ、アオサギ、コサギ、ゴイサギ、カイツブリ、オオバン、バン、タシギ10、アオアシシギ、オオソリハシシギ、ウミウ／ハクセキレイ、ハシボソカラス、モズ、ヒヨドリ、スズメ、カワラヒワ、ヒバリ

初百舌や野に輝かす眼がやさし

眼は赤し真昼の五位は芦の中

水辺の鳥19種　山野の鳥7種

10月10日（祭）太井野鳥公園　晴

タクシー10時頃着〜13：20発

潮入の池　オオソリハシシギ、ウミウ、カイツブリ、ゴイサギ、ダイサギ、コサギ、アオサギ、カワウ、オナガガモ、ヒドリガモ、コガモ、カルガモ、キンクロハジロ、スズガモ200、ウミネコ20＋30、ユリカモメ、オオバン／ツバメ、キジバト、スズメ、モズ、ヒバリ、ハクセキレイ、ヒヨドリ、カラスsp

東京のポリ屑鴨らの渚占む

（「寒雷」86年3月）

水辺の鳥17種　山野の鳥8種

11月4日（月）休日　大井野鳥公園

快晴

潮入の池　ユリカモメ200、セグロカモメ、ウミネコ、ハマシギ30、アオサギ、ダイサギ、コサギ、ゴイサギ、カイツブリ、オナガガモ、キンクロハジロ30、ハシビロガモ、ヒドリガモ、マガモ、カルガモ、コガモ、オカヨシガモ、スズガモ300、バン、オオバン10、カワウ／チョウゲンボウ、カラスsp、カワラヒワ、スズメ、キジバト、トビ、ヒヨドリ、ジョウビタキ、モズ、ハクセキレイ

水辺の鳥21種　山野の鳥11種

11月9日（土）鬼怒川温泉　養育院

事業部職場旅行（バス）

11月10日（日）鬼怒川温泉　雨後晴

朝温泉神社　ジョウビタキ、コゲラ、ヒヨドリ、ウグイス、スズメ、カラスsp、コガラ

日光東照宮　ゴジュウカラ、シジュウカラ、

山霧に泥鰌咥える銅の鶴（奥の院）

鬼怒川温泉合計

水辺の鳥0　山野の鳥9種

11月11日　不忍池　研究所の帰り

不忍池　鴨類

11月14日（木）大田図書館

大田図書館　ジョウビタキ

鵯鳴く統計書呆け下りる坂

（「寒雷」86年3月）

山野の鳥1種

11月17日（日）浜離宮庭園

池周辺　カラスsp、ヒヨドリ多数、スズメ、キジバト、モズ、ムクドリ／カルガモ、キンクロハジロ300、ホシハジロ、ハシビロガモ、マガモ、カイツブリ、カワウ15、ユリカモメ

鴨場　カルガモ、ハシビロガモ、ヒヨドリ多数、キジバト、モズ

水辺の鳥9種　山野の鳥6種

11月30日（土）都税事務所〜目蒲線〜九品仏

九品仏　銀杏散る

鷺草の公園　ツグミ、スズメ、シジュウカラ、ヒヨドリ多数、カラスsp

山野の鳥　5種

12月1日（日）

徳富邸前に野良猫用の餌場、そこにわが家のシロも

落葉坂屋敷壊され猫野良に

12月8日（土）軽井沢探鳥　養育院旧企画部招待　星野温泉

安中付近　サギsp

短日の渋滞車窓鷺の宿

12月9日（日）軽井沢・星野温泉

そばに野鳥の森あり

星野温泉の朝　セグロセキレイ、ミソサザイ、ハシブトカラス、カケス、ヒヨドリ

小瀬林道　ヤマセミ、コゲラ、コガラ、シジュウカラ、ウソ

森の小屋　シジュウカラ、ゴジュウカラ

湯宿裏鷦鷯（みそさざい）鳴く朝支度

やませみの白さ放ちし枯木渓

透く雪嶺這う幹暗き五十雀

（「寒雷」86年4月）

五十雀見たる寒さや森の帰路

（「寒雷」86年4月）

水辺の鳥2種　山野の鳥12種

12月22日（日）大井野鳥公園

写真家溝口氏同行　13：00〜

潮入の池　オナガガモ、カルガモ、ヒドリガモ、ハシビロガモ、ホシハジロ、ダイサギ、アオサギ、オオバン、ウミネコ、ユリカモメ500／オオジュリン、ウグイス、キジバト、ハクセキレイ、カラスsp

沈埋ドッグの海　スズガモ、カルガモ、オナガガモ

虹の干潟　ハマシギ、オナガガモ、スズガモ、シロチドリ、ユリカモメ

水辺の鳥15種　山野の鳥5種

1986年1月～12月

新鳥種数合計15種

水辺の鳥9種　山野の鳥6種

観察地合計　33箇所

東京都内17箇所（東京都野鳥公園12回、御苑1回、不忍池2回、白金自然教育園1回、その他1回）

東京都外16箇所（六郷河口5回、行徳2回、新浜1回、小櫃川1回、谷津干潟1回、大磯1回、那須塩原1回、真鶴岬1回、金華山・松島1回、三宅島1回、米子・松江1回、北海道東1回）

1月4日（日）11：40～12：50　大井野鳥公園

水辺の鳥　カイツブリ、カワウ、ゴイサギ、コサギ、ダイサギ、鴨7種、オオバン、イソシギ

山野の鳥　チュウヒ、キジバト、ハクセキレイ、ヒヨドリ、モズ、ツグミ、ジョウビタキ、ウグイス、オオジュリン、スズメ、カラスsp

水辺の鳥14種　山野の鳥11種

1月6日（月）山陰行き　曇

羽田～鳥取（米子行欠航）鳥取～米子～出雲市～大社～日御碕　日御碕町営国民宿舎眺潤荘泊

鳥取・水尻池　オオハクチョウ、鴨類

鳥取県庁観光課で彦名干拓地につき米子市役所の安田さんを教えてもらう。

彦名干拓地　ポンプ場前（タクシー）

今冬一番の寒波で積雪　米子、午後30センチ　アオサギ、コガモ10、カイツブリ、ハクチョウsp10、ガンsp／アトリ15、タヒバリ、タゲリ、トビ30

風強し、雪混じり

風花の白鳥遠し干拓地

（「寒雷」86年5月）

米子～出雲市～（大社線）～大社～（バス）～日御碕

水辺の鳥6種　山野の鳥4種

1月7日（火）日御碕国民宿舎泊

雪後雨後晴　日御碕～大鷲港～経島～出雲大社

松江温泉ホテル一畑泊

宿舎の庭　タヒバリ、ハクセキレイ、スズメ、ホオジロ、ツグミ、ハギマシコ、**ミヤマホオジロ**、**コクマルカラス**、カラスsp／ウミネコ

大鷲御座浜　タヒバリ、ジョウビタキ、トヒ、ヒヨドリ、ホオジロ、コゲラ、ミヤマホオジロ／ウミネコ、ウミウ、**ミミカイツブリ**、カイツブリ

経島　タヒバリ／ウミネコ、カイツブリ
出雲大社　イカル、ヤマガラ、カラスｓｐ、ヒヨドリ、コゲラ、ハクセキレイ

鳴く鵤仰ぐや檜皮の雪雫

一畑電鉄・出雲平野　スズメ群、トビ、カラスｓｐ
築地松の屋敷　キンクロハジロ、ダイサギ
宍道湖　キンクロハジロ、カルガモ、マガモ、カンムリカイツブリ／カラスｓｐ

風の湖濁り鴨らは波に乗る
（「寒雷」86年5月）

大鳴も浮寝宍道湖夕日さす
シリウスが灯り鴨らの湖は闇

水辺の鳥10種　山野の鳥20種

1月8日（水）松江市内・美保関
雪後雨また雪

松江市内〜美保関〜境港
皆生温泉泊
松江城付近　ヒヨドリ、カラスｓｐ、トビ、メジロ、コゲラ

観光バス
松枝市内　ムクドリ、イカル、カワラヒワ
美保が関　トビ、コゲラ、アオジ、シジュウカラ／ダイサギ、ウミネコ多数、ウミウ、セグロカモメ
リフト我々二人のため動かす。

虎落笛寄れば面伏せ檻の猿

1月9日（木）彦名干拓地　雪後晴
彦名干拓地〜米子〜伯備線〜岡山〜東京

彦名干拓地（ポンプ場）　アオジ、タゲリ10、カラスｓｐ、スズメ、トビ、ツグミ、トビ／コハクチョウ20＋50、シロチドリ、コガモ、カルガモ、キンクロハジロ、マガモ、ツクシガモ、タゲリ、アオサギ、ミミカイツブリ、ハマシギ10、ツルシギ、ユリカモメ、セグロカモメ、ウミネコ、ウミウ、カルガモ

簗地松雀ら冬田を翔け移る

山陰行合計
水辺の鳥20種　山野の鳥35種

2月5日（水）大井野鳥公園　晴

14：00タクシー着〜16：25発
潮入の池・橋先　ツグミ多数、チュウヒ／ユリカモメ５００
潮入の池　オナガガモ多し、カルガモ、ハシビロガモ、ホシハジロ、キンクロハジロ、コガモ、ヒドリガモ、オオバン、アオサギ、コサギ、スズガモ、カワウ、ユリカモメ、ウミネコ、セグロカモメ、ハマシギ50／オオジュリン、カワラヒワ、スズメ、ヒヨドリ、カラスｓｐ、ムクドリ、キジバト
公園　バン、コガモ／アオジ

残る枯原鷹探索を繰り返す
（「寒雷」86年6月）

探索の鷹すぐ離る鴨散らし
（「寒雷」86年6月）

水辺の鳥18種　山野の鳥12種

2月23日（日）神宮御苑
19日の大雪で雪とけ切っていない。
御苑　シジュウカラ、ヒヨドリ、カラスsp、オナガ、ヤマガラ、ツグミ、コゲラ／マガモ
水辺の鳥1種　山野の鳥7種

3月3日（土）大井野鳥公園
潮入の池　ヒヨドリ、オオジュリン、アオジ、オナガ、ハシボソガラス、ムクドリ、ハクセキレイ、キジバト、トビ、ツグミ、ジョウビタキ
山野の鳥11種

3月8日（土）大井野鳥公園
11：40タクシー着～
潮入の池・東池　オナガガモ、ハシビロガモ、ホシハジロ、キンクロハジロ、オカヨシガモ、ヒドリガモ、コガモ、オオバン、バン
潮入の池、西池　カルガモ、マガモ、オカヨシガモ、コサギ
虹の干潟　スズガモ50＋30、ユリカモメ、カモメ、セグロカモメ、ウミネコ
草原　オオジュリン、ジョウビタキ、ツグミ多数、ムクドリ、アオジ、ハクセキレイ、ウグイス、カシラダカ、カラスsp、ヒバリ
公園　ヒバリ、カラスsp、カワラヒワ、スズメ、タヒバリ、アオジ、キジバト、ツグミ、メジロ、ヒヨドリ、シジュウカラ／コガモ、カルガモ、カイツブリ、オオバン、バン
水辺の鳥19種　山野の鳥17種

3月16日（日）行徳野鳥観察舎、保護区内探鳥会
行徳駅～観察舎　ツグミ、オオジュリン
水路前のコンクリート道　カルガモ、マガモ、ヒドリガモ、キンクロハジロ、アオサギ、ダイサギ、ゴイサギ
高校裏道路・南極島　ヒヨドリ、ハシボソカラス、キジバト／イソシギ、シロチドリ、カイツブリ、鴨多数
湾岸道路ぞいの道　ハマシギ、カワウ、ハシビロガモ、スズガモ／ムクドリ、ハクセキレイ
北池・草原　ダイゼン、コガモ、カルガモ、ハシビロガモ、アオサギ／アオジ、オオジュリン、オナガ
舎前の餌場　コブハクチョウ、（アヒル）セグロカモメ、ウミネコ、カルガモ、ユリカモメ、ウミネコ／キジバト、**フクロウ、コミミズク**
水辺の鳥22種　山野の鳥16種

3月20日（木）北海道探鳥ツアー
羽田～千歳～（特急）～釧路～バス～根室　一人　雪　大野屋旅館泊
岡鹿之助「たきび」に描きし林あり

3月21日（金・休）雪後曇
根室～羅臼　羅臼第一ホテル泊
根室半島納沙布岬　オジロワシ、オオセグロカモメ、**シロカモメ**、クロガモ、ホオジロガモ、コオリガモ

飛雪　流氷

春飛雪氷塊とオジロワシ揺るる

氷塊の飛雪に停飛シロカモメ

島見えずクロガモ棹なす雪の沖

花咲港　落石岬　コオリガモ、ウミアイサ、ビロードキンクロ、ワシカモメ、シロカモメ、ミミカイツブリ、オオハム、ハクチョウsp、スズガモ、ヒドリガモ、ホシハジロ／トビ

風連湖　トビ　全面結氷

尾袋沼・望郷の岬公園　オオハクチョウ数百、コクガン、オオセグロカモメ、ホオジロガモ、ビロードキンクロ、オナガガモ、カモメsp、鴨類／ノスリ

望郷の岬公園のハクチョウ

餌に寄るも流氷の沖もスワン群

海暮れる鷲棲む羅臼へバス点灯

湯湧く岩枕に羅臼の朧月

水辺の鳥22種　山野の鳥2種

3月22日（日）羅臼～川湯　曇後晴

あざらし　きつね　えぞしか

羅臼港付近　オジロワシ50、オオワシ、ワシカモメ

氷塊の鷲向き変える鴉ら戯れ

点々と鷲佇つ港外流氷野

サシルイ川河口　ハギマシコ（ひかりごけ洞窟）

羅臼の海　オオセグロカモメ、シロカモメ、セグロカモメ、ワシカモメ、ビロードキンクロ、クロガモ、ホオジロガモ、ウミアイサ、スズガモ、コオリガモ、ヒメウ、ウミウ、シノリガモ

羅臼海岸　オジロワシ、オオワシ／カラスsp、ワタリガラス、トビ

羅臼港のテトラポットの間に墜落（同行者らに助けられた）

オオセグロカモメ

摩周湖　鹿1匹。30匹の群れも。

硫黄山

鷲翔くる国後低く鴨散らす

国後に向かいて大鷲まだ樹上

雪原をはるか鹿群れバス停車

水辺の鳥14種　山野の鳥7種

3月23日（日）川湯～釧路
御園ホテル泊　晴（東京は大雪）

川湯早朝探鳥（ダイヤモンドダスト）
オオハクチョウ、タンチョウ30＋60、**クロズル**、オナガガモ、ハシビロガモ、キンクロハジロ200、スズガモ、ホシハジロ、カルガモ100、コガモ／シジュウカラ、コガラ、**キバシリ**、ゴジュウカラ、コゲラ、アカゲラ、**オオアカゲラ**、ハシブトガラ、ヒガラ、ヤマガラ、ウソ、マヒワ
屈斜路湖畔（砂湯）ハクチョウ／アオゲラ、**ミヤマカケス**、スズメ、ツグミ
屈斜路湖畔（池の湯）ハクチョウ、ヒヨドリ／**シマエナガ**、ウソ、シメ、ミヤマカケス、ハシブトガラ、ムクドリ
弟子屈～鶴居村・鶴の里・鶴公園　タンチョウ30＋60、クロズル／**ハシブトガラ**、シジュウカラ、コガラ、ムクドリ、カラスsp、スズメ

朗々とキバシリ零下の幹上る
霧氷散る最中や白鳥過ぎる声
（「寒雷」86年8月）
鶴居村雪晴れ丹頂跳舞へる
鶴は雪漁り雪間を鳩・雀
（「寒雷」86年8月）

水辺の鳥10種　山野の鳥20種
北海道東行合計
水辺の鳥20種　山野の鳥29種

3月28日（土）谷中　不忍池
動物園　曇

谷中墓地　キジバト、シジュウカラ、スズメ、ヒヨドリ、カラスsp、カワラヒワ
不忍池　カワウ、キンクロハジロ、ホシハジロ、オナガガモ
（鷲舎）オジロワシ、オオワシ、イヌワシ、ハクトウワシ
水辺の鳥4種　山野の鳥10種
禽舎省略

3月31日（月）六郷河口
小島新田～堤防・中州　14：00～15：30

中州　キンクロハジロ、カワウ
干潟　コチドリ、カモメsp200＋80、ウミネコ
河口部へ　ツグミ、ムクドリ、スズメ、カワラヒワ
水辺の鳥5種　山野の鳥3種

4月12日（土）大井野鳥公園　11：00～14：00タクシー～14：16のバス
汐入の池・城南大橋先　コチドリ／チュウヒ
汐入の池・東池　ユリカモメとウミネコとオオセグロカモメ鴎計50、ハシビロガモ、キンクロハジロ、ホシハジロ、アオサギ、ダイサギ、コサギ、オオバン、カイツブリ
草原　オオジュリン、ツグミ、モズ、アオジ
汐入の池・西池　ハシビロガモ、コガモ、カルガモ、オナガガモ、オカヨシガモ、オオバン／チュウヒ、アオジ、カラスsp、ヒヨドリ、スズメ、キジバト
干潟　スズガモ20＋20、コチドリ
潮干狩り40分　ハクセキレイ、ツグミ、ツ

バメ
沈埋の海へ　ヒバリ、ハクセキレイ／スズガモ20、コサギ、コチドリ
水辺の鳥19種　山野の鳥13種

4月13日（日）矢ケ崎家マンション建設

ヒヨドリ、ツグミ、スズメ、カラスsp、オナガ、カワラヒワ、ツバメ

燕来る新マンション前畑あり

山野の鳥7種

4月19日（土）不忍池

モダンアート展帰り
不忍池　バン、キンクロハジロ、ハシビロガモ、ヒドリガモ、カワウ、カイツブリ
水辺の鳥5種

4月26日（土）六郷河口

土手への道　ツグミ、ヒヨドリ／コアジサシ
中州　コチドリ、メダイチドリ、コアジサシ、カワウ、ユリカモメ20、オオセグロカモメ10、ハマシギ／オオヨシキリ、
中州と干潟の間　スズガモ100、コガモ、マガモ、カルガモ
土手上　ツバメ、ムクドリ、スズメ、ハクセキレイ
湾曲部　ハマシギ多数、メダイチドリ、コチドリ
潮干狩り　夕食の汁程度

警吏稚しアジサシを背に土手に立ち
（「寒雷」86年9月）

光りなびく土手の若草警棒下

水辺の鳥13種　山野の鳥11種

5月3日（祝）小櫃川河口探鳥会

小雨　西大井7：18発～木更津発
バス9：30～14：00で木更津
田久保さん案内
橋先～干潟　ヒバリ、セッカ、ウグイス、キジバト、モズ、オオジュリン、ツグミ、ハクセキレイ、カワラヒワ、トビ、ヒヨドリ、ハシボソカラス、ハシブトガラス、オオヨシキリ、スズメ、オナガ、チュウヒ、ツバメ、ムクドリ
干潟　イソシギ、チュウシャクシギ、オオソリハシシギ、アオアシシギ、**ハマシギ大群（飛び立ち2回）**、キアシシギ、キョウジョシギ、**ホウロクシギ10**、トウネン、オバシギ、タシギ、シロチドリ、コチドリ、メダイチドリ、ダイゼン、ユリカモメ、ウミネコ、コアジサシ、スズガモ、ハシビロガモ、ホシハジロ、コガモ、カルガモ、オナガガモ、オカヨシガモ、アオサギ、ダイサギ、コサギ、オオバン
浸透池　カルガモ、キンクロハジロ、ハマシギ群舞、チュウシャクシギ／ハシブトガラス、トビ

鷸群舞反転戻る大干潟

水辺の鳥26種（4種）　山野の鳥19種
（4種）括弧内は私の見なかった種数

5月5日（土）大磯歴史散歩　曇後雨

中村先生案内　相模国府祭～今井家墓参～照ヶ崎

神揃山（かみそり）　コジュケイ　国府祭・座間答

今井家（繁子の伯母の実家）墓参

照が岬　ツバメ、カワラヒワ、キジバト、ハシボソガラス、カワラヒワ、スズメ、ムクドリ、ヒヨドリ／コアジサシ、チュウシャクシギ、キョウジョシギ、キアシシギ、ウミネコ

杓鴫の佇つや大岩卯浪跳ね

水辺の鳥5種　山野の鳥8種

5月9日（金）三宅島行

竹芝夜10時10分発

5月10日（土）三宅島三池港

浅沼先生夫妻案内　曇

三宅島には4年前の82年に行って浅沼先生にお世話になったが、その翌年83年に雄山が大噴火を起こした。その3年後の今回訪れ、また浅沼先生にお世話になった。

三池～富賀下　ウミウ、アオサギ、コチドリ／イイジマムシクイ、カラスバト、ウグイス、コジュケイ、アカコッコ、ミソサザイ、キジバト（浅沼先生に聞いて初めて知ったえごの花散る）

溶岩流避けえし社雉鳴けり

ホテルの庭　コゲラ、メジロ、スズメ、シジュウカラ、アマツバメ、モズ

島一周バス、サタドー岬～三七山～火の山峠～フェニックス（昼食）～伊豆岬～阿古付近（溶岩流、新校舎・新団地～新澪池の死の窪地・死木林～大路池）　カラスバト、コジュケイ、スズメ、アマツバメ、シジュウカラ、タネコマドリ

富賀下先の海辺　キジ、シマセンニュウ、ホオジロ、カラスバト、ヒヨドリ

阿古～伊ヶ谷　オオストンヤマガラ、メジロ、スズメ、イイジマムシクイ、タネコマドリ、イイジマムシクイ、ウグイス、サシバ／アマサギ、アオサギ

ホテル周辺　アオバズク、アオジ、ハクセキレイ、ヒバリ、トビ、カラスsp、ヒヨドリ、スズメ、ツバメ

囀らず海へなだるる死木林

火傷の森透けて三年目アマツバメ

水辺の鳥5種　山野の鳥33種

5月11日（日）三宅島　三日目

ホテル朝　カラスsp、ウグイス、イイジマムシクイ、コジュケイ、ヒヨドリ、スズメ

大路池　コゲラ、メジロ、イソヒヨドリ、アカコッコ、カラスバト、タネコマドリ、モスケミソサザイ、シジュウカラ、イイジマムシクイ、ヒヨドリ、ホオジロ、カワラヒワ、キジ、サシバ／ゴイサギ

飛行場周辺　ホオジロ、イイジマムシクイ、コジュケイ、ウグイス、メジロ、アカコッコ／オオミズナギドリ、アマサギ20

基地反対の飛行場職員にあう。

基地拒むビラ貼る店のところてん

妻に起こされ怒濤に遠く青葉木菟

水辺の鳥3種　山野の鳥21種

三宅島合計

水辺の鳥8種　山野の鳥29種

5月18日（日）快晴　谷津干潟探鳥会　草の実会（島田、串田、池下）の3人と水谷女史、まきも参加　田久保、大浜氏挨拶　10時集合～15：50

シロチドリ60、メダイチドリ80、ダイゼン300、コチドリ、ハマシギ3千、オオソリハシシギ300、ダイシャクシギ、ホウロクシギ、チュウシャクシギ20、キョウジョシギ60、キアシシギ200、トウネン80、ソリハシシギ、アオアシシギ、オバシギ11、ダイサギ、コサギ、カルガモ10、コアジサシ15、アジサシ60／キジバト、ヒバリ10、モズ、セッカ、ハクセキレイ、オオヨシキリ10、ツバメ10、ムクドリ10、ヒヨドリ、スズメ50、ハシボソガラス、ハシブトカラス、カワラヒワ10

水辺の鳥23種　山野の鳥13種（会の鳥合わせによる）

5月23日（金）大井埋立地　晴

広井夫人同行

潮入の池・東池　カワウ、ヒドリガモ、オナガガモ、、ユリカモメ10、ウミネコ10、カルガモ、カイツブリ、オオバン／オオヨシキリ、ツバメ

潮入の池・西池　ダイサギとコサギ12、バン、オオバン、カルガモ、オナガガモ、カイツブリ

干潟　コアジサシ、アジサシ、キアシシギ／ムクドリ

西池～東池　ユリカモメ、ウミネコ、カイツブリ、オオバン、カルガモ、コサギ／カラスsp、オオヨシキリ、ツバメ

沈埋の海　スズガモ10、コサギ、キアシシギ、ゴイサギ、ウミネコ

野鳥公園　カルガモ

その他陸鳥、カラスsp、ヒバリ、セッカ、ヒヨドリ、ウグイス、スズメ、キジバト

水辺の鳥16種　山野の鳥9種

5月31日（土）六郷河口　川崎球場・ロッテ・阪急戦後16：10～

中州　ユリカモメ

下流の端に　カワウ、コチドリ、シロチドリ20

岸の干潟　コチドリ、、キアシシギ、コアジサシ多数

湾曲部の先の芦の先の干潟　キアシシギ20／ツバメ、ムクドリ。オオヨシキリ、スズメ、キジバト、ハクセキレイ

万花なす穴の蟹みな鋏振り

水辺の鳥8種　山野の鳥6種

6月22日（日）夏至　大井野鳥公園　晴

15：20～16：30

市場工事進捗、整地終了

汐入の池　セッカ、オオヨシキリ

東池　ウミネコ50＋、カルガモ、オオバン（親子）、カワウ、バン、ヒドリガモ、オナガガモ、ダイサギ

西池　コチドリ、セイタカシギ（親子）、カルガモ（親子2グループ）、カイツブリ（親子）

（今日は親子デー、子育てのパラダイス）

コアジサシ、アジサシ、ユリカモメ40、ハマシギ、ハジロガモ、バン、イソシギ／オオヨシキリ、キジバト、カラスsp、ツバメ

夏至日墓れ子連れセイタカシギ鳴けり

水辺の鳥17種　山野の鳥5種

6月29日（日）雨　新浜鴨場見学

参加者7人（蓮尾さん解説）13：50出発～15：15

観察舎　カワウ、カルガモ、ゴイサギ／オオヨシキリ、ツバメ、ヒヨドリ

鴨場　オナガ、ムクドリ、スズメ、バン

飼育場（アヒル、翌春までに食べる）モズ

池　カルガモ、コチドリ、カワウ50、ハシビロガモ、キンクロハジロ、オナガガモ

芦の上　セイタカシギ、コサギ、ゴイサギ、ダイサギ、コアジサシ

観察舎　ウミネコ、スズガモ、イソシギ、コチドリ

水辺の鳥17種　山野の鳥9種

7月18日（金）黒羽那須行　雨

新幹線那須塩原～西那須野～バス～雲巌寺～紫雲荘　那須紫雲荘泊

雲巌寺　ヒヨドリ、ハクセキレイ

きらめきしおはぐろ一羽石の上

黒羽観光簗（那珂川）　カラスsp

水飛沫く魚簗みてよその鮎食いぬ

鮎定食鮎釣り場所を変ふる見て

玉藻神社

青葉闇鯉が水底煙らせぬ

紫雲荘　ホオジロ、イワツバメ

7月19日（土）那須岳　曇

紫雲荘の朝　イワツバメ、ホオジロ、ヒヨドリ、コゲラ、ヤマガラ、カケス、ウグイス

那須岳　ホオジロ、ウグイス、アカハラ

ケーブルカー中止梅雨雲峰を指す

明月草紅さし降り来る子らの声

ホオジロ、ヒヨドリ、イワツバメ、コゲラ、シジュウカラ、ヤマガラ、カケス、キジバト、ウグイス、アカハラ、カラスsp

那須行合計

水辺の鳥0　山野の鳥14種

8月20日（火）大井野鳥公園

昨夜の雨で涼しくなった　10：40～

潮入の池　セッカ

東池　アオサギ10、ダイサギ10、コサギ、ウミネコ100+、カルガモ、コチドリ、カイツブリ

西池　カルガモ、タカブシギ12、イソシギ、コチドリ10、コアジサシ／ハクセキレイ、ツバメ、カワラヒワ10

干潟　ウミネコ200、キョウジョシギ

水辺の鳥11種　山野の鳥6種

8月24日（日）六郷河口

小島新田11：30　ハシブトカラス、キジバト、ツバメ、ハクセキレイ、スズメ、カワラヒワ／カルガモ、スズガモ、メダイチドリ、シロチドリ、ムナグロ、ダイゼン、ハマシギ、キョウジョシギ、アオアシシギ、キアシシギ、オオソリハシシギ、チュウシャクシギ、ソリハシシギ、オグロシギ、ソリハシシギ、コアジサシ、ダイサギ、コサギ、アオサギ、ゴイサギ、カワウ、ユリカモメ、ウミネコ

水辺の鳥20種　山野の鳥5種

8月30日（土）大井野鳥公園

江口君の子と高橋君の子2人の5人案内　14：50〜16：30　セイタカシギがいたので収穫

汐入の池　ダイサギ、コサギ、アオサギ、カルガモ、メダイチドリ、シロチドリ、ムナグロ、キョウジョシギ、トウネン、ハマシギ、アオアシシギ、キアシシギ、イソシギ、ソリハシシギ、セイタカシギ、ユリカモメ、ウミネコ、コアジサシ／キジバト、ツバメ、ハクセキレイ、セッカ、ハシブトガラス、スズメ

水辺の鳥18種　山野の鳥6種

9月2日（火）金華山行

国民宿舎コバルト荘泊

旅一夜怒涛に絶えず虫の声

9月3日（水）石巻〜奥松島〜松島

台風報幅広く河海に入る

邯鄲や外海内海雲に消え

仙人草外海内海雲垂るる

木ささげ垂れ円空仏は後ろ向き

9月18日（木）大井野鳥公園　曇

十五夜　広井夫人同行

汐入の池東池　ユリカモメ200＋150、ウミネコ100＋500、コアジサシ50、アジサシ、ダイサギ10、カワウ、カルガモ30、マガモ、コガモ、ハシビロガモ

西池　ヒドリガモ、セイタカシギ7、タシギ、キアシシギ、アオアシシギ／モズ、ハクセキレイ、スズメ、カワラヒワ、キジバト、カラスsp

水辺の鳥15種　山野の鳥5種

9月24日（水）六郷河口

中洲〜湾曲部・草原・湿地〜海　コガモ、カルガモ、マガモ、ユリカモメ200＋150、ウミネコ100＋、イソシギ、アオアシシギ11、コチドリ、カワウ10、コサギ／カラスsp、スズメ、カワラヒワ、キジバト、ハクセキレイ、トビ

水辺の鳥11種　山野の鳥7種

9月27日（日）大井野鳥公園

稀鳥コキアシシギ観測　15：50〜

汐入の池　コチドリ、ハマシギ、コキアシシギ、アオアシシギ、コアオアシシギ、オオソリハシシギ、タシギ、セイタカシギ、コガモ、カルガモ、キンクロハジロ、ホシハジロ、コアジサシ、コサギ、ダイサギ、アオサギ、ゴイサギ、ウミネコ、カワウ／

ヒヨドリ、カラスsp、スズメ、モズ、ハクセキレイ、オオジュリン

鳥渡る稀鳥レンズに合わせいて
鷭観たり鴎ら憩う脚の間に
小鴨低くセイタカシギと漁る同志

コキアシシギはタカブシギに似て背に白斑、脚の山吹色とか黄金色はよく解らず。

水辺の鳥18種　山野の鳥6種

10月13日（月）大井野鳥公園　曇

コキアシシギまだ残る15：20～

汐入の池　ユリカモメ、ウミネコ、セグロカモメ、アオサギ、ダイサギ、コガモ、オナガガモ、カルガモ、ヒドリガモ、オオバン、アオアシシギ20、オグロシギ10、コキアシシギ、コアオアシシギ、タシギ、ハマシギ、サギsp／トビ、カラスsp、ヒヨドリ、シジュウカラ、コガラ、トビ、ツバメ、スズメ、モズ、ハクセキレイ、カラスsp、ヒヨドリ

居残りて鷭観るひとを月待てり
鷭着るる外人三脚畳みだす

水辺の鳥17種　山野の鳥5種

11月3日（休）真鶴岬　小春日

11：50～14：50

岬～山道～灯明山～三石　ヒヨドリ大群、モズ、シジュウカラ、ハシブトカラス、ハシボソカラス、ヤマガラ、コゲラ、ウグイス、ジョウビタキ、イソヒヨドリ、トビ、スズメ、メジロ、コゲラ、キジバト／ウミネコ多数、ウミウ、オオミズナギドリ、ユリカモメ

水辺の鳥4種　山野の鳥15種

11月16日（日）目黒・自然教育園

品川駅前で女子マラソン見物後

教育園　ハシブトカラス、ヒヨドリ、ツグミ、ツバメ、ムクドリ、トビ、カワラヒワ、シジュウカラ、アオジ／オシドリ13+14

水辺の鳥1種　山野の鳥9種

11月23日（金）大井野鳥公園

12：30～15：59

汐入の池　ユリカモメ2000、ウミネコ、オナガガモ、カルガモ、ホシハジロ、ハシビロガモ、ヒドリガモ、コガモ、コサギ、ゴイサギ10、コアオアシシギ／ハクセキレイ、チョウゲンボウ、チュウヒ、トビ、モズ、シジュウカラ、スズメ、オオジュリン、ウグイス、ヒバリ、セッカ、オオヨシキリ、カラスsp

水辺の鳥11種　山野の鳥13種

１９８７年１月～12月

新鳥種合計１種
　水辺の鳥０　山野の鳥１種
観察地合計　27箇所
東京都内13箇所（東京都野鳥公園8回、不忍池２回、目黒自然教育園１回、神宮御苑１回、その他１回）
東京都外14箇所（柳川・九重高原1回、仙石原１回、都留・三つ峠１回、本栖湖１回、下田１回、奥日光１回、瓢湖１回、三宅島１回、猪苗代１回、佐久１回、広島宮島１回、逗子１回）

1月4日（日）大井野鳥公園
12時過ぎ大橋下～14：15
汐入の池東池　オナガガモ、ホシハジロ、キンクロハジロ、カルガモ、オカヨシガモ、スズガモの群れ、ユリカモメ100、ウミネコ、セグロカモメ、カワウ100、オオバン、コチドリ、ハマシギ500、キアシシギ100、アオアシシギ／ウグイス、オオジュリン、スズメ、ヒヨドリ、トビ、カラスsp、トビ、ツグミ、オオヨシキリ
西池　オナガガモ、カルガモ、ホシハジロ、コサギ、ゴイサギ、アオサギ
干潟　オナガガモ、ユリカモメ、スズガモ、コチドリ、コサギ／ハクセキレイ、ツグミ
沈埋の海（深い水たまりに）　スズガモの群れ、ユリカモメの群れ、カワウ100、ユリカモメ、オナガガモ／ツグミ、オオヨシキリ、カワラヒワ10、スズメ50、15、モズ、ハシボソガラス、ハシブトガラス
水辺の鳥17種　山野の鳥９種

1月6日（火）松崎・下田行
三島～バス～松崎雲見民宿泊
松崎　長者記念館　ムクドリ、ツグミ、キジバト、ハシボソガラス、トビ、ハクセキレイ／ダイサギ、カモメsp多数

1月7日（水）雲見～下田海岸
下田ホテル泊
雲見岬・弁天様の林～海岸～九木浜～水尻防波堤先の林～　ヒヨドリ、シジュウカラ、ツグミ、ホオジロ、アオジ、メジロ、ウグイス、コゲラ、ハシボソカラス、ハシブトカラス、カワラヒワ100、シジュウカラ、エナガ。アカコッコ、トビ、セグロセキレイ、ハクセキレイ、ムクドリ、カワラヒワ、ヒヨドリ、スズメ、コジュケイ、ビンズイ、タヒバリ／ウミネコ、セグロカモメ、ウミウ

1月8日（月）下田～川崎
下田（踊り子号）
松崎・下田行き合計
水辺の鳥５種　山野の鳥24種

3月4日（水）大井野鳥公園
12：00～14：30

汐入の池（池裏の工事が始まり大きな池ができている）

東池　ハシビロガモ30＋30、オナガガモ、カルガモ、カモメsp、アオサギ／トビ、オオジュリン、キジバト

西池　コガモ10、カルガモ、コサギ、金クロハジロ30＋／ツグミ

干潟（水を運ぶ大きな鉄管）　スズガモ10

公園　キンクロハジロ、カルガモ、オナガガモ、ハシビロガモ、コガモ、ホシハジロ、オオバン／カワラヒワ、ヒヨドリ、シメ、カラスsp

水辺の鳥12種　山野の鳥10種

3月22日（日）会津行

浅草発～会津高原～田島～若松

田島～若松～柳瀬～西山

西山旅館泊

ハシブトガラス、ムクドリ、ツグミ、トビ、ヒヨドリ、スズメ、シジュウカラ、ミソサザイ、ウソ、イワツバメ、ヤマガラ、キジバト、カケス、ハシボソカラス、コガラ、キセキレイ、カワラヒワ、ウグイス、オナガ

山野の鳥19種

雪の間に佇ち寺裏のミソサザイ

3月23日（月）会津行　西山～坂下～若松～長浜～ホテル

磐梯・猪苗代リゾートホテル泊

若松　院内御廟・猪苗代湖　**ミソサザイ**、ホオジロ、キビタキ、キセキレイ、スズメ、トビ、ハシボソカラス、ハシブトガラス、ヤマガラ、コガラ、カケス、シジュウカラ、カワラヒワ、コジュケイ、キジバト、ヒヨドリ、アカゲラ、**カワガラス**／カルガモ、クロハジロ、コハクチョウ、ヒドリガモ、ホシハジロ

水辺の鳥5種　山野の鳥18種

3月24日（火）会津行

猪苗代～（新幹線）～東京

五色沼　毘沙門沼　キンクロハジロ、マガモ、カルガモ、コハクチョウ、カイツブリ／トビ、カラスsp、セグロセキレイ、アオゲラ、アカゲラ、ムクドリ、ハクセキレイ、コガラ、シジュウカラ、スズメ

水辺の鳥5種　山野の鳥10種

会津行合計

水辺の鳥7種　山野の鳥23種

4月4日（土）大井野鳥公園　晴

土筆を摘む　12：10～

汐入の池　ハシビロガモ10、コガモ、オオバン、ウミネコ、アジサシ

干潟　コサギ、スズガモ／ハクセキレイ

新公園の池　ウミネコ300／ツグミ、ヒバリ、タヒバリ、ハクセキレイ

公園と付近　ヒヨドリ、ツグミ、スズメ、アオジ、シメ、スズメ、カワラヒワ／キンクロハジロ、コガモ、ホシハジロ、オオバン、アオサギ、コサギ

水辺の鳥12種　山野の鳥13種

4月13日（月）本栖湖

社会学科オリエンテーション　本栖湖泊

5月4日（月）六郷河口

14：30〜

中州　ムクドリ、オオヨシキリ、ツバメ、カラスsp、ヒヨドリ、ハクセキレイ、キジバト、ヒバリ、カワラヒワ、スズメ／キョウジョシギ、ハマシギ、トウネン、コチドリ、メダイチドリ、ダイゼン、カワウ、カルガモ、スズガモ、ホシハジロ、マガモ、キンクロハジロ、コサギ、コアジサシ、ユリカモメ、ウミネコ

水辺の鳥16種　山野の鳥10種

5月8日（金）渥美半島行

12：00豊橋13：00〜豊島着

蜆川干潟　キアシシギ、ソリハシシギ、オバシギ、ダイシャクシギ、オオソリハシシギ15、チュウシャクシギ30、タカブシギ、メダイチドリ、ムナグロ、ダイゼン120、ハマシギ、ソリハシシギ、コアジサシ20＋15、ウミネコ、ユリカモメ、マガモ、カルガモ210、コガモ、コサギ、ダイサギ、アオサギ、カワウ／トビ、カラスsp、ヒバリ、セッカ、ヒヨドリ、ケリ、オオヨシキリ、オナガ、モズ、ムクドリ、スズメ、キジバト、ツバメ、ホオジロ、ハクセキレイ、カワラヒワ

水辺の鳥26種　山野の鳥11種

5月30日（土）大井野鳥公園

水がなくなり隠れる芦なども減った。

汐入の池　カイツブリ、コサギ、アオサギ、バン、オオバン、カルガモ、キンクロハジロ、コチドリ、キアシシギ、イソシギ、コアジサシ

沈埋の池はすっかり埋め立てられてない。市場は鉄骨が2ヶ所立ち上がる。

陸の鳥　キジバト、ツバメ、ヒバリ、ハクセキレイ、ヒヨドリ、オオヨシキリ、セッカ、スズメ、シジュウカラ

水辺の鳥11種　山野の鳥9種

8月11日（火）都留行　河口湖　湯ノ沢温泉　三つ峠　一之君の車に繁子、まきも同乗　都留大学研究室へ書籍運び　渓山荘泊

河口湖一周　イワツバメ、ツバメ、オナガ

渓山荘と周辺　キセキレイ、カワガラス、カケス、カラ類

8月12日（水）都留　三つ峠行

一之君の車に

宿周辺　ホオジロ、ヒヨドリ、カラ類、キセキレイ、カワセミ

三つ峠〜河口湖〜天下茶屋〜登山〜峠口〜御坂＝中央高速〜　メボソムシクイ、トラツグミ、ケラ類、カケス、ホオジロ、イワツバメ、キビタキ、コルリ、コマドリ、コガラ、ウグイス

都留行合計　山野の鳥16種

8月18日（火）柳川・九重高原行
小雨　羽田〜福岡
天神〜バス〜柳川〜有明海　御花泊
西鉄バス沿線〜橋本〜川下り〜沖の端
コサギ、ゴイサギ、／ツバメ、カササギ、
キジバト
宿（御花）の池　カルガモ、カモ類
水辺の鳥4種　山野の鳥3種

8月19日（水）柳川〜有明海〜久留米〜長者原　九重高原荘泊
宿の朝　池　マガモ／カササギ、スズメ、
ツバメ、ハシボソガラス、ハシブトカラス、
キジバト
橋本開き　キアシシギ、キョウジョシギ、
ダイサギ、コサギ、セッカ、スズメ

黄足鴫鳴いて防潮堤高し

川下りの後、久留米へ出て久大線その
沿線　白サギ多数、ゴイサギ、他にトビ、
カラスsp、スズメ
牧の峠　ホオアカ、ホオジロ
長者原　カケス、ノビタキ、ヒヨドリ、セ
ッカ
水辺の鳥5種　山野の鳥13種

8月20日（木）長者原〜中村〜大分〜福岡〜博多〜羽田
長者原　セッカ、スズメ、カケス、コガラ、
コゲラ、ハシブトカラス、ノビタキ、ホオ
アカ、コガラ、アオジ
山野の鳥10種
柳川・九重高原行合計
水辺の鳥6種　山野の鳥20種

8月23日（金）大井埋立地
汐入の池　カルガモ多数、スズガモ、カイ
ツブリ、オオバン、バン、マガモ、オナガ
ガモ60、カワウ、ユリカモメ、ダイサギ
30、コサギ、ゴイサギ14、ウミネコ、コア
ジサシ、メダイチドリ、ムナグロ、セイタ
カシギ、イソシギ、ソリハシシギ、キョウ
ジョシギ、タカブシギ、キアシシギ、アオ
アシシギ、オオソリハシシギ／ツバメ、ス
ズメ、セッカ、ヒヨドリ、キジバト、オナ
ガ、カラスsp
水辺の鳥24種　山野の鳥7種

8月31日（土）大井埋立地　大風
汐入の池・東池　ウミネコ数百、セイタ
カシギ、アオアシシギ、カルガモ
汐入の池・西池　セイタカシギ、オグロ
シギ50、オオソリハシシギ、トウネン
ツバメ、セッカ、スズメ
汐入の池・洲の方　コチドリ、メダイチ
ドリ、キアシシギ20、タカブシギ、コサギ、
野鳥公園　ダイサギ、ゴイサギ、アジサシ
／オナガ
虹の干潟　ウミネコ10、ダイゼン、キョウ
ジョシギ30、キアシシギ20、コチドリ、メ
ダイチドリ／ハクセキレイ
帰り橋上　ヒバリ、カラスsp、アジサシ
水辺の鳥15種　山野の鳥4種

9月6日（日）六郷河口
六郷河原　ウミネコ多数、カルガモ、マガ
モ、スズガモ、ホシハジロ、コサギ、ダイ

サギ30、アオサギ、ゴイサギ、キョウジョシギ、ソリハシシギ、キアシシギ、アオアシシギ、オオソリハシシギ10、エリマキシギ、チュウシャクシギ、オバシギ、トウネン、コチドリ、メダイチドリ、ダイゼン、ムナグロ、バン、カワウ／ハクセキレイ、セッカ、カラスｓｐ、スズメ、ツバメ、ヒヨドリ、シジュウカラ

下流（曲がり角）キアシシギ、ソリハシシギ、トウネン、コチドリ、メダイチドリ、ダイサギ30、アオサギ

河口近く　ウミネコ、キアシシギ、ソリハシシギ、チュウシャクシギ、オバシギ、アオアシシギ、ダイゼン

水辺の鳥26種　山野の鳥7種

9月9日（金）神戸行　財政学会

神戸大学

六甲ホテル泊

月青き玻璃や左手がビゼー弾く

9月20日（日）相模川河口・箱根行

養育院グループ招待　小湧園泊

相模川河口　キジバト、ハクセキレイ、ツバメ、スズメ、ヒバリ、エナガ、ハシブトガラス／ウミネコ、ユリカモメ、コアジサシ、シロチドリ20、コサギ、キョウジョシギ、トウネン、キアシシギ、ソリハシシギ、オオソリハシシギ、チュウシャクシギ

9月21日（月）仙石原～山中湖～大学～浜松町

相模川・箱根行合計

水辺の鳥10種　山野の鳥10種

10月3日（土）大井野鳥公園　快晴

薄曇

汐入の池　ウミネコ100、ユリカモメ20、カルガモ50、コガモ、ハシビロガモ、コサギ、オナガガモ、ヒドリガモ、コチドリ、タシギ、ダイサギ、アオサギ、バン／ハクセキレイ、スズメ、トビ、カラスｓｐ、ヒバリ、モズ、キジバト

水辺の鳥13種　山野の鳥7種

10月9日（金）広島行　財政学会

羽田～広島

広島・相生橋　サギｓｐ

夕暮れのこうもり

10月10日（土）宮島行

安芸グランドホテル泊

ドーム　スズメ、カラスｓｐ／サギｓｐ

宮島　コサギ／トビ、カラスｓｐ

10月11日（日）宮島行　曇　宮島

弥山（みせん）　鹿

コサギ、ウミネコ群、カワウ／トビ、カラスｓｐ、シジュウカラ、ヤマガラ、スズメ、ツバメ

広島・宮島行合計

水辺の鳥5種　山野の鳥6種

10月17日（土）佐久行　上野～小諸
～竜雲寺（法事）佐久ホテル泊

10月18日（日）佐久ホテル～千曲川
～中島家～小諸～東京

千曲川貯水池　キンクロハジロ、マガモ、ホシハジロ、カルガモ、オナガガモ、カイツブリ、コサギ／トビ、ハシブトガラス

河原　キジ、カワラヒワ、ハクセキレイ、セグロセキレイ、モズ、メジロ、ホオジロ、ヒヨドリ多数、キジバト

水辺の鳥7種　山野の鳥11種

11月8日（土）大井野鳥公園　晴

汐入の池・東池　ユリカモメ1000+、ウミネコ、オナガガモ、ハシビロガモ、ハマシギ、アオアシシギ、カワラヒワ／ハクセキレイ、メジロ、ヒヨドリ、カラスsp

汐入の池・西池　コガモ、カルガモ、ヒドリガモ、ハシビロガモ、オナガガモ、マガモ、カルガモ、オナガガモ、カイツブリ、セイタカシギ、オオバン、キアシシギ、ハマシギ、アオアシシギ、ツルシギ、オバシギ、コオバシギ、ダイサギ、ゴイサギ

野鳥公園　コサギ、ダイサギ、アオサギ、ゴイサギ、キンクロハジロ、ホシハジロ、バン

水辺の鳥28種　山野の鳥5種

11月20日（金）富山・新潟行

羽田～富山　富山～特急～新潟
新潟タウンホテル泊

富山県庁前の公園　ウグイス、シジュウカラ

新潟～鳥屋野潟　コガモ多数、カルガモ、オナガガモ、カワウ、カイツブリ、アオサギ10、オオハクチョウ11+++、ハシビロガモ、ヒドリガモ、ウミネコ、ユリカモメ／カラスsp、スズメ、ウグイス、ヒヨドリ、シジュウカラ、オオジュリン、トビ

芦蔭へ降りる白鳥脚広げ
白鳥の帰水瞬時の底冷ゆる

11月21日（土）瓢湖

京ヶ瀬の刈田　ハクチョウ30と50の群

瓢湖　マガモ、コガモ、オナガガモ、ホシハジロ、ヒドリガモ、ミコアイサ、オオハクチョウ400、ダイサギ、コサギ、コブハクチョウ／トビ、スズメ、ヒヨドリ

鰤起し鴨高空に降りずいる
白鳥に声あり越後野飛ぶ列車

富山・新潟行合計
水辺の鳥15種　山野の鳥7種

12月22日（火）日光戦場ケ原行き
晴　湯元　南間ホテル泊

湯元ホテル付近

エナガらの遊具枯れ枝雲を入れ
冬水を出て濡れ石のカワガラス

12月23日（水）湯元

日光・湯本合計
水辺の鳥1種　山野の鳥1種

12月24日（木）大井埋立地

汐入の池・東池　ユリカモメ１０００＋１０００、ウミネコ、セグロカモメ、オナガガモ多数、ハシビロガモ、オオバン／トビ、スズメ、ツグミ、オオジュリン、ヒバリ

汐入の池・西池　オナガガモ、オオバン、ハシビロガモ、コガモ／スズメ、ツグミ、キジバト、オオジュリン、カワラヒワ、ヒヨドリ

虹の干潟　スズガモ70、オナガガモ20、イソヒヨドリ、バン、カワウ、コチドリ、ダイサギ、コサギ／ムクドリ、スズメ、ハクセキレイ、トビ、ヒバリ、カラスｓｐ、オオタカ、イソヒヨドリ

橋の上から　カラスｓｐ、ダイサギ、コサギ、ユリカモメ１００、ホシハジロ20、ヒドリガモ

野鳥公園　カワウ、オオバン、バン、ホシハジロ、キンクロハジロ、カルガモ、コガモ、ハシビロガモ、コサギ／トビ、オオタカ、カワラヒワ多数、ヒヨドリ、キジバト、スズメ多数、ツバメ、ムクドリ、オオヨシキリ、スズメ、キジバト、ハクセキレイ

水辺の鳥６種　山野の鳥６種

万花なす穴の蟹みな鋏振り

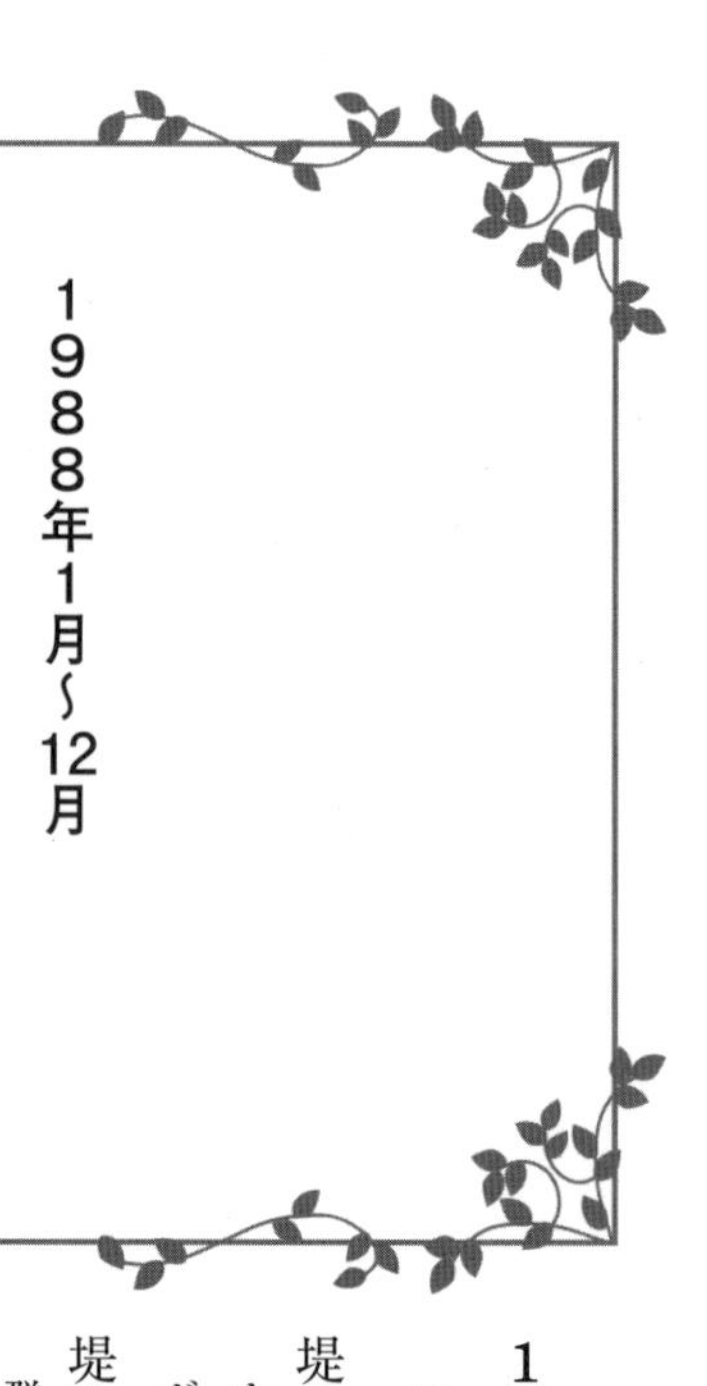

1988年1月～12月

新鳥種合計10種
　水辺の鳥8種　山野の鳥2種
観察地数77箇所
東京都内11箇所（東京都野鳥公園8回、不忍池1回、目黒自然教育園2回）
東京都外8箇所（六郷河口3回、その他各1回、伊豆沼、湖北、伊良湖、出水・熊本、ハワイ）

1月2日（土）六郷河口　晴
　暖かし　小島新田15：15～30～16：30
堤防・中州　マガモ、キンクロハジロ、オナガガモ、ホシハジロ、コガモ。オカヨシガモ、アオサギ、コサギ
堤防～大師橋　ユリカモメ海へ数十群（1群100～300）カワウ、カイツブリ
陸鳥　ハクセキレイ、ヒヨドリ、オオジュリン、スズメ、カラスsp、キジバト
水辺の鳥12種　山野の鳥6種

1月7日（木）湖北行（小谷・尾上）
　新幹線米原～虎雄～タクシー小谷～
小谷寺　ケリ、シジュウカラ
弧蓬閣　シジュウカラ、コゲラ、カラスsp
西池　カイツブリ、**ヒシクイ**、カルガモ、コガモ、マガモ、ホシハジロ、オナガガモ、ミコアイサ、オシドリ、カワウ、コサギ、カラスsp、コブハクチョウ
尾上荘　ムクドリ、キンクロハジロ、マガモ、カワウ、**コハクチョウ10**
琵琶湖畔野鳥観察舎（建設中）15：30～16：30
マガモ、キンクロハジロ、ホシハジロ、ヒドリガモ、オナガガモ、コガモ、カルガモ、カイツブリ、ユリカモメ、アオサギ、コサギ、カワウ、**コハクチョウ4＋20＋20＋10**（今西）
今西港　オカヨシガモ70＋70＋70、**コハクチョウ70＋20＋20**、**マガン**（中州）ウグイス、オオジュリン、ハクセキレイ、セグロセキレイ、ツグミ、ヒヨドリ、ハシブトカラス、ハシボソカラス
水辺の鳥13種　山野の鳥6種

1月8日（金）尾上・余呉湖　曇後時雨後晴　尾上～つづら尾崎～余呉湖余呉湖荘泊
尾上～今西7：20～8：40　ミコアイサ、コハクチョウ、バン、昨日と同じ／カワラヒワ、トビ、カラスsp
パークウエー入り口　ヒドリガモ、ホシハジロ、キンクロハジロ、カイツブリ、カルガモ
水辺の鳥14種　山野の鳥10種

つづら尾崎休憩所　カラスｓｐ、ヒヨドリ

塩津～余吾湖　カンムリカイツブリの群、マガモ、アオサギ／エナガ、シジュウカラ、ホオジロ、アオジ

余吾時雨カンムリカイツブリ頸映し

枯芦を這うごと時雨のエナガ群れ

1月9日（土）余呉湖

余呉湖　9：20～10：40　マガモ、カンムリカイツブリ60、カイツブリ、ヒドリガモ、カルガモ、オシドリ、ミコアイサ／ホオジロ、カワラヒワ、モズ、ヒヨドリ、トビ、カラスｓｐ

渡岸寺　モズ

12：18～米原

余呉湖計

水辺の鳥16種　山野の鳥13種

2月11日（木）大井野鳥公園

ハシブトカラス、キジバト、ツバメ、ハクセキレイ、スズメ、カワラヒワ／カルガモ、スズガモ、メダイチドリ、シロチドリ、ムナグロ、ダイゼン、ハマシギ、キョウジョシギ、アオアシシギ、キアシシギ、オオソリハシシギ、チュウシャクシギ、ソリハシシギ、オグロシギ、ソリハシシギ、コアジサシ、ダイサギ、コサギ、アオサギ、ゴイサギ、カワウ、ユリカモメ、ウミネコ

枯原は工事場真直ぐ鷹通過　（「寒雷」88年5月）

水辺の鳥23種　山野の鳥7種

3月15日（火）秋田行　秋田県庁

夜、小丹氏らと

キャッスルホテル泊

3月16日（水）岩手県庁

岩手城跡～新田（伊豆沼）～東京

3月21日（月）

大井埋立地　野鳥公園

汐入の池　ユリカモメ２００＋１５０、ウミネコ１００＋５００、コアジサシ50、アジサシ、ダイサギ10、カワウ、カルガモ30、マガモ、コガモ、ハシビロガモ、ヒドリガモ、セイタカシギ7、タシギ、キアシシギ、アオアシシギ11、ソリハシシギ／モズ、ハクセキレイ、スズメ、カワラヒワ、キジバト、カラスｓｐ

水辺の鳥17種　山野の鳥7種

3月23日（水）不忍池　谷中墓参後

コガモ、カルガモ、マガモ、ユリカモメ２００＋１５０、ウミネコ１００＋、イソシギ、アオアシシギ11、コチドリ、カワウ10、コサギ／カラスｓｐ、スズメ、カワラヒワ、キジバト、ハクセキレイ、トビ

水辺の鳥10種　山野の鳥4種

4月1日（金）薄曇

大井野鳥公園　13：20～15：10

汐入の池　ユリカモメ、オオセグロカモメ、ウミネコ、ハシビロガモ、コガモ、カルガモ、オオバン／ハクセキレイ、オオジュリン、ツグミ、カラスsp、ヒバリ、ヒヨドリ

虹の干潟　スズガモ15、シロチドリ、コサギ

野鳥公園　14：40～15：10　キンクロハジロ、ホシハジロ、マガモ、カルガモ、ダイサギ200、バン

水辺の鳥15種　山野の鳥10種

4月6日（水）仙石原行

早川の橋　コガモ／ムクドリ、ヒヨドリ

湿生花園　ウグイス、シギsp

かえる鳴く　かたくり、水芭蕉

自然探勝路　ウグイス、ホオジロ、カワセミ、キジ、コジュケイ、モズ、カケス、ハクセキレイ、カシラダカ、シジュウカラ、ヒバリ、アオジ、ケラ類／カルガモ

水辺の鳥3種　山野の鳥16種

5月5日（休）大井野鳥公園

13：10～15：10

汐入の池　オオヨシキリ、セッカ、ヒバリ、カラスsp、イワツバメ、スズメ、カワラヒワ、アオジ、イソシギ、コアジサシの群れ、コガモとハシビロガモで100、カルガモ、コチドリ、オオバン、タシギ、ウミネコ

虹の干潟　コアジサシ、コチドリ／ハクセキレイ、キジバト

潮干狩り　あさりとしおふきで20余個

新池　コアジサシ37、コサギ、ダイゼン（声）／ムクドリ

水辺の鳥11種　山野の鳥11種

5月21日（土）六郷河原自然観察会

岩目、山本二氏ほか　13：45集合～17時過ぎ　曇時々雨

鳥　ハクセキレイ、セッカ、オオヨシキリ、スズメ、ムクドリ、カラスsp、ヒヨドリ／コアジサシ、ウミネコ、ユリカモメ、カルガモ、バン、キアシシギ、アオアシシギ、コチドリ、キョウジョシギ、コサギ、ゴイサギ

草　にわぜきしょう、きつねのぼたん、ぎしぎし、ブタクサ等

樹木　くるみ、にれ、とうねずみもち

蟹　あしはらがに、くろべんけいがに、ちごがに

水辺の鳥14種　山野の鳥8種

7月19日（火）曇

大井野鳥公園　12：00～14：30

汐入の池　城南大橋先のフェンスと有刺鉄線の切れ目が塞がれ「立入り禁止」、少し先の有刺鉄線を開けてあるところを探して入るも「港湾局用地」と「新野鳥公園」

との間にも鉄線が張られ汐入池にも出られず。そこで港湾局用地を東に向かい汐入り池を東側から見晴らす丘で昼食。12時40分頃。

東池東端　ウミネコ100、イソシギ10、コチドリ20、セイタカシギ4、キンクロハジロ、カイツブリ、カルガモ、バン／セッカ、ツバメ、キジバト、オオヨシキリ

（沈埋ドッグ側の境目から池へ）　カイツブリ、バン／オオヨシキリ、セッカ

西池　カルガモ親子3組／イワツバメ

虹の干潟　ウミネコ、コチドリ、コアジサシ、カルガモ／ハクセキレイ、ムクドリ

水辺の鳥12種　山野の鳥11種

7月23日（土）菊池昭徳君葬儀

7月24日（日）光明寺自然観察会

樹木　しなのき、えごのき、みずき、すだじい、しろだも、あらかし等

8月1日（月）大井野鳥公園　晴

（前日梅雨明け）13：～16：30

汐入の池　ウミネコ

西池　カルガモ、キアシシギ、イソシギ、オオバン

東池　セイタカシギ、アカエリヒレアシシギ、ウミネコ多数、ユリカモメ、カルガモ、アオサギ、コサギ、オオバン、コチドリ、コアジサシ、カワウ／セッカ、スズメ、カワラヒワ、カラスsp

公園　ゴイサギ／ツバメ、イワツバメ

造成地　ウミネコ、シジュウカラ、キジバト、ヒヨドリ、ムクドリ

水辺の鳥14種　山野の鳥11種

8月6日（土）ハワイ旅行

娘夫婦の合唱祭参加に便乗して私たちも初めての海外旅行ハワイ行きを決めた。当然ハワイの野鳥を観察するのである。

ホノルル空港　Red-vented Bulbul　和名尻赤鵯（椰子の木に）

アラモアナ公園　チョウショウバト Zebra Dove、ダイゼン、メジロ、カージナル、マイナーバード

ダウンタウン　シロアジサシ

8月7日（日）ハワイ旅行2日目

ホノルル動物園　Stilt タカシギ、Thicknecked Plover, フラミンゴ、ツクシガモ、極楽鳥、クジャク

ワイキキの海　オオグンカンドリ

8月8日（月）ハワイ旅行3日目

陸軍博物館　メジロ、ゼブラ・バード、スポッテドバード、スズメ、レッドベンッテッドバルバル

カネカへを過ぎた牧場　アマサギ、グンカンドリ

夜　カラスの大きさの鳥

8月9日（火）ハワイ旅行4日目

パラダイス公園フラミンゴの池　NeNe（ハワイヤングース）、ハワイヤンダック、マガモ、バルバル、メジロ

8月10日（水）ハワイ旅行5日目

木村さんの案内

ハナウマベイの公園　カージナル

シーライフ公園前の海岸　アカアシカツオドリ、オオグンカンドリ

少年院の牧場　アマサギ

カイルワ海岸

8月11日（木）ハワイ旅行6日目

一之君の運転

ウインドワード探鳥

ハワイは基地の島なるを痛感

シーライフパーク　アカアシカツオドリ

マナナ島（ウサギ島）　セグロアジサシ（オナガミズナギドリ）オオグンカンドリ、コアホウドリ、カツオドリ幼鳥

カイルワビーチ公園

カネオヘ海兵隊基地　オオグンカンドリ

ハワイ行鳥合せ

〈海鳥〉シロアジサシ、オオグンカンドリ、アカアシカツオドリ、（コアホウドリ）セグロアジサシかオナガミズナギドリ／〈水鳥〉フラミンゴ、セイタカシギ、バン、ハワイヤンダーブ、マガモ、ゴイサギ、ツクシガモ、アマサギ、ダイゼン

合計16種

〈urban bird〉common myna.zebra dove. spotted Dove. 白いハト Houssparrow. Red-Vented Bulbul, カージナル

〈upland bird〉ハワイヤンgoose Nene. owl. Peasants & Franchins.

〈forest bird〉メジロ、ウグイス、極楽鳥、インコ

合計36種

8月25日（木）大井野鳥公園雨後曇

三宅島でお世話になった浅沼八潮南中校長訪問後　12：40〜15：27

野鳥公園　ダイサギ、コサギ、カルガモ、バン、ゴイサギ／オナガ、ヒヨドリ

汐入の池　ウミネコ、ユリカモメ、カルガモ、バン、オオバン、カイツブリ、セイタカシギ、オオソリハシシギ西池30東池30、アオアシシギ西池30

東池　キアシシギ、キョウジョシギ、コチドリ1／セッカ、ハクセキレイ、ヒバリ

水辺の鳥16種　山野の鳥8種

9月5日（月）大井野鳥公園　曇

13時〜15：20

最大のシギ数

汐入の池　コチドリ、シロチドリ、キョウジョシギ、コアオアシシギ、アオアシシギ、タカブシギ、キアシシギ、イソシギ、オグロシギとオオソリハシシギ計30、セイタカ

シギ10、エリマキシギ、カモメ2種、ダイサギ10、コサギ、アオサギ、ゴイサギ、コガモ、カルガモ、マガモ、ヒドリガモ、オオバン／ツバメ、ハクセキレイ、セッカ、スズメ、カラスsp、キジバト、ムクドリ

水辺の鳥23種　山野の鳥8種

10月7日（金）大井野鳥公園　曇

14時～16：30

汐入の池ほか　オグロシギ（オオソリハシシギ）30、アオアシシギ30、コキアシシギ、ダイゼン、アオサギ、ダイサギ、コサギ、ゴイサギ、オオバン、カイツブリ、ウミネコ、ユリカモメ、ハシビロガモ多数、コガモ、カルガモ、ヒドリガモ、オナガガモ／スズメ、ハクセキレイ、ヒヨドリ、キジバト、カラスsp

水辺の鳥18種　山野の鳥5種

10月9日（日）伊良湖・野鳥の会大会

曇後晴　伊良湖ビューホテル泊

豊橋～伊良湖　バス　田原萱町の空1羽　宿の庭でサシバ前山から、裏山からも　他にトビ、ヒヨドリ

夕方17：過ぎの稜線からもサシバ

野鳥の会大会　13：10頃バス到着

その後大会がホテルで開かれ、終了後オークションで私は岩本久則氏の鳥の絵を競り落とした。

22時過ぎから恋路が浜で藤本さんの解説で虫の声を聞いた。松虫、鈴虫、こおろぎ各種、かんたん、など。

10月10日（月）伊良湖

朝（6：15～6：40）ホテル前で多数の人が観察。サシバは裏の海側から東の方へ高く低くあらわれる、前の山におりるものもあり。6：40～6：50バスで恋路ヶ浜へ

浜の裏山　ハヤブサ、ヒヨドリ

ヒヨドリの渡りも壮観　これを追う。

ハヤブサ、ヒヨドリを捕らえて松の小枝に足の下

ホオジロ、メジロ、コジュケイ

サシバは今日は高空をわたり天気の割りに裏山など近くから飛びたつもの少ない。

ハチクマの飛ぶのも見たが、カラスが戯れても大きさがかなり違う。

ケラsp、ウミウ、カモメ類、ハト類、スズメ

10：10出発　途中の畑　ケリ

赤羽町の海側の空　サシバ上昇中

塩川干潟　ミサゴ、ヒドリガモ、オナガガモ、カルガモ、ハシビロガモ、ハマシギ、シロチドリ、ウミウ、ムナグロ、メダイチドリ、トウネン、カモメsp、ダイサギ、チュウサギ、コサギ、アオサギ、カイツブリ／モズ、セッカ、カラスsp、スズメ、トビ、ノビタキ

鳥合わせ

水辺の鳥19種　山野の鳥20種

10月15日（土）光明寺自然観察会

しらかし、むくのき、もみじ、すずかけ、しなのき（菩提樹の仲間）えごのき、しろだも、えのき、すだじい、くぬぎ、あべまき

11月24日（木）鹿児島出水行き

磯庭園　トビ、ヒヨドリ、ハクセキレイ、シジュウカラ、モズ、ハシボソガラス、ハシブトガラス

鹿児島県庁　鹿児島〜荒崎　ツバメ、ツル

荒崎駅〜鶴見亭　マナヅル、ナベヅル

鶴展望所

鶴見亭前の畑の端で夕方の鶴観測

農道　帰って来るのは東方から、雁のように列もつくらず鳴かない。しかしさきに畑に下りた鶴は鳴き止むことなし。やがて降りた鶴のねぐらへ帰る動きが始まり大群がうんかのように飛び立つ。

今日の鶴の数は、国鉄の車内放送は６５００羽、駅前のタクシーでは６０００羽という。

11月25日（金）出水　小雨後曇

朝の鶴

繁子5時　ツル鳴くという。夜もいつまでも鳴いていたが、私たちが寝てしまった。６：30　部屋の窓から飛び立つツル。ＴＶの実況

出発８：50　本の通りのコース（ちょうど採餌場一回り）キセキレイ、川添いにツル５００、ミヤマガラス、ツリスガラ、モズ、シトド類

ツルは右の畑にも展開、採餌場のも、キジバト、カラスｓｐ

右奥の山裾に虹　センターの十字路曲がる

小川　コサギ、コガモ、50以上飛び立つ

鷺山付近　ダイサギ、コサギ、ゴイサギ、キジバト　ツルが立つ間にチュウヒ

右奥　シトド類鳴く。ホオジロ、カルガモの声、カイツブリの声、コジュケイ鳴く。

農道を戻るヒヨドリ、タヒバリ、イソシギ、トビ、マナズル親子、ナベズル親子写真撮る。

11月26日（土）熊本・江津湖

江津湖（南）　ヒドリガモ大群　マガモ、カルガモ、コサギorダイサギ50、アオサギ、ユリカモメ／ハクセキレイ、カラスｓｐ、キジバト、ムクドリ群、スズメ、ヒヨドリ

水前寺公園　カイツブリ／カラスｓｐ、ツグミ、ハクセキレイ、モズ

立田山公団　アオジ、ヒヨドリ

熊本市内見学

鹿児島熊本行合計

水辺の鳥14種　山野の鳥19種

12月11日（日）大井野鳥公園

13：40着～15：29

汐入の池　ユリカモメ、アオサギ、オナガガモ、カルガモ、ヒドリガモ（声）、セグロカモメ、ウミネコ幼、カイツブリ、オオバン

虹の干潟の海　スズガモ50、ホシハジロ

陸　ツグミ、ヒヨドリ、スズメ、オオジュリン、キジバト、ハシブトカラス、ハクセキレイ、カワラヒワ、トビ、チュウヒ

水辺の鳥13種　山野の鳥8種

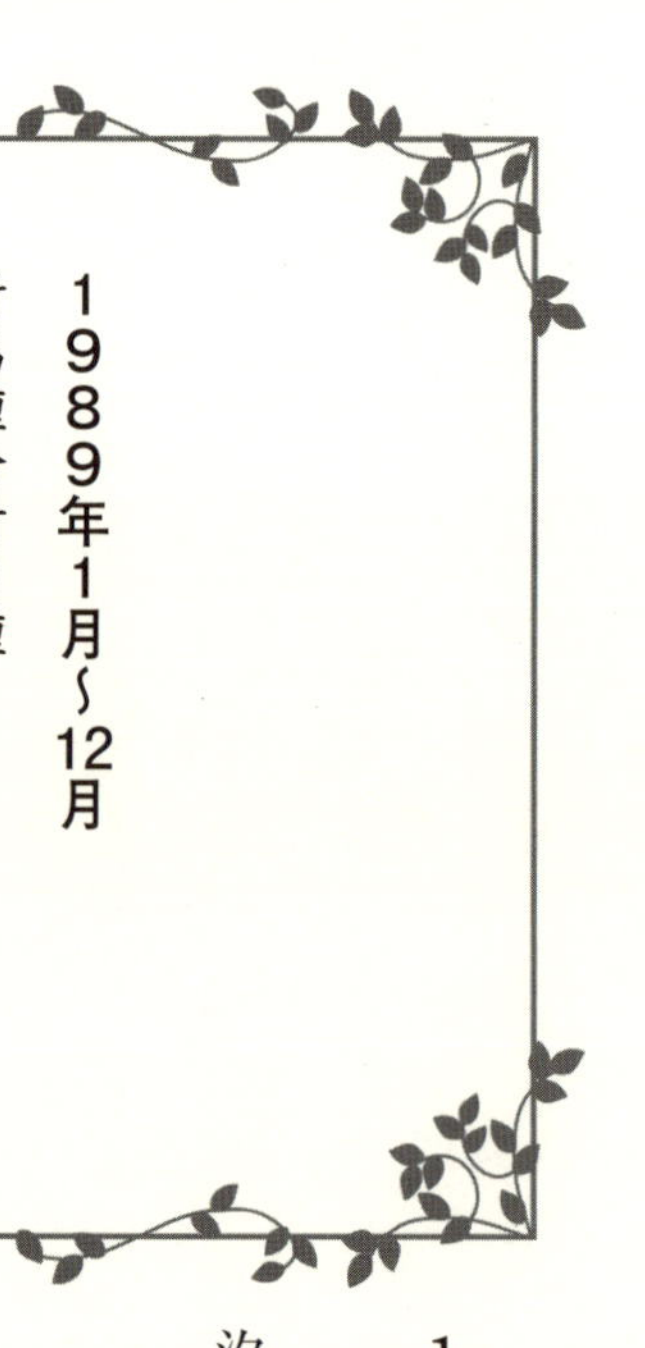

1989年1月〜12月
新鳥種合計3種
　水辺の鳥2種　山野の鳥1種
観察地合計　16箇所
東京都内8箇所（東京都野鳥公園5回、目黒自然教育園1回、浜離宮庭園1回、上野毛・多摩川1回）
東京都外8箇所（六郷河口3回、その他各1回谷津干潟、洋光台、酒田・福島潟、佐渡、鳴門・吉野川）

1月2日（月）大井野鳥公園
13：20着
汐入の池　ユリカモメ、オナガガモ、ハシビロガモ、ヒドリガモ、コサギ、コサギ／ハクセキレイ多数、スズメ、モズ、キジバト、ヒヨドリ、ツグミ、オオジュリン、トビ、カラスsp
虹の干潟　オナガガモ30、スズガモ50
造成地　ユリカモメ1000、オオバン、オナガガモ、コガモ、カイツブリ、カワウ
野鳥公園　キンクロハジロ、オオバン、ホシハジロ、コガモ、オナガガモ、カワウ／ムクドリ、ツグミ
水辺の鳥14種　山野の鳥12種

1月4日（水）酒田行　曇
上野〜新潟〜坂田〜鼠ヶ関
最上川河口　14：00〜14：50　ハクチョウ200、オナガガモ2000、マガモ20、ホシハジロ50、キンクロハジロ、ウミネコ多数、コサギ10／トビ多数、タカsp、カラスsp
羽越線沿線　ノスリorケアシノスリ、カラスsp、トビ多数、ムクドリ大群、スズメ／ウミネコ、ウミスズメ類、ウミウ

鼠ヶ関駅暮れて小雪の宿と聞く
（「寒雷」89年4月）

水辺の鳥9種　山野の鳥6種

1月5日（木）村上・福島潟　曇後晴
鼠ヶ関〜村上〜新発田〜福島潟〜新発田
鼠ヶ関朝　ハクセキレイ、トビ、スズメ／ウミネコ多数、ヒドリガモ、スズガモorキンクロハジロ
笹川流れ　ウミネコ多数、ウミウ
村上・岩ヶ崎　ミミカイツブリの群、ウミアイサ、アカエリカイツブリ、ハジロカイツブリ
三面川　鴨の群れ
村上〜新発田　トビ
福島潟　オオジュリン、チュウヒ
排水場〜タクシー16：50　カイツブリ、マガモ、ヒシクイ（北側芦の先　南行or

南来、3～5羽の群多し）、ハクチョウ、スズメ、コガモ、ダイサギ

襲う波乗りて潜りて鴨ら沖へ

（「寒雷」89年4月）

水辺の鳥10種　山野の鳥9種（ワシタカ類3種）

1月6日（金）新発田～新潟～上野

2月5日（日）自然観察会　上野毛

飯島春子女史宅　繁子、まきも10：00～15：30

上野毛自然公園　ヒヨドリ、シジュウカラ、オナガ、カラス（ブトもホソも）、キセキレイ、カワラヒワ、メジロ、ウグイス、コゲラ、アオジ、キジバト、スズメ

散歩道　ムクドリ

多摩川　カイツブリ、オナガガモ、コガモ、ユリカモメ、カワウ、コサギ、カルガモ／ハクセキレイ、ツグミ、タヒバリ

水辺の鳥7種　山野の鳥18種

2月19日（日）大井野鳥公園

14：00

汐入の池　アオサギ、コサギ、カルガモ、コガモ、アカヨシガモ、ヒドリガモ、オナガガモ、ハシビロガモ、スズガモ、ホシハジロ、キンクロハジロ、オオバン、バン、オオバン、シロチドリ、イソシギ、ユリカモメ多数、ウミネコ、セグロカモメ／キジバト、ハクセキレイ、ヒヨドリ、モズ、ツグミ、オオジュリン、スズメ、カワラヒワ、カラスsp、シジュウカラ、トビ

水辺の鳥18種　山野の鳥11種

3月19日（日）快晴　洋光台自然観察会

花：はくもくれん、こぶし、きぶしの花

駅前　カワラヒワ、ヒヨドリ

旧家　ホオジロ、シジュウカラ

藪椿の名木　みつまた

円海山頂上　カラスsp

はるののげし、うらしまそう

ひめうず、むらさきけまん

氷取山市民の森　ウグイス

15：00　ムクドリ、コジュケイ

山野の鳥8種

3月20日（月）不忍池　谷中墓参後

3月31日（金）山中湖村行　曇後雨

4月6日（木）浜離宮公園

4月8日（土）雨　大師橋自然観察会　広井夫人も　13：50着

大師橋下　コチドリ、シロチドリ、コガモ、カルガモ、キンクロハジロ、イソシギ声、ウミネコ

ゴルフ場　ツグミ、ムクドリ、キジバト、スズメ、セッカ、ハクセキレイ、カワラヒワ、カラスsp、ヒヨドリ／カワウ10＋、コチドリ

おにぐるみ、とうねずみもち、くこの若葉、なんばんぎせるの種
水辺の鳥8種　山野の鳥9種

4月15（月）池上梅園　清月庵

5月2日（火）六郷河口
10時過ぎ着~13時過ぎ
中州~下流　カワウ、ウミネコ、カルガモ、スズガモ、コサギ多数、コアジサシ、メダイチドリ、トウネン、ハマシギ、シロチドリ、コチドリ、ダイゼン、スグロカモメ、ユリカモメ、キアシシギ、キョウジョシギ、コサギ、ダイサギ／ハクセキレイ、カワラヒワ、ハシボソガラス、オオヨシキリ、スズメ、ムクドリ、ツバメ、ヒヨドリ
水辺の鳥17種　山野の鳥11種

5月6日（土）曇　谷津干潟
10：20着習志野山本先生宅（先生が岡山の話）11：40息子さんの車で旧谷津遊園バラ園跡にできた干潟に
新しい干潟~観測所　ハシビロガモ、ユリカモメ、ウミネコ、コアジサシ、オオソリハシシギ多数、ダイシャクシギ、ダイゼン、ハマシギ、キアシシギ、シロチドリ、メダイチドリ　チュウシャクシギ、ソリハシシギ、コサギ、ダイサギ、コガモ、カルガモ／ハクセキレイ、ヒバリ、セッカ、カワラヒワ、ムクドリ、キジバト、カラスsp、ツバメ、スズメ、オオヨシキリ、ヒヨドリ
水辺の鳥17種　山野の鳥11種

5月13日（土）曇　大田清掃工場・大田市場見学　車2台、参加10人
清掃工場　ヒバリ
大田市場9階から　虹の干潟　シギsp
城南大橋上から汐入の池　オオバン、カルガモ、ハマシギ10、メダイチドリ、キアシシギ、コアジサシ、ウミネコ／ムクドリ
清掃積換場　トウネン、シロチドリ、ハマシギ20／ハクセキレイ
干潟　キジバト、ムクドリ、スズメ、セッカ、オオヨシキリ、カラスsp
水辺の鳥9種　山野の鳥9種

7月9日（日）自然教育園
山本夫妻と岩目先生

7月15日（火）上野水族館　都留大学研究室へ書籍運び
河口湖一周　イワツバメ、ツバメ、オナガ
渓山荘泊　キセキレイ、カワガラス、カケス、カラ類
山野の鳥7種

7月17日（月）横手市研修合宿
上野~横手　横手城~センター

7月18日（火）センター~市役所見学~駅前のポンプ場
横手市長講演

梅雨の月もの言って来て
足らぬらし
（「寒雷」89年11月）

7月19日（水）沢内村

横手〜沢内村　温泉　野天風呂

沢内はこの溪の奥栗満開
（「寒雷」89年11月）

7月20日（木）沢内村より帰京　学生5人わが家に宿泊

7月21日（金）学生連れて大田市場へ

7月23日（日）

参議院選挙、自民党大敗　一人選挙区で3対24

8月25日（金）大井野鳥公園　曇後雨　12：40着〜15：00

汐入りの池・海の干潟　花が残る葛をかき分け（10月から新公園開園）

キョウジョシギ20、コチドリ50＋100、トウネン、オグロシギ30、アオアシシギ、ムナグロ、キアシシギ10、イソシギ、バン、カルガモ20、ユリカモメ、ウミネコ、セイタカシギ、ダイサギ、コサギ、ゴイサギ、カワウ／ハクセキレイ、ハシブトカラス、ハシボソカラス、スズメ、ツバメ、イワツバメ、キジバト、セッカ

水辺の鳥18種　山野の鳥8種

8月28日（月）佐渡行

新潟〜ジェットホイル〜両津

裕景旅館（主人一高先輩東田氏）泊

新潟の海　ウミネコ

両津港〜外海府周り観光バス〜

二つ亀〜大野亀　イソヒヨドリ

きばなかんぞう

石名清水寺〜大銀杏〜平根崎　イソヒヨドリ

尖閣湾　夕立

8月29日（火）大佐渡スカイライン

佐和田〜尖閣湾　ウミネコ

〈金山〉〈スカイライン〉　ハクセキレイ、ヒヨドリ、モズ、ツグミ、ホオジロ、カワラヒワ、スズメ、ムクドリ、カラスsp、キジバト、トビ

御陵去る棚田は早稲の水の音
（「寒雷」89年12月）

バス小憩寄れば香が消え萱の花
（「寒雷」89年12月）

佐渡行合汁

水辺の鳥2種　山野の鳥11種

9月15日（金）六郷自然観察会　雨

9月18日（月）山中湖行き

ホテルマウントフジ

9月22日（金）谷中墓参

9月25日（月）横浜博
　9：00日の出桟橋発

10月13日（金）高松行き（学会）
　ヒバリ、カラスsp、アジサシ

10月14日（土）学会　香川大会
夕方高徳線で鳴門へ　キアシシギ、ダイゼン

10月15日（日）鳴門公園
鳴門公園で観測中、徳島の野鳥の会の三宅氏に会い・教えてもらったほか、吉野川河口で観測中の徳島野鳥の会に案内され、さらに眉山下まで車でおくってもらう
鳴門公園6：30〜9：00　海を渡る鳥たち　ノスリ、ヒヨドリ、ムクドリ、メジロ、ヤマガラ、シジュウカラ、エゾビタキ、トビ多数、カラスsp、ハクセキレイ、ツバメ、スズメ／ウミネコの大群
吉野川河口・中州　9：30〜10：30　アオサギ多数、ムラサキサギ、ダイサギ、カルガモ多数、コガモ、ヒドリガモ、マガモ、ハマシギ、ミユビシギ、オオソリハシシギ、ダイゼン、カラフトアオアシシギ、カワウ／モズ、ヒヨドリの群、ハクセキレイ、トビ
眉山　ヒメアマツバメ、トビ、カラス、ヤマガラ、モズ、メジロ
水辺の鳥16種　山野の鳥16種

11月1日（水）学園祭準備

11月2日（木）学園祭

11月3日（金）学園祭
　小丹氏を学園祭に出迎えのため出かけたが会えず

11月15日　都留大学長選挙

11月18日（土）大井埠頭、城南島

12月15日（金）大井野鳥公園新装初見学　東京港野鳥公園と改称
東淡水池　ユリカモメ多数500〜1000、コサギ、オオバン、ハシビロガモ、カルガモ、カイツブリ、オナガガモ、ウミネコ、ミコアイサ、ウミアイサ、オカヨシガモ、カワラヒワの群／ハクセキレイ、スズメ、メジロ、ヒヨドリ、キジバト、カラスsp、ツグミ、ハヤブサ
潮入りの池＝ネイチャーセンター
ユリカモメ1000、カモメ、セグロカモメ、オナガガモ、ハシビロガモ、ホシハジロ、スズガモ、コガモ、ヒドリガモ、アメリカヒドリ、アオサギ／トビ、チョウゲンボウ
水辺の鳥19種　山野の鳥10種

1990年1月〜12月

新鳥種合計7種
水辺の鳥5種　山野の鳥2種
観察地合計　27箇所
東京都内16箇所（東京都野鳥公園11回、不忍池3回、葛西臨海公園2回）
東京都外11箇所（六郷河口1回、葉山1回、谷津干潟1回、城ヶ島1回、近江湖北1回、伊豆沼1回、三宅島1回、伊良湖1回、都留1回、橋倉鉱泉1回、下北湯の川・尻屋・尾駮・田面木1回）

1月2日（火）葛西臨海公園

1月4日（木）近江湖北行

尾上泊　エナガ、ヒヨドリ、シジュウカラ、ヤマガラ、コガラ、ツグミ、カラスsp、コガラ

伊吹晴れ霙る竹生島と鴨ら
（「寒雷」90年4月）

雪しぐれ灯りいし日と竹生消ゆ
（「寒雷」90年4月）

1月5日（金）尾上〜高島〜余呉湖

余呉湖荘　ヤマガラ、ホオジロ、カシラダカ、マヒワ、アトリ、イカル、カラスsp

1月6日（土）余呉湖　長浜

長浜

濠が縫う城下家裏ゆりかもめ

湖北合計　山野の鳥14種

1月8日（月）

不忍池　谷中墓参後

1月14日（日）大井野鳥公園 午後

晴　気温低し13：50大森発

淡水池　ミコアイサ、ハシビロガモ、オナガガモ、ヒドリガモ、オオバン、アオサギ／カワラヒワ、キジバト、ハクセキレイ

潮入り池＝センター池　上空ユリカモメ、オナガガモ、ヒドリガモ、カルガモ、キンクロハジロ、ホシハジロ、オカヨシガモ、カイツブリ、オオバン、アオサギ、シロチドリ／スズメ、ヒヨドリ、カラスsp

いそしぎ橋上空　カワウの群れ

水辺の鳥15種　山野の鳥6種

1月30日（火）草の実例会大井野鳥公園見学　晴

自然観察路　ツグミ、スズメ、カラスsp、ハクセキレイ、ヒヨドリ、ウグイス

4号観察舎　ホシハジロ、キンクロハジロ、コガモ、ヒドリガモ、カルガモ、カイツブ

リ、コサギ、アオサギ

潮入りの池　キンクロハジロ、オナガガモ、コガモ、ホシハジロ、ハシビロガモ、カルガモ、ヒドリガモ、オオバン、ユリカモメ、ミコアイサヒヨドリ、トラフズク

埋立地トラフズクすみ耳動く

2号観察舎　チョウゲンボウ、チュウヒ、ハイイロチュウヒ、ホシハジロ、キンクロハジロ、オナガガモ、ヒドリガモ、コガモ、ハシビロガモ、オオバン、ユリカモメ／ハクセキレイ、ツグミ、カワラヒワ、オオジュリン

水辺の鳥14種　山野の鳥15種

2月12日（月）福永先生葬儀

遺影笑み春めく天へ大欅

2月18日（日）総選挙　自民安定多数　社会60近く伸びる、公共民不振

2月25日（日）六郷河口自然観察会

雨後晴　小島新田駅13：30集合

土手〜下流〜いすゞ工場・湾曲部の葦原　ホオジロ、オオセグロカモメ、ユリカモメ（芦のきれた干潟に多数休む。そのうち川上から海へ戻る大群が切れ目なく続く）

戻り道　ホオジロ、モズ、カワラヒワ、ムクドリ群、ハクセキレイ、カンムリカイツブリ

産業道路まで歩く　カイツブリ、カワウ、ゴイサギ、コサギ、スズガモ、マガモ、カルガモ、コガモ、ヒドリガモ、オナガガモ、ホシハジロ、オオバン、トビ、ハクセキレイ、ヒヨドリ、ツグミ、スズメ、カラスsp、キジバト

枯芝にホオジロ工場音止まず

（「寒雷」90年6月）

水辺の鳥16種　山野の鳥11種

2月27日（火）

ウグイス初鳴き（繁子）

3月6日（火）伊豆沼行き

夕方帰雁4羽　晴　暖かし

末吉旅館泊

観測所（15：00過ぎ新田駅着）ガンはすでに帰って朝夕の雁行はみられないと同所のおじさん、ハクチョウも帰りはじめていると　コハクチョウ、オナガガモ、キンクロハジロ、ホシハジロ、マガモトビ、カラスsp、スズメ

遊歩道（16：00）オオジュリンorカシラダカ50、アオジ、ツグミ、カイツブリ、オオハクチョウの群れ、ガンsp、この雁を追いかけてきたNHK仙台のテレビに取材されたが……

啓蟄や旅雁の漁る畦暮れて

（「寒雷」90年7月）

水辺の鳥6種　山野の鳥7種

畦に漁る帰り遅れし雁四つ

3月7日（水）仙台　晴後曇

仙台、第二次試験のため会場へ

3月8日（木）試験　晴

試験中雪ぱらつく
4時過ぎ帰京

受験子に風花激し刻進み
（「寒雷」90年7月）

3月18日（日）晴　葉山海岸自然観察　10：30集合

森戸神社　カワラヒワ、ヒヨドリ、キジバト、トビ、シジュウカラ、カラスブトとホソ
花　びゃくしん、はまうど、のかんぞう、はまだいこんの花
真名瀬　ウグイス
葉山御用邸～砂浜　ウミウ、ウミネコorユリカモメ、コサギ
花　きぶし、れんぎょう、かじいちご
葉山公園　ツグミ多数、ハクセキレイ
長者が崎　ウグイス、ヒヨドリ
水辺の鳥3種　山野の鳥10種

3月19日（月）

17：00少し前、帰宅直前　ワカケホンセイインコ電線で鳴く、シジュウカラも。上空チョウゲンボウ飛び去る。
山野の鳥3種

3月20日（火）不忍池
谷中墓参後

3月30日（金）菅原氏追悼式（御茶ノ水中大記念会館）

4月2日（月）城ヶ島　曇後快晴

城ヶ島大橋（12：00）　トビ多数、ツバメ／ウミネコ
海鵜展望所、赤羽根断崖　ウグイス、メジロ、ホオジロ、スズメ、キジバト、ヒバリ、ヒヨドリ、シジュウカラ、カララヒワ、カラスブトとボソ／ウミウ
黒磯浜　トビ、イソヒヨドリ、ハクセキレイ／ヒメウ
水辺の鳥3種　山野の鳥15種

4月9日（月）谷津山本先生宅
快晴　先生のエコノミスト寄贈を大学図書館が取りに行くのに立ち会う。資料積み込み14時少し前に終了。14：30 先生宅を辞し、南船橋駅へ向けて歩く。団地前の干潟はヘドロだらけ。
谷津干潟　コガモ、ダイゼン
高速道路の角から探鳥会のコースを歩くことに　ダイゼン多数、ユリカモメ多数、コガモ多数、オカヨシガモの群、ハシビロガモ、ハマシギ大群、チュウシャクシギ鳴く、ヒドリガモ、シロチドリ、メダイチドリ、オオソリハシシギ／スズメ、ツグミ、キジバト、ハクセキレイ、ヒヨドリ、セッカ
16時高校バス停で乗り、帰る
水辺の鳥13種　山野の鳥6種

4月12日（木）大学オリエンテーション　河口湖泊

4月28日（土）誕生日

大井海浜公園　晴

4月30日（月）下北行き

モノレールで浜松町から羽田〜青森空港〜弘前〜湯の川温泉寺島旅館泊

弘前公園11：30　花見客混雑　アカゲラ、コムクドリ、ムクドリ多数

護国神社の後庭・蓮池　カルガモ、コブハクチョウ、ゴジュウカラ、カラスsp、スズメ、ハクセキレイ

弘前〜青森　青森物産館6階　ウミネコ

青森〜野辺地〜大湊（青森〜脇野沢強風で欠航）

大湊〜川内　沿岸の海、強風がやんで凪　カモメ類、ウミネコ、ユリカモメ、オオセグロカモメ

5月1日（水）湯の川〜むつ〜尻屋〜弁天島〜尻屋崎〜小田野沢

池田屋泊

湯の川の朝　キセキレイ、センダイムシクイ、コガラ、ウグイス、コゲラ、ヒヨドリ、カラスsp、ヒガラ、ハクセキレイ、キジバト

湯の川〜むつ　海岸　カモメsp

むつ〜尻屋　11：00〜11：40

弁天島（日鉱セメント鉱業所）

カイツブリ（途中の小川）、**ケイマフリ**

オオセグロカモメ／ハクセキレイ

ケイマフリ（ウミスズメ科）

尻屋崎口途中　ホオアカ、ヒバリ、カラスsp大群、ハクセキレイ、キジバト

寒立馬と牧場

防砂林　カワラヒワ、コガラ

灯台への道　オオセグロカモメ、カワラヒワ、ハクセキレイ多数

草石（大岩のある浜辺）　海藻のたまりにハクセキレイの群、タヒバリ、ビロードキンクロorシノリガモ、ホオジロガモ／ヒバリ

灯台　ウミウ多数、

帰りの松林付近　カワラヒワの大群、コガラ

尻屋〜東通村役場〜猿が森〜小田野沢

猿が森　モズ、コガラ、ウグイス、アカハラ、アオジ、エナガ

ひば埋没林への道（往復35分）　モズ、アオジ、ウグイス、コガラ

まいづるそう群生

小田野沢（宿の夕方）　ツグミ

池田屋泊

防衛庁下北試験場（かつて国民の関心を

集めた反対運動があった石川県内灘の射爆場がここに移転していた）が目の前

鳥帰る北へ一キロ射爆場

（「寒雷」90年10月）

5月2日（木）小田野沢〜六ヶ所村役場〜原燃センター〜尾渕沼〜稲穂旅館泊

小田野沢の朝6：30〜7：20　防衛庁脇の防砂林　アオジ、ヒガラ、ノジコ

北小田野沢バス停8：15　カワラヒワ、コムクドリ　〜老部〜東北電力原発事務所　みずばしょう　〜泊車庫9：00〜六か所村役場9：52

原燃PRセンター展望所、村の体育館、消防署、郷土資料館などデラックスな施設も知る

尾駮沼　オオセグロカモメ、カワウ、スズガモ、オナガガモ、ハシビロガモ、コガモ、キョウジョシギ、メダイチドリ、ハマシギ顆、キョウジョシギ、コオバシギ

鷹架沼　オナガガモ、ヒドリガモ、コガモ、オオセグロカモメ、スズガモ、ツルシギ、オグロシギ

市柳沼　カルガモ、カイツブリ／トビ

高瀬川河口14：00〜16：20　スズガモ、オナガガモ、オオセグロカモメ、ユリカモメ10、コガモ、スズガモ、オナガガモ、ヒドリガモ／コジュケイ、カワラヒワ、ムクドリ、トビ多数、カラスsp、ハクセキレイ

天が森射爆場に向けて三沢の戦闘機の訓練盛ん　14：00〜15：00

水辺の鳥16種　山野の鳥18種

5月3日(金)田面木沼〜小川原湖・仏沼〜三沢〜羽田

朝の田面木沼6：30〜8：20　カンムリカイツブリ2組、夏羽、オオバン、カモメsp、カルガモ、スズガモ、ツバメ、コゲラ、ウグイス、アオジ、アカハラ、コガラ、ヒガラ、オオジュリン、ムクドリ10、カワラヒワ

内沼9：00〜　スズガモ、オオバン／ヒバリ

小川原湖北岸　カイツブリ、スズガモ、ツルシギ2、スズガモ、カイツブリ、ユリカモメ、オオバン、カルガモ

仏沼地区　アオジ、オオジュリン、カワラヒワ、ハクセキレイ、コゲラ、オナガ、トビ

尾駮の春千鳥は胸を赤く染め

脚没し鷸は漁りぬ鴨泳ぎ

水辺の鳥12種　山野の鳥19種

下北合計

水辺の鳥24種　山野の鳥24種

5月12日（土）都留市　むささび見学

生物学者の都留大学今泉先生にむささびの生態を教えていただくことになり、都留市に出かけた。家永教授の教科書裁判を支援する会の地域グループの常連である山本、東夫妻、北村、渡

邊氏と私たち夫婦が参加した。
東桂駅着16：11
17：20宿舎ふじもとで今泉先生から説明をうけた。18：20出発。今宮神社という白鳳時代創建の古いお宮。ここの欅や杉の大木に樹洞がいくつかあってむささびが棲息している。これを赤紙を張ったがんどう二つで探る。結局3匹飛んだ。19：30神社脇の富士の湧水が宿のほうへ走るのに気づく。

灯りし眼むささび今か洞出づる
（「寒雷」90年9月）

富士の水奔るよむささび飛ぶ
見終へ

5月13日（日）都留市の山里見学
宿の朝6：30から全員で探鳥　スズメ、ウグイス、カラスsp、ムクドリ、キセキレイ、カワラヒワ多数、トビ、クロツグミ、コジュケイ、キジ、コガラ、オナガ、シジュウカラ、ホトトギス、アオジ
佐伯橋8：20　今泉先生8：30来る。
ウグイス、ヒヨドリ、カワラヒワ、ホオジロ、センダイムシクイ、コガラ、ヒガラ、シジュウカラ、クロツグミ、アカハラ、ホオアカ

（蝶と食草　うすばしろちょう食草ムラサキケマン　オナガあげは食草コクサギ、べにしじみ食草スイバ）
むりねもの塔　クロツグミの姿、センダイムシクイ、コガラ
帰りのバス　イワツバメ、ツバメ

野道来て仙台虫喰鳴く道に
（「寒雷」90年9月）

都留市行合計　山野の鳥26種

8月9日（木）大井野鳥公園　曇
11：10タクシー着～13：48発
淡水池　ダイサギ、コサギ、ゴイサギ、カイツブリ、カワウ、バン、ウミネコ、カルガモ、オオヨシキリ、ハクセキレイ、イワツバメ、ハシブトガラス、ムクドリ、キジバト、スズメ、セッカ、キジバト、ヒヨドリ
センター池　カイツブリ、カワウ、ダイサギ、コサギ、ヨシゴイ、カルガモ、バン、オオバン、コチドリ、シロチドリ、メダイチドリ、キアシシギ、イソシギ、ウミネコ、セグロカモメ、コアジサシ／ハクセキレイ、カワラヒワ、スズメ
水辺の鳥18種　山野の鳥7種

8月26日（日）大井野鳥公園
カイツブリ、カワウ、コサギ、ダイサギ、アオサギ、カルガモ、バン、オオバン、メダイチドリ、シロチドリ、ムナグロ、キアシシギ、キョウジョシギ、アオアシシギ、ソリハシシギ、オグロシギ、セイタカシギ10、ウミネコ、ユリカモメ、セッカ、オオヨシキリ／キジバト、ツバメ、ハクセキレイ、モズ、ヒヨドリ、カワラヒワ、スズメ、ムクドリ、カラスsp、オナガ
水辺の鳥19種　山野の鳥11種

8月28日（火）三宅島行
学生ゼミ合宿
晴海～（船）～三宅港

8月29日（水）三宅港
三宅・大路池　アカコッコ、トビ、カラスバト、ヤマガラ、イイジマムシクイ、スズメ、キジバト
三宅・富賀公園　イソヒヨドリ、カラスバト、トビ／オオミズナギドリ、イソシギ

打ち残る死木オオミズナギドリ沖に
（「寒雷」90年12月）

断崖上晩夏草食む牛に逢う
（「寒雷」90年12月）

8月30日（木）三宅島
三宅・伊豆岬　イソヒヨドリ、スズメ、カラスsp、アカコッコ、イイジマムシクイ／オオミズナギドリ

8月31日（金）三宅島
帰りの船上　オオミズナギドリ

島去るや見損じたる月船上に
（「寒雷」90年12月）

三宅島合計
水辺の鳥2種　山野の鳥9種

9月15日（土）大井野鳥公園

9月21日（金）大井野鳥公園
12：30頃城南大橋先タクシー
汐入の池
虹の干潟　ウミネコ、カワウ／ハクセキレイ、カルガモ、コサギ、ツバメ
野鳥公園・淡水池　カルガモ、カワウ、ダイサギ、コサギ
野鳥公園・新汐入の池　ユリカモメ、ウミネコ、カワウ、オオバン、オグロシギ30、セイタカシギ10、カルガモ、コサギ、ダイサギ、イソシギ、カイツブリ、コチドリ、オナガガモ、ハシビロガモ、ヒドリガモ、ゴイサギ／オナガ、ハシブトガラス、スズメ、キジバト
水辺の鳥16種　山野の鳥6種

9月22日（土）不忍池
谷中墓参後
不忍池・水上動物園

9月28日（金）大井野鳥公園

10月6日（土）雨　伊良湖五月堂泊
17時頃着
伊良湖岬　モズ、トビ、サシバ

10月7日（日）名古屋・財政学会
金山ワシントンホテル泊
伊良湖岬の朝　サシバ、ハヤブサ、ホオジロ、ヒヨドリ、スズメ、ハクセキレイ、カラスsp、トビ、コジュケイ、イワツバメ／オオミズナギドリ大群

神島も雲垂れサシバ翔ち戻る
夕荒波見るやサシバは明日渡る
身を回し尾振り伊良湖の
百舌暮るる
（「寒雷」91年1月）

伊良湖合計
水辺の鳥1種　山野の鳥10種

10月8日（金）岡先生葬儀

10月14日（日）自然教育園　隣の白金図書館の講演の後

10月21日（日）寒雷大会　大井きゅうりあん

11月2日（金）～4日（日）学園祭

11月10日（土）・11日（日）
即位の礼の事前警備

11月16日（金）忍野村、ゼミ合宿

11月17日（土）忍野村

12月1日（土）長野県伊那阿智村
生涯学習シンポ　合宿　昼神温泉泊
渓高くさす陽へ落葉浮上中
（「寒雷」91年3月）

12月19日（水）橋倉鉱泉泊
教授会終了後
オオバン、バン、コサギ、カイツブリ
水辺の鳥4種

12月27日（木）東京港野鳥公園　晴
14：30着バス～17：00大森

淡水池　ユリカモメ群、ミコアイサ、カワウ、オカヨシガモ、コガモ、カルガモ、オナガガモ、ホシハジロ、ハシビロガモ、ダイサギ、アオサギ、オオバン、バン、カイツブリ／ジョウビタキ、キジバト、ハクセキレイ、ヒヨドリ、スズメ、カラスsp
潮入りの池　セイタカシギ、ユリカモメ、ウミネコ、カワウ、オナガガモ、カルガモ、ハシビロガモ、ホシハジロ、ヒドリガモ
水辺の鳥17種　山野の鳥8種

12月29日（土）常行寺

1991年1月〜12月

新鳥種合計2種
水辺の鳥0　山野の鳥2種
観察地合計　25箇所
東京都内14個所（東京港野鳥公園9回、蘇峰公園1回、中央防波堤1回、城南島1回、不忍池1回）
東京都外11箇所（六郷河口1回、山中湖1回、福岡1回、函館・下北1回、仙台・蒲生1回、仙石原1回、小櫃川1回、粟島1回、伊豆沼1回、諏訪湖1回、丹後・片野1回）

1月4日（金）山中湖
15：00〜山中湖ホテル泊
山中湖・平野　ブハクチョウ、オオハクチョウ、マガモ、キンクロハジロ、ヒドリガモ、ホシハジロ、オカヨシガモ、オオバン、カイツブリ、セグロセキレイ、ハクセキレイ、ホオジロ、スズメ、ツグミ、エナガ、ヤマガラ、シジュウカラ

ホシハジロ浮寝の薄目開け赤目
（「寒雷」91年4月）

水辺の鳥10種　山野の鳥8種

1月5日（土）山中湖　ホテル2泊
別荘地　10：00〜12：00　エナガ、ヒヨドリ、シジュウカラ、ヤマガラ、コガラ、ツグミ、カラスsp、コガラ
水場　15：00〜　マヒワ、キジバト、アトリ、ルリビタキ、コガラ、カシラダカ、シジュウカラ

瑠璃鶲寒の水呑む仰向いて
（「寒雷」91年4月）

水辺の鳥0　山野の鳥14種

1月6日（日）山中湖
9時〜　水場9：45〜10：20
別荘地と水場　チュウヒ、ルリビタキ、ツグミ、エナガ、シジュウカラ、コガラ、ヤマガラ、ホオジロ、カシラダカ、マヒワ、アトリ、イカル、カラスsp、メジロ、ヒヨドリ、コゲラ

山中湖合計
水辺の鳥10種　山野の鳥22種

2月3日（日）参議院選挙

2月16日（土）晴　東京港野鳥公園
自然観察路　ツグミ、スズメ、カラスsp、ハクセキレイ、ヒヨドリ、ウグイス
4号観察舎　ホシハジロ、キンクロハジロ、コガモ、ヒドリガモ、カルガモ、カイツブリ、コサギ、アオサギ
潮入りの池　キンクロハジロ、オナガガモ、

コガモ、ホシハジロ、ハシビロガモ、カルガモ、ヒドリガモ、オオバン、ユリカモメ、ミコアイサ／ヒヨドリ、トラフズク

轟音下浮寝鴨の間水脈光り　（「寒雷」91年5月）

埋立地虎斑木菟（とらふずく）棲み耳動く　（「寒雷」91年5月）

2号観察舎　チョウゲンボウ、チュウヒ、ハイイロチュウヒ、ハクセキレイ、ツグミ、カワラヒワ、オオジュリン／ホシハジロ、キンクロハジロ、オナガガモ、ヒドリガモ、コガモ、ハシビロガモ、オオバン、ユリカモメ

水辺の鳥17種　山野の鳥12種

2月19日（火）4年生卒業旅行

都観光バス・水上バス

百花園～言問団子～吾妻橋～水上バス～浜離宮

3月7日（木）福岡　入学試験

羽田～福岡　ガーデンパレス泊

大濠公園・西公園

囀れり池畔の大樹独占し　（「寒雷」91年6月）

3月8日（金）福岡　雨

入学試験

福岡合計　山野の鳥1種

3月22日（金）雨後雪　大学卒業式・謝恩会

富士吉田ハイランド

卒業写真雪降る玻璃は幕引かれ　（「寒雷」91年7月）

3月24日（日）

蘇峰公園　ジョウビタキ

山野の鳥1種

3月28日（木）不忍池　谷中墓参後

4月9日（火）

蘇峰公園で花見　コゲラ

4月12日（金）河口湖　大学オリエンテーション

4月20日（土）東京港野鳥公園

4月29日（月）函館・下北行

羽田～函館～江差　旅館松月泊

気動車の速くて片栗咲く山間　（「寒雷」91年8月）

帰路遠く灯台雨のジョウビタキ　（「寒雷」91年8月）

4月30日（火）函館・下北行　江差～海中トンネル～青森～野辺地～むつ～尻屋崎～岩屋

宿（新谷旅館）　イソヒヨドリ、カラスsp、トビ、カワラヒワ、メジロ

尻屋崎に放牧される馬：寒立馬

5月1日（水）下北行　岩屋～石持～むつ～大間～フェリー函館～空港～羽田

コゲラ、シジュウカラ、キジ、コジュケイ、カラスsp

函館・下北合計　山野の鳥9種

5月3日（金）東京港野鳥公園

3人

尻屋海岸のウミネコの群

芦の蔭離れず親追うバンの子は　（「寒雷」91年9月）

鉄橋真下鮎釣ふっと見上ぐる見ゆ　（「寒雷」91年9月）

悼桜井博道氏

宿舎ある街なり蛙聞かぬなし　（「寒雷」91年9月）

5月4日（土）池上本門寺庭園見学

5月17日（金）仙台・行政学会

コチドリ、コサギ、鴨5種、トビ、ムクドリ、ヒヨドリ、スズメ、キジバト、ヒバリ、オオヨシキリ、ハクセキレイ、カワラヒワ、ムクドリ、カラスsp

5月18日（日）仙台　国際ホテル

蒲生干潟　コアジサシ、アジサシ、ウミネコ、オオセグロカモメ、ユリカモメ、メダチドリ、ハシビロガモ、ヒドリガモ、カルガモ、コサギ、スズメ、ハクセキレイ、トビ、カラスsp、ヒヨドリ、ムクドリ、キジバト、ツバメ

土地訛り受けいて鯵刺目で追いぬ　（「寒雷」91年10月）

仙台合計
水辺の鳥10種　山野の鳥11種

6月9日（日）バスによる野鳥生態観察　晴　野鳥公園前集合9：30

大井野鳥公園〜谷津干潟　ダイサギ、コサギ、アオサギ、コアジサシ、カワウ、コチドリ／スズメ、ツバメ、ハシブトカラス、ハシボソカラス、ヒバリ、セッカ、オオヨシキリ、カルガモ
船橋海浜公園　カワウ、ヒヨドリ、カラスsp
大井埠頭海浜公園　コサギ、カワウ、ムクドリ、ヒヨドリ、ヒバリ、カラスsp
京浜島海浜公園　コアジサシ／ハクセキレイ、ヒヨドリ、ムクドリ、カラスsp
大井野鳥公園　カワウ、ウミネコ多数、バン、オオバン、カイツブリ、コサギ、ゴイサギ、カルガモ／オオヨシキリ、イワツバメ、ツバメ、キジバト、スズメ、ムクドリ、カラスsp
水辺の鳥12種　山野の鳥12種

6月20日（木）中央防波堤見学
大学社会学科ゼミ生

7月19日（金）箱根仙石原
曇時々晴
小田原駅9：50着　ツバメ
仙石高原10：45着
仙石高原・台が岳前の草原　ウグイス、ヒヨドリ、ホオジロハシボソカラス
自然探勝路・早川畔　ウグイス、カッコウ、ホトトギス、エゾムシクイ、クロツグミ、コジュケイ、ホオジロ、キジバト、アオジ、ホオアカ、ノジコ、コゲラ、ツバメ、イワツバメ、キビタキ、カワセミ、カワラヒワ、イカル、センダイムシクイ、オオヨシキリ、ヒヨドリ、オナガ、カラスsp／アオサギ、カルガモ

郭公やカルデラ雨期の水奔り　（「寒雷」91年10月）

水辺の鳥2種　山野の鳥22種

7月27日（土）東京港野鳥公園　薄曇　小雨
コゲラがわが家の柿の枝に初めて
淡水池　ダイサギ、コサギ10、アオサギ、ゴイサギ、ウミネコ、オオバン、バン、カルガモ多数／ツバメ、イワツバメ、セッカ、カワラヒワ、スズメ、ムクドリ
潮入りの池　カワウ、ウミネコ、ユリカモメ50、バン、オオバン、コサギ、ダイサギ、アオアシシギ9、キアシシギ／ハクセキレイ、セッカ、ヒヨドリ、カラスsp、オナガ、シジュウカラ

足跡の鷸や潮干の芦はるか　（「寒雷」91年11月）

そよぐ芦原アオアシシギの声涼し　（「寒雷」91年12月）

水辺の鳥12種　山野の鳥12種

8月8日（木）立秋　晴　城南島海浜公園・東京港野鳥公園
城南島公園12：15（半分ほど出来上が

る）　キョウジョシギ、キアシシギ、ウミネコ、コアジサシ、ウミウ／ツバメ、ヒバリ、セッカ、カワラヒワ、スズメ、カラスｓｐ、ヒヨドリ

旧汐入りの池（城南島より徒歩40分）　ダイサギ、コサギ、イソシギ、キアシシギ、アオアシシギ、、コチドリ、メダイチドリ／トビ、ハクセキレイ、カワラヒワ

水辺の鳥10種　山野の鳥9種

8月14日（水）六郷河口　晴

小島新田11：50着14：50発

中州から河口へ　ウミネコ、コアジサシ、ウミウ、メダイチドリ、キアシシギ、アオアシシギ、キョウジョシギ、オオソリハシシギ、カルガモ、カイツブリ、ダイサギ、コサギ、アオサギ／カラスｓｐ、カワラヒワ、ヒバリ、オナガ、ヒヨドリ、キジバト、スズメ、**ハヤブサ**（ハヤブサは最後に休んでいるとき）

水辺の鳥15種　山野の鳥10種

8月17日（土）大井野鳥公園

タクシーで城南大橋先へ12時頃

旧汐入の池　アオサギ　水がほとんどないのでタクシーを公園へ回す。

野鳥公園・淡水池　カルガモ、ダイサギ、コサギ、ゴイサギ、ウミネコ／ツバメ、セッカ、カワラヒワ、カラスｓｐ

潮入りの池　アオアシシギ16、キアシシギ、ウミネコ、カワウ、オオバン、バン

観測小屋　アオサギ、ダイサギ、コサギ、オグロシギ、イソシギ、ウミネコ、カイツブリ、ユリカモメ／キジバト、スズメ、ハクセキレイ

水辺の鳥15種　山野の鳥7種

8月23日（金）小櫃川河口

東京駅～木更津～タクシー～畔戸入口

畔戸～金田　キアシシギ、シロチドリ、カルガモ、ウミネコ／オオヨシキリ、スズメ、カワラヒワ、ヒバリ、キジバト、ヒバリ、ツバメ

干潟　コアジサシ、ウミネコ、キアシシギ、キョウジョシギ、アオアシシギ、シロチドリ、チュウシャクシギ、ユリカモメ／ハクセキレイ、トビ、セッカ、カラスｓｐ

海の家　タヒバリの群、シロチドリの群

鷗鳴けり基地旋回の爆音下

（「寒雷」91年12月）

水辺の鳥14種　山野の鳥12種

8月26日（月）新潟県粟島

学生ゼミ合宿

東京～村上～船～粟島

8月27日（火）粟島

粟島東海岸　カラスｓｐ、トビ、キセキレイ、ハクセキレイ、スズメ

乙女らと乗船島裏水澄めり

（「寒雷」91年12月）

水辺の鳥0　山野の鳥5種

8月28日（水）粟島　晴

粟島東海岸　カラスsp、トビ、ホオジロ／イソヒヨドリ、ウミウ、オオセグロカモメ、**クロサギ**

釜谷へ　ヒヨドリ、ハクセキレイ、スズメ、ホオジロ、ツバメ、ウミネコ

水辺の鳥4種　山野の鳥9種

8月29日（木）粟島

宿付近　カラスsp、ホオジロ、ハクセキレイ

イソヒヨドリ、トビ、ノスリ

ウミネコ、クロサギ

島展望台　ホオジロ、ノスリ

水辺の鳥4種　山野の鳥12種

8月30日（金）粟島～村上～東京

粟島航路　オオミズナギドリ

警官去りし晩夏の島は蟬時雨

（「寒雷」91年12月）

粟島合計

水辺の鳥6種　山野の鳥12種

9月21日（土）不忍池　常行寺・谷中墓参後

9月22日（日）東京港野鳥公園　晴

名月　タクシーで16：00着

淡水池　モズ、ムクドリ　カラス2種／カルガモ、アオサギ、カイツブリ、ゴイサギ

センター池　アオアシシギ30、コアオアシシギ、チュウサギ、アオサギ、ゴイサギ

観測小屋　コサギ、ウミネコ、カルガモ、オオバン、カイツブリ、カワウ

京浜島公園　月見17：50～18：31　ゴイサギ、ウミネコ、キアシシギ

アベックでにぎわう。

名月の離陸機海より反転し

（「寒雷」92年1月）

水辺の鳥14種　山野の鳥7種

10月15日（火）東京港野鳥公園　快晴　13：50着

淡水池　セイタカシギ13、アオアシシギ43、カルガモ、ダイサギ、コサギ、アオサギ、オオバン、カイツブリ、カワウ

ドイツ人男女3人で観察

オナガ、カラスsp、キジバト、ハクセキレイ、ヒヨドリ、スズメ、カラスsp

センター池　ウミネコ、カワウ、カルガモ、ダイサギ、コサギ、ホシハジロ、キンクロハジロ、コガモ、オナガガモ

水辺の鳥15種　山野の鳥6種

11月8日（金）諏訪湖行　曇後雨

新宿～岡谷

岡谷・釜口水門　カイツブリ、ホシハジロ、コサギ／ハクセキレイ

小坂観音　ヒヨドリ、イカル、トビ

諏訪大社上社。北沢美術館など雨。

諏訪湖横河川河口　ハクチョウ

11月9日（木）諏訪湖

宿の朝

湖畔7：10～8時ハクセキレイ、ホオジロ、トビ、カラスsp、キジバト／ヒドリガモ、カルガモ20

高島城　スズメ、カラスsp、モズ／コブハクチョウ

横河川河口　コハクチョウ10、オナガガモ、ヒドリガモ、マガモ、ハシビロガモ、コガモ、ホシハジロ、キンクロハジロ、カワウ

ハーモ美術館

壁下に立てし画もあり諏訪小春

（「寒雷」92年2月）

諏訪湖計

水辺の鳥12種　山野の鳥7種

11月10日（木）皇居・日比谷交差点

15：00ころ

キンクロハジロ、ヒドリガモ、ホシハジロ、ハシビロガモ、マガモ、カワウ10+、コブハクチョウ／キジバト、スズメ

ジョウビタキ尾を振らぬ間の
落ち葉降る

水辺の鳥7種　山野の鳥2種

12月6日（金）伊豆沼行　新幹線栗駒高原15：20～タクシー～獅子鼻

かわたれの雁の列湧き水に溶く

伊豆沼・獅子鼻　ハクチョウ10+ユリカモメ、オナガガモ多数、マガモ、ホシハジロ

センター新田16：20雁現れる～真っ暗16：45

12月7日（土）伊豆沼行　早朝6時出発　宿のおじさんに起こされる

新田観測所　6：10さきがけ

6：15第1陣スタート

6：30最盛期

7：00ころ朝日

7：20最終　ハクチョウ／カラスsp、トビ、ムクドリ群

自然遊歩道　スズメ群、トビ、キジ、カワラヒワ、ハクセキレイ

観測所10：40　オナガガモ、キンクロハジロ、マガモ、ホシハジロ、カルガモ、カワアイサ、ミコアイサ

雁の宿主話せば教師なり

朝の雁翔つ白鳥まだ覚めず

頭上のも声湧き夕沼へ雁殺到

疾風の雁の群れの出づるよ
明くる沼

（「寒雷」92年3月）

12月8日（金）伊豆沼行

雁の陣胸裏に画展の大階段

（「寒雷」92年3月）

伊豆沼合計

水辺の鳥13種　山野の鳥7種

12月15日（金）東京港野鳥公園　晴
15：15公園着

淡水池　ユリカモメ群、ミコアイサ、カワウ、オカヨシガモ、コガモ、カルガモ、オナガガモ、ホシハジロ、ハシビロガモ、ダイサギ、アオサギ、オオバン、バン、カイツブリ／ジョウビタキ、キジバト、ハクセキレイ、ヒヨドリ、スズメ、カラスｓｐ

潮入りの池　セイタカシギ、ユリカモメ、ウミネコ、カワウ、オナガガモ、カルガモ100、ハシビロガモ、ホシハジロ、ヒドリガモ、オオバン、バン、コサギ、カイツブリ

水辺の鳥20種　山野の鳥6種

12月26日（木）丹後行　雨後曇

山蔭線　野田川（タクシー）吉祥寺・西岩寺

丹後・吉祥寺・西岩寺・施薬寺　ヒヨドリ、ホオジロ、スズメ

丹後・前滝口　ウミウ、ユリカモメ、ウミネコ、オオセグロカモメ、ハマシギ50、コハクチョウ16、コサギ、マガモ、ホシハジロ、キンクロハジロ、スズガモ、ヒドリガモ、オナガガモ、オカヨシガモ／トビ、カラスｓｐ、イソヒヨドリ、ムクドリ、ツグミ、キジバト、ヒヨドリ、ホオジロ、スズメ

白鳥を鳴かせ鉱石船入り来る江

（「寒雷」92年4月）

水辺の鳥14種　山野の鳥9種

12月27日（金）雨　文殊荘泊

橋立〜西舞鶴〜敦賀〜芦原温泉

丹後・天の橋立　カンムリカイツブリ、ウミネコ、カルガモ、マガモ、ウミウ／ヒヨドリ

敦賀原発の煙

舞鶴線　トビ、カラスｓｐ多数、キジバト、タゲリ／コサギ

北潟湖　カルガモ、マガモ、カンムリカイツブリ

福良池　キンクロハジロ20、マガモ、アオサギ

大堤鴨池　コガモ3千、カワウ／セグロセキレイ、ハクセキレイ

片野鴨池　ヒシクイ、マガモ数千、ハシビロガモ、トモエガモ、コハクチョウ、ダイサギ、カワウ／ウグイス

水辺の鳥13種　山野の鳥8種

12月28日（土）強雨

特日荘

宿の窓　アオサギ、カワガラス、ヤマセミ、マヒワ

鴨池　ヒシクイ63、マガン、マガモ、カワウ、ヨシガモ、オナガガモ／オジロワシ

雨の視野揺らぐや灯のごと　オジロワシ

（「寒雷」92年4月）

丹後、大聖寺合計

水辺の鳥15種　山野の鳥11種

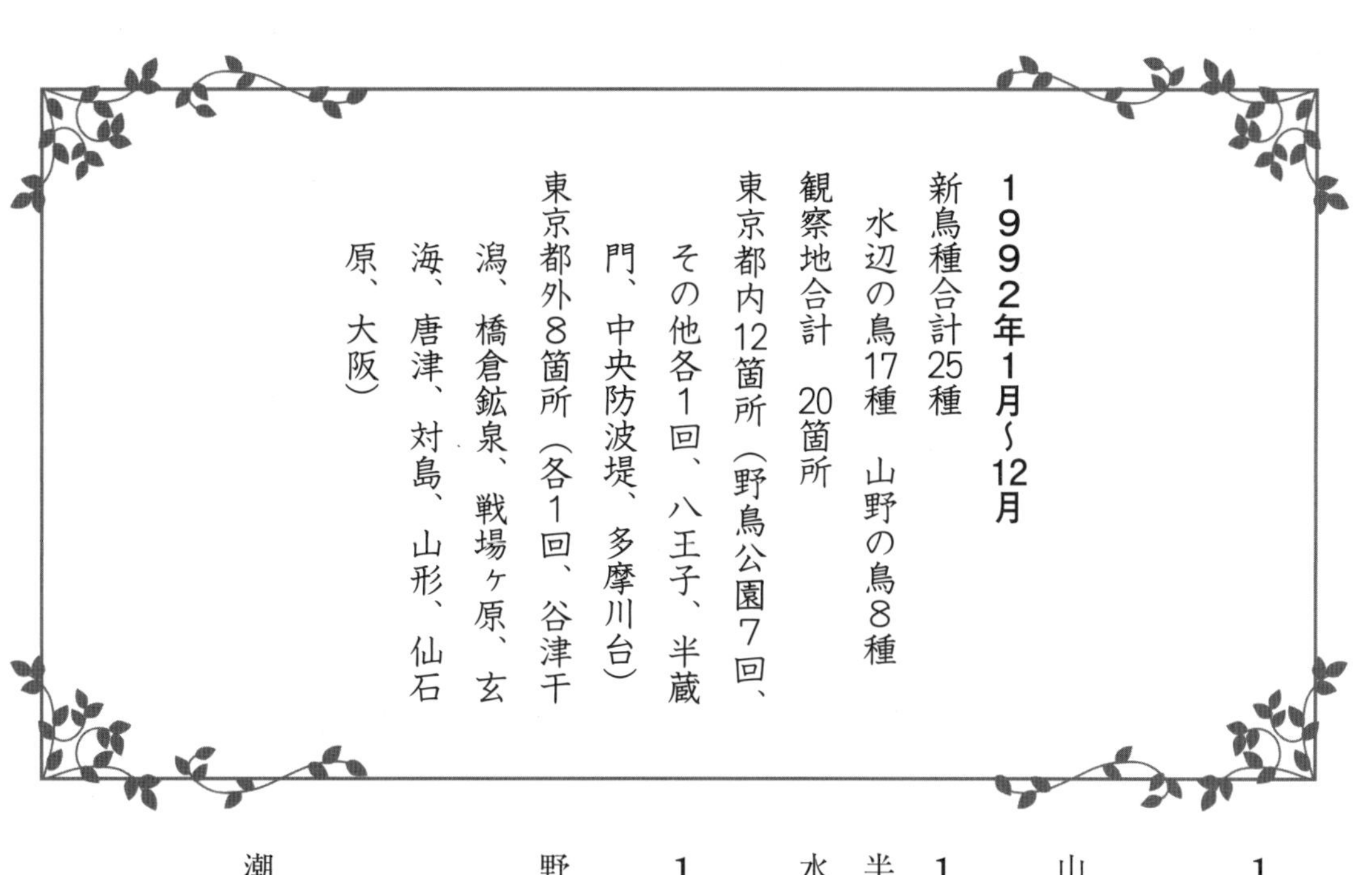

1992年1月～12月

新鳥種合計25種
　水辺の鳥17種　山野の鳥8種
観察地合計　20箇所
東京都内12箇所（野鳥公園7回、
　その他各1回、八王子、半蔵門、中央防波堤、多摩川台）
東京都外8箇所（各1回、谷津干潟、橋倉鉱泉、戦場ヶ原、玄海、唐津、対島、山形、仙石原、大阪）

1月3日（金）
年始だけ回る近所にコゲラ来る
（「寒雷」92年5月）
山野の鳥1種

1月7日（火）赤坂日枝神社
半蔵門　オシドリ
水辺の鳥1種

1月18日（土）東京港野鳥公園　晴
12：15タクシー着
野鳥公園　ユリカモメ群、ミゾゴイ、ヒドリガモ、カイツブリ、オオバン、バン、カワウ、ミコアイサ／カラスsp、スズメ、ハクセキレイ、ホオジロ、ツグミ、ヒヨドリ
ゆりかもめで大賑わい。
潮入りの池　カワウ、ウミネコ、オオセグロカモメ、ユリカモメ、アオサギ、コサギ、ヒドリガモ、オナガガモ、カルガモ、ハシビロガモ、オオバン、カイツブリ、バン、ミコアイサ
自然観察園　オカヨシガモ、カイツブリ、ハシビロガモ／ムクドリ、メジロ、チョウゲンボウ
水辺の鳥18種　山野の鳥10種

1月26日（日）馬込史蹟めぐり
郵便局～長遠寺～八幡神社～万福寺～　晴後曇

2月　山本先生夫人追悼会

2月25日（火）
高斉さんご苦労さんの会
囀りを仰ぎて採点終えし教師
（「寒雷」92年6月）

3月1日（日）成田市
大西氏葬儀11時

3月3日（火）まき女児出産

3月21日（土）大学卒業式　午後少し雪

4月1日（水）玄海旅行・羽田～博多～唐津～呼子・日浦屋泊雨後曇

博多～唐津（バス）　コサギ、ダイサギ、ヒドリガモ、他のカモ類

呼子　ユリカモメ、ウミネコ

名護屋城址　ヒヨドリ、ツグミ、カラスsp、メジロ、カワラヒワ、ウグイス

波戸岬　ヒヨドリ、ツグミ、カラス、メジロ、コゲラ、スズメ、ヒバリ、カササギ／オオセグロカモメ、カモメ、カモメsp、カワウ、オオミズナギドリ

芝坂へ鶫ら集い壱岐へ向く

海中展望塔

藻が揺らぐ春の海底身も揺らぐ

（「寒雷」92月）

水辺の鳥9種　山野の鳥11種

4月2日（木）馬渡島行　晴

呼子～唐津

唐津シーサイドホテル泊

呼子の朝市　ツバメ、ウグイス、イカル／カモメ類

馬渡島行　ウミネコ

車で島を案内してもらう。12時頃港へ13時の舟で戻る

聖母園　メジロ

天主堂

番所の辻　ホオジロ、キジ

頂上近く山羊の声、戻るとき向かいの山の背に黒い山羊

塩谷の浦　島の女が渚近くの海でうにを捕るという

清水湧き小さな滝

島の港　カラスsp、カワラヒワ、トビ、ヒヨドリ、キジバト

虹の松原　シジュウカラ、カワラヒワ、ケラ類、カラスsp、ヒバリ、コジュケイ、ミヤマホオジロ、スズメ、タシギ／カンムリカイツブリ、カモメ類、鴨類

水辺の鳥5種　山野の鳥16種

4月3日（金）唐津

唐津～博多～羽田

ホテルの窓　ウミネコ、ウミウ

松浦川畔　ウミネコ、ヒドリガモ、ハシビロガモ、カイツブリ、ユリカモメ、カンムリカイツブリ、ダイサギ、コサギ、コチドリ、シロチドリ、ヒドリガモ／スズメ、トビ、カワラヒワ、カラスsp、ハクセキレイ、ヒバリ、ツグミ、トビ

鏡山　メジロ、ツグミ、ヒヨドリ、カラスsp

桜満開　池に鯉多数

畦行きて春草の名湧くつぎつぎに

（「寒雷」92年7月）

水辺の鳥13種　山野の鳥11種

玄海行合計

水辺の鳥12種　山野の鳥22種

4月13日（月）河口湖泊
2年生のオリエンテーション

4月16日　1限後裏山で　キジ

4月18日(土)晴　城南島海浜公園・東京港野鳥公園
城南島10：37着11：40
城南島　コチドリ、カワウ、ウミネコ、ヒドリガモ、アジサシ、メダイチドリ／ツグミ、カラスsp、ヒバリ、ムクドリ、スズメ、カワラヒワ、セッカ、ヒバリ、キジバト
野鳥公園　ウミネコ、ユリカモメ、カワウ、コサギ、ダイサギ、コアジサシ、コチドリ、シロチドリ、セイタカシギ、ハシビロガモ、ホシハジロ、カルガモ、コガモ、キンクロハジロ、ヒドリガモ、オオミズナギドリ
（風が強く淡水池に迷い込んだ）
水辺の鳥19種　山野の鳥13種

4月25日（土）
加藤楸邨先生宅訪問
佐藤善信、川又博氏と

4月30日（木）対馬行き　雨後曇後晴　羽田～福岡＝対馬空港～バス～三根
三根・大橋旅館泊
ヒバリ（福岡空港）、ツバメ、トビ／アオサギ、ダイサギ
三根・大橋　ツバメ
海神神社・野鳥の森・青海の里　カワラヒワ、メジロ、シジュウカラ、ケラの声、ヤブサメの声、ウグイス、トビ、カラスsp、メジロ
神社の前～オオルリの道～あずまや～竹林～むさしあぶみ～芝生公園　ツグミの群、**コウライキジの声**
御前浜の沖　ウミネコの群
鹿牧場　ヒヨドリ、キジバト、電線のホオジロ、イソヒヨドリの声（繁子）、オオヨシキリの声

吊並べ里ごと一所鯉幟
海峡迫る山間コウライキジ鳴くよ
（「寒雷」92年8月）

5月1日（日）対馬探鳥
三根～佐護～千俵蒔山～港～厳原
厳原ホテル泊
宿（三根）の朝　イソヒヨドリ、カラスsp、トビ、カワラヒワ、メジロ、カワセミ
千俵蒔山（三根8：50発～佐護～）
ウグイス、ツバメ、**コウライキジ**、トビ、カラスsp
湊～バス停　天神・神社の森　裏の森～河沿い歩く～新橋～れんげ畑（昼飯）～歩き出す
ヒバリ、**メボソムシクイ**、メジロ、ツバメ、カラスsp群、アマサギ、**マミジロタヒバリ**、**ミヤマガラス**、**ヒメコウテンシ**、ハシブトカラス、**コウライキジ**、トビ、ウグイス、ヒヨドリ、スズメ／ダイサギ、アマサギ

5月2日（日）対馬探鳥

厳原～八幡神社～万松寺～対馬空港～福岡～羽田

朝の散歩　八幡神社　7：15～8：30

メジロ、ヒヨドリ、トビ

幡松寺への散歩道　メジロ、ウグイス、トビ、ツバメ、スズメ、カワラヒワ、ホオジロ、ハクセキレイ、キセキレイ、コゲラ、シジュウカラ、キジ、コジュケイ、カラスsp

石塀陰りヒトツバタゴの花に真日

（「寒雷」92年8月）

対馬合計

水辺の鳥3種　山野の鳥27種

5月10日（日）谷津干潟　曇時々雨

谷津干潟へ　山本毅さんの車で案内してもらう、帰りも津田沼駅まで

谷津干潟　ダイゼン、ハマシギ、コチドリ、メダイチドリ、キョウジョシギ、ホウロクシギ、キアシシギ、チュウシャクシギ、オオソリハシシギ、コサギ、コアジサシ、ユリカモメ、スズガモ／ムクドリ、ヒヨドリ、スズメ、キジバト、ヒバリ、オオヨシキリ

水辺の鳥13種　山野の鳥8種

5月17日(日)八王子城址と武蔵陵・多摩陵　10時～14時

造形大学前～八王子城址～宗閑寺　キセキレイ、イワツバメ、シジュウカラ、ヒヨドリ、スズメ、ウグイス、コガラ、ヒガラ、コゲラ、ムクドリ、コジュケイ

宗閑寺～武蔵陵・多摩陵　オナガ、キセキレイ、イカル、ホオジロ／カルガモ

水辺の鳥2種　山野の鳥17種

5月23日（土）地方財政学会

大阪

5月24日（日）杉本町　晴後曇

大阪市大　地方財政学会

鶺鴒や流速緩み梅雨小止み

7月17日（金）谷中墓参

7月26日（日）参議院選挙投票

投票率低し

8月19日(木)東京港野鳥公園　晴・残暑　11：15着バス

野鳥公園　セッカ

淡水池　オオバン、キアシシギ、バン、カルガモ、シロチドリ／ツバメ、ハクセキレイ、スズメ

潮入りの池　ウミネコ、カワウ、キアシシギ多数、キョウジョシギ、アオアシシギ、カルガモ、ホシハジロ、ムナグロ、シロチドリ、メダイチドリ、アオサギ、コサギ、ダイサギ

二号小屋　チュウシャクシギ、ゴイサギ、アオアシシギ、キアシシギ／オオヨシキリ、ヒヨドリ

水辺の鳥19種　山野の鳥8種

8月23日（日）東京港野鳥公園　晴
14：50タクシー着〜17：10

淡水池　ダイサギ、コサギ10、アオサギ、ウミネコ100、オオバン、カルガモ／ツバメ

潮入りの池　カワウ、ウミネコ200、ユリカモメ50、オグロシギ20、アオアシシギ30、キアシシギ、キョウジョシギ、セイタカシギ8、バン、オオバン、ウミネコ100、メダイチドリ、コサギ、ダイサギ、カイツブリ／ハクセキレイ、セッカ

笛幾種鷗来ぬ積乱雲の下　（「寒雷」92年11月）

水辺の鳥16種　山野の鳥6種

8月25日（火）六郷河口　晴
8：15土手着

中州　ウミネコ、コアジサシ、オオソリハシシギ、キアシシギ、アオアシシギ、ダイゼン

手前干潟・周辺　オオソリハシシギ、キアシシギ、シロチドリ、メダイチドリ、コチドリ、ムナグロ、オオメダイチドリ、ダイサギ10、アオサギ10、コサギ多数／トビ、ハクセキレイ、カワラヒワ、スズメ、ヒヨドリ、カラスsp、オオヨシキリ

水辺の鳥16種　山野の鳥8種

8月31日（月）山形行　ゼミ旅行

東京〜新幹線〜山形　仙台屋旅館泊

9月1日（火）山形行

9月2日（水）山形

バス刈田岳行　蔵王温泉〜山形

蔵王ハイク

ガレ場降り来て巨き馬の背に竜胆　（「寒雷」92年12月）

9月3日（木）山形

南陽市卒業生Tに会う。高幡市の自宅に加藤キソ先生（小学校で教わった）訪問

9月9日（金）財政学会・神戸大学
六甲ホテル泊

月青き玻璃や左手がビゼー弾く　（「寒雷」93年1月）

9月11日（金）野鳥公園・つばさ公園　晴　十五夜・月見られず

野鳥公園　16：39着月見のため17：20京浜島へ

センター池　カイツブリ、カワウ、ダイサギ、アオサギ、大きな鯔

淡水池　アオアシシギ、シロチドリ、カルガモ／ツバメ、スズメ、ムクドリ、カラスsp

つばさ公園　コサギ、ウミネコ、ゴイサギ／ハクセキレイ、ヒヨドリ、スズメ

ほとんど曇で月は見られず

水辺の鳥11種　山野の鳥7種

9月20日（日）庭園美術館

都ホテル祝いの後

10月3日（土）東京港野鳥公園　晴

12：05バス大森発～15時過

野鳥公園　旧大井野鳥公園のセイタカシギ親子

汐入の池　ユリカモメ、ウミネコ、カワウ、カルガモ、カイツブリ、ダイサギ、コサギ、オオバン

第二小屋　キアシシギ、セイタカシギ（両親と子2）、ダイサギ、ウミネコ、カワウ、コサギ、カルガモ、カイツブリ／カラスsp

淡水池　カルガモ多数、キンクロハジロ、アオサギ10、コガモ30、オオバン／ハクセキレイ、ヒヨドリ、カラスsp、キジバト

鷸親子カメラの列の間より見ゆ

（「寒雷」93年1月）

水辺の鳥15種　山野の鳥5種

10月15日（木）東京港中央防波堤見学　本ゼミ

10月23日（金）河口湖　大学卒論中間報告

10月30日（金）曇時々雨

箱根仙石原プリンスホテル泊

12時仙石原着　石原君に湿生花園まで車で

湿生花園　ムクドリ、ヒヨドリ、シジュウカラ、モズ、オナガ、カラスsp、キジバト

早川〈下水センター入り口〉ジョウビタキよく鳴く、モズ、ホオジロ

〈遊歩道〉コガモ／モズ、ヒヨドリ、シジュウカラ、ハクセキレイ、カラスsp

まゆみの実びっしりここも鵯の天下

（「寒雷」93年2月）

鶲（びたき）来て川上へ鳴く下へ鳴く

（「寒雷」93年2月）

10月31日（土）金時山登山

プリンスの車で　金時神社入り口着

10：20　繁子が疲れて登山できず。

箱根合計

水辺の鳥1種　山野の鳥11種

左・キンクロハジロ　右・クビワキンクロ

11月22日（日）上野不忍池　晴

新聞のクビワキンクロの記事見て

12：00～13：00

不忍池　キンクロハジロ、ホシハジロ、オナガガモ、ヒドリガモ、ユリカモメ、カワウ、**クビワキンクロ**（パン屑を争って漁る）、カイツブリ

餌奪り合い負けず人気の迷ひ鴨

水辺の鳥7種

12月5日（土）多摩川台公園　快晴

展望所　ヒヨドリ、シジュウカラ、カワラヒワ、カラスsp

公園端　アオジ

多摩川畔　オナガガモ、キンクロハジロ、カルガモ、ヒドリガモ、カイツブリ、コサギ

河原・柳の木　スズメ、カワラヒワ、モズ、カラスsp

水辺の鳥7種　山野の鳥7種

12月13日（日）三宅坂

まき半蔵門ホテル音楽会の後

12月16日（水）都留大学・橋倉鉱泉

朝　都留大学裏散歩

夜　橋倉鉱泉泊

12月17日（木）晴　橋倉鉱泉

橋倉鉱泉の朝7：00～8：00

カラスsp、ホオジロ類、カケス、ジョウビタキ、シジュウカラ、カラ類、アオジ、モズ、カシラダカ

山野の鳥9種

12月22日（火）日光戦場ヶ原　晴

南間ホテル泊

戦場ヶ原　光徳入り口～積雪10cm木道～林～湯川沿い～山道～レストハウス～湯滝～湯の湖～ホテル

ヤマガラ、シジュウカラ、コガラ、コゲラ、ケラ類／カワガラス、キンクロハジロ、マガモ、スズガモ

新雪の枯原雲行く近く行く

（「寒雷」93年4月）

12月23日（水）日光戦場ヶ原

ホテル～温泉神社　コガラ、シジュウカラ、ヒヨドリ、トビ、カラスsp

湯の湖　マガモ

菖蒲が浜キャンプ場　カワガラス、ツグミ、コガラ、**エナガ**、セグロセキレイ、カワセミ／マガモ、キンクロハジロ

冬水を出て濡れ石のカワガラス

（「寒雷」93年4月）

エナガらの遊具枯れ枝雲を容れ

（「寒雷」93年4月）

奥日光合計

水辺の鳥9種　山野の鳥9種

12月27日（日）谷中墓参

12月30日（水）東京港野鳥公園　晴

14：30着～18：40

淡水池　カラスsp／ユリカモメ、ホシハジロ優勢、キンクロハジロ、カルガモ、オナガガモ、コガモ、ハシビロガモ

潮入りの池　ホシハジロ、カルガモ、ハシビロガモ、ヒドリガモ、コガモ、キンクロハジロ、オカヨシガモ、カイツブリ、カワウ、アオサギ、コサギ、ユリカモメ、オオセグロカモメ、セイタカシギ、バン、オオバン／ハクセキレイ、ツグミ、キジバト、カワラヒワ、スズメ、ハシブトガラス

水辺の鳥17種　山野の鳥8種

1993年1月〜12月

新鳥種合計4種
　水辺の鳥0　山野の鳥4種
観察地合計　18箇所
東京都内10箇所（東京港野鳥公園6回、葛西臨海公園1回、自然教育園1回、飛鳥山公園1回、他1回）
東京都外8箇所（沖縄本島2回、1回はゼミ、高知・宇和島1回、伊豆・石廊崎1回、道東羅臼・小清水・川湯1回、篠山・湖北1回、六郷河口1回、都留1回）

1月30日　東京港野鳥公園　晴
14：30公園着〜16：40のバス帰る
淡水池　ユリカモメ、ホシハジロ、キンクロハジロ、カルガモ、オナガガモ、コガモ、ハシビロガモ／カラスsp
潮入りの池　ユリカモメ、オオセグロカモメ、セイタカシギ、バン、オオバン、ホシハジロ優勢、カルガモ、オナガガモ、ハシビロガモ、ヒドリガモ、コガモ、キンクロハジロ、オカヨシガモ、カワウ、カイツブリ、アオサギ、コサギ／ハクセキレイ、ツグミ、ヒヨドリ、キジバト、カワラヒワ、スズメ、ハシブトカラス
水辺の鳥17種　山野の鳥8種

2月5日（金）目黒自然教育園　晴
14：30着〜1時間
マガモ、オシドリ／キジバト、カラスsp、ツグミ、シジュウカラ、メジロ、アオジ、ヒヨドリ、スズメ、コゲラ
カラスに他の鳥圧倒される
花は福寿草をみただけ

水辺の鳥2種　山野の鳥10種

2月7日（日）東京港野鳥公園　晴
時々風雨
古島夫妻に誘われその車で11：50発
野鳥公園　カイツブリ、カワウ、バン、オオバン、鴨9種、セイタカシギ、ユリカモメ、オオセグロカモメ、ウミネコ

鴛鴦眠り逆立ち漁り真鴨らは
（「寒雷」93年5月）

水辺の鳥17種　山野の鳥6種

2月16日（火）池上梅園

2月25日（木）高知行　晴
高知〜中村　国民宿舎あしずり泊
昭和島　朝　カモ多数、ホシハジロ、カモメsp
中村・四万十川　ウミウ、白サギsp
四万十川遊覧船　トビ

顔ぬくく蟹抓み見せ川漁師
（「寒雷」93年6月）

潜る鵜や河口へ春の河曲がる

足摺岬　トビ、ヒヨドリ、メジロ、ジョウビタキ、エナガ、シジュウカラ、コゲラ、ウグイス、カラスsp、スズメ／ウミネコ、ウミウ

水辺の鳥3種＋　山野の鳥11種＋

2月26日（金）足摺～竜串～宿毛
宿毛泊

足摺　日の出　ヒヨドリ、ケラsp、メジロ、カラスsp

日の出見て人去る速さ春寒し
（「寒雷」93年6月）

目白鳴き夕陽一ぱい虎彦碑

足摺周辺　ヒヨドリ、ケラsp、メジロ、キジバト、シジュウカラ、ウグイス、ヤマガラ、ムクドリ／ウミウ

竜串　ハクセキレイ、トビ、カワラヒワ、シジュウカラ、スズメ、イソヒヨドリ

竜串観光汽船

宿毛　ウミネコ、アオサギ、鴨多数（ヒドリガモ、ホシハジロ等）、シロサギsp（コサギ）、ゴイサギ、アオサギ／トビ

水辺の鳥7種＋　山野の鳥15種

2月27日（土）宇和島～松山　晴後曇　宿毛～船～宇和島

木屋旅館泊

宇和島城7：30～8：40　ヒヨドリ、シジュウカラ、ヤマガラ、カラスsp、ムクドリ、ツグミ、メジロ、シメ、イカル、アオジ、ウグイス、スズメ、トビ

宇和島～松山（車中）　カラスsp、ムクドリ、トビ／コサギ

松山城　トビ、カラスsp、ヒヨドリ、スズメ

水辺の鳥1種　山野の鳥13種

3月1日（月）曇後雨
羽根木公園　梅見

3月12日（金）雨　卒業旅行
伊豆・石廊崎、弓ヶ浜行

弓ヶ浜月見荘伯（繁子も誘われる）

石廊崎と弓ヶ浜まで　ウミウ、コサギ、オオセグロカモメ、ユリカモメ／キジバト、ハクセキレイ、ヒヨドリ、メジロ、ホオジロ、アオジ、カワラヒワ、スズメ、カラスsp

水辺の鳥4種　山野の鳥9種

3月13日（土）弓ヶ浜～爪木崎　晴

弓ヶ浜付近　ウグイス、カワラヒワ、ムクドリ、メジロ、ハクセキレイ、セグロセキレイ、カラスsp／オオセグロカモメ、ウミネコ

下田港　ドバト、イソヒヨドリ、アオジ／ユリカモメ

爪木崎　ツバメ、ヒヨドリ、イソヒヨドリ、メジロ、ツグミ、スズメ、ウグイス、キジ、ヤマガラ、シジュウカラ／ウミウ

三原山冠雪、利島。神津島、式根島、三宅島見ゆ

水辺の鳥4種　山野の鳥16種

3月17日（水）常行寺・谷中墓参

3月18日（木）葛西臨海公園　晴

舟で日の出桟橋へ
公園なぎさ　スズガモ100+、数百、沖数千の群れ、ハマシギ、ウミネコ、ヒドリガモ／ハクセキレイ、ツグミ、ヒヨドリ
なぎさ桟橋〜日の出桟橋　ホシハジロ、スズガモ
水辺の鳥5種　山野の鳥3種

3月22日（月）卒業式

芽吹かんと白樺揺るる卒業日

3月24日（水）沖縄本島行　晴

羽田〜沖縄空港〜読谷村
小橋川氏案内、25日、26日も
チビチリガマ　ウグイス、キセキレイ、リュウキュウツバメ、メジロ、カラスsp
座間味　サンショウクイ?、シロガシラ

小橋川さんの案内で山内読谷村長にあう。同氏はその後沖縄選出の参議院議員になられ、沖縄を代表する活躍をされる。

3月25日（木）本島北部行

残波岬7時〜8：10　リュウキュウアマツバメ、イソヒヨドリ、スズメ、カラスsp、キジバト、セッカ、ウグイス、シロガシラ、メジロ、ヒヨドリ／ムナグロ10
出発9時〜恩納村〜万座毛〜名護城跡〜大宣味・芭蕉布研究所
辺土名〜比地川　メジロ、キセキレイ、アカヒゲ
いもり、きのぼりとかげ
〜茅うちぱんだ　ヒヨドリ、シロガシラ
〜辺土岬　イソヒヨドリ、セッカ、スズメ
〜奥　サシバ、リュウキュウツバメ、ツバメ、メジロ
〜ヤンバル　シロガシラ
〜福地川　クロサギ
6：20頃残波着

山原（やんばる）の鳥か蛙か妻聞くは
岬上空北指す鷹か燕ら随く
（「寒雷」93年7月）

へり爆音の芯で山原（やんばる）目白鳴く
（「寒雷」93年7月）

青山原山原ならずやと　ウチナンチュ
（「寒雷」93年7月）

3月26日（金）本島南部

残波岬7：10〜8：20　イソヒヨドリ、スズメ、ヒヨドリ、メジロ／キアシシギ、イソシギ、アオアシシギ
9：10出発〜喜手納（飛行場）〜沖縄市〜首里＝南風原〜摩文仁の丘〜糸満市〜首里
平和記念堂　シロガシラ、メジロ、ヒヨドリ、セッカ、オオヨシキリ
首里城公園　シロガシラ、メジロ、ヒヨド

リ、セッカ、キジバト、リュウキュウツバメ
佐敷の海　キアシシギ、コサギ

3月27日（土）那覇市買物

3月28日（日）晴

波の上神社の森・公園7：20～8：30
シロガシラ、ヒヨドリ、スズメ
海浜　クロサギ、イソヒヨドリ多数
山の上　リュウキュウツバメ
沖縄合計
水辺の鳥6種　山野の鳥19種

4月1日（木）隅田川花見　夕立

4月2日（金）町村会館

半蔵門の花見

4月9日（金）河口湖

オリエンテーション合宿　泊
寒く桜開かず

5月3日（月）西新井大師の牡丹園

棚網夫妻の接待
熟年の牡丹見われも西新井線

5月5日（水）西尾先生通夜

5月13日（木）

一列車遅れて夕の蓮華畑　（「寒雷」93年8月）

5月27日（木）沖縄本島　環境自治体会議　都留大わがゼミ参加
羽田～那覇空港～沖縄県庁～読谷村

5月28日（金）沖縄　読谷村

残波岬7時～　ホトトギス、イソヒヨドリ、スズメ、ヒヨドリ／コアジサシ
福祉センター（昼休み）環境自治体会議　セッカ、リュウキュウツバメ、スズメ、ヒヨドリ、キジバト
チビチリガマの草地　セッカ、ヒヨドリ、スズメ、ウグイス、ツバメ
学生宿舎ゆめあーる（17時過ぎ）コサギ

リュウキュウツバメ舞い込む　会議体育館

滴りの闇に聞く悲話みな燭持ち　（「寒雷」93年9月）

雷神の降りぬ城址に琉舞の宴　（「寒雷」93年9月）

沖縄論言い出す水着で跳ねいし子　（「寒雷」93年9月）

5月30日（日）読谷村・那覇市

鳥尾ビーチ周辺　コサギ

宿舎付近　ヒヨドリ、スズメ、カラスバト、イソヒヨドリ、シロガシラ
国場川漫湖公園（11：10〜）　コサギ、ダイサギ、キアシシギ、ダイゼン、チュウシャクシギ／メジロ、ヒヨドリ
沖縄ゼミ合計
水辺の鳥6種　山野の鳥10種

6月27日（日）都議選投票日
社会党20議席を割り、日本新党20議席獲得

7月8日（木）都留市懇談会出席
市長新聞記事出て呆然自失

7月19日（月）加藤楸邨先生葬儀
梅雨の葬列は進みて楼門下
（「寒雷」93年11月）
梅雨の葬かの筆跡とよき遺影
（「寒雷」93年11月）

8月10日（火）東京港野鳥公園 曇
12時家発タクシー14：30発大森
淡水池　カイツブリ、オオバン、カルガモ、ゴイサギ、カワウ／ツバメ、セッカ、オオヨシキリ、キジバト
センター池　オオバン、キアシシギ、アオアシシギ、メダイチドリ10、シロチドリ、オグロシギ、イソシギ、ウミネコ
杭：アオサギ、ダイサギ、カワウ、コサギ、ゴイサギ／ハクセキレイ、カラスsp
水辺の鳥15種　山野の鳥8種

8月12日（木）東京港野鳥公園
12時バス着〜14：30発
淡水池　カルガモ多数、カイツブリ、ダイサギ、コサギ、アオサギ／ツバメ、キジバトヒヨドリ、セッカ、スズメ
センター池　カワウ、ウミネコ、バン、オグロシギ19、アオアシシギ25、キアシシギ、メダイチドリ、コサギ、ダイサギ、コサギ、アオサギ／カワセミ
小屋　アオアシシギ、メダイチドリ、キアシシギ、コサギ／カワセミ、カラスsp、ハクセキレイ
水辺の鳥14種　山野の鳥8種

8月20日（金）東京港野鳥公園・東海緑道公園
潮入りの池の水門に砂がつまり干潮でも潮が引かなくなって干潟できずシギ来ず。
緑道　キョウジョシギ
淡水池　カルガモ、バン、オオバン、ダイサギ、コサギ、チュウサギ、カイツブリ
潮入りの池　杭：カワウ50、ウミネコ、コサギ、ダイサギ、オオバン、カルガモ、カイツブリ、オグロシギ、コチドリ／カラスsp、スズメ、セッカ、ツバメ
水辺の鳥13種　山野の鳥4種

8月27日（金）
台風関東地方に襲来、九十九里上陸

8月30日（月）道東旅行

羽田～中標津～羅臼

らうす第一ホテル泊

羅臼海岸・せせき温泉　オオセグロカモメ多数、ウミネコ／イワツバメ、カラス（ブトもホソも）

露天風呂　月あり。知床ホテルの屋根にオオセグロがすんでいて羅臼ホテルの露天風呂の上にも飛ぶ

8月31日（火）羅臼～知床峠～ウトロ～斜里～

小清水ユースホステル泊

朝の散歩～熊の湯　オオセグロカモメ　間欠泉あり　ハクセキレイ、トビ、カラスsp、ツバメ、キセキレイ

知床峠　ハリオアマツバメ　寒し

知床センター　イワツバメ、ハリオアマツバメ

滝あり　蝉鳴きだす森　ヤマガラ、シジュウカラ、カラスsp／オオセグロカモメ、ウミウ

9月1日（水）小清水～川湯

川湯温泉御園ホテル泊

ユースホステル～平和橋　キアシシギとアオアシシギの声、アオサギ、コヨシキリ、／ハクセキレイ、トビ、カラス（ブト、ホソ）ヤマガラ、シジュウカラ、キジバト、カワセミ

濤仏湖　アジサシ、カルガモ、カイツブリ、アオサギ、エクリプスのカモ

摩周～摩周湖　ツバメ、カラスsp

硫黄山　カラスsp　夕立　這い松の中にホオジロ

砂湯　カラスsp、ハクセキレイ、カラ類

湖上　アジサシ

コタン　カラスsp

紺残す翡翠オホーツク凪の村
（「寒雷」93年12月）

9月2日（木）川湯～女満別～羽田

川湯　朝の自然探勝路　アカゲラ、ハクセキレイ、スズメ、カラスsp、カラ類の声

宿の前　イワツバメ、ビンズイ

美幌峠　ホオジロsp

二重虹見て峠来しバス運転手
（「寒雷」93年12月）

道東合計

水辺の鳥12種　山野の鳥17種

9月13日（水）六郷河口　晴

大師原　11時過ぎ着

中洲と干潟　オオソリハシシギ、シロチドリ、メダイチドリ多数、ハマシギ、ダイゼン、ウミネコ多数、セイタカシギ、アオアシシギ、キアシシギ、ソリハシシギ、ムナグロ、ダイサギ、コサギ、アオサギ／キジバト、ハクセキレイ、スズメ、カラスsp

鷭（ばん）の子の速さよ声上げ親追へり
（「寒雷」94年1月）

水辺の鳥16種　山野の鳥4種

9月14日（木）飛鳥山公園

王子、東書文庫の帰り

公園　スズメ、シジュウカラ、ムクドリ、カラスsp

山野の鳥4種

9月15日（金）大師河原

中州　11時過ぎ着　オグロシギ、シロチドリ、メダイチドリ、ダイゼン、ムナグロ、シロチドリ、ウミネコ多数、セイタカシギ、アオアシシギ、キアシシギ、ソリハシシギ、コチドリ、ダイサギ、コサギ、アオサギ／キジバト、ハクセキレイ、スズメ、カラスsp

水辺の鳥16種　山野の鳥4種

10月4日（月）

秋雨の駅前母言ふ「燕もういない」

10月17日（日）草の実会（サオラ会）

自然観察会　山本先生案内

10月30日（土）桂川祭のため宿泊

10月31日（日）～11月1日（月）

桂川祭

11月4日（木）

かいつぶり潜るや特急加速せり

（「寒雷」94年2月）

11月11日（木）都留市郊外老人養護施設宝山寮　基礎ゼミ見学

11月24日（水）母死去　同月28日通夜、29日葬儀

12月6日（月）

時雨冷え夕映えホームの端で見ゆ

12月11日（土）

霜の都留翔つ黄鶺鴒白鶺鴒

12月19日（日）東京港野鳥公園

行く前　蘇峰公園　カワラヒワ、メジロ、ヒヨドリ、ウグイス

淡水池　ホシハジロ多数、コガモ、オナガガモ、キンクロハジロ、ハシビロガモ、オカヨシガモ、**ミコアイサ**、カワウ、ユリカモメ／カラス多数、ハクセキレイ、ヒヨドリ、スズメ、キジバト、ツグミ、**オオタカ**

（カラスを恐れて動かず、幼鳥）

潮入りの池　ユリカモメ杭上下、イソシギ、ヒドリガモ、コガモ、ホシハジロ、カルガモ、オオバン、バン、セイタカシギ、ダイサギ、アオサギ、コサギ、カイツブリ、カワウ／ハクセキレイ、トビ、ハシブトカラス、ツグミ

水辺の鳥20種　山野の鳥9種＋4種

12月26日（日）篠山行き13時着

篠山　じん陽楼泊

篠山　東南の濠　キンクロハジロ、マガモ、コブハクチョウ、カルガモ、コサギ／ヒヨドリ、カラスsp、スズメ、キジバト

城址　ツグミ、メジロ、エナガ、シジュウカラ、ムクドリ

12月27日（月）篠山・湖北行

篠山～大阪～山科～マキノ（大崎観音）～尾上　紅鮎荘泊

宿の朝　ハシボソカラス、スズメ、ハクセキレイ、セグロセキレイ、キセキレイ

濠　ツグミ／マガモ、コサギ

淀川　カモsp

新旭駅前、野鳥センターの池　カモいっぱい

マキノ～海津大崎～大浦　キンクロハジロ、ホシハジロ、カンムリカイツブリ、カワウ、マガモ、カイツブリ、カモsp

尾上　**カワアイサ雌雄**、**ミコアイサ雌雄**、キンクロハジロ、ホシハジロ、カンムリカイツブリ、カイツブリ、**コハクチョウ20**、ヒシクイ10

12月28日（火）紅鮎～米原～東京

伊吹野や襲う時雨は霰吐く

（「寒雷」94年4月）

篠山・尾上行合計

水辺の鳥24種　山野の鳥12種

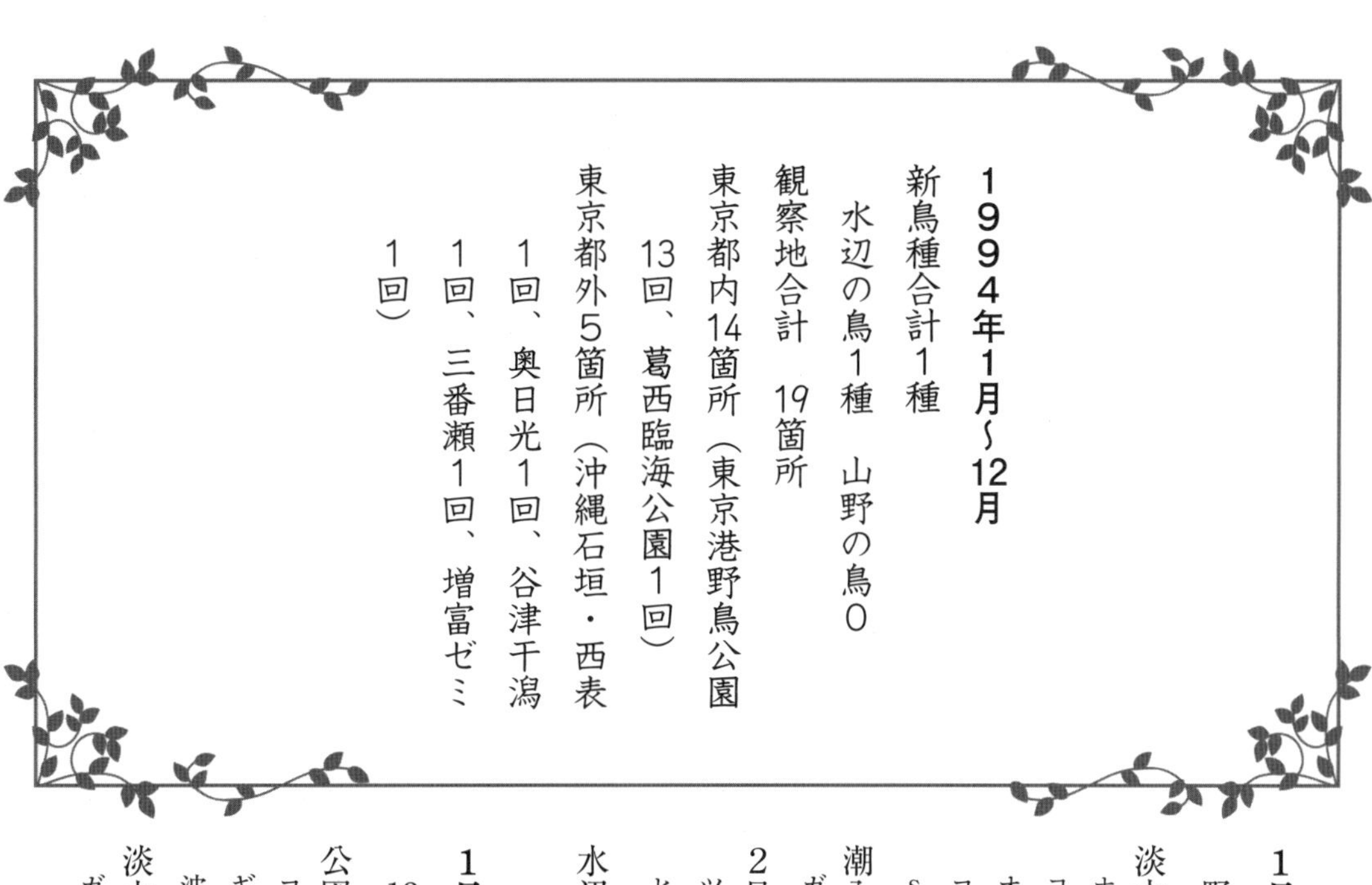

1994年1月～12月

新鳥種合計1種
　水辺の鳥1種　山野の鳥0
観察地合計　19箇所
東京都内14箇所（東京港野鳥公園13回、葛西臨海公園1回）
東京都外5箇所（沖縄石垣・西表1回、奥日光1回、谷津干潟1回、三番瀬1回、増富ゼミ1回）

1月6日（木）東京港野鳥公園　晴

野鳥公園
淡水池　アオサギ、コサギ、キンクロハジロ、ホシハジロ、コガモ、ハシビロガモ、オカヨシガモ、ミコアイサ、カイツブリ、バン、オオバン、イソシギ、ユリカモメ、ウミネコ、カワウ、カルガモ、オオバン／カラスsp、スズメ、ホオジロ
潮入りの池　ユリカモメ、ウミネコ、オナガガモ、ヒドリガモ、オオバン、セイタ
2号小屋　カシギ／ジョウビタキ、モズ、ツグミ、アオジ、カワラヒワ、キジバト、ヒヨドリ、スズメ、ムクドリ、カラスsp
水辺の鳥19種　山野の鳥10種

1月8日（土）東京港野鳥公園

13時頃着
公園　アオサギ、コサギ、キンクロハジロ、コガモ、ホシハジロ、カイツブリ、イソシギ、バン、オオバン、ユリカモメ（中央防波堤で午前を過した群れが午後に）
淡水池　ユリカモメ、ウミネコ、ハシビロガモ多数、コガモ、キンクロハジロ、ミコアイサ、オカヨシガモ、オオバン、ハシビロガモ、カラス多数
潮入りの池　ユリカモメ、ウミネコ、オナガガモ、ヒドリガモ、ジョウビタキ、モズ、ツグミ、アオジ、カワラヒワ、キジバト
二号小屋　ユリカモメ、ウミネコ、オオバン、オナガガモ、セイタカシギ
水辺の鳥19種　山野の鳥10種

2月25日（金）東京港野鳥公園

3月15日（火）増富温泉　卒業旅行

残雪のけもの道踏みゼミ仲間
（「寒雷」94年6月）

3月16日（水）増富の帰り　韮崎

3月20日（日）墓参　常行寺・谷中

3月27日（日）東京港野鳥公園

11時過ぎタクシー

淡水池　ウミネコ、ハシビロガモ、キンクロハジロ、コガモ、ホシハジロ、カルガモ、オオバン、コアジサシ／カラスsp、オオジュリン

潮入の池　ウミネコ、ユリカモメ、カワウ、スズガモ、カルガモ、コガモ、ヒドリガモ、オナガガモ、キンクロハジロ、ハシビロガモ、ホシハジロ、コサギダイサギ、オオバン／ジョウビタキ、ハクセキレイ

第二小屋　海鴨類、コチドリ／ヒヨドリ、メジロ、ウグイス、カワラヒワ

水辺の鳥15種　山野の鳥10種

4月1日（金）沖縄・八重山行

目見えぬ掌に小さき砂蟹
　　乗せくるる
（「寒雷」94年7月）

水鶏鳴き待つも沼草茂るのみ
（「寒雷」94年7月）

4月2日（土）朝　米原

アンパル

パンナ展望所

宮平川

オモト登山口

4月3日（日）西表島

鷺仰ぐ崖浜樗（おうち）採りくるる
（「寒雷」94年8月）

男憩ふ河畔の大樹梯梧（でいご）咲き
（「寒雷」94年8月）

4月4日（月）石垣・米原

木菟（ずく）ら鳴き遅き日西表島へ
（「寒雷」94年8月）

5月7日（土）晴　東京港野鳥公園

9：40着タクシー

水漏れて駅の燕が来し空地
（「寒雷」94年9月）

淡水池　アオサギ、ヒドリガモ、コガモ、オオバン10／オオヨシキリ、セッカ、ツバメ、ハクセキレイ、ヒヨドリ、カラスsp

潮入りの池　ユリカモメ、ウミネコ、セグロカモメ、カワウ、カイツブリ、セイタカ

二号小屋　シギ、キアシシギ、コチドリ、バン、オオバン、コサギ、キンクロハジロ、チュウシャクシギ、ハマシギ20、コアジサシ、メダイチドリ、トウネン／キジバト、セッカ、カワラヒワ、スズメ、ムクドリ、ツバメ、イワツバメ

水辺の鳥24種　山野の鳥9種

5月14日（土）東京港野鳥公園

13：40～

潮入の池　オオヨシキリ、セッカ／チュウシャクシギ、ダイゼン、セイタカシギ、キンクロハジロ、カイツブリ、ウミネコ、コチドリ

二号小屋　ユリカモメ10（残り）、カワウ、コチドリ、シロチドリ、キアシシギ、ダイ

サギ、コサギ、バン、セイタカシギ、コアジサシ10

水辺の鳥18種　山野の鳥10種

6月26日（日）羽田　潮干狩り

帰る汐待つ舟青柳配らるる

（「寒雷」94年10月）

8月16日（火）晴　東京港野鳥公園

野鳥公園　カルガモ、ウミネコ、セイタカシギ、ダイサギ、コサギ、アオサギ／スズメ、ムクドリ、ヒヨドリ、キジバト、カラスsp

潮入りの池　カワウ、ウミネコ、ユリカモメ、ダイサギ、コサギ、アオサギ、カルガモ20、オオバン、コチドリ、ムナグロ、キョウジョシギ、キアシシギ、アオアシシギ、セイタカシギ

脚長く渉る鷸伏す旱岸

（「寒雷」94年11月）

水辺の鳥15種　山野の鳥5種

8月19日（金）東京港野鳥公園　晴

10：30着タクシー

淡水池　セイタカシギ、カルガモ、白鷺、／ハクセキレイ、ツバメ、セッカ、スズメ、カラスsp

潮入りの池　セイタカシギ、アオアシシギ15、オグロシギ、キアシシギ10、キョウジョシギ、イソシギ、オオバン、カイツブリ、コサギ10、ダイサギ、コチドリ、カワウ、カルガモ、ユリカモメ、ウミネコ

観測小屋　アオサギ、コサギ、ダイサギ、イソシギ、セイタカシギ、キアシシギ、アオアシシギ、メダイチドリ、コチドリ、ソリハシシギ、キョウジョシギ、ウミネコ

水辺の鳥18種　山野の鳥5種

8月25日（木）東京港野鳥公園

15：30タクシー～16：45発

淡水池　アオアシシギ10

潮入りの池　カワウ、ウミネコ、セイタカシギ、アオアシシギ、キアシシギ、キョウジョシギ、メダイチドリ、コチドリ、オグロシギ、カルガモ多数、ダイサギ、コサギ、カイツブリ／ハクセキレイ、セッカ、スズメ、ツバメ、ムクドリ、カラスsp

二号小屋　セイタカシギ、アオアシシギ、キアシシギ、ダイサギ、コサギ、キョウジョシギ、ソリハシシギ、コチドリ、メダイチドリ

水辺の鳥17種　山野の鳥6種

9月6日（火）東京港野鳥公園　晴

11：10着タクシー

淡水池　ハクセキレイ、セッカ、シジュウカラ、カワラヒワ、スズメ

センター池　セイタカシギ10＋ダイサギ、コサギ、アオサギ、カルガモ、カワウ、カイツブリ、ムナグロ、シロチドリ

観測小屋　ウミネコ、ユリカモメ、アオアシシギ、イソシギ／カラスsp、キジバト

杓鷸や潮底の蟹抓み上ぐ

（「寒雷」94年12月）

上げ潮の鷸どもはるか腰低く

（「寒雷」94年12月）

水辺の鳥15種　山野の鳥7種

9月16日（金）谷津干潟　快晴

津田沼からバス

キジバト、スズメ、ハクセキレイ／ウミネコ、ダイサギ、アオサギ、コサギ多数、キンクロハジロ、オナガガモ、ダイシャクシギ、チュウシャクシギ、ダイゼン、オバシギ、キアシシギ

水辺の鳥12種　山野の鳥3種

10月1日（土）奥日光行

丸沼泊　旧養育院職員招待

キャンプ場水漬き真鴨ら夏越せり
（「寒雷」95年1月）

秋川の猛る飛沫をカワガラス
（「寒雷」95年1月）

水辺の鳥2種

10月8日（土）

滑川君結婚式媒酌人で挨拶

10月27日（土）曇一時雨、晴　東京港野鳥公園

13：50着タクシー

淡水池　カラスsp、スズメ／ゴイサギ8、コサギ、カルガモ10、キンクロハジロ、セイタカシギ、オナガガモ、ハシビロガモ、オオバン、バン

センター池　セイタカシギ10、カワウ、ホシハジロ30、アオサギ、オオソリハシシギ10、ヒドリガモ、ウミネコ10、ユリカモメ、セグロカモメ

二号小屋　オオソリハシシギ10、ウミネコ、セイタカシギ、ホシハジロ30、オオバン、カイツブリ、ハクセキレイ、モズ、ヒヨドリ、カラスsp

一号小屋　ホシハジロ14、オオバン、イソシギ

水辺の鳥21種　山野の鳥6種

11月3日（火）小雨　葛西臨海公園

10：30〜14：30

鳥類園　マガモ10、ヒドリガモ、キンクロハジロ、コガモ、ヒドリガモ、オナガガモ、セイタカシギ、オバシギ、コサギ、ダイサギ、アオサギ、カワウ、ユリカモメ／キジバト、ハクセキレイ、ヒヨドリ、モズ

水族館　エトピリカ、ニシツノメドリ、ウミスズメ

水辺の鳥13種　山野の鳥7種

11月18日（水）晴　東京港野鳥公園

10時タクシー

淡水池　オカヨシガモ、ユリカモメ、ホシハジロ、ハシビロガモ、カルガモ、コガモ、／カラスsp、ジョウビタキ、ウグイス

センター池　ユリカモメ多数、カワウ、セイタカシギ、ダイサギ、コサギ、アオサギ／ハクセキレイ

二号小屋　ユリカモメ、ウミネコ、オオセグロカモメ、カワウ、オオバン、ヒドリガモ、セイタカシギ多数、ホシハジロ、カルガモ、イソシギ、ダイサギ、アオサギ、コ

サギ、ハマシギ、カイツブリ、コガモ、オナガガモ

生態園　ハシボソカラス／オカヨシガモ、カルガモ、ホシハジロ、マガモ

ゆりかもめ着地す紅の脚垂らし

（「寒雷」95年2月）

水辺の鳥20種　山野の鳥10種

12月4日（日）三番瀬（船橋海浜公園）

海浜　**ハジロカイツブリ20**、カンムリカイツブリ10、カワウ、ダイサギ、アオサギ、カルガモ20、オカヨシガモ10、ヒドリガモ300、オナガガモ200、ホシハジロ100、ウミアイサ、**ホオジロガモ10**、キンクロハジロ、**スズガモ6万**、シロチドリ100、ダイゼン100、ハマシギ2000、ダイシャクシギ、**ミヤコドリ4**、ユリカモメ400、ウミネコ200、オオセグロカモメ10／キジバト、ヒバリ、ハクセキレイ10、タヒバリ10、ヒヨドリ、モズ、ツグミ、ウグイス、メジロ、アオジ、オオジュリン10、カワラヒワ、スズメ50、ムクドリ10、カラスsp

残すべき干潟貝食むミヤコドリ

（「寒雷」95年3月）

水辺の鳥22種　山野の鳥1種

カルガモ
©T. Taniguchi

アオサギ
©T. Taniguchi

スズガモ
©T. Taniguchi

12月15日（金）東京港野鳥公園　晴

淡水池　オオタカ、カラスsp多数、トビ／シジュウカラ、マガモ、オカヨシガモ、ホシハジロ、キンクロハジロ、ハシビロガモ、オオバン、ミコアイサ、ユリカモメ30、アオサギ、ダイサギ、コサギ、バン、カイツブリ、コガモ、セイタカシギ5

潮入りの池　セイタカシギ7、ウミネコ、ユリカモメ、オオセグロカモメ、カワウ

二号小屋　バン、オオバン、ホシハジロ、ヒドリガモ／スズメ、カラスsp、モズ

水辺の鳥21種　山野の鳥6種

ヒドリガモ
©T. Taniguchi

1995年1月〜12月
新鳥種合計6種
　水辺の鳥4種　山野の鳥2種
観察地合計　27箇所
東京都内19箇所（東京港野鳥公園9回、葛西臨海公園3回、不忍池2回、なぎさ公園1回、品川水族館1回、内川付近1回、目黒自然教育園1回、二子玉川1回）
東京都外8箇所（六郷河口2回、甲斐大泉2回、三番瀬1回、八千穂・海ノ口1回、銚子1回、小笠原母島父島1回）

1月4日（木）銚子　快晴
東京〜特急〜銚子12：30着　泊
銚子港　ウミネコ、オオセグロカモメ、セグロカモメ、ユリカモメ、**シロカモメ**、ウミウ
千人塚　カルガモ、カンムリカイツブリ

1月6日（土）銚子　快晴
　漁船出初式
銚子の宿の朝　ウミウ、鴎類、鴨類
〜千人塚9時発〜　ムクドリ、ハクセキレイ、ヒヨドリ、メジロ／アカエリカイツブリ、ウミウ、シノリガモ
第二市場への道　セグロカモメ、オオセグロカモメ
第一市場への道〜10：30宿　ユリカモメ、ウミネコ／スズメ
犬吠埼灯台付近11時発〜12：38　スズメ多数、ツグミ、イソヒヨドリ、ヒヨドリ、メジロ、ハクセキレイ／ウミウ、カモメsp
銚子行き合計
水辺の鳥12種　山野の鳥7種

1月22日（月）曇時々晴　葛西臨海公園
10：40公園駅着〜14：01発東京行き
鳥類園　ヒヨドリ、カワラヒワ、ハクセキレイ／カルガモ、ホシハジロ、コガモ、マガモ、オナガガモ、ヒドリガモ、ハシビロガモ、キンクロハジロ、カイツブリ、コサギ、**クロツラヘラサギ**（サギというがトキ科）
東側潮入りの池　オカヨシガモ、オオバン、コガモ、ユリカモメ
なぎさ側　スズガモ多数、ヒドリガモ、オナガガモ／ハクセキレイ、タヒバリ、アオジ、オオジュリン、オナガ、メジロ、ヒバリ、スズメ、カラスsp
観察舎　コガモ、ウミネコ、セイタカシギ、ダイサギ、コサギ、アオサギ／カワラヒワ、ムクドリ、キジバト、カラスsp
クリスタルビュー　ユリカモメ、アオサギ、カワウ
観察壁・運河　ユリカモメ、セグロカモメ、カワウ、ハシビロガモ、ヒドリガモ、オナガ、ヒヨドリ／イソシギ、オオバン、カイ

ツブリ、コサギ10、ダイサギ、コチドリ
水辺の鳥9種　山野の鳥11種

2月7日（火）東京港野鳥公園　晴

12：00大森発バス
但し中央埠頭海浜公園で降り30分以上歩く
緑道　ヒヨドリ、メジロ、シジュウカラ、カラスsp、キジバト
淡水池　ユリカモメ、ホシハジロ、ハシビロガモ、ミコアイサ、ホシハジロ、キンクロハジロ、コガモ、オカヨシガモ、ヒドリガモ、カルガモ、オオバン、アオサギ／カラスsp、**チョウゲンボウ**、ツグミ、キジバト、ハクセキレイ、スズメ
センター池　ユリカモメ、セイタカシギ、ウミネコ、オオセグロカモメ、カモメ、ヒドリガモ、ホシハジロ、キンクロハジロ、スズガモ、イソシギ、カワウ、コサギ
水辺の鳥13種　山野の鳥13種

2月15日（水）水辺の水鳥と公園の観察会　晴　公園協会に市川君

両国10：10発
隅田川・東京港　ユリカモメ、スズガモ、ホシハジロ、カワウ、ハマシギ
葛西臨海公園　スズガモ、ホシハジロ、キンクロハジロ、ヒドリガモ、オオバン、コガモ、ハシビロガモ、ダイサギ、カイツブリ、ヒドリガモ、オナガガモ、キンクロハジロ、ハジロカイツブリ、カンムリカイツブリ
水辺の鳥17種　山野の鳥5種

2月18日（土）葛西臨海公園

12：20～15：20
鳥類園　ホシハジロ、ハシビロガモ、ヒドリガモ
海　ユリカモメ、オカヨシガモ、ヒドリガモ、ホシハジロ、カルガモ、ダイサギ、スズガモ／ハクセキレイ、ムクドリ、トビ、スズメ、カラスsp、ヒバリ、ヒヨドリ
センター池　ホシハジロ、カルガモ、カイツブリ、カワウ
海・なぎさ橋　スズガモ大群、カンムリカイツブリ100

枯芦の田鴫や動くを視野に得し
（「寒雷」95年6月）

水辺の鳥14種　山野の鳥7種

3月15日（水）快晴　東京港野鳥公園

11：05大森発15：15
今日の収穫はタシギ、シメ、アカハラ
淡水池　ハシブトガラス、チョウゲンボウ、トビ、メジロ、スズメ／ホシハジロ、ハシビロガモ、オカヨシガモ、キンクロハジロ、カルガモ、コガモ、カイツブリ、オオバン、ウミネコ
潮入りの池　セイタカシギ、ウミネコ、ユリカモメ、オオセグロカモメ、カワウ、ホシハジロ、ハシビロガモ、キンクロハジロ、ヒドリガモ、コガモ、オオバン、バン、アオサギ／ジョウビタキ、アカハラ、ヒヨドリ、ツグミ
二号観測小屋　コガモ、ハシビロガモ、ホシハジロ、キンクロハジロ、ヒドリガモ、

セイタカシギ、ウミネコ、オオセグロカモメ、カイツブリ
三号小屋　**タシギ**／オナガ、シジュウカラ、シメ、ヒヨドリ、キジバト

水輪の芯は草魚の背鰭池温し
（「寒雷」95年6月）

水辺の鳥18種　山野の鳥14種

3月19日（日）甲斐大泉行
建設業者との打ち合わせ

4月1日（土）小笠原行　曇雨少し
10時竹芝桟橋発・母島丸
おがさわら丸（東京～父島～母島）
三宅島通過のころ　オオミズナギドリ

4月2日（日）母島　二見港　小雨
父島二見港着14：30、同発15：15～
母島航路～母島17：15着
ペンション・ドルフィン泊
母島出張所長　鈴木可久氏
船中　**オナガミズナギドリ**、ツバメ、**アナドリ**
母島航路15：30発　オナガミズナギドリ
母島着17：30　イソヒヨドリ

週一便の船着き一店春灯下
（「寒雷」95年8月）

4月3日（日）小笠原母島　母島出張所長鈴木可久氏　母島～父島
キャベツビーチ泊
母島朝散歩　ムナグロ、イソシギ、ウズラシギ、タカブシギ、**オナガミズナギドリ**、イソヒヨドリ／メジロ、ウグイス、ヒヨドリ
母島の案内（鈴木氏）**メグロ**、メジロ、ウグイス、アマサギ、イソヒヨドリ
母島～父島航路12：00発
ミズナギドリ10、沖に鯨、オオミズナギドリ5＋5、**カツオドリ**
父島着15：00
（小笠原出張所長秋山治氏）

4月4日（火）小笠原父島
キャベツビーチ泊
大根山墓地　イソヒヨドリ、トラツグミ、モズ、メジロ、ヒヨドリ、トビ、ノスリ、キジバト
父島周遊（秋山氏案内）9：00発
漁業センター　イソヒヨドリ、アマサギ
農業センター　イソヒヨドリ、ヒヨドリ、メジロ
山の上　ノスリ
鯨ウオッチング**15：00～15：30に2回。16：00クロアシアホウドリ**
17：00オナガミズナギドリ、シロハラミズナギドリ

潮吹ける鯨は十一時の方向と
（「寒雷」95年7月）

鯨浮く騒ぎ背に去る
クロアシアホウドリ

鯨の尾裏見ゆデッキの揺れに耐え
（「寒雷」95年7月）

三カ月山の夕日　メジロ、イソヒヨドリ、ウグイス

（「寒雷」95年7月）

宿の朝　ウグイス、イソヒヨドリ

4月5日（水）小笠原父島〜竹芝へ

大村海岸　グンカンドリ、ムナグロ、トビ、イソヒヨドリ

父島発12：00

オオミズナギドリ　13：15、クロアシアホウドリ　13：30、14：00〜

舷側に鰭浮き春眠のマンボウか
（「寒雷」95年8月）

荒波に身も乗せミズナギドリ
観おり
（「寒雷」95年8月）

四月船出送る舟の子海へ跳べり

4月6日（木）小笠原帰り

日の出5：20　オオミズナギドリ

八丈島7：30　オオミズナギドリ

三宅島付近10：50〜11：40　オオミズナギドリ、オオセグロカモメ

竹芝着16：00

小笠原行合計

水辺の鳥11種　山野の鳥11種

4月23日（日）大井野鳥公園

風強く曇時々小雨　区議選投票日

淡水池　アオサギ、カルガモ、ホシハジロ、キンクロハジロ、カイツブリ、バン、オオバン、ダイサギ／カラスsp、スズメ、ツバメ、イワツバメ、ハクセキレイ

センター池　カワウ、ユリカモメ、ウミネコ、オオセグロカモメ、キンクロハジロ、ホシハジロ、ヒドリガモ、カルガモ、カイツブリ、セイタカシギ、コアジサシ／シジュウカラ、ヒヨドリ、スズメ、カラスsp

大井埠頭公園（11：40のバスで）カワウ／オナガ、スズメ、カラスsp

水辺の鳥12種　山野の鳥9種

5月3日（水）品川区水族館と公園

小雨後　まき、羊子、繁子と4人

メジロ、カワラヒワ、ヒヨドリ、スズメ、カラスsp、ムクドリ

大森駅のツバメ

山野の鳥7種

5月4日（木）モノレール浜松町〜昭和島　曇　4人

公園〜避難橋〜内川遊歩道

貴船堀〜遊歩道〜内川水門〜内川橋〜国道〜平和島

カワラヒワ、スズメ、ムクドリ、キジバト、オオヨシキリ、カラスsp、ツバメ／カルガモ、カワウ、コサギ、キョウジョシギ、カイツブリ、ウミネコ、コアジサシ、キアシシギ

水辺の鳥8種　山野の鳥8種

5月7日（日）六郷河口晴、薄曇

小島新田駅14：40〜17：30

やや上流に堤防下　チュウシャクシギ、キアシシギ、キョウジョシギ、メダイチドリ、コチドリ、ウミネコ、ユリカモメ、コアジサシ、カワウ／キジバト、ツバメ、ハクセキレイ、セッカ、スズメ、カラスｓｐ

中洲　ムナグロ、メダイチドリ、コチドリ、キアシシギ、オバシギ、アオサギ、コサギ、ウミネコ、ユリカモメ

下流先端まで　チュウシャクシギ、キアシシギ、ハマシギ、コチドリ

水辺の鳥17種　山野の鳥6種

5月19日（金）東京港野鳥公園

14：00〜17：04

野鳥公園　イワツバメ、ツバメ、カラスｓｐ

淡水池　オオヨシキリ大合唱、ハクセキレイ、ヒヨドリ、カワラヒワ、スズメ、ムクドリ／カルガモ、キアシシギ、ダイサギ、アオサギ、コサギ、コアジサシ

潮入りの池　キアシシギ、カワウ、コアジサシ、オオバン、チュウシャクシギ、コチドリ、メダイチドリ、ムナグロ、オオバン、イソシギ、オオヨシキリ／シジュウカラ、カラスｓｐ

ダイサギの目もと真緑夏は来ぬ

（「寒雷」95年9月）

幼き鶴交々潜らせ親潜る

（「寒雷」95年9月）

水辺の鳥14種　山野の鳥11種

6月17日（土）晴　東京港野鳥公園

14：00バス〜17：04バス

野鳥公園　ツバメ、イワツバメ

淡水池　シジュウカラ、オオヨシキリ、ムクドリ、カラスｓｐ／カルガモ、オオバン（親1子4）、ダイサギ、アオサギ、カワウ、カイツブリ

潮入りの池　カワウ、カルガモ、キンクロハジロ、オオバン、コアジサシ

第二観察小屋　コサギ、オオバン、カワウ／オオヨシキリ、ヒヨドリ

自然生態園　ムクドリ、キジバト／オオバン

水辺の鳥9種　山野の鳥9種

7月13日（木）九品仏　國學院大の帰り九品仏の楸邨先生の墓へ

師の墓は葉桜の蔭崖の縁

（「寒雷」95年10月）

7月19日（水）甲斐大泉行

巣乗り出す燕三羽の蔭にも子

（「寒雷」95年11月）

8月22日（火）晴後小雨

八ヶ岳高原行　新宿〜八千穂

海ノ口温泉和泉館泊

小淵沢　ツバメ

八千穂高原　ツバメ

八千穂自然園　ヒヨドリ

奥村土牛館・海ノ口温泉　ゴイサギ／セ

グロセキレイ、ツバメ

8月23日（火）八ヶ岳高原行　晴

海ノ口〜大泉〜小淵沢〜新宿

泊った海ノ口温泉の朝　ヒヨドリ、ツバメ、スズメ、ハシブトガラス、ホオジロ

大泉　棟上完了

水音の山道戻り来鬼やんま

（「寒雷」95年12月）

八ヶ岳高原行合計

水辺の鳥1種　山野の鳥6種

9月9日（土）東京港野鳥公園

重陽の節句・十五夜　10：35着〜13：40バス

淡水池　アオサギ、カルガモ、オオバン／ツバメ、イワツバメ、シジュウカラ、オオヨシキリ、ムクドリ、カラスsp

センター池　ツバメ、イワツバメ、ハシブトガラス、ハクセキレイ／アオサギ、キアシシギ、アオアシシギ、イソシギ、ソリハシシギ、オバシギ、ムナグロ、メダイチドリ、セイタカシギ10、カワウ、タシギ、ウミネコ、ダイサギ、コサギ、コチドリ、バン、カイツブリ、カルガモ

観察小屋　ウミネコ、セイタカシギ

第二観察小屋　ソリハシシギ、アオアシシギ、オオバン群、カルガモ／ハクセキレイ、セッカ

オグロシギ浅瀬刺す嘴頭ごと振り

（「寒雷」95年12月）

風立つ園アオアシシギの声透る

（「寒雷」96年1月）

水辺の鳥18種　山野の鳥6種

9月19日（火）東京港野鳥公園

9：55着〜11：30　望遠鏡なくす

干潮朝7時ころというのにまだ干出

潮入りの池　オグロシギ10＋　コチドリ多数、セイタカシギ10＋、トウネン、ソリハシシギ、コチドリ、メダイチドリ、アオサギ、ダイサギ、コサギ、カルガモ、オナガガモ、カワウ

第二小屋　ウミネコ、オグロシギ、セイタカシギ、コチドリ

第一小屋　セイタカシギ、オグロシギ、イソシギ、ソリハシシギ、ダイサギ、アオサギ、カルガモ、コチドリ

淡水池　カルガモ、ダイサギ、コサギ、アオサギ、カイツブリ／ハシブトガラス、ハシボソガラス、シジュウカラ、キジバト

水辺の鳥15種　山野の鳥6種

9月22日（金）不忍池　谷中墓参後

初鴨の二週早しとパン屑提げ

（「寒雷」96年1月）

水辺の鳥1種

9月30日（土）曇　六郷川河口

12：00過ぎ川崎発15：03発バス

小島新田駅から堤防へ　ヒヨドリ、カラスsp

中洲と手前　ダイサギ、コサギ、アオサギ、ウミネコ、ユリカモメ、シロチドリ、ハマシギ、ソリハシシギ、キアシシギ、アオア

シシギ、オオソリハシシギ、メダイチドリ、オグロシギ、キジバト、ヒヨドリ

下流中洲　ウミネコ、ダイサギ、コサギ、カルガモ、カワウ／モズ、スズメ、ムクドリ、ハクセキレイ、カラスｓｐ

下流干潟　シロチドリ、ムナグロ

水辺の鳥15種　山野の鳥8種

10月10日（休）晴　東京港野鳥公園

12時少し前タクシー14：56バス

淡水池　アオアシシギ、カイツブリ、カルガモ、ダイサギ、ゴイサギ、コサギ、アオサギ、カイツブリ／ハシブトガラス、ハシボソガラス

センター池　アオアシシギ、ソリハシシギ、メダイチドリ、バン、セイタカシギ、カワウ、キンクロハジロ10、カルガモ、オナガガモ、ヒドリガモ／ハクセキレイ、キジバト

第二小屋　カルガモ、アオサギ、ソリハシシギ、コチドリ、オグロシギ、トウネン、ダイサギ、コサギ、ウミネコ、カワウ

第一小屋　アオアシシギ、セイタカシギ、オオバン、ダイサギ、コサギ

帰り道　ヒヨドリ、ムクドリ、オナガ、スズメ

水辺の鳥19種　山野の鳥6種

10月17日（火）快晴　目黒自然教育園　13：10着〜15：00品川発

ヒヨドリとカラスｓｐの天下。

イイギリの実大木にたくさん、地上にも落ち　カルガモ／シジュウカラ

水辺の鳥1種　山野の鳥3種

11月3日（火）甲斐大泉行　快晴

山荘引渡し　10：30大泉駅着

甲斐大泉の母の遺産の土地を野鳥観察用に引継ぎ、この日新築の山荘が引き渡された。確かにこの地域は観察に適した野鳥が多く、この日以来よく訪れることになった。ヤマドリ

キッツ・メドウスキー場・富士の展望　ノスリ

山野の鳥2種

11月25日（土）晴　甲斐大泉山荘

前の道下る　コガラ、カシラダカ、アカゲラ、ヒヨドリ、エナガ

11月26日（日）快晴　甲斐大泉

氷点下で結氷

道下る・柳生家付近　ツグミ、アカゲラ、カケス、シジュウカラ、コガラ、エナガ、ヤマガラ、カラスｓｐ、ヒヨドリ、カシラダカ

甲斐一日秋晴れ木の間に夕富士も

（「寒雷」96年2月）

大泉合計9種

12月5日（火）快晴　三番瀬（船橋海浜公園）　11時船橋発14時出発

海浜　ハマシギ10、シロチドリ、ダイゼン、オナガガモ、マガモ、ユリカモメ、ウミネコ、カワウ、コガモ／ハクセキレイ、ヒバリ、

スズメ、ヒヨドリ、カラスsp、ムクドリ

防潮堤　コクガン3、オナガガモ、スズガモ、ヒドリガモ

水辺の鳥11種　山野の鳥7種

コクガン来万の鴨容れ三番瀬

12月14日（木）二子多摩川

國學院大の帰りの同駅

二子玉川　カワウの列、**ユリカモメの鳥柱**

水辺の鳥2種

12月24日（日）不忍池　快晴

谷中墓参後13：30

不忍池　**ユリカモメ多数**、オナガガモ、キンクロハジロ、ホシハジロ、ヒドリガモ、コガモ、カルガモ、オオバン

ユリカモメが鴨たちを圧倒。

鴨への餌あぶれ鴎が宙で奪る

（「寒雷」96年4月）

水辺の鳥8種

12月28日（木）東京港野鳥公園

12：20タクシー～14：15バス

野鳥公園　**ユリカモメ**（鳥柱につれてトビも柱ができるほど舞い上がる）、オオセグロカモメ、ウミネコ、ホシハジロ、コガモ、オナガガモ、カルガモ、ハシビロガモ、ヒドリガモ、キンクロハジロ、オカヨシガモ、オオバン、バン、セイタカシギ、イソシギ、カイツブリ、カワウ、アオサギ、コサギ／ハクセキレイ、カラスsp、ヒヨドリ、トビ、スズメ、キジバト、カワラヒワ、メジロ

水辺の鳥19種　山野の鳥7種

キンクロハジロ
©T. Taniguchi

コチドリ
©T. Taniguchi

オオバン
©T. Taniguchi

1996年1月～12月

新鳥種合計1種
水辺の鳥1種　山野の鳥0
観察地合計　26箇所
東京都内13箇所（東京港野鳥公園8回、葛西臨海公園3回、なぎさ公園1回、吉野梅園1回）
東京都外13箇所（甲斐大泉9回（八千穂1回を含む）、三番瀬1回、銚子1回、勝浦・尾鷲1回、高知・臼杵1回）

1月4日（木）快晴　銚子
東京発特急～銚子12：30着
吉野家泊
銚子港　ウミネコ、オオセグロカモメ、セグロカモメ、ユリカモメ、**シロカモメ**
千人塚　カルガモ、カンムリカイツブリ

1月5日（金）快晴　銚子
銚子の宿　ムクドリ、ウミウ、鴎類、鴨類多数
千人塚　ハクセキレイ、ヒヨドリ、メジロ／**アカエリカイツブリ**、ウミウ、シノリガモ
漁船出初式
第二市場への道　セグロカモメ、オオセグロカモメ
第一市場への道　ユリカモメ、ウミネコ／スズメ多数
犬吠埼・灯台付近　ツグミ、イソヒヨドリ、ヒヨドリ、メジロ、ハクセキレイ／ウミウ
銚子合計
水辺の鳥9種　山野の鳥8種

1月22日（月）曇時々晴
葛西臨海公園10：40駅着～14：01発
鳥類園　ヒヨドリ、カワラヒワ、ハクセキレイ／カルガモ、ホシハジロ、コガモ、マガモ、オナガガモ、ヒドリガモ、ハシビロガモ、キンクロハジロ、カイツブリ、コサギ、**クロツラヘラサギ**（サギというもトキ科）
東側潮入りの池　オカヨシガモ、オオバン、コガモ、ユリカモメ
なぎさ側　スズガモ多数、ヒドリガモ、オナガガモ／ハクセキレイ、タヒバリ、アオジ、オオジュリン、オナガ、メジロ、ヒバリ、スズメ、カラスsp
観察舎　コガモ、ウミネコ、セイタカシギ、ダイサギ、コサギ、アオサギ／カワラヒワ、ムクドリ、キジバト、カラスsp
クリスタルビュー　ユリカモメ、アオサギ、カワウ
水辺の鳥18種　山野の鳥11種

1月28日（金）快晴　なぎさ公園（大井ふ頭中央海浜公園なぎさの森）

12：15着タクシー～14：01発バス

なぎさ観察舎　ユリカモメ、セグロカモメ、カワウ、アオサギ、スズガモ、オナガガモ、コガモ、ヒドリガモ、カルガモ／ハクセキレイ、モズ、カラスsp

池周辺　ウグイス、ヒヨドリ、ムクドリ、ツグミ、オナガ、メジロ、シジュウカラ、メジロ、スズメ

観察壁・運河　ユリカモメ、セグロカモメ、カワウ、ハシビロガモ、ヒドリガモ、シギ、イソシギ、オオバン、カイツブリ、コサギ10、ダイサギ、コチドリ／オナガ、ヒヨドリ

水辺の鳥9種　山野の鳥11種

2月6日（火）東京港野鳥公園

12：40着～14：45発バス

中央埠頭海浜公園　ヒヨドリ、メジロ、シジュウカラ、カラスsp、キジバト

なぎさ公園　イソシギ

野鳥公園　なぎさ公園から30分歩く

淡水池　ホシハジロ、キンクロハジロ、ハシビロガモ、コガモ、ユリカモメ、カワウ、カルガモ、ユリカモメ、ウミネコ／カラスsp

潮入りの池　ユリカモメ多数、タシギ、コサギ、セグロカモメ、カルガモ、オオバン、バン、カイツブリ

生態園　キジバト、ヒヨドリ、ウグイス、トビ、ハヤブサ／カルガモ、ホシハジロ、シジュウカラ、メジロ、スズメ、カラスsp

水辺の鳥13種　山野の鳥13種

2月15日（木）晴　水辺の水鳥と公園の観察会　公園協会に市川君

両国発10：40～隅田川・東京港～葛西公園11：20着

ユリカモメ、スズガモ、ホシハジロ、カワウ、ハマシギ

葛西臨海公園　スズガモ、ホシハジロ、キンクロハジロ、ヒドリガモ、オオバン、コガモ、ハシビロガモ、ダイサギ、カイツブリ、ヒドリガモ、オナガガモ、ハジロカイツブリ、カンムリカイツブリ

水辺の鳥17種　山野の鳥5種

ハジロカイツブリ
©T. Taniguchi

2月24日（土）船橋海浜公園

鷹上昇薄雲過ぎる二度三度

（「寒雷」96年6月）

2月29日（木）海の科学館

3月6日（水）快晴　暖かし

大井野鳥公園　11：50着タクシー

淡水池　モズ（いそしぎ橋）、カラスsp、トビ／ホシハジロ、キンクロハジロ、オナガガモ、ハシビロガモ

潮入りの池　オオバン、ユリカモメ、スズガモ、カイツブリ、カワウ、ツグミ、ムクドリ

自然生態園

第一小屋　キジバト、ヒヨドリ、ムクドリ、ツグミ、アオジ、カワラヒワ／カルガモ、ホシハジロ

第二小屋　キンクロハジロ、ホシハジロ、コガモ、マガモ、ハシビロガモ、オナガガモ、アオサギ／ウグイス、ムクドリ、メジロ、カワラヒワ、モズ

水辺の鳥13種　山野の鳥13種

3月15日（金）雨　吉野梅園行

都観光連盟　皇居の濠　カイツブリ、キンクロハジロ、ハシビロガモ、カワウ

秋川　カワウ

吉川英治記念館

吉野梅園　ホオジロ、ヒヨドリ、スズメ

沢井酒造　カワセミ

水辺の鳥5種　山野の鳥4種

3月20日（水）紀伊勝浦行

東京～名古屋～勝浦　薄曇

勝浦国民休暇村泊

勝浦　カイツブリ、大カモメ類

国民休暇村　トビ、カラスsp、キジバト、ムクドリ

3月21日（木）紀伊勝浦・新宮～尾鷲　尾鷲・錦水荘泊

朝の散歩　ツグミ、トビ、ウグイス、メジロ、ムクドリ、ハシボソカラス、キジバト、ヒヨドリ、スズメ、シジュウカラ

新宮　ヒヨドリ、ムクドリ、カワラヒワ

熊野川河原　ヒドリガモ／トビ、カワラヒワ、メジロ、スズメ、イソヒヨドリ

新宮～尾鷲

潮干狩り　ウミネコ、アオサギ、コサギ、コチドリ、ウミウ／ハクセキレイ、トビ、ウグイス、ツバメ、キジバト

3月22日（木）尾鷲　錦水荘泊

尾鷲魚市場　アオサギ、ウミネコ、コサギ、ゴイサギ

勝浦尾鷲行合計

水辺の鳥10種　山野の鳥15種

3月28日（木）甲斐大泉行

一之君の車で21・30着

3月29日（金）甲斐大泉

朝6時散歩　エナガ、コガラ、アカゲラ、シジュウカラ、ヤマガラ、ハシブトカラス、ホオジロ、アカショウビン（声）

三分一湧水　イカルの群、シジュウカラ

水車小屋・水車　ツグミ、ノスリ

八ヶ岳高原・美しの森展望台　コガラ

清里の森・芝生広場　ノスリ、ハシブト

カラス、ヒガラ、シジュウカラ、アカゲラ

夕方の散歩　エナガ、コガラ、ヒガラ、シジュウカラ、アカゲラ

ノスリ
©T. Taniguchi

3月30日（土）雨　甲斐大泉

朝　アカゲラのドラミング、エナガ、コガラ、**ゴジュウカラ**、ウグイス、カワラヒワの群

湧水の近く　**アカゲラ**、コガラ、ヒガラ、シジュウカラ

坂上の集落　シジュウカラ、アカゲラ、エナガ

ジャングルポケットの前　コガラ、ヒガラ、シジュウカラ、エナガ

柳生の林　カケス

木の芽雨透して啄木鳥(けら)のドラミング

（「寒雷」96年7月以降加藤瑠璃子氏選）

甲斐大泉3日間合計

山野の鳥14種

4月8日（月）

山本英氏（役所の上司）葬儀

4月12日（金）

鶫が列に街かぎろいて元洲崎

（「寒雷」96年8月）

4月19日（金）東京港野鳥公園

渋滞11時過ぎ着〜13：23発

淡水池　イワツバメ、カラスsp、ヒヨドリ、ツグミ、キジバト、スズメ／コガモ、ハシビロガモ、ホシハジロ、カルガモ、ダイサギ、オオバン、**クイナ**、ウミネコ、ユリカモメ、バン

潮入りの池　カワウ、ウミネコ、オオバン、セイタカシギ、コチドリ、ダイサギ／ハクセキレイ、シジュウカラ、ムクドリ、カワラヒワ

観察小屋　カイツブリ、カルガモ、コサギ、オオバン

水辺の鳥11種　山野の鳥10種

シジュウカラ
©T. Taniguchi

4月29日（休・緑の日）

東京港野鳥公園　10時着

淡水池　イワツバメ、カラスsp、ヒヨドリ、ツグミ、キジバト、スズメ、シジュウカラ、メジロ、カワラヒワ、スズメ、カラスsp、セッカ／カルガモ、ハシビロガモ、ホシハジロ、セイタカシギ、オオバン、キンクロハジロ、オカヨシガモ、ダイサギ、コサギ、カモメ

潮入り池　カワウ、**チュウシャクシギ**14、

コチドリ、ホシハジロ、ダイサギ、チュウサギ、アオサギ

第二小屋　キアシシギ、イソシギ、ウミネコ、オオバン、カイツブリ、チュウシャクシギ、メダイチドリ、セイタカシギ

水辺の鳥23種　山野の鳥11種

5月3日（金・休）甲斐大泉行

5月4日（土）甲斐大泉

朝6：30出発　アカゲラ、ウグイス、ミソサザイ、イカル、キビタキ

井富湖　**ゴジュウカラ**、ウグイス

ゴジュウカラ
©T. Taniguchi

湧水・養魚　ケラの声、カワラヒワ、コガラ、ウグイス、カラ類の声、シジュウカラ、ホオジロ、ケラ類

柳生への道　**アオゲラ**、アカゲラ

庭　アカハラ

長坂へ平井さんの車、桜満開

スーパーの裏　オナガ

街　ツバメ

みどり湖　カナダガン来ているの噂

シジュウカラガン、カイツブリ／キセキレイ、ヒヨドリ

卵五個蛇出て水鳥不在なり

（「寒雷」96年8月）

夕方、湧水付近分譲地　ウグイス、アカハラ、ツグミ類、**マミジロ**、カワラヒワ、アカハラ、アカゲラ、クロツグミ、ヤマガラ

5月5日（金）甲斐大泉　雨後晴

分譲地付近　アオジ

ひとりしずかの花

白旗神社へ　甲川の橋　クロツグミ、カラ類、ウグイス、キジ、ムクドリ、キセキレイ、ウグイス、スズメ、アカハラ

クレソン取りに行き蛇が出た

大泉合計

水辺の鳥1種　山野の鳥29種

5月14日（火）東京港野鳥公園

淡水池　シジュウカラ、ツバメ、イワツバメ、セッカ、オオヨシキリ、ヒヨドリ／バン、オオバン、セグロカモメ、ホシハジロ、キンクロハジロ、カルガモ、コサギ、ダイサギ

潮入りの池　アオアシシギ、カワウ、キアシシギ、チュウシャクシギ、トウネン、シロチドリ、コチドリ、メダイチドリ、イソシギ、ハマシギ、ダイサギ、アオサギ、コアジサシ、カイツブリ、カルガモ／ツグミ、カワラヒワ、スズメ、カラスsp

第二小屋　キアシシギ、メダイチドリ、シロチドリ、チュウシャクシギ、キョウジウョシギ、カワウ、ウミネコ、キアシシギ、コチドリ、コアジサシ

水辺の鳥24種　山野の鳥11種

5月17日（金）甲斐大泉行
甲府美術館・文学館

ホトトギス
©T. Taniguchi

5月18日（土）甲斐大泉
隣の庭　アカゲラ、**カッコウ**、**ホトトギス**
家の林　**クロツグミ**
井富湖周辺　ウグイス、ケラ類、メジロ、シジュウカラ、コガラ、ヒガラ、ゴジュウカラ、アオジ、コゲラ、カケス、アオゲラ、アカハラ

5月19日（日）甲斐大泉
朝5：50～の山荘周辺　カッコウ、アカゲラ、ウグイス、ホトトギス、アオジ、ヒヨドリ、コガラ、キジバト、シジュウカラ
小栗鼠
朝の井富湖　カイツブリ
6：20～　キジバト、ヒヨドリ、クロツグミ、**キビタキ**、メジロ、コガラ、カッコウ、シジュウカラ、アカハラ、アオジ、ケラ類、アカゲラ、センダイムシクイ、ウグイス、コゲラ、**アオバト**

ヒガラ
©T. Taniguchi

アオバト
©T. Taniguchi

郭公に庭師うなずき向き直る
（「寒雷」96年9月）
山霧の栗鼠ものを食むしぐさせり
（「寒雷」96年9月）

17日～19日甲斐大泉行合計
山野の鳥21種

6月8日（木）曇後雨　甲斐大泉
梅雨入り　蓮華つつじ咲く。
大泉駅前　ツバメ、ホトトギス、ウグイス、シジュウカラ、カッコウ、カケス
山荘の庭　アカハラ、コガラ、ウソ、キジバト、カラスsp
前の林　イカル、キビタキ、シジュウカラ、アカハラ、ホトトギス、アオジ、カッコウ、コジュケイ
井富湖　ウグイス、メジロ、**コルリ**、カッコウ、ヒヨドリ、アオジ、クロツグミ
八ヶ岳ビレッジ　アカゲラ
一人静の丘　ホトトギス、キジバト、カワラヒワ

6月9日（金）曇　雨　甲斐大泉

蓮華つつじ咲く。

朝の山荘　4：30　アカハラ（繁子聞く）

山荘付近（6：00～）カッコウ、ホトトギス、アカハラ、コルリ、キジバト、ウグイス、ヒヨドリ、クロツグミ、カケス、カラスsp、アカゲラ、スズメ、シジュウカラ

植木師の苗圃でいたどりの
花咲くを聞き

6月8日～9日甲斐大泉合計
山野の鳥14種

7月10日（日）雨　都留市・関戸邸

都留市で関戸氏宅に招待され根付、印籠拝見。

梅雨闇のルーペに生きて猿親子
（「寒雷」96年10月）

梅雨闇の安珍見ゆる鐘の小穴
（「寒雷」96年10月）

7月15日（月）谷中墓参

7月20日（日）曇、雨　甲斐大泉行

古島夫妻と繁子と私

古島氏の車で9：00発、12：00談合坂　14：00山荘着

山荘付近　アカハラ、コルリ、キジバト、ウグイス、ヒヨドリ、クロツグミ、カラスsp、アカゲラ、スズメ、シジュウカラ

7月21日（日）雨　甲斐大泉

フシグロセンノウの花

山荘付近　ヒガラ、コガラ、アカハラ、コルリ

井富湖　アオバト、キビタキ、ウグイス、カラスsp、ケラ類、キジバト、カケス、メジロ、シジュウカラ

7月20日・21日甲斐大泉合計
山野の鳥24種

フシグロセンノウ

8月5日（月）晴　甲斐大泉行

蜩よく鳴く。

山荘付近　ウグイス、キジバト、ヒヨドリ、カラスsp、シジュウカラ

井富湖　キセキレイ、クロツグミ、ヒヨドリ

一人静の丘にふしぐろせんのうの花あちこちに咲く。

採りし後日暮れのせんのう
そちこちに

8月6日（火）八千穂行

水沢夫妻訪問　12：30過ぎ八千穂駅

水沢氏の山荘　きのこ料理

駅の迎えから大竹林道へ　水沢氏の車

夜鷹いて子育て見たりと森の舎
（「寒雷」96年11月）

大岳林道へ　ウグイス、メボソムシクイ、コルリ、ツバメ

7：20大泉駅で帰京の水沢氏と別れる

8月7日（水）甲斐大泉

八千穂大泉行合計　山野の鳥12種

8月13日（火）晴　東京港野鳥公園

11時タクシー着～13：40発

葛の花咲き始め

東池　ムクドリ、セッカ、ムクドリ、カワウ、ダイサギ、アオサギ、カルガモ20＋、コチドリ、オオヨシキリ

センター池　カワウ、ダイサギ、カルガモ20＋、セイタカシギ、オオバン、コサギ、キアシシギ、メダイチドリ、ソリハシシギ、イソシギ、ウミネコ、キョウジョシギ、ムナグロ／ハクセキレイ、オナガ、ツバメ、カワラヒワ、スズメ、カラスｓｐ

観測小屋　メダイチドリ、コチドリ、キアシシギ、ムナグロ、ソリハシシギ、キョウジョシギ、コサギ

鷸鳴いてシャッター
切る音のみの小屋
（「寒雷」96年11月）

まだ匂ふと言ふとき別の葛の花
（「寒雷」96年12月）

頸振り合うメダイチドリ
二羽漁りだす
（「寒雷」96年12月）

水辺の鳥15種　山野の鳥11種

8月18日（日）甲斐大泉行

8月19日（月）甲斐大泉

山荘付近朝7：00少し前～　キジバト、ケラ類、エナガ、カラ類、カケス

井富湖　カラ類、メジロ、カケス、アカハラ、エナガ群、ヤマガラ

カケス目立つ日

大開上から　アカハラ、ツバメ、アオジ、クロジ、アカゲラ、ヒヨドリ

一人静の丘を下まで降りて向かいの丘へ渡れる道を見つけた

8月20日（火）甲斐大泉

山荘付近　カケス

鳶の笛懸巣に今度は騙されず
（「寒雷」96年12月）

大泉18・19・20日合計
山野の鳥18種

8月27日（月）東京港野鳥公園

10：20着タクシー～12：58発バス

シギを観に朝でかける

葛の花ドロップの香り

センター池　オオソリハシシギ、セイタカ

シギ、キアシシギ、アオアシシギ、ムナグロ、メダイチドリ、シロチドリ、カルガモ、カワウ、ダイサギ、アオサギ、コサギ

淡水池　ダイサギ、アオサギ、コサギ、カルガモ／ハシブトガラス

第二小屋　キョウジョシギ、ソリハシシギ、キアシシギ、ムナグロ、オオソリハシシギ、イソシギ、メダイチドリ、シロチドリ、コチドリ、セイタカシギ

第一小屋　ムナグロ、メダイチドリ、キアシシギ、カワウ／キジバト、スズメ、ハクセキレイ、セッカ、ツバメ、カラスsp

水辺の鳥19種　山野の鳥6種

9月13日（月）東京港野鳥公園

11：50タクシー着〜14：20発

淡水池　カルガモ多数、コサギ、カイツブリ、バン、コサギ、ダイサギ、アオサギ／カラスsp、ヒバリ、ハクセキレイ、セッカ

センター池　ムナグロ、キアシシギ、メダイチドリ、コチドリ、セイタカシギ、オオバン、オオソリハシシギ10、オグロシギ10+15、アオサギ、コサギ、ダイサギ、カワウ／スズメ

第二小屋　セイタカシギ、メダイチドリ、コチドリ、コサギ、トウネン

第一小屋　ソリハシシギ、セイタカシギ、イソシギ、ウミネコ、カワウ、カルガモ

水辺の鳥19種　山野の鳥6種

9月15日（日）甲斐大泉行

みどり池　カイツブリ、鴨類

9月16日（月）甲斐大泉行

朝の散歩　ケラ類、メジロ、ヒヨドリ、ゴジュウカラ、ヤマガラ、シジュウカラ、エナガ、カケス、カラ類

天狗茸の大2個

井富湖　カイツブリ／キジバト、カラスsp

栗落ちていた

大泉9月15〜16日合計

水辺の鳥2種　山野の鳥10種

10月19日　葛西臨海公園

12：30駅着

鳥類園　ハクセキレイ、スズメ、カワセミ、ミサゴ／アオアシシギ、カルガモ、カイツブリ、オオバン、ダイサギ

海・池　ウミネコ、カルガモ、カイツブリ、オオバン、アオアシシギ、セイタカシギ、アオサギ、コサギ、ダイサギ、カルガモ、コガモ、バン、ハシビロガモ、カワウ／ヒヨドリ、カラスsp、モズ、ムクドリ

水辺の鳥13種　山野の鳥9種

11月2日（土）犬山行き

叔母葬儀　葬儀後大泉へ

名古屋〜塩尻〜小淵沢〜大泉

11月3日（日）甲斐大泉

犬山から名古屋、中央線で大泉へ

木曽の天高く夕鵟群舞へり

（「寒雷」97年2月）

初冬のオリオン高原の天頂へ

（「寒雷」97年2月）

11月4日（月）

甲斐大泉山荘より帰る

甲斐去るか野へ行くか鵯（ひよ）ら尾根越える

（「寒雷」97年3月）

犬山・大泉合計

山野の鳥1種

12月12日（金）曇　甲斐大泉行

井富湖周辺　カラスsp、ホオジロ、セグロセキレイ、アカゲラ

12月13日（金）甲斐大泉行

山荘周辺　ヤマガラ、コガラ、エナガ、カワラヒワ、カラスsp、アカゲラ カラスsp

井富湖周辺　ゴジュウカラ、ホオジロ、ツグミ、カケス、ヤマガラ、ツグミ

長坂駅へ　シジュウカラ、ホオジロ、スズメ、ヒヨドリ、メジロ、ツグミ

12月13日（土）甲斐大泉

甲斐大泉12月12、13日合計

山野の鳥16種

12月18日（水）羽田〜高知空港

高知駅〜中村〜宿毛

12月19日（木）宿毛〜船〜佐伯

12月20日（金）佐伯〜臼杵〜大分〜

佐伯市富杵荘泊

磨崖佛山に冬至の日が在す

（「寒雷」97年4月）

12月27日（金）上野不忍池

谷中墓参

不忍池・動物園

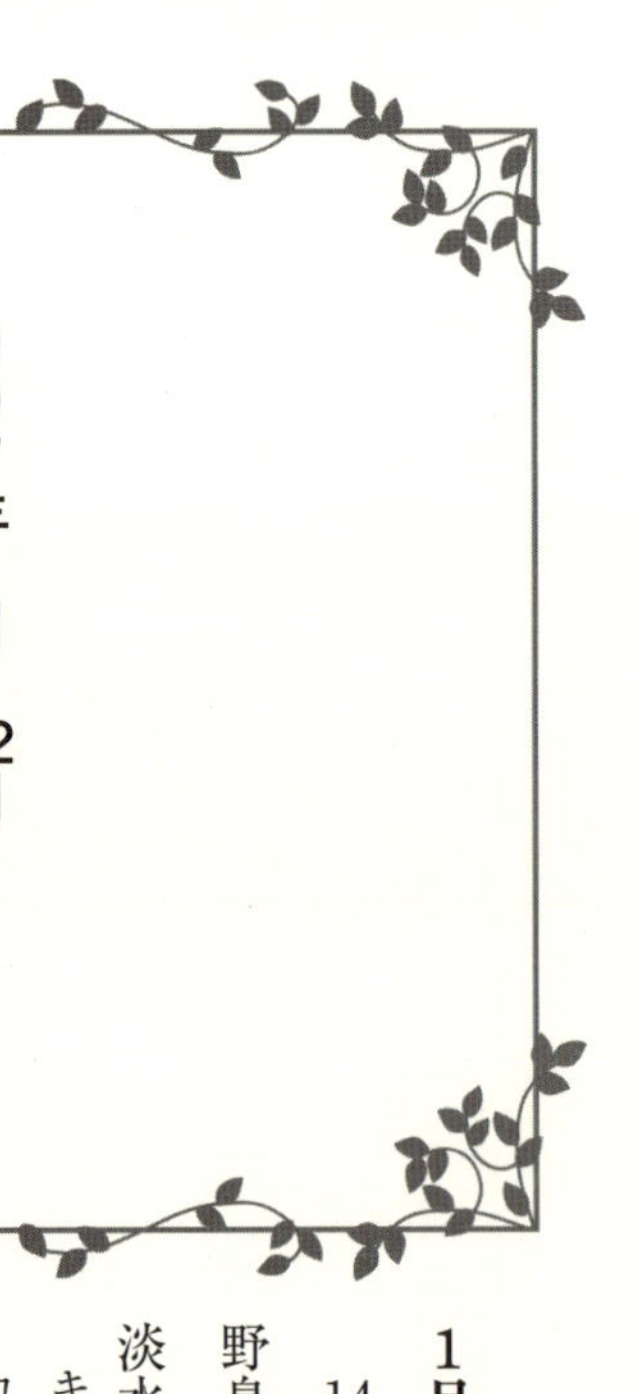

1997年1月〜12月

新鳥種合計10種

　水辺の鳥0　山野の鳥10種

観察地合計　32箇所

東京都内18箇所（野鳥公園11回、葛西臨海公園3回、不忍池3回、白金自然教育園1回）

東京都外14箇所（大泉9回、三番瀬2回、紀伊1回、谷津干潟1回、平泉・大船渡1回）

1月10日（金）東京港野鳥公園

　14：44発バス

野鳥公園

淡水池　ユリカモメ100+、ホシハジロ、キンクロハジロ、ハシビロガモ、オオバン、コガモ、ホシハジロ、カルガモ、オカヨシガモ、アオサギ、カイツブリ／ハシブトガラス、ジョウビタキ、トビ

潮入りの池　ユリカモメ、セイタカシギ10、コサギ、カルガモ、ヒドリガモ、コガモ、オナガガモ、カイツブリ／ヒヨドリ、キジバト、メジロ、シジュウカラ

第二小屋　ウミネコ、タシギ、ユリカモメ／オオジュリン

自然生態園　カラスsp、ジョウビタキ、ハクセキレイ、**チュウヒ**、ユリカモメ

水辺の鳥17種　山野の鳥13種

1月12日（日）東京港野鳥公園

石松さんと野鳥公園　11時大森発バス

淡水池　ホシハジロ、キンクロハジロ、ハジロガモ、オナガガモ、コガモ、カイツブリ、オオバン、アオサギ

潮入りの池　セイタカシギ、オオバン、カイツブリ、ヒドリガモ、カルガモ、ウミネコ、セグロカモメ／カワセミ

潮入りめぐり探鳥会　コガモ、ヒドリガモ、カイツブリ／トビ、カワセミ、カラスsp、ムクドリ、アカハラ

水辺の鳥18種　山野の鳥12種

1月31日（金）船橋海浜公園

沖は鴨、渚は鷸満ち三番瀬

（「寒雷」87年5月）

ミヤコドリ漁るよ潮引く三番瀬

（「寒雷」87年5月）

2月7日（金）内川河口

鳥類園　ヒヨドリ、カワラヒワ、ハクセキレイ／カルガモ、ホシハジロ、コガモ、マガモ、オナガガモ、ヒドリガモ、ハシビロガモ、キンクロハジロ、カイツブリ、コサギ、**クロツラヘラサギ**

水辺の鳥20種　山野の鳥5種

2月19日（水）葛西臨海公園

葛西臨海公園

なぎさ観察舎　ユリカモメ、セグロカモメ、カワウ、アオサギ、スズガモ、オナガガモ、コガモ、ヒドリガモ、カルガモ／ハクセキレイ、モズ、カラスsp

野鳥公園　なぎさ公園から歩く

淡水池　ホシハジロ、キンクロハジロ、ハシビロガモ、コガモ、ユリカモメ、カワウ、カルガモ、ユリカモメ、ウミネコ／カラスsp

水辺の鳥16種　山野の鳥3種

2月24日（月）船橋海浜公園

3月6日（木）大井野鳥公園

暖かし

淡水池　モズ、カラスsp、トビ／ホシハジロ、キンクロハジロ、オナガガモ、ハシビロガモ

潮入りの池　オオバン、ユリカモメ、スズガモ、カイツブリ、カワウ／ツグミ、ムクドリ

水辺の鳥10種　山野の鳥5種

3月12日（水）目黒自然教育園　晴

3月17日（月）秋川・青梅

皇居の濠　カイツブリ、キンクロハジロ、ハシビロガモ、カワウ

秋川　カワウ

吉川英治記念館

吉野梅園　ホオジロ、ヒヨドリ、スズメ

沢井酒造　カワセミ

3月21日（金）紀伊　休暇村泊

勝浦　トビ／カイツブリ

国民休暇村　トビ、カラスsp、大鴎、キジバト、ムクドリ

朝の散歩　ツグミ、トビ、ウグイス、メジロ、ムクドリ、ハシボソカラス、キジバト、ヒヨドリ、スズメ、シジュウカラ

新宮　ヒヨドリ、ムクドリ、カワラヒワ

3月25日（火）紀伊

尾鷲魚市場　アオサギ、ウミネコ、コサギ、ゴイサギ

3月29日（土）平泉・陸中南部行

東京〜一関〜（観光バス）11時発〜15：15

気仙沼大島　国民休暇村泊

中尊寺　カワラヒワ、カラスsp、カラ類

毛通寺（池）　ハクセキレイ、門付近　カワラヒワ

達谷巌　ここへ来る門の橋下にハクチョウ

大船渡線・気仙沼　トビ、カラスsp、ハクセキレイ

気仙沼〜船〜大島　ウミネコ、ウミウ

3月30日（日）気仙沼・大船渡

気仙沼大島〜碁石海岸〜大船渡

朝6：00散歩　エナガ、コガラ、アカゲラ、シジュウカラ、ヤマガラ、ハシブトカラス、ホオジロ、**アカショウビン**／ウミネコ、ユ

リカモメ、バン

8：30〜　タクシー〜見山　カラ類、奥の展望所でウソ6の群

港10：00発　ウミネコ　島の鷽

碁石海岸　オオセグロカモメ／ハクセキレイ

鳥の鷽知らずや渡船に海猫縦いて

（「寒雷」97年7月）

3月31日（月）大船渡〜一関〜平泉

朝の大船渡散歩　7：00〜7：30みなと公園付近　ウミネコ、ハクセキレイ、カラ類、ツグミ、カラス（ブトとボソ）

大船渡〜一関〜平泉

義経塚　ツグミ、カワラヒワ、ヤマガラ、コガラ

北上川が見える展望所　トビ

無畢院跡　カワラヒワ、カラ類、カラスsp

柳御所跡　アオサギ、ハクセキレイ、カルガモ、北上川

今日か明日か白鳥引くと惜しむ街

平泉・大船渡合計

水辺の鳥4種　山野の鳥17種

4月11日（金）甲斐大泉行

朝　アカゲラのドラミング、エナガ、コガラ、ゴジュウカラ、ウグイス、カワラヒワの群

湧水の近く　アカゲラ、コガラ、ヒガラ、シジュウカラ

坂上の集落　シジュウカラ、アカゲラ、エナガ

ジャングルポケットの前　コガラ、ヒガラ、シジュウカラ、エナガ

柳生の林　カケス

山野の鳥11種

4月20日（日）東京港野鳥公園

淡水池　イワツバメ、カラスsp、ヒヨドリ、ツグミ、キジバト、スズメ／コガモ、ハシビロガモ、ホシハジロ、カルガモ、ダイサギ、オオバン、クイナ

水辺の鳥7種　山野の鳥6種

5月3日（土）甲斐大泉　雨後晴

分譲地付近　アオジ

ひとりしずかの花

白旗神社へ　甲川の橋　クロツグミ、カラ類、ウグイス、キジ、ムクドリ、キセキレイ、ウグイス、スズメ

クレソン取りに行き蛇出る　アカハラ

山野の鳥10種

ひとりしずかの花

5月18日（日）甲斐大泉行

隣の庭　アカゲラ、カッコウ、ホトトギス

家の林　クロツグミ

井富湖周辺　ウグイス、ケラ類、メジロ、シジュウカラ、コガラ、ヒガラ、ゴジュウ

カラ、アオジ、コゲラ、カケス、**アオゲラ**、
アカハラ
山荘周辺　**カッコウ**、アカゲラ、ウグイス、
ホトトギス、アオジ、ヒヨドリ、コガラ、
キジバト、シジュウカラ、小栗鼠
井富湖　カイツブリ／キジバト、ヒヨドリ、
クロツグミ、キビタキ、メジロ、コガラ、
カッコウ、シジュウカラ、アカハラ、アオ
ジ、ケラ類、アカゲラ、センダイムシクイ、
ウグイス、コゲラ、アオバト

5月19日（月）甲斐大泉行

大泉駅前　ツバメ、**ホトトギス**、ウグイス、
シジュウカラ、カッコウ、カケス
山荘の庭　アカハラ、コガラ、**ウソ**、キジ
バト、カラスsp
大泉18・19日合計
水辺の鳥1種　山野の鳥20種

6月8日（日）甲斐大泉行

山荘付近　**カッコウ**、**ホトトギス**、アカハ
ラ、**コルリ**、キジバト、ウグイス、ヒヨド
リ、クロツグミ、カケス、カラスsp、ア
カゲラ、スズメ、シジュウカラ
まきば公園

植木師の苗圃でいたどりの
　花咲くを聞き

山野の鳥13種

7月19日（土）東京港野鳥公園

淡水池　シジュウカラ、ツバメ、イワツバ
メ、セッカ、オオヨシキリ、ヒヨドリ／バ
ン、オオバン、セグロカモメ、ホシハジロ、
キンクロハジロ、カルガモ、コサギ
水辺の鳥7種　山野の鳥6種

7月23日（水）甲斐大泉行　晴小雨

　蜩聞く
中央線沿線　カイツブリ
駅からの道　オナガ、ヤマガラ、ヒガラ、
シジュウカラ、ケラ類、ヒヨドリ
山荘周辺　**ホトトギス**、**クロツグミ**、キジ
バト、ヒヨドリ、キビタキ、ウグイス、キ
ジバト
別荘地　ウグイス、ホトトギス、**カッコウ**、
カワラヒワ、メジロ

7月24日（木）甲斐大泉行　晴

清里スキー場　アオジ、ヒガラ、コガラ、
ビンズイ、カッコウ、ホトトギス、ウグイ
ス、ツバメ、イワツバメ
大泉23・24日合計
水辺の鳥1種　山野の鳥19種

8月4日（月）曇　東京港野鳥公園

行く途中　ツバメ
淡水池　アオサギ15、ダイサギ30、カルガ
モ20、ハクセキレイ、スズメ
潮入りの池　カワウ50、セイタカシギ10、
ウミネコ20、オオバン、カイツブリ、キア
シシギ、コチドリ、ダイサギ、コサギ、カ
ルガモ
第二小屋　ムクドリ大群、ウミネコ、コチ
ドリ、ダイサギ、コサギ、オオバン、カル
ガモ、セイタカシギ／カラスsp、ヒヨド
リ
水辺の鳥12種　山野の鳥5種

悼むY先生
百合に埋まり小ささ死顔美しき

8月7日（木）水沢夫妻訪問
新宿～茅野～バス～麦草11・30着
白駒池～八千穂駅（水沢夫妻）～大泉
行く途中　ツバメ
麦草ヒュッテ　ウグイス、メボソムシクイ
白駒池　メボソムシクイ、ノスリ、ルリビタキ、ヤマガラ、ヒガラ、コガラ／カルガモ
18：00大泉駅　キビタキ
蜩・くまぜみの声

声の主水漬く枯木に瑠璃鶲
（「寒雷」97年11月）

目細鳴き倒木の苔みな逞し
（「寒雷」97年11月）

森暁夏啄木鳥の子の木突く音
（「寒雷」97年12月）

8月8日（金）甲斐大泉
大泉駅　オナガ
八千穂・大泉合計
水辺の鳥1種　山野の鳥10種

8月16日（土）東京港野鳥公園　曇
淡水池　ダイサギ20、アオサギ15、カルガモ30、オオバン、オグロシギ、イソシギ、コガモ／オナガ、ツバメ
潮入りの池　キアシシギ、オバシギ、セイタカシギ、ダイサギ、コサギ、アオサギ、オオバン、カワウ、コチドリ、ムナグロ、ウミネコ
第一小屋　ムナグロ、メダイチドリ、セイタカシギ、ウミネコ、カワウ、キアシシギ、アオサギ、コサギ／ムクドリ、ハクセキレイ
第二小屋　メダイチドリ、キアシシギ、セイタカシギ、ソリハシシギ、イソシギ、キョウジョシギ、ムナグロ、メダイチドリ、コチドリ、コサギ、チュウシャクシギ
水辺の鳥2種　山野の鳥24種

8月23日（土）東京港野鳥公園
薄曇夜大雨
淡水池　アオサギ、ダイサギ、カルガモ、セイタカシギ、エリマキシギ、オグロシギバン／カワラヒワ、ハクセキレイ、カラスsp、スズメ、ヒヨドリ、オナガ
潮入りの池　キアシシギ、メダイチドリ、ムナグロ、ウミネコ、ダイサギ、カワウ、セイタカシギ、オオバン、カルガモ、イソシギ
第二小屋　キアシシギ、ウミネコ、ムナグロ、オオソリハシシギ、キョウジョシギ、ソリハシシギ
水辺の鳥17種　山野の鳥6種

8月27日（水）甲斐大泉行
長坂駅～バス～泉温泉
泉温泉～役場～歴史民族資料館～バス
ツバメ、トビ

8月28日（木）甲斐大泉
山荘・井富湖付近　トビ、アオゲラ、コ

ゲラ、コガラ、シジュウカラ、カケス、キビタキ、カラスsp
大泉2日間合計
山野の鳥11種

9月5日（金）東京港野鳥公園　晴
きくいも花盛り葛咲き出す
淡水池　カルガモ、コサギ、ダイサギ、セイタカシギ、アオサギ、オオバン、カイツブリ／カラスsp、キジバト、ツバメ、ハクセキレイ、スズメ、ムクドリ
センター池　セイタカシギ、キアシシギ、カワウ、カルガモ、ダイサギ、アオサギ、コサギ、ソリハシシギ、オグロシギ、メダイチドリ、オオソリハシシギ
第二観測小屋　イソシギ、ウミネコ、セイタカシギ、ダイサギ、コサギ、ソリハシシギ、キアシシギ、アオサギ、カワウ
水辺の鳥20種　山野の鳥6種

9月19日（金）晴　東京港野鳥公園
淡水池　ダイサギ、アオサギ、カルガモ、コサギ／キジバト、ハクセキレイ、スズメ、カラスsp
潮入りの池　カワウ、ダイサギ、コサギ、セイタカシギ12、ソリハシシギ、オグロシギ、キアシシギ、メダイチドリ、オオソリハシシギ
第二小屋　イソシギ、ウミネコ、セイタカシギ、コサギ、オオバン、カワウ
水辺の鳥13種　山野の鳥4種

9月28日（日）甲斐大泉行　晴
甲府　カラスsp、スズメ
井富湖付近　キセキレイ、アカゲラ

9月29日（月）甲斐大泉
山荘付近　ゴジュウカラ、カラ類、カケス、カワラヒワ
大泉28・29日合計
山野の鳥7種

10月12日（日）甲斐大泉　快晴
井富湖　カラスsp、ヒヨドリ、ゴジュウカラ、カラ類、トビ、アカゲラ

10月13日（月）甲斐大泉　快晴
井富湖　カラスsp、ヒヨドリ、ゴジュウカラ、カラ類、トビ、キジバト
大泉12・13日合計
山野の鳥9種

11月3日（月・休）甲斐大泉　快晴
清里・美しの森　ノスリ、ヤマガラ、シジュウカラ、コガラ、ゴジュウカラ、スズメ、カラスsp
大泉・山荘　シジュウカラ、コガラ

11月4日（火）甲斐大泉　快晴
山荘付近・井富湖　カラ類、ヒヨドリ、カワラヒワ、カケス、ホオジロ、シジュウカラ、コガラ、ゴジュウカラ、シメ、アカゲラ、カラスsp、キジバト、ウグイス、トビ

帰り車中　カルガモ
大泉2日間合計
山野の鳥16種

11月24日（月・休）晴　東京港野鳥公園

公園芝生　チュウヒ、トビ、スズメ、メジロ、キジバト
淡水池　ハシビロガモ、コガモ、ホシハジロ、オナガガモ、カルガモ、キンクロハジロ、オカヨシガモ、ヒドリガモ、オオバン、バン、カイツブリ、ダイサギ、コサギ、アオサギ／ハクセキレイ、ヒヨドリ、カラスsp、ウグイス
潮入りの池　アオアシシギ、ハマシギ18、ダイサギ、コサギ、カワウ、ヒドリガモ、カルガモ、オナガガモ、セイタカシギ
第二小屋　ヒドリガモ、イソシギ、アオサギ、ダイサギ、コサギ、オグロシギ、セグロカモメ
水辺の鳥17種　山野の鳥4種

12月12日（金）墓参・不忍池

不忍池・弁天堂付近　オナガガモ、キンクロハジロ、ホシハジロ、マガモ、カルガモ、ヒドリガモ、ハシビロガモ、ユリカモメ、カワウ、カイツブリ／カラスsp、スズメ、ヒヨドリ、ムクドリ、カワラヒワ、ハクセキレイ
水辺の鳥10種　山野の鳥6種

12月14日（日）船橋海浜公園・三番瀬

浜　ハマシギ、ダイゼン、シロチドリ、スズガモ、カルガモ、ハシビロガモ、**ミヤコドリ13**、**ユリカモメ鳥柱**／スズメ、カラスsp、ヒヨドリ、ムクドリ、カワラヒワ、ハクセキレイ
堤防　オナガガモ、ヒドリガモ、**スズガモ大群**、ハマシギ群、ミヤコドリ、カワウ、ハジロカイツブリ／ジョウビタキ
水辺の鳥14種　山野の鳥1種

ミヤコドリ観てきし同志数告げあう

M氏弔問
据え残せし巣箱と雪見障子より

12月21日（日）湖北行

東京～米原～長浜～バス～尾上
尾上泊
尾上　カイツブリ、カワウ、ダイサギ、コサギ、アオサギ、キンクロハジロ、スズガモ

ミヤコドリ
©T. Taniguchi

12月22日（月）余呉・加賀温泉・片野鴨池

湖北高月～タクシ～余呉湖

国民宿舎泊

余呉～敦賀～加賀温泉～大聖寺～タクシー～鴨池～タクシー～三谷

余呉湖　マガモ、カンムリカイツブリ、ヒドリガモ、オナガガモ、コガモ／トビ、ハクセキレイ、ヒヨドリ、ツグミ、ホオジロ、カワラヒワ

片野鴨池　**ガン**（**駅前**）、マガモ大群、**ヒシクイ300**、**コハクチョウ50**、**トモエガモ**、ヨシガモ、ミコアイサ、ホシハジロ、ハシビロガモ、キンクロハジロ、カワウ／ヒヨドリ、ウグイス、カラスsp

12月23日（火・休）鴨池

三谷泊～鴨池～大聖寺～米原～名古屋～東京

片野海岸

鴨池　コハクチョウ、ヒシクイ

湖北合計

水辺の鳥16種　山野の鳥9種

12月26日（金）不忍池

大西氏と

不忍池　オナガガモ、キンクロハジロ、ホシハジロ、ハシビロガモ、マガモ、ヒドリガモ、ユリカモメ多数、カワウ

水辺の鳥8種

マガモ
©T. Taniguchi

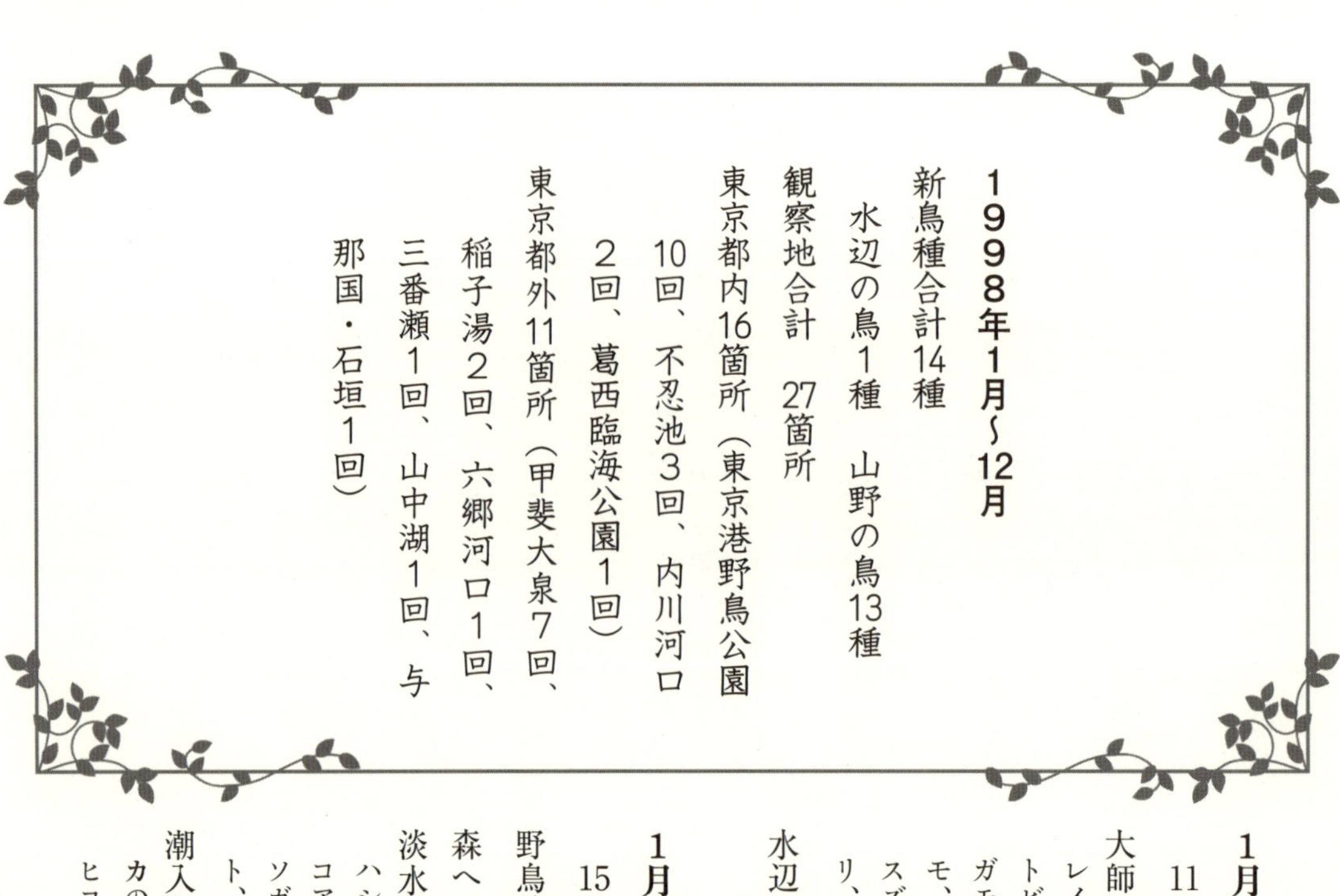

1998年1月〜12月

新鳥種合計14種

　水辺の鳥1種　山野の鳥13種

観察地合計　27箇所

東京都内16箇所（東京港野鳥公園10回、不忍池3回、内川河口2回、葛西臨海公園1回）

東京都外11箇所（甲斐大泉7回、稲子湯2回、六郷河口1回、三番瀬1回、山中湖1回、与那国・石垣1回）

1月3日（土）六郷河口

11：59川崎発小島新田から河原へ

大師河原　キジバト、ヒヨドリ、ハクセキレイ、スズメ、ヒヨドリ、スズメ、ホオジロ、トビ、オオジュリン、カラスsp／オナガガモ、キンクロハジロ、ホシハジロ、マガモ、ヒドリガモ、ダイサギ、ユリカモメ、スズガモ、ヨシガモ、カルガモ、シロチドリ、カンムリカイツブリ、カワウ、コサギ

水辺の鳥14種　山野の鳥10種

1月17日（土）東京港野鳥公園

15日の大雪の後、通路だけは除雪

野鳥公園10：40着13：40発のバスで大森へ　カシラダカの群れ珍し

淡水池　コガモ、ホシハジロ、カルガモ、ハシビロガモ、マガモ、オカヨシガモ、ミコアイサ、オオバン、バン／モズ、ハシボソガラス、カラスsp、ヒヨドリ、キジバト、ハクセキレイ

潮入りの池　**タゲリ**、**カワセミ**、**カシラダカの群**、ツグミ、カワラヒワ、ジョウビタキ、ヒヨドリ、ウグイス、メジロ／カワウ、ダイサギ、コサギ、ゴイサギ、イソシギ、オオバン、アオアシシギ、カルガモ、スズガモ、ホシハジロ、ウミネコ、ヒドリガモ、カイツブリ

第二小屋　マガモ、ヒドリガモ、カルガモ、ホシハジロ、ヒドリガモ、オオバン、アオサギ、カワウ

水辺の鳥21種　山野の鳥15種

カルガモ
©T. Taniguchi

1月22日（木）二子玉川・兵庫島

國學院試験の帰り

1月31日（土）晴　暖かし　葛西臨海公園　10：30着

ガラス館3階　**スズガモ大群**

鳥類園へ　ヒヨドリ、スズメ、メジロ、カワラヒワ、カラスsp、ツグミ、ハクセキレイ

海辺　ホシハジロ、キンクロハジロ、**コオリガモ**、カンムリカイツブリ、アカエリカイツブリ、オナガガモ、ユリカモメ

観察所・池　セイタカシギ7、**エリマキシギ**、**クロツラヘラサギ**、ミコアイサ、カイツブリ、オオバン、ヒドリガモ、オナガガモ、コガモ／メジロ、オナガ、キアシシギ、ウグイス、ツグミ、ムクドリ

クロツラヘラサギも珍しいがコオリガモが東京にいるとは

人のカメラ向く方探りコオリガモ

（「寒雷」98年5月）

温暖化東京でコオリガモ浮寝

（「寒雷」98年5月）

水辺の鳥20種　山野の鳥12種

2月6日（金）不忍池

上野音楽会の前　16：15〜17：00

不忍池　オナガガモ、キンクロハジロ、ホシハジロ、ハシビロガモ、マガモ、コサギ、ゴイサギ、カモメ、バン、カワウ／カラスsp、スズメ、シジュウカラ、ヒヨドリ

水辺の鳥10種　山野の鳥4種

2月13日（金）東京港野鳥公園　晴　暖し　11：30着〜14：15発

野鳥公園　生態園に梅、さんしゅゆ、まんさく咲く

淡水池　カイツブリ鳴く、ホシハジロ最多、キンクロハジロ、コガモ、ハシビロガモ、カイツブリ／オオバン、バン、アオサギ、カワウ

潮入りの池　アオアシシギ、イソシギ、ハマシギ、アオサギ、コサギ、カワウ、ハシビロガモ20／オオジュリン、ツグミ、ヒヨドリ、トビ、カラスsp

第二小屋　ハシビロガモ、キンクロハジロ、ヒドリガモ、カルガモ、オナガガモ、カイツブリ、カワウ、コサギ、アオアシシギ

生態園　ホシハジロ／ヒヨドリ、ツグミ、メジロ、カワラヒワ、スズメ、オナガ、シジュウカラ

水辺の鳥16種　山野の鳥12種

3月3日（火）薄曇

船橋海浜公園＝三番瀬

11時船橋発バス　ミヤコドリ見当たらず

浜辺　**スズガモ大群**、キンクロハジロ、ヒドリガモ、ハマシギ60、シロチドリ、ウミネコ、コサギ／**ハヤブサ**、ハクセキレイ、ヒヨドリ、ヒバリ、スズメ、ムクドリ、カラスsp

堰堤　スズガモ、ヒドリガモ、キンクロハジロ、カワウ、ウミネコ

水辺の鳥8種　山野の鳥8種

3月13日（金）薄曇　東京港野鳥公園

12時タクシー着

野鳥公園　花：べにばなまんさく、さんしゅゆ、みつまた、うめ、ぼけ

淡水池　ホシハジロ、コガモ、ハシビロガモ、コガモ、オオバン／ハシブトカラス、ヒヨドリ、ツグミ、スズメ、カラスsp、ハクセキレイ

潮入りの池　セグロカモメ、カモメ10、カワウ、コガモ、ダイサギ、コサギ、オオバン、ハシビロガモ、ヒドリガモ、セイタカシギ、カイツブリ、アオアシシギ

第二小屋　セイタカシギ、コガモ、ホシハジロ、イソシギ／アオジ、メジロ、チュウヒ

自然生態園　ゴイサギ、ホシハジロ、カルガモ／ツグミ、シジュウカラ、メジロ

水辺の鳥16種　山野の鳥11種

3月15日（日）晴曇　沖縄探鳥行

羽田～那覇～石垣～与那国

与那国・ホテル・祖内　石垣空港で内原さんと家族に会う。石垣で2時間待ち。

周辺散歩　シロガシラ、スズメ、ツバメ、**オオハッカ**、キジバト、チョウゲンボウ、セッカ、ワカケホンセイインコ、**チョウセンウグイス**、**クロウタドリ**（真っ黒で嘴だけ黄色、ヨーロッパでは珍しくないが、日本ではこの与那国島で過去に一回記録されただけの珍鳥、小中学校の運動場の端にいた）、サシバ、**リュウキュウコノハズク**／ゴイサギ、アマサギ、チュウサギ、アオサギ、**シロハラクイナ**、コチドリ、バン、カルガモ、タカブシギ（16：40～17：40）

水辺の鳥9種　山野の鳥12種

3月16日（月）雨後晴　与那国島

バスで島内探鳥

祖内～東崎へ8：15～9：15　セッカ、スズメ、チョウゲンボウ、サシバ、**マミジロタヒバリ**、**オオハッカ**、ツバメ、アマツバメ、シロガシラ、ヒヨドリ、ハクセキレイ、キジバト、**ミフウズラ**

東崎の草地9：10～9：25　ツバメ、アマツバメ、チョウゲンボウ、サシバ

与那国馬、牛

サンニヌ台9：30～10：00　**ヤツガシラ、サシバと鷹柱**

ヤツガシラ

サシバと鷹柱

立神台10：00～10：30　サシバ、クロサギ、シロガシラ

満田原11：00～11：30　ダイサギ、アマサギ、コサギ、チュウサギ、**アカツクシガモ**、カルガモ、バン、シロチドリ、ハマシギ、タカブシギ、コチドリ／ヒヨドリ

西崎・展望台＝日本最西端11：50～13：00　昼食　オオハッカ30、チョウゲンボウ、サシバ、ヒヨドリ、スズメ、キジバト

ホシムクドリ

ギンムクドリ

岬下にぶだい（魚）

久部良港13：10～13：40　シロチドリ、ムナグロ、コチドリ、イソシギ

久部良小中校　**ギンムクドリ**、ムクドリ、**ホシムクドリ**、アトリ

久部良池13：40～14：00　**アカアシシギ**、カルガモ、キンクロハジロ、カイツブリ、バン

ゴミ捨て場14：00～14：40　**ヤツガシラ**（**掃き溜に鶴の声あり**）、ハクセキレイ、キセキレイ、**ツメナガセキレイ**

空港15：00～15：30　タゲリ、ヤツガシラ

東崎へ戻る～宿～17：40　キセキレイ、ツグミ、チョウゲンボウ、スズメ、ヒヨドリ、ツバメ、オオハッカ、**シマアカモズ**、ハイタカ、シロガシラ、**リュウキュウヒヨドリ**、シジュウカラ、ムナグロ１００

霞む沖台湾紋付の椋鳥群れ来

（「寒雷」98年7月）

水辺の鳥18種　山野の鳥25種

3月17日（火）雨　与那国～石垣島

川平のシーサイドホテル泊

宿～東崎８：００～

昨日生まれた「与那国馬」に岬雨

（「寒雷」98年6月）

サンニヌ台　イワツバメ、ヤツガシラ、イソヒヨドリ

与那国馬

比川付近　シロチドリ10、ダイサギ、コサギ、アオサギ、アマサギ、カワセミ、シマアジ、カルガモ

与那国空港　ヤツガシラ

12：00～石垣空港12：35

石垣・あんぱる　ムラサキサギ
　ハイイロペリカンはいず
川平　カンムリワシ
磯辺　ホオジロハクセキレイ、ハクセキレイ、ツメナガセキレイ、ズグロミゾゴイ、ムクドリ、キジバト、ズアカアオバト、ツグミ、セッカ、オサハシブトカラス、ハシブトカラス

　内原宅、すし屋でご馳走さる、川平のホテルまで送ってもらう、途中の森林公園もミミズクを聞けず。

ホテルの夜　アオバズク、リュウキュウコノハズク
水辺の鳥9種　山野の鳥13種

3月18日（水）石垣～那覇～羽田　曇後晴

石垣・あんぱる
石垣・バンナ森林公園　オサハシブトカラス、イシガキヒヨドリ、メジロ／カルガモ、ダイサギ、コサギ、リュウキュウキビタキ
磯辺　チョウゲンボウ、サシバ、メジロ、シジュウカラ、ズグロミゾゴイ

身起して蜜吸う蝙蝠梯梧（でいご）好き
（「寒雷」98年7月）

水辺の鳥4種　山野の鳥8種
沖縄八重山合計
鳥合わせ48種（野鳥の会）私36種

4月5日（日）曇　甲斐大泉

　駅に荷を預けタクシーで天女山入り口へ
天女山　入り口から展望台まで徒歩
1：00～　コガラ、シジュウカラ、ハヤブサ
～15：00頃自動車道路を降り、またタクシーで山荘へ
山荘付近　1：50～17：45　カワラヒワ、コガラ、シジュウカラ、ツグミ、アカゲラ、カラスsp、ハクセキレイ

4月6日（月）甲斐大泉行　雨

山荘付近　コガラ、シジュウカラ、ゴジュウカラ、エナガ、カワラヒワ
大泉合計　山野の鳥10種

シジュウカラ
©T. Taniguchi

ゴジュウカラ
©T. Taniguchi

4月20日（月）晴　内川河口

5：20家出る～大森5丁目バス

貴船堀～内川河口　ユリカモメ10、カワウ、キョウジョシギ、コチドリ、メダイチドリ、イソシギ、キンクロハジロ、ホシハジロ、ヒドリガモ、オナガガモ、カルガモ、コサギ／ムクドリ、ツグミ、スズメ、カワラヒワ、ツバメ、ヒヨドリ、カラスsp

水辺の鳥13種　山野の鳥8種

メダイチドリ
©T. Taniguchi

4月24日（金）甲斐大泉行

4月25日（土）曇　甲斐大泉行

山荘周辺の朝　コガラ、ゴジュウカラ、ウグイス、キジバト、ヤマガラ、ケラ類、カラスsp、センダイムシクイ、シジュウカラ、ヒヨドリ、コルリ

井富湖畔の朝　キビタキ、クロツグミ、イカル、コルリ、カラスsp、キジバト

泉付近の朝　アカハラ、カラ類、**サンショウクイ**、カワラヒワ

ひとりしずかの丘・朝　ウグイス、オオルリ、センダイムシクイ、メボソムシクイ

栗鼠

唐松通りの昼　ツバメ、ムクドリ、スズメ

雨

ジャングルポケットの坂・朝　カワラヒワ、メジロ、アカハラ

ひとりしずかの丘・井富湖の夕　クロツグミ、アカハラ、ケラ類

4月26日（日）甲斐大泉行

山荘の朝　**サンコウチョウ、クロツグミ、**コルリ、キビタキ、シジュウカラ、コガラ、アカゲラ

大泉駅のベンチ　キジの声、カラスsp、エナガ、オナガの声

甲斐大泉3日間合計

山野の鳥20種

4月30日（木）東京港野鳥公園

緑道公園（城南島）　ウミネコ、カルガモ、カワウ

野鳥公園　コアジサシ

淡水池　コアジサシ、ダイサギ、セイタカシギ、カワウ、カイツブリ、オオバン、カルガモ、ホシハジロ、コガモ、オカヨシガモ、アオサギ、ゴイサギ／ツバメ、オナガ、ヒヨドリ、カラスsp、セッカ、イワツバメ、チョウゲンボウ、ムクドリ

潮入りの池　チュウシャクシギ、キアシシギ、コアジサシ、カワウ50、オオバン、アオサギ、ホシハジロ、カルガモ、コサギ、コチドリメダイチドリ10／カラスsp

第二小屋　チュウシャクシギ、キアシシギ、ソリハシシギ、メダイチドリ、コチドリ、コアジサシ、カワウ、イソシギ、カイツブリ／ツグミ、ヒヨドリ、スズメ

鶺交る争う鶺の飛沫越し

（「寒雷」98年8月）

水辺の鳥18種　山野の鳥10種

5月8日（金）晴　東京港野鳥公園

10：00着～12：30

野鳥公園　ツバメ　花：しゃりんばい、とべら、ぴらかんさすの花

淡水池　シジュウカラ、ツバメ、イワツバメ、セッカ、オオヨシキリ、ヒヨドリ／コアジサシ、ダイサギ、セイタカシギ、カワウ、カルガモ、ホシハジロ、コガモ

潮入りの池　チュウシャクシギ、キアシシギ、コアジサシ、カワウ、オオバン、アオサギ、ホシハジロ、カルガモ、コサギ、コチドリ／ハシブトカラス、ハシボソカラス、オナガ、ハクセキレイ、スズメ、ムクドリ

第二小屋　チュウシャクシギ、メダイチドリ、コチドリ、コアジサシ、キアシシギ、ソリハシシギ、カワウ、イソシギ、カイツブリ

水辺の鳥18種　山野の鳥11種

5月15日（金）晴　東京港野鳥公園

13：05着～

　れんげつつじ咲き出す

淡水池　ツバメ、イワツバメ、オオヨシキリ、ハクセキレイ、ヒヨドリ、セッカ、スズメ、カラスｓｐ、ムクドリ／コアジサシ、カイツブリ、カワウ、アオサギ、ダイサギ、カルガモ、コガモ、ホシハジロ、ハシビロガモ、イソシギ、タシギ、セイタカシギ10、オオバン

潮入りの池　オオバン、カワウ、アオサギ、ダイサギ、コサギ、チュウシャクシギ、キアシシギ、イソシギ、メダイチドリ

第二小屋　チュウシャクシギ、キアシシギ、コチドリ、ハクセキレイ

　蟹呑みて杓鷸食わぬ顔をせり

（「寒雷」98年9月）

水辺の鳥18種　山野の鳥11種

5月17日（日）甲斐大泉行

小淵沢駅　ツバメ、コムクドリ

　れんげつつじ咲き出す

泉ライン　キビタキ、ヒヨドリ、ウグイス、カワラヒワ、ヒガラ、カラスｓｐ

山荘・井富湖周辺16：15～　センダイムシクイ、エナガ、ウグイス、キビタキ、ヒガラ、アカゲラ、コルリ、カケス、クロツグミ、カケス、アオジ、コゲラ

別荘地　サンショウクイ、コルリ、ヒヨドリ、ホトトギス、キジバト、ヒガラ、シジュウカラ

　おそどさんの家、ひとりしずかの丘、ジャングルポケット。柳生の家の林。

5月18日（月）雨

甲斐大泉行　稲子湯泊

朝・5時前～　ウグイス、センダイムシクイの合唱

7：20～8：00帰宅　シジュウカラ、ヤマガラ、エナガ

稲子湯行　松原湖バス停13：00　キセキレイ、ツバメ

宿周辺13：40　16：20～17：30　ゴジュウカラ、ウグイス、アオジ、アカハラ、オオルリ、コルリ、メボソムシクイ

山下る　ジュウイチ、コガラ、ヤマガラ、ウグイス、カラスｓｐ、センダイムシクイ

（ほとんど声のみ）

かえる？の声

期待に違わず雨の夕方1時間ほどで色々な囀り・姿は見えず

5月19日（木）稲子湯行

稲子湯　泊

稲子湯の宿　朝4時～　アカハラ、メボソムシクイ　5時～　カラ類、カッコウ

5：30発　カラ類、メボソムシクイ、キセキレイ、アカハラ、トビ、コルリ

7：30過ぎ帰宅　センダイムシクイ、メボソムシクイ、ホオジロ、アオジ、ツツドリ、キジバト、カラスsp、オオルリ、コルリ、ウグイス、ヤマガラ

稲子湯等合計　33種

6月7日（日）雨、霧

稲子湯行き　「稲子湯」泊

梅雨の中休みの情報で出かけたが稲子の宿で雨が降り出した

15：40着　17：30止んだが霧が出ている～18：10

宿付近　コルリ、メボソムシクイ、ウグイス、センダイムシクイ、オオルリ、アカハラ、ヤマガラ、コガラ、ジュウイチ

18：50霧は薄れたが日没近く　コルリ、ウグイス、ジュウイチの声

6月8日（月）晴　稲子湯・甲斐大泉行

繁子　宿　朝4時　アカハラが目覚め一番、シジュウカラもそのうち鳴く

5：20発　カラ類、オオルリ、アオジ、カッコウ、**ノジコ**、メボソムシイ、ウグイス、サンショウクイ、カラスsp、**ジュウイチ**、アカハラ、カケス、ホトトギス、**ツツドリ**、ヤマガラ、コガラ　6時頃から囀り増える

林道分岐点（唐沢端）　ウグイス、メボソムシクイ、キビタキ、カラ類、コガラ、ヒガラ、アオジ、ゴジュウカラ、アカハラ、オオルリ、キセキレイ

宿に戻る7：30　シメ、**ミソサザイ**、ウグイス、オオルリ

稲子湯合計

水辺の鳥2種（松原湖のカイツブリなど）山野の鳥26種

6月12日（金）鰭ヶ崎

都庁同僚早川一郎氏葬儀

時鳥鳴くよ喪の家となるを訪ひ

（「寒雷」98年9月）

7月17日（金）不忍池

谷中墓参後

鳰潜き水の上来る蓮一片

（「寒雷」98年9月）

7月26日（日）曇　甲斐大泉行

小淵沢駅　ツバメ　12：53

山荘付近　ヒヨドリ、ウグイス、クロツグミ、キセキレイ、キビタキ、ホトトギス、アカゲラ、カラスsp、カケス、キジバト

17：00　蜩鳴く、姫鱒3　湧水にふしぐろせんのう咲き出す～18：05

7月27日（月）曇　甲斐大泉行

山荘付近　4：30　アカハラ、センダイムシクイ、ホトトギス、カッコウ

蜩鳴く

7：30〜　キジバト、カラスsp、アオジ、アオバト、キビタキ、ヒヨドリ、ホトトギス

ふしぐろせんのう咲く

井富湖〜9：30　アオジ、キセキレイ、カラ類、ゴジュウカラ、アカゲラ

大泉25・26日合計

水辺の鳥0　山野の鳥19種

7月28日（火）

役場付近　ツバメ、スズメ、キジバト

8月9日（日）忍野小森家行き

珠子さん夫妻、石川さん、須田さん

8月10日（月）忍野から帰宅

9月3日（木）東京港野鳥公園

9：40着〜13：09発

淡水池　カイツブリ、カルガモ20、オオバン／セッカ、キジバト、ヒヨドリ、スズメ、ムクドリ、カラスsp

センター池　オグロシギ10、オオソリハシシギ20、アオアシシギ、キアシシギ10、ソリハシシギ10、**エリマキシギ**、イソシギ、チュウシャクシギ、メダイチドリ10、コチドリ10、ムナグロ、アオサギ10、コサギ、カワウ、カルガモ50

第二小屋　コサギ、アオサギ、ウミネコ、カワウ、メダイチドリ、コチドリ、ソリハシシギ、イソシギ、キアシシギ／ハクセキレイ、セッカ、ツバメ、イワツバメ

水辺の鳥19種（シギ8種）山野の鳥9種

9月6日（日）甲斐大泉行

汽車弁による下痢のため野鳥観察せず、繁子も夕食後下痢

9月7日（月）雨　甲斐大泉

朝の散歩も出ず、帰宅

9月12日（土）曇　東京港野鳥公園

14：30〜16：50

淡水池　ダイサギ10、カルガモ、セイタカシギ、オオバン

潮入りの池　**オオソリハシシギ**、ダイゼン、キアシシギ、アオアシシギ、ムナグロ、メダイチドリ、コチドリ、セイタカシギ、アオサギ、コサギ、カワウ／ムクドリ、チョウゲンボウ、ハクセキレイ、セッカ

第二小屋　チュウシャクシギ、イソシギ、コチドリ、メダイチドリ、アオサギ、コサギ、セイタカシギ、カワウ、オオバン、カルガモ／カラスsp、ヒヨドリ、スズメ

水辺の鳥19種　山野の鳥8種

9月25日（金）晴

東京港野鳥公園12：40着～16：00

淡水池　コガモ、カルガモ、ダイサギ、コサギ、アオサギ、カイツブリ／カラスｓｐ、セッカ、ヒヨドリ、シジュウカラ、スズメ、カラスｓｐ

潮入りの池　アオアシシギ10、ソリハシシギ多数、キアシシギ、**オグロシギ40**、コチドリ、ダイゼン、セイタカシギ10、アオサギ、ダイサギ、コサギ、ウミネコ、カワウ／カワセミ

第二小屋　セイタカシギ、カワウ、アオサギ、ムナグロ、オグロシギ、コチドリ、イソシギ、オオバン、カルガモ／セッカ、ハクセキレイ

鷸漁るに淋しき今年数も減り

（「寒雷」98年11月）

けんけんす片脚立ちの鷸一団

（「寒雷」98年11月）

秋風の青鷺小波過ぐる待つ

（「寒雷」98年11月）

水辺の鳥20種　山野の鳥6種

9月27日（土）曇　上野不忍の池

谷中墓参後　14：00過ぎ

ボート池　カルガモ、コサギ

弁天池　バン、ゴイサギ、オナガガモ、コガモ／カラスｓｐ

水辺の鳥6種　山野の鳥1種

10月3日（土）甲斐大泉行　晴　後曇　16：20～

大泉駅からの途中　カケス、ヒヨドリ

甲川珍しく音をたてて流れる

井富湖付近　アカゲラ、カケス、カラ類、カラスｓｐ、ヒヨドリ　湧水　姫鱒1

10月4日（日）晴　甲斐大泉

山荘付近朝　カラスｓｐ、ヒヨドリ、シジュウカラ、コゲラ

井富湖付近　セグロセキレイ、ヤマガラ、カケス、コガラ

サラダ王国祭り　コガラ、ゴジュウカラ

清里キッツメドウ＝スキー場へ　カケス

瑞垣山など見える

サラダ王国祭りへ戻り売れ残った柿、にんじん、サラダ菜を買う。

邯鄲の声　大泉駅、清里駅でも聞く

10月5日（月）晴　甲斐大泉

7：20～8：40

山荘付近の朝　キジバト、カケス、アオバト、カラ類

駅への道　犬ついてくる　邯鄲聞く

胡桃不作岳雨貯めし渓の音

（「寒雷」99年1月）

邯鄲やどこもお喋り上りホーム

（「寒雷」99年1月）

大泉合計　山野の鳥11種

11月1日（日）甲斐大泉行

十三夜

山荘　シジュウカラ

井富湖わきの老朽化した木橋が折れて繁子と私が怪我、銀の道の主人の車で韮崎の市民病院に送ってもらい私の足の骨折がわかる
エナガ、ハクセキレイ

外科医まで月夜の連峰裾長し
（「寒雷」99年2月）

11月2日（月）甲斐大泉　快晴
高速バスで帰り大月のあたりで渡り鳥、多摩に行ってからハヤブサ路線にそう。新宿でまき出迎えタクシーで山王外科、手当てやり直し　当分松葉杖
山野の鳥4種

12月23日（水）内川河口
足の怪我で久しぶり常行寺墓参の後、貴船堀まで電車とタクシー
内川河口　オナガガモ、ユリカモメ、ヒドリガモ、カワウ、ホシハジロ、キンクロハジロ、カイツブリ／ムクドリ、スズメ、ハシブトカラス、ハクセキレイ、ツグミ、ヒヨドリ、トビ、キジバト、シジュウカラ、カワラヒワ

年の瀬の緑道試歩のオナガガモ
（「寒雷」99年4月）

水辺の鳥8種　山野の鳥8種

12月25日（金）東京港野鳥公園
14：10着～16：05
淡水池　ホシハジロ多数、キンクロハジロ、オカヨシガモ、マガモ、カイツブリ、ヒドリガモ、コガモ、オナガガモ、ハシビロガモ、ミコアイサ、オオバン、ダイサギ、コサギ／ハクセキレイ、ウグイス、カラスsp、ヒヨドリ、ツグミ、ホオジロ、オオジュリン、スズメ
潮入りの池　カワウ、ダイサギ、コサギ、アオサギ、アオアシシギ、オオバン
水辺の鳥16種（鴨9種）山野の鳥6種

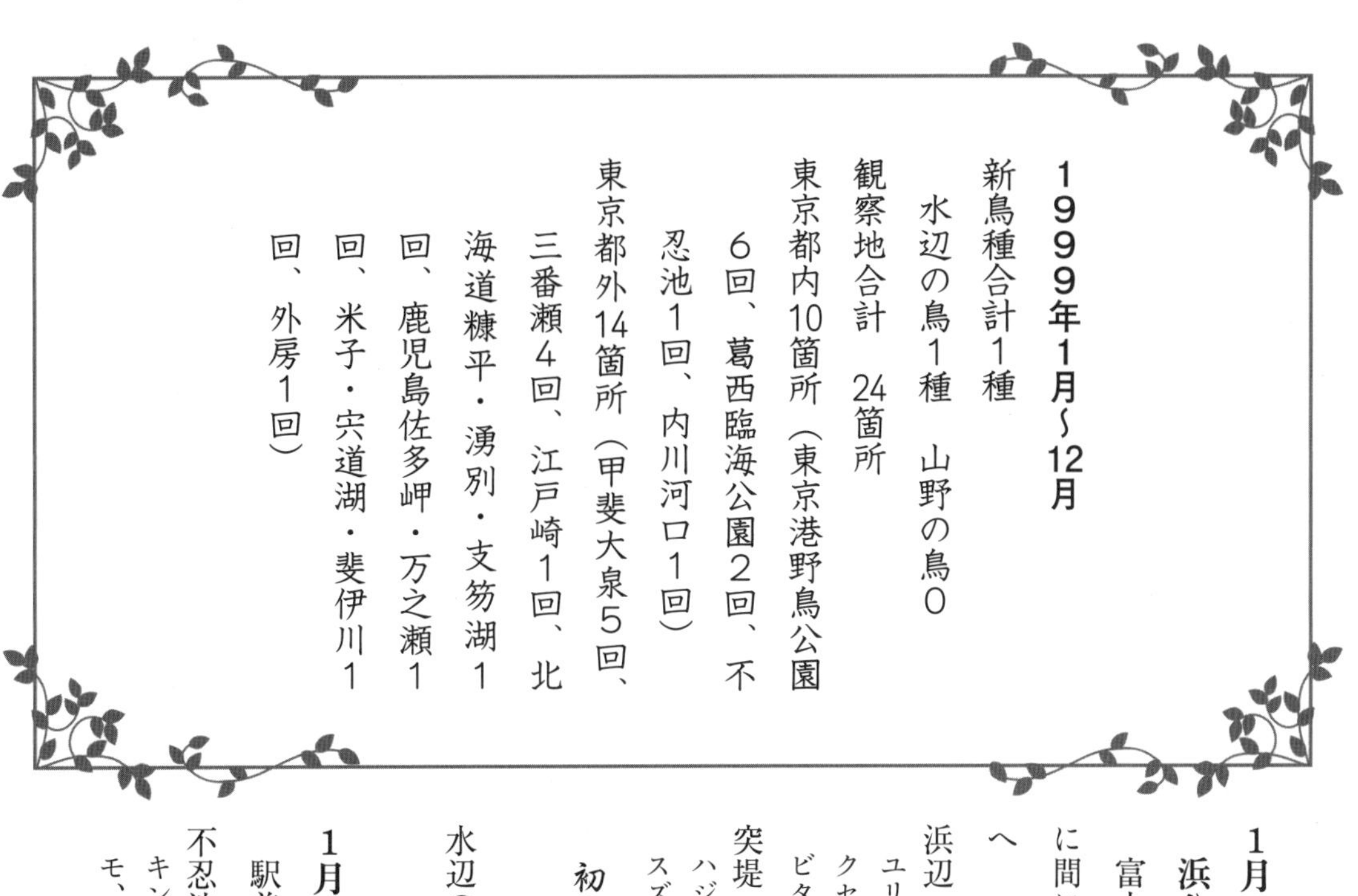

1999年1月～12月

新鳥種合計1種
　水辺の鳥1種　山野の鳥0
観察地合計　24箇所
東京都内10箇所（東京港野鳥公園6回、葛西臨海公園2回、不忍池1回、内川河口1回）
東京都外14箇所（甲斐大泉5回、三番瀬4回、江戸崎1回、北海道糠平・湧別・支笏湖1回、鹿児島佐多岬・万之瀬1回、米子・宍道湖・斐伊川1回、外房1回）

1月4日（月）快晴　三番瀬船橋海浜公園

富士見えた　海浜公園　10時のバスに間に合わずタクシーで12：55発船橋へ

浜辺　ハマシギ、シロチドリ、オナガガモ、ユリカモメ、**スズガモ大群**、アオサギ／ハクセキレイ、ヒヨドリ、ムクドリ、ジョウビタキ、キジバト、スズメ

突堤　スズガモ、オナガガモ、ヒドリガモ、ハジロカイツブリ、カイツブリ、ハマシギ、スズガモ

初富士の薄れつ潮引く三番瀬　（「寒雷」99年4月）

水辺の鳥10種　山野の鳥5種

1月11日（月）不忍池　11：50上野駅着～13：10　黒船亭で昼食

不忍池　ユリカモメ、カワウ10、オナガガモ、キンクロハジロ、ホシハジロ、ハシビロガモ、ヒドリガモ、マガモ、カルガモ、カイツブリ／トビ、スズメ、カラスsp、ハクセキレイ

水辺の鳥9種　山野の鳥4種

1月19日（火）曇　三番瀬船橋海浜公園　船橋10時発バス～13：25発

海浜公園　ミヤコドリ見ず　スズガモの群飛、ハマシギの群飛は見たが

浜辺　**ハマシギ多数**、シロチドリ、ヒドリガモ、オナガガモ、スズガモ大群、ユリカモメ、ダイゼン／ハクセキレイ、オオジュリン、メジロ、ムクドリ、ハシボソガラス、ヒヨドリ、ツグミ、ホオジロ、スズメ、ジョウビタキ

突堤　オナガガモ、ヒドリガモ、オカヨシガモ、キンクロハジロ、ホシハジロ、ハマシギ、カイツブリ、**スズガモ大群**

鴨大群寝かせ春来る三番瀬　（「寒雷」99年5月）

水辺の鳥11種　山野の鳥10種

1月24日（火）曇　茨城県江戸崎

山本先生の薦め　土浦駅から乗用車40分

江戸崎町の小野川土手　キンクロハジロ、カルガモ、アオサギ、カワウ、**オオヒシクイ**／カワラヒワ、カラスsp、スズメ、チュウヒ

桜川村浮島　蓮根の田　カラスsp、ハクセキレイ、ムクドリ、**チュウヒ**／チュウサギ、**タゲリ**、タシギ、コサギ

寒き土堤降りず遠田の雁観る同士

（「寒雷」99年5月）

水辺の鳥8種　山野の鳥9種

2月7日（日）快晴　三番瀬・船橋

海浜公園探鳥会　参加者50名

今日もミヤコドリ見ず　また昨年9月の台風で大量の貝死滅のためスズガモの大群減る。田久保氏の貝の話。海の貝並べて、ハマグリが東京湾で絶滅と。

浜辺　**スズガモ4万（平常6万）**、ハマシギ**1千**、**ウミアイサ**、**ホオジロガモ**、**ミユビシギ**

突堤　ヒドリガモ、ハジロカイツブリ、カモメsp、ダイゼン／ジョウビタキ

鳥合せ合計37種　しかし私は24種、水鳥で7減、陸でも6減

2月17日（火）晴　東京港野鳥公園

11：00着～14：08発

花は梅、まんさく、さんしゅゆ、あしび

淡水池　ウグイス、ハシブトカラス、オオジュリン、カラスsp、ムクドリ、ホオジロ、スズメ／ホシハジロ多数、オオバン、カワウ、カイツブリ、アオサギ、コサギ、ハシビロガモ

センター池　アオサギ、ダイサギ、コサギ、カイツブリ12、カワウ、カルガモ、イソシギ、ウミネコ／トビ

第二小屋　シロチドリ

第三小屋　アオアシシギ、アオサギ、オオバン、バン

生態園　ヒヨドリ、オナガ、ムクドリ、キジバト、カラスsp

水辺の鳥14種　山野の鳥12種

3月10日（水）小雨　千葉外房行

東京～小湊～鴨川　望洋荘泊

小湊・鯛の浦　カモメsp　鯛を見る、

誕生寺～鴨川～金束　成毛氏に会う

ウグイス、カラスsp、ヒヨドリ、ヤマドリ

宿の夕方　ユリカモメsp鳥柱を作って去る、ウミウ

3月11日（木）曇、雨　千葉外房行

望洋荘～仁右衛門島～千倉～白浜

宿の朝　カワラヒワ、スズメ、ハクセキレイ、メジロ

仁右衛門島入り口　ウミネコ、オオセグロカモメ、ウミウ　雨

仁右衛門島　トビ多数、ウグイス、ハクセ

キレイ、ヒヨドリ、ジョウビタキ、カワラヒワ、メジロ、カラスsp、コジュケイ／クロサギ、セグロカモメ、ウミウ、イソシギ
弁天道　アオジ、メジロ、カワラヒワ、トビ
太海駅付近　トビ多数、カラスsp、ツグミ、カワラヒワ、ムクドリ
潮風王国　ツグミ／カモメsp
リゾートイン白浜　オオセグロカモメ、ウミネコ、ウミウ

3月12日（金）リゾートイン白浜泊

白浜〜安房神社〜館山〜木更津〜アクアライン〜川崎
白浜灯台　トビ、カラスsp、カワラヒワ、メジロ、スズメ／オオセグロカモメ
安房神社・館山野鳥に森　ツグミ、ムクドリ、メジロ、カワラヒワ、アオバト、エナガ、シジュウカラ、ヒヨドリ、スズメ、エナガ、アオジ／マガモ、オシドリ

花きぶし触らせ目見えぬ妻を撮る
（「寒雷」99年6月）

南総10日〜12日合計
水辺の鳥7種
山野の鳥18種（野鳥禽舎の鳥を含む）

4月8日（木）晴　東京港野鳥公園
風強し　13：30〜

淡水池　ツバメ、カラスsp、ヒヨドリ／オカヨシガモ、ヒドリガモ、ハシビロガモ、カルガモ10、キンクロハジロ、マガモ、オオバン10、カイツブリ、ダイサギ
潮入りの池　アオアシシギ、コチドリ、カワウ、カモメsp、ユリカモメ、アオサギ、カイツブリ、イソシギ
二号小屋　オオセグロカモメ
生態園　ムクドリ、ツグミ、ヒヨドリ
おたまじゃくし大量誕生
水辺の鳥16種　山野の鳥8種

4月13日（火）鹿児島行

羽田〜鹿児島空港　西鹿児島〜山川
指宿いわさきホテル泊

西鹿児島駅　アオサギ、コサギ
長崎鼻パーキングガーデン　コンゴウインコ、クジャクバト、クジャク、ダチョウ、ウグイス、トビ、ヒヨドリ、ツバメ／コブハクチョウ、マガモ、カルガモ、フラミンゴ、インドガン

4月14日（水）佐多岬

指宿〜山川港〜根古港〜大泊〜佐多岬　鹿児島ふれあいセンター泊
開聞岳の展望
大泊　ホオジロ、スズメ
佐田岬バス停〜展望所　ウグイス、ヒヨドリ、スズメ、ホオジロ／ウミウ
センター前　コサギ／トビ、ウグイス
鹿児島大演習林　ヒヨドリ、ホオジロ、スズメ、カラ類、シジュウカラ、カケス、トラツグミ　小川にお玉杓子

肉牛運搬車春の湾渡り去る
（「寒雷」99年8月）

バス佐多へ春潮に立つ薩摩富士
（「寒雷」99年7月）

蝌蚪（かと）はみなおのが世界と尾を
　振れり
（「寒雷」99年7月）

4月15日（木）鹿児島シチーホール泊　大泊～バス～根自～垂木～船～鹿児島市

宿周辺6：30～8：00　ウグイス、ホオジロ、トビ、ヒヨドリ、カラスsp、サシバ（**裏山の稜線上2羽**）、カワラヒワ、シジュウカラ

南方から帰ってきたサシバを観たのは収穫

大泊～垂木　9：26発　イソヒヨドリ、トビ

桜島の噴煙（船　垂木12時発）

4月16日（火）雨後晴　万之瀬川

鹿児島市～吹上浜～空港

宿8：50発　渡邊君が用意した車で帰りの飛行場まで

吹上浜サンセットブリッジ　チュウシャクシギ、コサギ、カルガモ、ユリカモメ、アオサギ

観察舎に行くも目指すものなし。で海浜公園に戻る途中待望のクロツラヘラサギを見つけた。

万之瀬川・上の山橋　クロツラヘラサギ8、マガモ、ヒドリガモ、コガモ

吹上浜海浜公園・砂浜　オオセグロカモメ／キジ、サッカ、ヒバリ、スズメ、ハシボソカラス、カラスsp

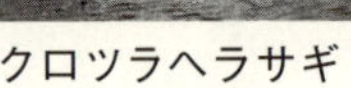

クロツラヘラサギ

探し来しヘラサギ春眠河干潟
（「寒雷」99年7月）

橋上うららクロツラヘラサギ
　見つかりて
（「寒雷」99年8月）

鹿児島行き合計

水辺の鳥13種

山野の鳥20種（長崎鼻の11種除く）

4月29日（祝）晴　寒し　甲斐大泉行

小淵沢駅　ツバメ

山荘・井富湖周辺16：30～17：40　ウグイス、シジュウカラ、コガラ、ケラ類、エナガ、シジュウカラ

4月30日（金）甲斐大泉・清里

山荘6：00　アカハラ、キビタキ

山荘・井富湖周辺8：30～9：35　ウグイス、カワラヒワ、シジュウカラ、コガ

ラ、ゴジュウカラ、アオジ、エナガ、コゲラ、キジバト、カケス、アカゲラ

キッツ・メドウスキー場（10：30～タクシー～スキー場）　アカハラ、コガラ

14：00～清里

富士などよく見えた。初雪の八つ岳赤岳も。

明けぬ森山椒喰の声過ぎり去る

（「寒雷」99年9月）

5月1日（金）甲斐大泉

一人静撮る

山荘・井富湖周辺5：15　6：10～7：50　ゴジュウカラ、キビタキ、ウグイス、コガラ、アカゲラ、センダイムシクイ、ホオジロ、シジュウカラ、エナガ、アオジ、ヤマガラ、イカル、サンショウクイ、キセキレイ、カラスsp、トビ、キジバト、キバシリ

大泉3日間合計　山野の鳥27種

5月7日（金）快晴　東京港野鳥公園　14：45着～

淡水池　ダイサギ、アオサギ、カルガモ、オオバン／カラスsp、ツバメ、イワツバメ、キジバト、ハクセキレイ、ヒヨドリ、シジュウカラ、カワラヒワ、スズメ

潮入りの池　コアジサシ、ハマシギ、カワウ、ダイサギ、コサギ、キアシシギ、チュウシャクシギ、イソシギ

二号小屋　コアジサシ、セイタカシギ、チュウシャクシギ（声）、コチドリ、キアシシギカワウ、カイツブリ／オナガ

水辺の鳥15種　山野の鳥10種

5月30日（金）甲斐大泉

山荘14時～17時プロ野球　アオジ、カッコウ、エナガ、ウグイス、キジバト、カラスsp

井富湖付近16：55～　エナガ、キビタキ、シジュウカラ、**カッコウ**、アオジ、サンショウクイ、キビタキ、ヤマガラ、**ホトトギス**、アオジ

5月31日（土）甲斐大泉

山荘　朝4：00　ウグイス、**カッコウ**、アカハラ、アオジ、コルリ、シジュウカラ、キジバト、カラスsp、アカゲラ、キビタキ、カワラヒワ、サンショウクイ、ホトトギス

天女山と山を下りて6：00タクシー～8：00　カッコウ、**ホトトギス**、メボソムシクイ、ヤマガラ、コルリ、ルリビタキ、ウグイス、アオジ、コガラ、キジ、**ビンズイ**、ノジコ、カケスイカル、カワラヒワ

八ヶ岳クラブ～大開9：30～バス～ひまわり～　シジュウカラ、ヤマガラ、ヒガラ、ヒヨドリ、モズ、ツバメ、ムクドリ、キセキレイ、トビ、スズメ

山荘夕方　ウグイス、キビタキ（19時近く）

6月1日（日）甲斐大泉　繁子朝3時頃～3：40～4：00　ホトトギス

山荘付近　アカハラ、キビタキ

4：40発～　カッコウ、ウグイス、カケス、ゴジジュウカラ、エナガ、サンショウクイ、**アカショウビン**（姿5：30）、アオジ、カワラヒワ

唐松通り　ノジコ、アオジ、カワラヒワ、カッコウ、ホトトギス、コルリ、キビタキ、アカゲラ、イカル、ウグイス

〜6：20　まむし草撮る

駅へ　ウグイス、シジュウカラ

大泉3日間合計　山野の鳥30種

6月25日（金）帯広行

羽田〜帯広空港〜駅〜緑ヶ丘〜駅〜

糠平　糠平泊

帯広十年館　マガモ、カルガモ／ハシブトカラス、ハシボソカラス、カラ類、ハクセキレイ、スズメ

にせあかしやの花

糠平温泉12：50〜　ハシブトカラス、カケス、イワツバメ、ハクセキレイ、ハシボソカラス、スズメ、セグロセキレイ

大雪博物館　キビタキ、カラ類

小学校の庭　花：るぴなす

6月26日（土）湧別沼・大津

三股〜帯広〜湧別〜大津〜帯広

ホテル帯広泊

三股・ネイチャーウオッチングバス

5：00〜6：30　ウグイス、キジバト、オオジシギ、ハクセキレイ、セグロセキレイ、ハヤブサ

るぴなす群せい地　エゾ鹿数回見る

丘いっぱいルピナス植えし　里の失せ

（「寒雷」99年10月）

西山夫人出迎え到着

9：20帯広へ〜12：10湧別沼着

逃げ水に十勝野凍てる怖さいふ

（「寒雷」99年10月）

湧別沼（湿生花園）　ノビタキ、コヨシキリ、ビンズイ、エゾセンニュウ、カッコウ、ウグイス、キビタキ

花：ひおおぎあやめ、えぞかんぞう

湿地　アオサギ、キンクロハジロ、コガモ

花：せんだいはぎ　はまなす

長節沼（湿生花園）　コヨシキリ、ノビタキ、エゾセンニュウ、カッコウ、ツツドリ

花：ちしまふうろ、ひおおぎあやめ、えぞかんぞう

はるにれの木

大津　オオセグロカモメ、コムクドリ、タンチョウ、カモ類

和人来し湊の電線コムクドリ

（「寒雷」99年10月）

青芦に鶴見て十勝アイヌの裔

6月27日（日）支笏湖

帯広〜南千歳〜支笏湖　ホテル泊

支笏湖野鳥の森　センダイムシクイ、キビタキ

6月28日（月）支笏湖

千歳空港〜羽田　アオバト、センダイム

シクイ、ツバメ、イワツバメ、アカゲラ
十勝野鳥観察合計
水辺の鳥7種　山野の鳥32種（ウグイス4種）

8月7日（土）甲斐大泉
日野春・大むらさきセンター11：57着13：29発　ツバメ
山荘　ツバメ、スズメ、カラスsp
えぞ蝉鳴く
ひぐらし鳴く

8月8日（日）甲斐大泉
朝5：00山荘　メボソムシクイ（繁子）
山荘付近・井富湖9：00～　ウグイス、ヒヨドリ、ゴジュウカラ、アオジ、メジロ、キビタキ、ツバメ、カワラヒワ、ケラ類、スズメ、カラスsp
山荘16：00～買い物　ハシボソカラス、スズメ　ひぐらし鳴く

8月9日（月）甲斐大泉
山荘付近6：30～7：30　アカショウビン、キビタキ、ケラ類、ケラ類
泉　昨日2つの西瓜が1つに
日野春・大泉合計　山野の鳥16種

8月17日（火）東京港野鳥公園　快晴　暑し
12：00着～
淡水池　キジバト、ツバメ、セッカ、スズメ、カラスsp／カルガモ50、ダイサギ、コサギ、コアジサシ
潮入りの池　ウミネコ20、オグロシギ、アオアシシギ、ムナグロ、キアシシギ20、メダイチドリ20、コチドリ10、キョウジョシギ、カワウ50
二号小屋　ダイサギ、コサギ、アオサギ、バン、カワウ、ウミネコ10、オオソリハシシギ、アオアシシギ、ソリハシシギ、ダイゼン、キアシシギ、メダイチドリ、コチドリ、ゴイサギ、セイタカシギ、オナガガモ、キンクロハジロ、ホシハジロ、ハシビロガモ、マガモ、コサギ、ゴイサギ、カモメ、バン、カワウ／カラスsp、スズメ、シジュウカラ、ヒヨドリ

親の鷗子ら鳴き寄れば
　翔つ寄れば翔つ
（「寒雷」99年11月）

水辺の鳥19種　山野の鳥7種

8月26日（木）晴　東京港野鳥公園
淡水池　カルガモ多数、ダイサギ、コサギ、ウミネコ10、バン／オオヨシキリ、セッカ、キジバト、ウグイス、ムクドリ、スズメ
潮入りの池　セイタカシギ、オグロシギ、アオアシシギ、キアシシギ、キョウジョシギ、メダイチドリ、ムナグロ、ウミネコ20、ダイサギ、アオサギ、コサギ、カワウ／トビ、カラスsp、ハクセキレイ、ヒヨドリ
第二小屋　オグロシギ、オオソリハシシギ、ムナグロ、キアシシギ、ソリハシシギ、メダイチドリ、ダイサギ、アオサギ、コサギ、チュウサギ、セイタカシギ、カイツブリ、カワウ、コサギ、アオアシシギ
水辺の鳥20種　山野の鳥10種

9月24日（火）谷中墓参後不忍池

9月26日（日）雨　甲斐大泉行

大泉駅　かんたんの声　茸よく生えて、甲川も流れ。

山荘付近16：35～17：30　コガラ、シジュウカラ、ゴジュウカラ、エナガ、カワラヒワ

9月27日（月）晴　甲斐大泉

大泉26日27日合計　山野の鳥6種

10月26日（火）晴　葛西臨海公園

繁子誕生日　13：00着

葛西臨海公園　クロツラヘラサギ杭の上で嘴を頸に埋めて眠る

上の池　ウミネコ、ユリカモメ、オオセグロカモメ、コサギ、ダイサギ、アオサギ、カルガモ、マガモ／ハクセキレイ、ヒヨドリ、スズメ、アオジ

ウオッチングモニター　カワウ／モズ、オナガ、ウグイス

下の池　アオアシシギ10、ダイゼン、クイナ、セイタカシギ20、オオバン、ダイサギ、コサギ、アオサギ、コガモ、カルガモ、オナガガモ、タシギ、**クロツラヘラサギ**、カモメ類、ヒドリガモ10、コガモ、**セイタカシギ20**／カワセミ、シジュウカラ、ヒヨドリ、ムクドリ200、ハシブトカラス、キジバト

水辺の鳥18種　山野の鳥12種

10月30日（土）甲斐大泉行　快晴

天女山～タクシー14：00～下り歩く

富士、甲斐駒、八つ北岳などの展望

紅葉

駅から山荘へ～16：00　カラスｓｐ、カケス、トビ　かんたんの声

10月31日（日）甲斐大泉行　快晴

山荘付近7：15～8：45　ケラ類、カラ類、エナガ、シジュウカラ、ヤマガラ、ホトトギス、カケス、カラス、ヒヨドリ、トビ

井富湖　カワラヒワ、カケス、ケラ類、ヒヨドリ、ハクセキレイ

大泉30日31日合計　山野の鳥15種

11月18日（木）快晴　東京港野鳥公園

13：00着～15：20発　淡水池に鴨集まり潮入りの池はカワウが占領、花は薄、芦の穂。

淡水池　ホシハジロ多数、オナガガモ、ハシビロガモ、カルガモ、キンクロハジロ、マガモ、オカヨシガモ、オオバン、バン、カイツブリ、ダイサギ、コサギ、カワウ／カラスｓｐ、ハクセキレイ、ヒヨドリ、メジロ、ムクドリ、ツグミ

センター池　カワウ３００＋、ダイサギ、アオサギ10＋カイツブリ、カルガモ

第二小屋　カワウ、ヒドリガモ、イソシギ

自然生態園　ヒヨドリ、タカ類、オナガ、キジバト、モズ、ウグイス

水辺の鳥16種　山野の鳥12種

11月19日（金）曇　内川河口

東邦医大から15：10着〜16：00

貴船堀近くの防波堤から　**ユリカモメ1千＋**、オナガガモ100＋、ダイサギ、キンクロハジロ、カイツブリ、ヒドリガモ

防波堤上流　オナガガモ13、ユリカモメ、キンクロハジロ、ホシハジロ、シロチドリ／ハクセキレイ、キジバト、スズメ、モズ、イソヒヨドリ、カラスsp

水辺の鳥10種　山野の鳥9種

12月1日（水）曇　三番瀬・船橋海浜公園　12：00着〜14：52

海浜公園・浜辺　オナガガモ、ヒドリガモ、シロチドリ、カモメsp、カワウ、コサギ／ヒヨドリ、メジロ、ハクセキレイ、ムクドリ、キジバト、ツグミ、カラスsp、オナガ

突堤　スズガモ300、オナガガモ20＋、ヒドリガモ100、シロチドリ100、オオセグロカモメ、**キリアイ**、ハマシギ、**ミユビシギ**／スズメ

水辺の鳥10種　山野の鳥9種

ミヤコドリ見ず

12月13日（月）初霜　葛西臨海公園

16時発

海浜公園・ガラス館　**カワウ1千＋**、**カンムリカイツブリ大群**、スズガモ

浜辺　カワウ、カンムリカイツブリ

淡水池　**クロツラヘラサギ**、カワウ、アオサギ、ヒドリガモ、ホシハジロ、オオバン、セイタカシギ、コサギ、ユリカモメ、ハシビロガモ／ウグイス、カラスsp、ヒヨドリ、ハクセキレイ、カワラヒワ、ムクドリ、スズメ、ツグミ、チュウヒ、モズ

観察舎　セイタカシギ10＋、コガモ20＋、イソシギ、キリアイ、オナガガモ

大鳰の国冬晴の葛西沖

（「寒雷」00年3月）

大鳰＝カンムリカイツブリ　渡り鳥として葛西沖に飛来、数千羽の群となる

水辺の鳥20種（鴨9種）　山野の鳥12種

12月18日（土）山陰行　羽田〜石見空港　米子ホテルハーベスト泊

空港〜幡竜湖〜柿本神社　カルガモ、マガモ

柿本神社・益田川・医光寺（雪舟の庭）など　カルガモ、ヒヨドリ、コサギ

益田〜宍道湖〜米子15：29着　キンクロハジロ、ウミネコ、コサギ、アオサギ／トビ、カラスsp

米子水鳥公園　キンクロハジロ、オナガガモ、ホシハジロ、ヒドリガモ、**ヘラサギ**、ミコアイサ、カンムリカイツブリ、**マガン300**、カワウ、コサギ、**コハクチョウ20＋**、カイツブリ、ハジロカイツブリ、バン／ヒヨドリ、ウグイス、ホオジロ、スズメ、ムクドリ、**ミヤマガラス**

大山は夕映え落雁遠き江に

（「寒雷」00年4月）

12月19日（日）雪　山陰行

米子〜松江〜宍道湖〜斐伊川

出雲紙屋旅館泊

米子水鳥公園6：45着　開園前からハクチョウの声　ハクチョウ800羽いるというもオナガガモ、カワウ、ヘラサギ、ゴイサギ、**ガン10飛び立つ**

松江12：19着　教え子来栖夫妻の車で中の海・江島と大根島へ　キンクロハジロ、ホシハジロ、オナガガモ

来待ストーン博物館・荒神谷遺跡の銅剣・銅鐸、銅矛見学

グリーンパーク野鳥観察館　トモエガモ100（収穫）、コハクチョウ20、タゲリ20

斐伊川河口　コハクチョウ10、タゲリ20

ガン大群の情報で来たが見当たらず

16：30諦め17：00旅館着

12月20日（月）山陰行・斐伊川

出雲～岡山～新幹線～東京

東京雪　山陽は晴

斐伊川河口6：20迎えのタクシーでコハクチョウ50

7：15～7：20　マガン500上流より来る、5～8分、移動して対岸から下りたマガン見る。新しく来るものなし　コサギ、アオサギ、カルガモ／トビ、オオジュリン、ハシブトカラスの大群

7：45宿へ

雁群来大蛇神話の川筋を

（「寒雷」00年4月）

朝翔ちの雁見ての雪出雲去る

（「寒雷」00年4月）

米子・斐伊川探鳥合計

水辺の鳥25種　山野の鳥9種

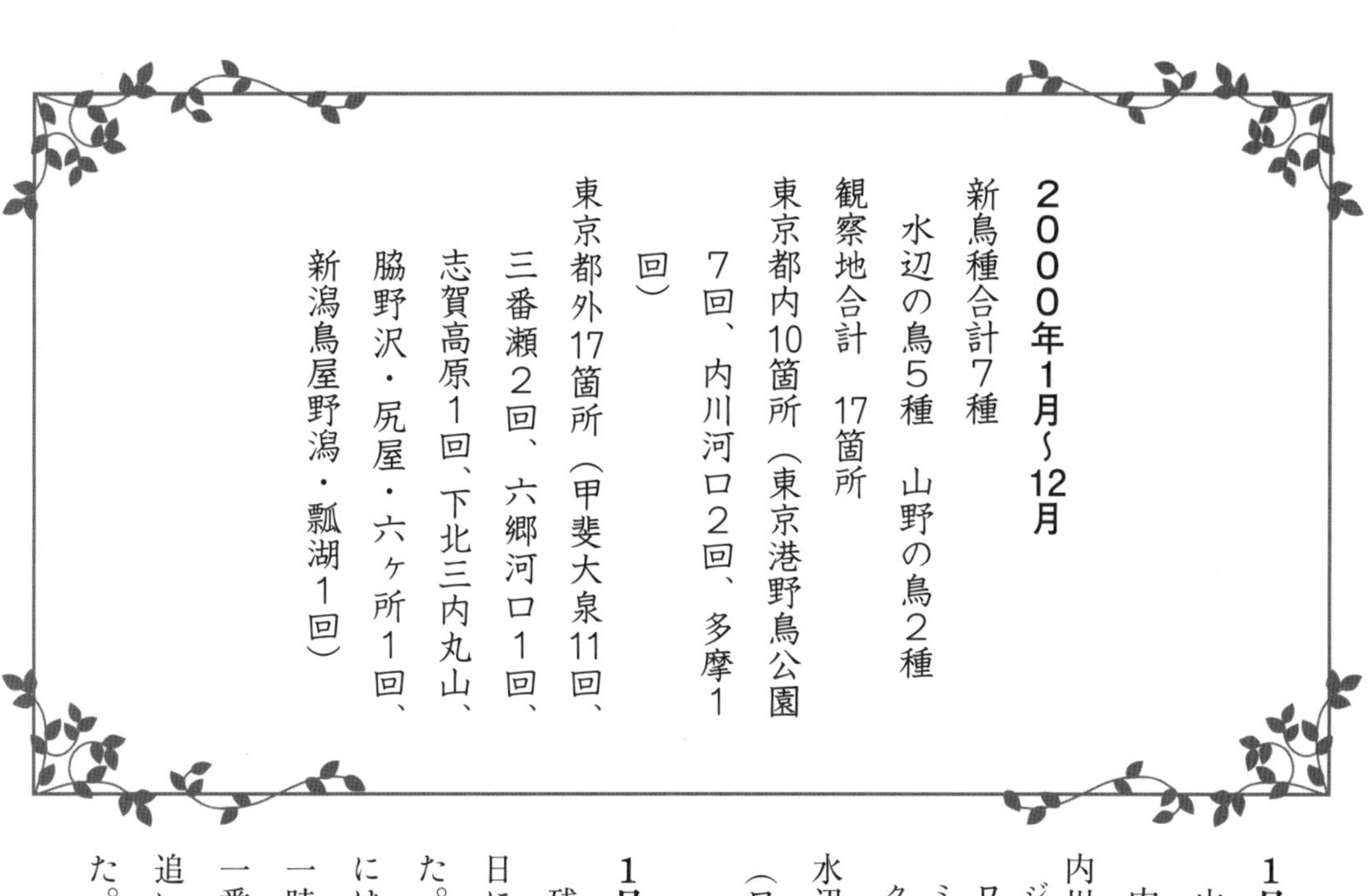

2000年1月～12月

新鳥種合計7種
　水辺の鳥5種　山野の鳥2種
観察地合計　17箇所
東京都内10箇所（東京港野鳥公園7回、内川河口2回、多摩1回）
東京都外17箇所（甲斐大泉11回、三番瀬2回、六郷河口1回、志賀高原1回、下北三内丸山、脇野沢・尻屋・六ヶ所1回、新潟鳥屋野潟・瓢湖1回）

1月1日（土）内川河口

山本先生宅訪問の後
内川河口へ15：50～
内川河口　オナガガモ、カルガモ、ホシハジロ、ヒドリガモ、カイツブリ、カワウ／ワカケホンセイインコ、カラスsp、ツグミ、ハクセキレイ、スズメ、ヒヨドリ、ムクドリ、イソヒヨドリ
水辺の鳥6種　山野の鳥7種
（ワカケの進出）

1月2日（日）～3日（月）

残った家の柿の実に鳥が集まり日に日に柿が減る。1日には20～30個減った。2日には10個ぐらいになり、3日には半個だけに。来る鳥はムクドリが一時に4～5羽来て多いがヒヨドリが一番強者。ツグミも数回、ヒヨドリに追いはらわれていた。メジロがよく来た。スズメもたまに。

1月3日（月）多摩探鳥会

潮入りの池　チュウシャクシギ、キアシシギ、コアジサシ、カワウ、オオバン、アオサギ、ホシハジロ、カルガモ、コサギ、コチドリ
水辺の鳥10種

2月5日（土）三番瀬船橋海浜公園

晴　9：20船橋発12：30公園発
船橋海浜公園　スズガモ飛びたち2回
浜辺　**ミヤコドリ**（**着いた時3羽、突堤の崎1羽**）、ユリカモメ、ウミネコ、オオセグロカモメ、スズガモ大群、ハマシギ、オナガガモ
昼食　ジョウビタキ、ツグミ、ハクセキレイ、ヒヨドリ、カラスsp、ハシボソカラス、スズメ、ウグイス
突堤　ヒドリガモ、キンクロハジロ、オナガガモ、ハマシギ、ハジロカイツブリ10、ミヤコドリ、カンムリカイツブリ、ダイゼン、コチドリ／カラスsp
水辺の鳥15種　山野の鳥9種

2月27日（日）東京港野鳥公園　晴

11：30家発～14：00発

野鳥公園　植物：おおいぬふぐり、べにばなまんさく、さんしゅゆ、うめ

淡水池　チュウヒ（いそしぎ橋）、ハクセキレイ、ジョウビタキ、ヒヨドリ、キジバト、オナガ、ホシハジロ大半、カルガモ、キンクロハジロ、オオバン、バン、カイツブリ、カワウ、ミコアイサ

潮入りの池　アオサギ、コサギ、ダイサギ、カワウ、イソシギ、カルガモ、ホシハジロ、オオバン／カラスsp、オナガ、ハクセキレイ、スズメ、ムクドリ、シジュウカラ

第二小屋　キンクロハジロ、ホシハジロ、カルガモ、カワウ／ハシブトカラス、ハシボソカラス

水辺の鳥12種　山野の鳥11種

3月17日（金）甲斐大泉　晴

昨日雪10センチ、ただし唐松通りは除雪、大泉駅。風花。

井富湖　16：45～17：35　ルリビタキ、アカゲラ、コガラ、シジュウカラ、カラスsp

春告ぐる五十雀観んと雪解道

（「寒雷」00年6月）

積雪の道、鳥影見ず、気温零下。

3月18日（土）甲斐大泉

山荘の朝　**ゴジュウカラ**

唐松通り付近8：45～9：20　カラスsp、コガラ、シジュウカラ、**ゴジュウカラ**、カケス群、カワラヒワ、メジロ、アオジ、ヒヨドリ

みどり湖（一之君の車で）12：00～長坂　カイツブリ、コガモ、マガモ、カルガモ／ハクセキレイ、トビ

大泉合計

水辺の鳥4種　山野の鳥13種

3月31日（金）東京港野鳥公園

10：20着～　さくら30日開花

野鳥公園　花：れんぎょう、あしび、タンポポ、さんしゅゆ、さくら

淡水池　ホシハジロ、キンクロハジロ、オカヨシガモ、ヒドリガモ、カイツブリ、カルガモ、バン／カラスsp、ツグミ、ムクドリ、ヒヨドリ、キジバト、ツバメ、スズメ

潮入りの池　ウミネコ、ユリカモメ、セイタカシギ、ダイサギ、イソシギ、カイツブリ、オオバン、カワウ、アオサギ

第二小屋　キンクロハジロ、ヒドリガモ、コチドリ、カワウ、マガモ、ヒドリガモ／ウグイス、ハクセキレイ、ハシボソカラス

生態園　ダイサギ、ヒヨドリ

花：ひうがみずき、とさみずき

水辺の鳥18種

山野の鳥9種＋蘇峰公園等6種

4月6日（木）本門寺花見

川端竜子の絶筆、本門寺本堂天井にあり。

花の寺画きこみし目の竜仰ぐ

（「寒雷」00年7月）

4月9日（日）甲斐大泉行

快晴後曇　新府、桃の花祭り花まだ咲かず

新府　ツバメ、スズメ、カラスsp、ハシボソカラス、カワラヒワ、ウグイス、ヒバリ、ホオジロ、メジロ、ツグミ、ムクドリ、ゴジュウカラ、ムクドリ

小淵沢駅　ツバメ

大泉から山荘　オオルリ、ヒヨドリ、カラ類、カラスsp

山荘付近　シジュウカラ、コガラ、ゴジュウカラ、キセキレイ

井富湖周辺17：00～17：50　ホオジロ、シジュウカラ、コガラ、ヤマガラ、アカゲラ　ハクセキレイ、ゴジュウカラ

山野の鳥19種

4月10日（日）甲斐大泉　曇小雨

山荘付近6：45～7：55　シジュウカラ、ヤマガラ、ゴジュウカラ、コガラ、ヤマガラ、エナガ、カラスsp、カケス、ヒヨドリ、イカル、ルリビタキ、サンショウクイ、アカゲラ、ミソサザイ、トビ

井富湖　ホオジロ、アオジ、カケス、ウグイス、コゲラ、ゴジュウカラ

大泉駅　キジ、ムクドリ

山野の鳥18種

4月30日（日）東京港野鳥公園

快晴後曇　10：10着～13：41発

野鳥公園　カワラヒワ、ムクドリ、モズ

花：しゃりんばい、はるじおん

淡水池　ツバメ、オオヨシキリ、セッカ、カラスsp、キジバト／ホシハジロ50、カルガモ30、ヒドリガモ、カワウ、キンクロハジロ、オオバン、カイツブリ、アオサギ、コサギ、ダイサギ

センター池　メダイチドリ、コチドリ、カワウ、ダイサギ、カイツブリ、アオアシシギ、チュウシャクシギ（鳴くも対岸に移る）、バン

第二小屋　コアジサシ、チュウシャクシギ、アオアシシギ、メダイチドリ、イソシギ、オオバン

第一小屋　コサギ、メダイチドリ、チュウシャクシギ、アマサギ

生態園　ヒヨドリ、ツグミ、オナガ、スズメ、シジュウカラ

水辺の鳥17種　山野の鳥12種

5月3日（水）晴　六郷河口11：20土堤着

土手から中州など　メダイチドリ、ハマシギ、コチドリ、トウネン、カワウ40、コアジサシ80、ユリカモメ80、チュウシャクシギ10、キアシシギ、ユリカモメ、オオセグロカモメ

下流（いすずモーターの看板）　オオソリハシシギ、チュウシャクシギ、ダイシャクシギ、アオサギ、コサギ／ツバメ、ムクドリ、スズメ、キジバト、ヒヨドリ

堤防曲り大杓鷸立つ干潟

（「寒雷」00年8月）

水辺の鳥18種　山野の鳥8種

5月5日（金）甲斐大泉行　快晴

連峰・雪峰の眺望よし

山荘付近　ウグイス、コガラ、アカゲラ、ヒヨドリ、カケス、シジュウカラ、スズメ

井富湖周辺4：35～5：35　ウグイス、オオルリ、ヒヨドリ、ヤマガラ、カラ類、アカゲラ、ハクセキレイ、コゲラ、ゴジュウカラ、コルリ、カラスsp

沿線　ツバメ

森一面のひとり静に妻とだけ

（「寒雷」00年8月）

山野の鳥15種

5月6日（土）甲斐大泉　曇

山荘の朝　5：00～　アカハラ、コルリ、ウグイス、シジュウカラ、サンショウクイ、センダイムシクイ、カラスsp、キジバト、ゴジュウカラ

天女山行6：00～タクシー・徒歩～7：45～バス～喫茶店　アオジ、コガラ、シジュウカラ、オナガ、エナガ、ホオジロ、コルリ、ヤマガラ、カケス、アカハラ、アオジ、ノジコ、カワラヒワ、ヒヨドリ

喫茶店ピーペリー（餌台セット）8：00～9：00　アオジ、イカル、シジュウカラ、シメ、カワラヒワ、スズメ、アトリ、キジ、ゴジュウカラ　栗鼠3匹

芽吹く森冬越し餌箱に栗鼠来る来る

（「寒雷」00年8月）

山荘の夕方4：45～5：40　ウグイス、カラ類、シジュウカラ、クロツグミ、アカゲラ、アカハラ

山野の鳥28種

5月7日（日）甲斐大泉　晴

一人静咲く

山荘の朝4：30～、7：15～　コルリ、アカハラ、キビタキ、アオジ、カケス、ウグイス、ケラ類、ゴジュウカラ

井富湖周辺　ウグイス、キビタキ、カラ類、ケラ類、オオルリ、キビタキ、ヒヨドリ、アカハラ、コゲラ、コガラ、シジュウカラ、サンショウクイ、カケス、アカゲラ、アオジ、ゴジュウカラ、キジ

小淵沢、沿線　ツバメ、スズメ、トビ、カラスsp

5月5日～7日合計

山野の鳥32種

5月17日（水）東京港野鳥公園　晴

10：10着～12：10発

野鳥公園の広場にえごの花、いそしぎ橋にしゃりんばい、とべら。結婚記念日でベルポートのアスターで食事。

オオヨシキリ

淡水池　セイタカシギ、ホシハジロ、コサギ、ダイサギ、カイツブリ、ユリカモメ10／キジバト、ツバメ、ヒヨドリ、ウグイス、ノスリ、ムクドリ

潮入りの池　カワウ、コアジサシ、セイタカシギ、キアシシギ、アオアシシギ、チュウシャクシギ、タシギ、コチドリ、バン、アオサギ

第二小屋　キアシシギ、イソシギ、コチドリ、セイタカシギ、カワウ、／セッカ、オナガ、カラスsp

水辺の鳥17種　山野の鳥9種

5月27日（土）甲斐大泉行　薄曇

甲府・芸術の森美術館。菖蒲園　カメラ故障で菖蒲撮れず。韮崎駅のヨーカドウでとりあえず電池をセットできることに。

韮崎駅　ハシボソカラス、トビ、スズメ、ハクセキレイ、チョウゲンボウ

小淵沢駅　ツバメ子育て

大泉駅から　カッコウ、ヒガラ、コルリ、ウグイス、アカゲラ、コガラ

山荘の夕方5：15～6：00　コルリ、キビタキ、サンショウクイ、アカハラ、ケラ類、カッコウ、**ホトトギス**（ようやく声）

5月28日（日）甲斐大泉　曇

花：きり、せんだん、藤、マムシ草、ライラック、やまぼうし、胡桃の穂花、うつぎ、れんげつつじ、山桜

山荘の朝4：30～　コルリ、ウグイス、アカハラ

井富湖～泉ライン～駅～コーヒー店　9：15～9：45～10：20～11：00　キビタキ、コルリ、ウグイス、コガラ、ケラ類、モズ、カッコウ、イカル、スズメ

山荘付近16：00～18：00　ウグイス、コルリ、キビタキ、ヒヨドリ、ウグイス、シジュウカラ、ヤマガラ、**カッコウ**、**ホトトギス**

栗鼠、ブラックバス釣り

5月29日（月）甲斐大泉　晴

花：ちごゆり、きり、ふじ、やまほうし、くるみの花穂、うつぎ、れんげつつじ

山荘の朝6：20～8：00　メジロ、ウグイス、コルリ、キビタキ、アカゲラ、コガラ、ヒガラ、ホオジロ、ノスリ、アカハラ、サンショウクイ

大泉駅へ　9：30～**ホトトギス**（甲川）、**カッコウ**（泉ライン）キジ　駅まで犬

大泉行27日～29日合計

山野の鳥30種

6月15日（木）志賀高原行　曇後晴

長野新幹線　長野～信濃中野

湯田中12：10～バス～13：00発哺温泉～ゴンドラリフト～東館山13：15

蓮池ホテル泊

東館山　ウグイス、カッコウ、コガラ、ヒガラ、カラスsp

高山植物園　しらねあおい、みずばしょう、サンショウウオの卵　アメンボ

発哺15：11～バス～蓮池

発哺バス停　イワツバメ10、キセキレイ、ウグイス、コガラ、カラスsp

蓮池周辺16：35～　ウグイス、メボソムシクイ、コガラ、キセキレイ、イワツバメ

夜：蛙の声

6月16日（金）志賀高原　蓮池～信大教育園～蓮池～湯田中～長野～松本～小淵沢～大泉

ホテルの朝5時　クロジ、ウグイス、カラ類

蛙とウグイスの声がほとんど

信大自然教育園8：30～10：00～11：15　メボソムシクイ、ウグイス、ホトトギス、カッコウ、ヤマガラ、コガラ、コルリ、ルリビタキ、クロジ、ビンズイ、ツツドリ、ヒガラ、キクイタダキ、オオルリ

まひまひの水底光らせ影遠く

（「寒雷」00年9月）

大泉　ヒヨドリ、キジバト、カッコウ

山荘の夕方　アオジ、キビタキ、

走り根道根曲り竹の子はみ出して

（「寒雷」00年10月）

6月17日（土）甲斐大泉

朝の山荘4時～　アオジ、イカル、ウグイス、コルリ、ヒガラ、コガラ、カッコウ、キビタキ、ツツドリ、ケラ類

井富湖6：45～7：55　コガラ、イカル、ウグイス、キジバト、コガラ、キビタキ、カッコウ、ケラ類、カケス、サンショウクイ、**サンコウチョウ**、ヒヨドリ、カラ類、ホオジロ、ハシボソガラス、ホオアカ、ホトトギス、シジュウカラ、アカゲラ、アオバト

志賀高原と大泉合計

山野の鳥35種（ホトトギス科3、ヒタキ亜科、シジュウカラ科4、ホオジロ科5）

7月13日（木）清里・大泉行曇

スキー場リフト休み

花：かんぞう、のはなしょうぶ

清里・キッツメドー　センダイムシクイ、アカハラ、カッコウ、ホトトギス、ウグイス、アオジ類、アカモズ、スズメ、カラスsp

大泉～山荘　アカハラ、キビタキ、ホトトギス　　鯛鳴く

7月14日（金）甲斐大泉　晴

山荘の朝　4：40～6：00（繁子聞く）

アカハラ、キビタキ、ケラ類、キジバト、カラスsp、ウグイス、コルリ、アオジ

井富湖付近8：00～9：00　キビタキ、キバシリ、アオジ

駅付近14：00～　ヒヨドリ、キビタキ、ウグイス、カラ類、チョウゲンボウ、ホトトギス

花：ホタルブクロ、オダマキ、しもつけそう

7月15日（土）甲斐大泉

9時ころ植木屋来り7月24、25日に来るという

駅まで　犬相変わらずついてくる、ミューという名前

清里・甲斐大泉の鳥合計

山野の鳥12種

7月27日（木）甲斐大泉

午後の鈍行で3時前に山荘に

植木屋今日からはじめるという
夜蛍を探してがたがた道へ
8：10ころから8：50まで、見当たらず。

7月28日（金）甲斐大泉　曇後雨
8：00から植木屋来る。枯れた落葉松を切り、切り刻んで、草刈などの手入れをして10：30ころ帰る。
山荘14：00出かけるも雨降りだし、30分くらいで戻る。ゴジュウカラ

7月29日（土）甲斐大泉
山荘・井富湖周辺7：40～8：50　カラ類、カッコウ、カワラヒワ、キビタキ、ヒヨドリ、アオジ、ホオジロ、ウグイス、ホオアカ、イカル、サンショウクイ、ホトトギス
泉ライン　イワツバメ

子蛇の死何で轢かれた蹴りつ言ふ

（「寒雷」00年10月）

大泉27～29日合計　山野の鳥13種

8月10日（木）甲斐大泉　曇後晴
井富湖付近　3：00　ウグイス
17：00～17：55　ヒヨドリ、ツバメ20、エナガ、アカゲラ、ホオジロ
蜩鳴く

8月11日（金）甲斐大泉
ひとり静の丘から甲川を渡り、ロイヤルホテルへ出、泉ラインから唐松通りを帰る15：15～17：20
イカル、カケス、まつぜみ
ひぐらし鳴く
花：とりかぶと、フシグロセンノウ
山荘18：00～　エナガ、ヒヨドリ、シジュウカラ、コガラ

ブラックバス棲む水に触れ燕舞う

（「寒雷」00年11月）

8月12日（土）甲斐大泉
山荘の朝　4：50　キビタキ、カラ類、ウグイス、キジバト
蜩鳴く
大泉10～12日合計
山野の鳥10種

8月26日（土）東京港野鳥公園
淡水池　カルガモ、アオサギ／スズメ、ヒヨドリ、ハクセキレイ、カラスｓｐ
センター池　オグロシギ、アオアシシギ、キアシシギ１５０、トウネン30、**ムナグロ30＋、キョウジョシギ30、コアオアシシギ、**ソリハシシギ10、イソシギ、セイタカシギ10、**メダイチドリ１００＋、**コチドリ、ダイゼン、アオサギ、ダイサギ、コサギ10、カワウ30＋、カルガモ50＋
第二小屋　コサギ、アオサギ、ウミネコ、カワウ、メダイチドリ、コチドリ、ソリハシシギ、イソシギ、キアシシギ、アオアシシギ、ムナグロ／ムクドリ30、ツバメ、

イワツバメ
水辺の鳥25種　山野の鳥7種

8月28日（木）下北行き

羽田〜青森〜三内丸山〜青森〜脇野沢　上星旅館泊
三内丸山　モズ、ハシブトガラス、ハシボソカラス、トビ
薄、穂が出る
脇野沢　ウミネコ
猿公園　数十の猿、いじめられる猿一匹

8月29日（金）下北　雨後晴

脇野沢〜むつ　むつ〜尻屋崎〜むつ
むつグランドホテル泊
脇野沢バス停〜むつ　ツバメ、ウミネコ
脇野沢：慈雨　大湊：艦艇一隻
尻屋崎（むつ11：30発）　ウミネコ、オオセグロカモメ、ウミウ、イソシギ、キアシシギ、／ハクセキレイ
花：せんにん草（六ヶ所役場で翌日教わる）
尻屋崎口　トビ、チュウヒ
寒立馬、邯鄲鳴く
4：05発〜むつ　ハクセキレイ、カラスsp

邯鄲や集まり尾振る寒立馬
（「寒雷」00年12月）

8月30日（土）下北　小雨

むつ〜六ヶ所〜平沼
平沼稲城旅館泊
むつ7：40発バス　やませとなる、役場から雨中を沼へ
六ヶ所・尾駮沼　アオサギ、ダイサギ、カルガモ20、キアシシギ、ウミウ／ハクセキレイ、カラスsp
郷土館・原燃センター・再処理センター　センターはクレーン林立
鷹架沼付近　ウミウ、カルガモ、ダイサギ／トビ、カラスsp
高瀬川河口　ウミネコ／ハクセキレイ、カラスsp
旅館14：00ころ、一時昼寝
田面木沼16：30〜　オオバン、カルガモ、カンムリカイツブリ10／オオヨシキリ、カラスsp、ハクセキレイ、キジバト、オオセッカ?
えぞみぞはぎ咲く、早稲穂を垂れる。

カンムリカイツブリ光る沖に芦越し
（「寒雷」00年12月）

8月31日（日）平沼・田面木沼・裏手〜天が森〜三沢〜羽田

田面木沼8：00〜9：00　オオバン、カルガモ、ヨシゴイ、カワセミ、カンムリカイツブリ35+、カイツブリ／ハシブトガラス、ハシボソカラス
花：えぞみぞはぎ、くさふじ、ひるがお

田面木沼裏手　カンムリカイツブリ30
小川原湖北岸　カルガモ、オオバン
天が森～三沢・市役所

機の上に虹東京は雲の下　（「寒雷」00年12月）

下北行合計
水辺の鳥17種　山野の鳥11種

9月9日（日）東京港野鳥公園

淡水池　カルガモ、カイツブリ、コサギ、アオサギ
センター池　オグロシギ、キアシシギ多数、ソリハシシギ、アオアシシギ、セイタカシギ10、アオアシシギ、ダイサギ、コサギ、アオサギ、チュウサギ、カワウ、カルガモ多数
第二小屋　カルガモ、セイタカシギ、アオアシシギ、キアシシギ、ソリハシシギ、メダイチドリ、カワウ／カラス、スズメ、ヒヨドリ
水辺の鳥18種　山野の鳥3種

10月8日（日）甲斐大泉行　曇後雨

小淵沢フラワーパーク　ムクドリ、ハシボソガラス、ヒヨドリ、スズメ、ハクセキレイ、ツバメ

しゅうめいぎく咲く

10月9日（月）甲斐大泉行　晴

甲川を渡りバス道路へ　コンビニから村営いずみ荘により山荘へ（14：30）　ヒヨドリ、カケス、エナガ、カラ類、カラスｓｐ

10月10日（火）曇時々小雨　甲斐大泉

井富湖周辺　ハクセキレイ、ウグイス、カラ類、ケラ類、カラスｓｐ

邯鄲の声

大泉3日間合計
山野の鳥10種

10月31日（日）東京港野鳥公園　晴

淡水池　ホシハジロ100、カイツブリ、キンクロハジロ、カルガモ、オナガガモ
センター池　カワウ1000
「追い込み」魚を一方向においかける
セイタカシギ、キアシシギ、アオアシシギ、コサギ、ダイサギ、アオサギ、イソシギ、ウミネコ、オナガガモ
第二小屋　カワウ、コサギ
第三小屋　ヒヨドリ、モズ、キジバト、オナガ、カラスｓｐ／カルガモ、カイツブリ
水辺の鳥17種　山野の鳥2種

11月3日（金）甲斐大泉行
曇後雨後

韮崎駅　ハクセキレイ
大泉～山荘　ヒヨドリ、ハシブトカラス

甲川、音立てて流れる。

井富湖付近　ヤマガラ、ハシブトカラス、
落葉しきり

11月4日（土）甲斐大泉　晴天

天女山　ホオジロ、ヤマガラ、コガラ、エナガ、シジュウカラ

下山〜山荘　カラスｓｐ、トビ、カケス、エナガ、コガラ、ヤマガラ、ゴジュウカラ、アカゲラ

11月5日（日）甲斐大泉　晴天

井富湖周辺　カラ類、サンショウクイ、イカル、ゴジュウカラ、ヤマガラ、ホオジロ、ケラ類、ヒヨドリ、トビ、カラスｓｐ、ムクドリ、キジバト、ハクセキレイ、キセキレイ

大泉3日間合計

山野の鳥18種

11月7日（水）内川河口

東邦医大の帰り、貴船堀までタクシー

公園には　カラスｓｐ、ヒヨドリ、ハクセキレイ

河口　ユリカモメ１５０、オナガガモ、ヒドリガモ、キンクロハジロ、イソシギ、カワウ50、オオセグロカモメ／ヒヨドリ、ハクセキレイ、カラスｓｐ、ハシボソカラス、キジバト、シジュウカラ

水辺の鳥7種　山野の鳥6種

11月8日（土）三番瀬・船橋海浜公園

浜辺　ウミネコ、ハマシギ多数、スズガモ多数、**ミユビシギ**、オオセグロカモメ、オナガガモ／**ハヤブサ**、ハクセキレイ、ウグイス、カラスｓｐ、ハシボソカラス

突堤　オナガガモ、ヒドリガモ、スズガモ、キンクロハジロ、**ミヤコドリ**、ハマシギ、ダイゼン

水辺の鳥11種　山野の鳥5種

11月29日（土）新潟行・福島潟

新潟〜バス〜弁天・湖畔　新潟〜豊栄〜タクシー〜ビュー福島潟

鳥屋野潟　カルガモ、コガモ、オナガガモ、カワウ多数、オオバン、ミコアイサ、カモメｓｐ／キジバト、カラスｓｐ、オオジュリン、トビ

福島潟　**コハクチョウ１６０＋**、**ヒシクイ１７０＋**、ムクドリ、スズメ、トビ、カラスｓｐ

雁の里近し飯豊雪嶺見え

（「寒雷」01年3月）

11月30日（日）新潟・福島潟

曇時々雨　月岡温泉東栄館泊

福島潟　雁、ハクチョウの朝の出発を車で見る

コガモ、**ヒシクイ大群**／ハクチョウ／カラスｓｐ、トビ、**ハヤブサ**、スズメ大群、ムクドリ

潟来亭のスクリーン

瓢湖　オナガガモ、ヒドリガモ、**コハクチョウ5千**、ホシハジロ、ハシビロガモ、ヒシクイ

白鳥ら漁る刈田に雁参入

（「寒雷」01年3月）

12月1日（月）瓢湖

水原〜新津〜新潟〜新幹線〜燕三条〜上野　リズムハウス「標湖」泊

瓢湖　朝のコハクチョウの飛び立ち　ヒヨドリ、ムクドリ、モズ、ヒシクイ20

新潟〜燕三条　ハクチョウ

瓢湖覚めず来て降りず去る雁の列

（「寒雷」01年3月）

朝翔つ雁見んと行き逢ふ　ハンターら

（「寒雷」01年4月）

新潟三湖合計

水辺の鳥13種　山野の鳥8種

２００１年１月〜12月
新鳥種合計２種
　水辺の鳥０　山野の鳥２種
観察地合計　30箇所
東京都内11箇所（東京港野鳥公園
　７回、葛西臨海公園２回、不
　忍池１回、内川河口１回）
東京都外19箇所（甲斐大泉８回、
三番瀬３回、六郷河口２回、
城ヶ島１回、京都宇治１回、
茅野１回、熱海真鶴１回、北
海道旭岳・サロマ湖１回、淡
路・四国１回）

１月６日（土）東京港野鳥公園　晴
淡水池　ホシハジロ１００、キンクロハジロ、ヒドリガモ、オナガガモ、オオバン、カイツブリ、カワウ、コガモ、コサギ／ハシブトカラス、オオタカ、ハクセキレイ、スズメ
潮入りの池　カワウ多数、キンクロハジロ、ホシハジロ
二号小屋　カワウ、タシギ
生態園　キジバト、ヒヨドリ、オナガ、カラスｓｐ
水辺の鳥10種　山野の鳥７種

２月４日（日）立春　六郷河口　曇
六郷土手、中ノ島　**ユリカモメ多数**、ヒドリガモ10、キンクロハジロ、ホシハジロ、カルガモ、アオサギ、カワウ
大師橋側の入り江　ユリカモメ、オオセグロカモメ
河口へ　スズメ多数、ムクドリ、ハクセキレイ、ツグミ、トビ、チュウヒ、オオジュリン、ヒヨドリ、タヒバリ、ホオジロ、カラスｓｐ／ヒドリガモ10、マガモ、コガモ、オナガガモ
戻りの土手　ジョウビタキ
水辺の鳥12種　山野の鳥11種

２月10日（火）快晴
三番瀬船橋海浜公園
浜辺　ハマシギ多数、**ミヤコドリ10〜38**、シロチドリ、オオセグロカモメ、オナガガモ、ダイゼン／ミサゴ、ハクセキレイ、ヒバリ、ヒヨドリ、オオジュリン、メジロ、ムクドリ、ハシボソガラス、キジバト、ツグミ、ホオジロ、スズメ
パラグライダーが飛んで鳥が飛び去る。後で飛ばさなくなって鳥が戻る。
突堤　**ヒドリガモの群**、ダイゼン、シロチドリ、トウネン、ハジロカイツブリ、キンクロハジロの群、**スズガモの群**、ミヤコドリ遠し
水辺の鳥11種　山野の鳥12種

3月21日（水）晴
葛西臨海公園　11：40〜
ガラス舎　スズガモの大群、カワウ多数、ハマシギ、オオセグロカモメ
発着所前の芝生　ムクドリ、ウグイス、スズメ
浜（昼食）　ハジロカイツブリ、ヒドリガモ、ユリカモメ、カンムリカイツブリ
観測所　セイタカシギ10、コガモ、タシギ、ゴイサギ、オナガガモ、カルガモ、ミコアイサ、バン／ドバト
センター・池　ダイサギ、ホシハジロ、キンクロハジロ、ハシビロガモ、オオバン、カイツブリ／ハクセキレイ、ヒヨドリ、ツグミ、ハシブトカラス、ハシボソカラス、オナガ
クロツラヘラサギは病気で多摩動物公園へ引き取られたと。
水辺の鳥23種　山野の鳥10種

3月31日（土）曇後晴又雪　甲斐大泉
甲府、昨夜昨年来の雪。寒し。
山荘、井富湖付近　ケラの声、ゴジュウカラの声、ホオジロ地鳴き、キジバト

4月1日（日）甲斐大泉　晴
昨夜零下8度まで下がり鳥動かず。
山荘・井富湖付近　雪道8：50〜9：30　ルリビタキ、シジュウカラ、コガラ、ゴジュウカラ
帰り道
表坂駅　一之君の車　みどり湖　キンクロハジロ、ホシハジロ、シジュウカラ
水辺の鳥カモ類3　山野の鳥8種

4月4日（水）不忍池の夜桜見物
土方歳三展を松坂屋でみた後
不忍池　キンクロハジロ、ホシハジロ、オナガガモ、ハシビロガモ、マガモ、カイツブリ、ユリカモメ、カワウ
上野の森　ハシブトカラス、ツバメ（初）
水辺の鳥8種　山野の鳥6種

4月10日（火）城ヶ島行き　晴
9：45川崎発三崎口11：45発城ヶ島
行白秋碑入り口で降車
赤羽断崖　ウグイス、ヒバリ、トビ10+、ウミう、ツバメ、カラスsp、スズメ／ウミウ多数、ヒメウ
断崖下の砂浜　トビ、イソヒヨドリ、カラスsp、ハクセキレイ／ウミウ
崖上の浦道
バス停・港14：00発三崎口〜15：00発川崎へ　ウミネコ／トビ、ジョウビタキ

春の鳶憩う崖浜恋の笛
（「寒雷」01年7月）

水辺の鳥3種　山野の鳥9種

4月14日（土）甲斐大泉
八代町のふるさと公園の桃見物

石和（無料バス）20分～八代町　ヒヨドリ、カワラヒワ、ツバメ、イカル、ムクドリ、スズメ、カラスsp、トビ

笛吹川　キンクロハジロ、ホシハジロ、コサギ

桃見バス帰りは野山も身も霞む

（「寒雷」01年7月）

井富湖付近　5：20～　ヤマガラ、コガラ、ゴジュウカラ、シジュウカラ

水辺の鳥3種　山野の鳥19種

4月15日（日）甲斐大泉　晴

朝の散歩　コガラ、ゴジュウカラ、ウグイス、アカゲラ、カワラヒワ、キセキレイ、アオジ、ツグミ、シジュウカラ、コガラ

水辺の鳥0　山野の鳥9種

4月20日（金）

城南島海浜公園・東京港野鳥公園

城南島公園　カラスsp、カワラヒワ、ヒヨドリ、ツグミ、ムクドリ、ヒバリ、ツバメ／カワウ、キンクロハジロ

貝採れず

淡水池　オオルリ、メジロ、ハシボソガラス、カラスsp、ムクドリ、スズメ／カイツブリ、ヒドリガモ、カルガモ、オカヨシガモ、ハシビロガモ、ホシハジロ、キンクロハジロ、オオバン、ダイサギ、コサギ

センター池　カワウ200、ユリカモメ20、キンクロハジロ、ダイサギ、コサギ、アオアシシギ、イソシギ、メダイチドリ、カイツブリ12、カルガモ

第二小屋　ツグミ、カワラヒワ、スズメ、シジュウカラ

水辺の鳥16種　山野の鳥12種

4月22日（土）六郷河口　曇り後晴

川崎～バス～殿町3丁目（河口近く）

土堤を河口へ　ユリカモメ1千、カワウ、ハマシギ群、ヒドリガモ、キンクロハジロ、メダイチドリ、コサギ、ウミネコ／オオヨシキリ、ヒヨドリ、ツグミ、カワラヒワ、スズメ、ムクドリ

水辺の鳥8種　山野の鳥7種

5月3日（木）甲斐大泉　雨後曇

栖雲寺・景徳院～日川畔～バス～駅

栖雲寺　ウグイス

景徳院（武田勝頼の墓所）　アカゲラ、ウグイス、カワラヒワ、メジロ、ハクセキレイ

日川畔　ウグイス、ヒヨドリ、スズメ、セグロセキレイ

甲斐大泉山荘周辺　朝2時間の散歩　アオジ、ウグイス、キビタキ、イカル

午後　オオルリ、イカル、キビタキ、ウグイス、ゴジュウカラ、シジュウカラ、ヒヨドリ、カラスsp

花：ひとりしずか　桜草咲く

井富湖付近　メジロ、カワラヒワ、シジュウカラ

5月4日（金）甲斐大泉

座禅草なし

山荘周辺7：50～8：50　イカル、ウグイス、カラ類、エナガ、ケラ類、ツツドリ、キビタキ、ゴジュウカラ、センダイムシク

イ、サンショウクイ、シジュウカラ、メジロ、カワラヒワ、ハクセキレイ、キジバト、ムクドリ
みどり湖　カイツブリ、ホシハジロ、オカヨシガモ
甲斐大和・甲斐大泉合計
水辺の鳥3種　山野の鳥18種

5月11日（木）晴　東京港野鳥公園
淡水池　ツバメ、カラスsp、ヒヨドリ、オオヨシキリ、シジュウカラ、メジロ、カワラヒワ、スズメ、ムクドリ／カルガモ、キンクロハジロ、コガモ、オカヨシガモ、カワウ、バン、カイツブリ、ヒドリガモ、ユリカモメ
潮入りの池　セイタカシギ、キアシシギ、カワウ、ユリカモメ、ダイサギ、コサギ、アオサギ、アマサギ、ハマシギ、コチドリ、チュウシャクシギ、カルガモ
二号小屋　チュウシャクシギ、カルガモ、カワウ、コアジサシ

茅花入れ抜き足の鷺撮り損ず
（「寒雷」01年8月）

水辺の鳥20種　山野の鳥9種

5月17日（木）晴　東京港野鳥公園
9：15発タクシー
淡水池　キンクロハジロ、カルガモ、ダイサギ、コサギ、アオサギ、カイツブリ、コアジサシ、ユリカモメ
潮入りの池　カワウ、キアシシギ、ハマシギ、トウネン、コアジサシ、チュウシャクシギ
二号小屋　コアジサシ、セイタカシギ、チュウシャクシギ、キョウジョシギ、キアシシギ、ハマシギ30、メダイチドリ、アオサギ、ダイサギ、カルガモ、カワウ、カイツブリ／メジロ、シジュウカラ、スズメ
水辺の鳥14種　山野の鳥10種

5月19日（土）京都・竜谷大（学会）行

師団跡とふ学舎の裏や藪蚊打つ
（「寒雷」01年9月）

5月20日（日）京都・竜谷大（学会）
本田君と
深草～渡月橋　向島～京都（近鉄）
宇治川左岸　ツバメ、ムクドリ、セッカ、ウグイス、オオヨシキリ
向島周辺　ムクドリ、ツバメ、スズメ

花あうち宇治の左岸を歩みだす
（「寒雷」01年9月）

蕪村うたひし殿河や葦切り　天へ鳴く
（「寒雷」01年9月）

山野の鳥7種

5月23日（水）雨　走り梅雨
甲斐大泉　山荘付近　ウグイス、カラ類、メジロ、オオルリ、サンショウクイ
中央線沿線　カモ類／ツバメ、スズメ

れんげつつじ、山ほうし、藤　咲く

5月24日（木）雨　甲斐大泉

山荘の朝　キビタキ、ウグイス、キジ、オオルリ、サンショウクイ、サンコウチョウ、ホトトギス（繁子聴く）、カッコウ、ホオジロ、キジバト、コガラ、シジュウカラ、アカゲラ、コルリ、ヒヨドリ、カワラヒワ、メジロ

（登見る）　コゲラ、キジ

小淵沢駅　アオサギ／ツバメ

水辺の鳥2種　山野の鳥21種

6月24日（日）曇　東京湾野鳥公園
13：30着15：45発

淡水池　ツバメ、オオヨシキリ、セッカ、キジバト、シジュウカラ、メジロ／カイツブリ、カワウ

潮入の池　セイタカシギ、ダイサギ、アオサギ、カルガモ10、ウミネコ、カワウ50

二号小屋　コアジサシ、カルガモ、コサギ、ダイサギ／ムクドリ、カラスsp、スズメ、ヒヨドリ

水辺の鳥9種　山野の鳥10種

6月26日（火）曇　北海道旭岳、佐呂間湖行き　羽田～旭川空港　旭川～旭川温泉　旭岳山麓駅～ロープウェイ～姿見駅　えぞ松荘泊

温泉駅付近　ウグイス、カラスsp、ハクセキレイ

姿見平・第1・第2・第3展望台　ノコマ、アオジ　はい松の雪道

第4・姿見・第5展望台　ギンザンマシコ、アオジ　姿見池積雪

宿付近　アカハラ、ツツドリ、ウグイス

紅の喉これ見よがしにノゴマ鳴く
（「寒雷」01年10月）

雪渓の上り苦にせずノゴマ見て
（「寒雷」01年10月）

6月27日（水）北海道旭岳、佐呂間湖行　えぞ松荘泊

宿付近の朝　キビタキ、アカハラ、ウグイス、ツツドリ

姿見池へ・右周り　ノゴマ、ビンズイ、ルリビタキ、アオジ　旭岳頂上見ゆ、宿で昼食後昼寝

天女が原湿原　ツツドリ、ウグイス、クマゲラ、ミソサザイ、ヒガラ

えぞはる蝉鳴く　みずばしょう

湿原下る　ツツドリ、ヒガラ、ルリビタキ、アカハラ、ミヤマカケス、ミソサザイ

宿　キビタキ　きたきつね駐車場に

6月28日（木）佐呂間湖　宿～バス～旭川～石北線～遠軽～バス～中湧別～バス～佐呂間～タクシー～浜佐呂間　常呂町栄裏・湖畔の宿泊

宿付近　ニュウナイスズメ、ホトトギス、キビタキ、ツツドリ、ウグイス、カラスsp、トビ、カワラヒワ、ハクセキレイ、アカハラ、ベニマシコ、アオジ

中湧別から佐呂間・サロマ湖展望台　アオサギ／トビ

栄浦・ワッカ原生花園　ノビタキ、コヨシキリ、オオジュリン、ノゴマ

馬車で花園見学　はまなす、ひおうぎ

あやめ、えぞぜんていか
栄浦民宿　サロマ湖の夕日、火星を見る

オホーツクの涼気や馬車行く　百合の原
（「寒雷」01年11月）

入日遅きサロマやアイヌ　裔なきや
（「寒雷」01年11月）

6月29日（金）曇後雨　佐呂間湖
栄浦～網走～女満別空港～羽田
サロマ湖（センター）　シマアオジ、ノゴマ、コヨシキリ、ビンズイ、ハクセキレイ、ノビタキ、トビ／アオサギ
栄浦バス停～　カケス、カワラヒワ、ハクセキレイ、スズメ、カラスｓｐ
旭岳・サロマ湖行合計
水辺の鳥1種　山野の鳥34種

7月15日（日）晴　甲斐大泉行き
韮崎駅　ツバメ
沿線かんぞうの花咲く
大泉から山荘　センダイムシクイ、コルリ、オオルリ、ウグイス
山荘　キジバト、カッコウ、キビタキ、アカハラ、ヒヨドリ、ウグイズ、カラスｓｐ
夕方体調不良で散歩せず　蝉鳴く

7月16日（月）晴　甲斐大泉
山荘周辺朝4時～　ホトトギス、アオジ、キビタキ、ヒガラ、コガラ、カッコウ、アカハラ、ウグイス
昼ベランダにオオムラサキ飛来
山荘の昼　キビタキ、ホオジロ、アカゲラ

7月17日（火）雨後曇　甲斐大泉
山荘周辺　サンショウクイ、オオルリ、キジ、ヒヨドリ、キビタキ　蝉鳴く
井富湖周辺9：10～9：40　カラ類、ホオジロ、ホオアカ、キビタキ、ウグイス、キジバト
小淵沢駅　ツバメ、オナガ、ハシボソカラス、ハシブトカラス
大泉合計　山野の鳥24種

7月31日（火）甲斐大泉　晴猛暑
夕立
韮崎駅　ツバメ　小海線　トビ
大泉駅～山荘　ウグイス、アオジ、ハシボスカラス、ヒヨドリ
山荘付近散歩16：30～　ケラ類、キビタキ、キジバト　ふしぐろせんのう咲く
夕立　蝉夕立の中でも鳴く

8月1日（水）晴夕立　甲斐大泉
井富湖付近　ホオジロ
清里へ浜田邸訪問　山県、小介川氏も来る。ケラの声、浜田氏に行きも帰りも送迎される

8月2日（木）甲斐大泉
山荘付近7：30～8：50　キビタキ
ふしぐろせんのう咲く、じゃのめちょう飛ぶ。
湖畔・巨木の水辺　おだからこう　めだからこうの花
山王の家盗難（馬の彫刻・宝石など）
大泉・清里合計　山野の鳥11種

9月2日（日）晴　東京湾野鳥公園
葛咲く、香りも
淡水池　カルガモ50、イソシギ、コサギ、ダイサギ、カイツブリ、ゴイサギ、チュウサギ／オオヨシキリ、スズメ、カラスsp
センター池　セイタカシギ10、キアシシギ、アオシギ10、メダイチドリ、カワウ、ウミネコ
第二小屋　カワウ、ダイサギ、コチドリ、アオサギ、ウミネコ
第一小屋　カルガモ、イソシギ／ハクセキレイ
水辺の鳥15種　山野の鳥4種

9月11日（火）台風雨　多摩川溢れそう。ニューヨーク巨大ビルに飛行機つっこみ倒壊。
曼珠沙華強し巨大ビル脆く
（「寒雷」01年12月）

9月18日（火）晴暑し　東京湾野鳥公園　芦茂る葛終わりかけ
淡水池　カルガモ30、コサギ、ウミネコ、セイタカシギ／カラスsp、スズメ、キジバト、ヒヨドリ
センター池　セイタカシギ15+、カワウ、アオアシシギ、カルガモ10+、アオサギ
鯔跳ねる
第二小屋　カワウ、セイタカシギ
鶺遠く降り秋風の覗き窓
（「寒雷」01年12月）
水辺の鳥8種　山野の鳥4種

9月21日（金）不忍池
谷中墓参後

9月23日（日）快晴　甲斐大泉行
富士、南ア、八ヶ岳よく見ゆ
井富湖周辺16：00～　イワツバメ、キジバト、カラスsp、カラ類　栗、胡桃拾う

9月24日（月）快晴　清里
山荘周辺　ゴジュウカラ、アカゲラ、キジ、ヒヨドリ、シジュウカラ　栗拾い
清里キッズメドウズ　カケス、カラスsp
まつむしそう咲く　邯鄲聴く
11：30～13：25　ヤマガラ

9月25日（火）晴　甲斐大泉
山荘付近　ヒヨドリ　大泉駅へ　犬ミューついてくるも小池の店まで

甲斐大泉23日～25日合計　山野の鳥12種

10月2日（火）快晴　葛西臨海公園

昨日の豪雨の後フェーン気味

ガラス館　カワウ数百、アオサギ、ウミネコ

海浜　ウミネコ　貝拾いに聞くも答えず

池　セイタカシギ12、ダイサギ、アオアシシギ、バン、キアシシギ、カワウ、ウミネコ、ダイサギ、アオサギ、コサギ、カイツブリ／オナガ、カラスsp、ヒヨドリ、スズメ、モズ、ハクセキレイ

鵙は去り小さき一声牛蛙

（「寒雷」02年1月）

水辺の鳥12種　山野の鳥7種

10月21日（日）茅野市尖石遺跡　曇時々雨

茅野駅～タクシー～尖石考古館

考古館　オナガ、カラスsp、ヒヨドリ、ハクセキレイ

茅野駅～小淵沢～大泉17：30日暮れで暗くなり山荘にようやく着く

10月22日（月）薄曇後雨　甲斐大泉

井富湖付近7：15～　ヒヨドリ、カラスsp、カケス、アカゲラ

落下した溝に丸太架かる3年後。それを渡ってがたがた道へ。

小淵沢駅　ホオジロ

邯鄲の人過ぎるとき息凝らす

（「寒雷」02年1月）

茅野・大泉合計　山野の鳥8種

11月10日（土）雨　熱海

旧養育院職員グループ。安藤氏の車、繁子と松永氏同乗。真鶴で昼食、閉鎖した伊豆山老人ホーム

熱海かすみ荘泊

真鶴原生林　ヒヨドリ、カラスsp、メジロ、アカゲラ、トビ

中川一政美術館

一政の魚がしぐるる森にいて

（「寒雷」02年2月）

11月11日（日）快晴　熱海かすみ荘～大磯・湘南平・花木川～東京

湘南平　ヒヨドリ、トビ　富士見え眺望よし

花木川　マガモ、オナガガモ、カルガモ、ホシハジロ、ユリカモメ50、コサギ／ハシブトカラス多数、ハシボソカラス

熱海行合計

水辺の鳥6種　山野の鳥7種

11月16日（金）宮前平葬儀場

小学校諸沢先生通夜・葬儀

11月22日（木）快晴　三番瀬・船橋
海浜公園　船橋10：00

海浜　ミヤコドリ60＋、ハマシギ、ダイゼン、シロチドリ、スズガモ大群、コサギ、ウミネコ、ウミウ、カルガモ、ムナグロ、ミユビシギ、ミヤコドリの声聞く／ハクセキレイ、ヒヨドリ、ジョウビタキ、スズメ

水辺の鳥11種　山野の鳥4種

12月3日（月）晴　三番瀬行き

桜井佳代子さん来る

海浜　ハマシギ多数、ダイゼン、シロチドリ、ミユビシギ／ハクセキレイ、ヒヨドリ

海浜（市川寄り）　ミヤコドリ30（桜井さんにミヤコドリが来ないので詫びたがやがて出てきた）、コサギ、アオサギ、カワウ、カルガモ／カラスsp、ウグイス、スズメ

堤防　キンクロハジロ、アカエリカイツブリ、カンムリカイツブリ、ハマシギ、オナガ、タヒバリ

三番瀬残るか群鳴くミヤコドリ
（「寒雷」02年3月）

水辺の鳥17種　山野の鳥6種

12月15日（土）晴　淡路・四国行

新幹線神戸～西明石～舞子～北淡IC～震災記念公園前～福良

震災公園前　ウミネコ、ユリカモメ、トビ

福良港　ユリカモメ、トビ

南淡路ロイヤルホテル泊

12月16日（日）晴　鳴門・吉野川

南淡路IC～鳴門公園～吉野川

東急徳島ホテル泊

南淡路IC　メジロ、ヒヨドリ

鳴門公園　ヒヨドリ、ハシブトカラス、ハシボソカラス、トビ／カワウ、カモメsp

鳴門の渦潮

ドイツ館　ヒヨドリ群

霊山寺　ドバト

吉野川第十堰　カラスsp、アオサギ、コサギ、カワウ　ほていそう

吉野川河口　ユリカモメ、アオサギ、ヒドリガモ、カルガモ、オシドリ、マガモ、ダイゼン、シロチドリ／アオジ、ハクセキレイ

15時東急インで金山氏も来る～会話

冬の鷺踏む堰緩く水ゆけり
（「寒雷」02年5月）

堰残すべしと枯河原戻りつつ
（「寒雷」02年5月）

12月17日（月）徳島～日和佐～宍喰
曇後雨

ホテルリベラ宍喰泊

徳島城公園7：10～9：05　モズ、ハクセキレイ、ハシボソカラス

徳島9：43～10：36着　日和佐　日和佐薬王寺～日和佐川（タクシー）

日和佐川　ヒドリガモ、カルガモ、アオサギ、コサギ、マガモ／トビ

日和佐12：14～海部～宍喰13：00

宍喰海中観光船　アオサギ
　すずめだい、はりせんぼん、ちょうちょううお

12月18日（火）室戸岬行
宍喰～甲浦～室戸～高知～羽田

ホテルの脇の池8：10　コサギ、ウグイス、アオジ、ヒヨドリ／アオサギ
甲浦漁港9：00
甲浦駅　カラスsp、ヒヨドリ、トビ
テープの脅し銃。おばさんがポンカンの説明。

　銃撃音猪いると婆土佐訛
（「寒雷」02年3月）

甲浦～室戸9：59～10：56
室戸～タクシー～最御崎寺（ほつみさきじ）・灯台　ヒヨドリ、メジロ、カラスsp

　室戸師走鯨となれば語り出す
（「寒雷」02年4月）

室戸岬・遊歩道13：00～　ウグイス、メジロ、トビ（鳥柱）／オオセグロカモメ、イソヒヨドリ
室戸14：22～高知16：22　眼鏡と写真機忘れる
淡路・徳島・高知行き合計
水辺の鳥15種　山野の鳥14種

トビの鳥柱

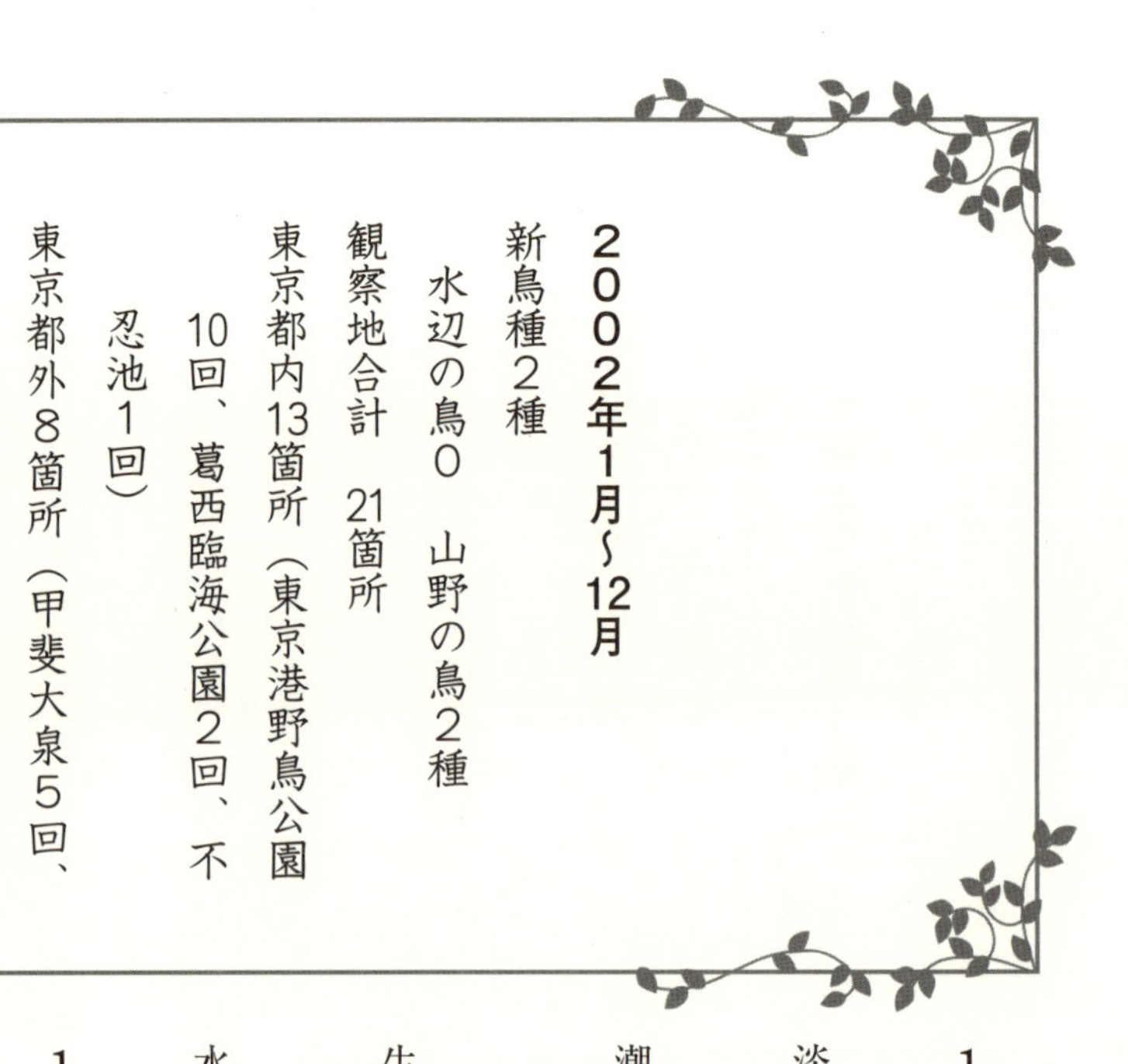

2002年1月～12月

新鳥種2種
　水辺の鳥0　山野の鳥2種
観察地合計　21箇所
東京都内13箇所（東京港野鳥公園10回、葛西臨海公園2回、不忍池1回）
東京都外8箇所（甲斐大泉5回、三方敦賀芦原1回、草津浅間1回、八丈島1回）

1月4日（金）晴　東京港野鳥公園

11：40着タクシー
淡水池　ホシハジロ多数、キンクロハジロ、コサギ、カイツブリ／トビ、オナガ、ハシブトカラス、ツグミ、シジュウカラ
潮入りの池　アオアシシギ、イソシギ、カワウ多数、オオバン、カルガモ、キンクロハジロ、ホシハジロ多数、オオバン、アオサギ、ユリカモメ／ハクセキレイ
生態園　ホシハジロ20、オカヨシガモ、カルガモ、キンクロハジロ、ヨシガモ／キジバト、ヒヨドリ、オナガ、カラスsp
水辺の鳥15種　山野の鳥10種

1月15日（火）晴　葛西臨海公園

10：30公園駅着
ガラス館　スズガモ大群
東海岸　ヒドリガモ、マガモ、オナガガモ、カンムリカイツブリ、ユリカモメ10+
浜辺　スズメ、ドバト／ユリカモメ
観察舎　アオサギ、ユリカモメ、コサギ10、コガモ20、ホシハジロ多数、カワウ／ツグミ、タシギ、カラスsp、アオジ、ヒヨドリ、スズメ、ウグイス、メジロ、トビ、オナガ、タカsp

雪解けの田鴫や突きに突き漁る
（「寒雷」02年6月）

水辺の鳥12種　山野の鳥14種

2月8日（金）不忍池　快晴

芸大美術館の後
不忍池公園　ユリカモメ、（池の上島柱）、カイツブリ、キンクロハジロ、オナガガモ、ホシハジロ、ハシビロガモ、マガモ、カルガモ、ヒドリガモ、アカエリカイツブリ／ハシブトカラス、スズメ、ヒヨドリ、メジロ
園舎の中　ヨシガモ、オシドリ、リュウキュウガモ、ツクシガモ、ショウジョウトキ

川端竜子展二句

リュック負い河童の遠足潜水泳
（「寒雷」02年6月）

春渦潮変じ竜浮く目が二つ
（「寒雷」02年6月）

水辺の鳥12種　山野の鳥4種

2月26日（水）薄曇　東京港野鳥公園　11：40着

淡水池　ホシハジロ多数、ハシビロガモ、キンクロハジロ、オオバン、バン、カイツブリ／カラスsp、ムクドリ

センター池　カワウ、オオバン、アオアシシギ、ユリカモメ、コサギ、アオサギ／カラスsp

生態園　ハクセキレイ、ヒヨドリ、ムクドリ、ツグミ、カワラヒワ、シジュウカラ、ツグミ／ホシハジロ、ハシビロガモ

梅咲く。べにばなまんさく、さんしゅゆ咲く。

水辺の鳥12種　山野の鳥10種

3月28日（木）東京港野鳥公園　晴

野鳥公園　ツグミ、ムクドリ、スズメ10、タカsp

淡水池　ツバメ、ヒヨドリ多数、ハシブトカラス多数／キンクロハジロ、ホシハジロ、ヒドリガモ、オカヨシガモ、カルガモ、オオバン、ダイサギ、アオサギ、カワウ

花：あしび、れんぎょう、しでこぶし咲く

センター池　コサギ、アオサギ、カモメ、ウミネコ、セグロカモメ、ヒドリガモ、オオバン、カイツブリ

第二小屋　カモメ、ユリカモメ、ヒドリガモ

生態園　オナガ、カルガモ、オカヨシガモ／モズ、ツグミ

おたまじゃくしとめだかを見た。

　蝌蚪（かと）ら尾を振る話は背向け聞き　（「寒雷」02年7月）

水辺の鳥15種　山野の鳥10種

4月6日（土）甲斐大泉　晴後曇

小淵沢駅　ツバメ多数

井富湖付近　ゴジュウカラ、コガラ、シジュウカラ、ケラ類、カラスsp

花：ざぜんそう　あずまいちげが白木の下に咲く

　坐禅草孫は泥土を跳ねゆけり

4月7日（日）甲斐大泉　曇

朝の山荘周辺　ゴジュウカラ、シジュウカラ、コガラ、アカゲラ、コゲラ、ウグイス、キジバト、カケス、ハクセキレイ、アオジ、ヤマガラ、ヒヨドリ、エナガ

藤森さんのうちの片栗の花咲く

日野春駅　イワツバメ

一之君の車で日野春駅まで

神代桜周辺　ヒヨドリ、カラスsp、スズメ、キジバト

　高原駅燕長鳴く始終聞く　（「寒雷」02年7月）

大泉等合計　山野の鳥23種

4月18日（木）晴　三方五湖行

新幹線米原～三方　水月花泊

三方駅　ハクセキレイ、ウグイス、ヒヨドリ、ツバメ

常神　ウミネコ、トビ

護岸堤の先で二人海へ転落。

三方海山　アカハラ、トビ

海で濡れた衣服を宿で洗濯。

赤腹やコインランドリーある宿に

（「寒雷」02年8月）

小鳥引く山沿い海を恋ふる旅

（「寒雷」02年8月）

4月19日（金）晴　気比・芦原

三方～敦賀～福井～バス～芦原

芦原温泉　芦原荘泊

宿の朝　ツバメ、トビ、スズメ、カラスsp、キジバト、ウグイス、ホオジロ、ヒヨドリ

（海山）　カワラヒワ、ツグミ、シジュウカラ、ハクセキレイ／キンクロハジロ

三方駅　スズメ、ツバメ

敦賀・気比の松原　トビ、ウミネコ、カワラヒワ

気比神宮　トビ、ヒヨドリ

鯖江で眼鏡製作

福井からバスで芦原温泉

4月20日（土）晴　芦原温泉

観光バス　福井～敦賀～東京

宿の朝　スズメ、カラスsp、ハクセキレイ

龍谷寺　ハクセキレイ、ウグイス、カラスsp

東尋坊　ウミネコ、ウミウ／ハクセキレイ、スズメ、ウグイス

丸岡城、越前竹人形の里

永平寺　ムクドリ、ツバメ

一乗谷　アオサギ／カケス

朝倉館　アオサギ

門一つ残り青鷺衛士のごと

（「寒雷」02年9月）

敗亡の城址や野花の春深し

（「寒雷」02年9月）

北陸線福井・敦賀間　ケリ

三方敦賀芦原合計

水辺の鳥9種　山野の鳥19種

4月29日（休）晴　東京港野鳥公園

12時過ぎ着タクシー

いそしぎ橋　シジュウカラ、ツバメ、ヒヨドリ

淡水池　食用蛙鳴く、タシギ14、カラスsp、ツバメ、キジバト、ウグイス／コガモ、カルガモ、オオバン、バン、カイツブリ、アオサギ、ダイサギ、カワウ、ユリカモメ、キンクロハジロ、チュウシャクシギ、セイタカシギ

センター池　アオアシシギ、カワウ、ウミネコ、アオサギ、コアジサシ、キンクロハジロ、カルガモ、オカヨシガモ

第二小屋　カワウ、カルガモ、メダイチドリ、イソシギ、コチドリ、アオアシシギ

水辺の鳥19種　山野の鳥7種

5月4日（土）甲斐大泉　曇

小淵沢　ツバメ

キッズメドウ・清里　ウグイス、ケラ類、ツグミ、トビ、カラスsp、カラ類
大泉〜山荘　カラスsp、ウグイス、ヒヨドリ、コガラ
山荘付近17：40〜19：20　ウグイス、カラスsp、ヒヨドリ、アカハラ、キビタキ、ケラ類

花：ひとり静咲く

5月5日（日）甲斐大泉　曇

山荘の朝　アカハラ、カラスsp、センダイムシクイ
井富湖周辺　カケス、ウグイス、センダイムシクイ、カラ類、キビタキ、アオジ、カワラヒワ、ホオジロ、コルリ、キビタキ、オオルリ、ケラ類、キセキレイ、ハクセキレイ、ビンズイ、サンショウクイ、トビ、キジバト
甲川べり　オオルリ、キジの声
大泉合計　山野の鳥25種

5月14日（火）東京港野鳥公園　晴

淡水池　オオヨシキリ、ハシボソカラス、カラスsp、ツバメ、スズメ、ヒヨドリ多数、カワラヒワ、コゲラ、ヒバリ／カイツブリ、カルガモ、オカヨシガモ、オオバン、バン、コサギ
センター池　アオアシシギ、キアシシギ、チュウシャクシギ、コチドリ、メダイチドリ、ダイサギ、アオサギ、コアジサシ、カイツブリ、カワウ、ユリカモメ、キンクロハジロ、ダイサギ、コサギ、カルガモ
第二小屋　カワウ、コアジサシ、カルガモ、チュウシャクシギ、キアシシギ、ソリハシシギ、コチドリ／オナガ、ムクドリ、ツグミ、カワラヒワ、スズメ、シジュウカラ
水辺の鳥15種　山野の鳥13種

5月28日（火）東京港野鳥公園

淡水池　ツバメ、オオヨシキリ、カラスsp、スズメ、ヒヨドリ、ムクドリ／カワウ、カルガモ、オオバン、カイツブリ
センター池　カワウ、アオサギ、ダイサギ、チュウサギ、コチドリ、キアシシギ
第二小屋　ダイサギ、カルガモ、カワウ、キアシシギ、チュウサギ

舞い下りしチュウサギ引けり
　ダイサギ残し
（「寒雷」02年10月）

水辺の鳥9種　山野の鳥7種

7月7日（日）甲斐大泉行　曇

大泉駅〜山荘　サンショウクイ、キビタキ

7月8日（月）甲斐大泉　晴

山荘周辺　ホトトギス、キビタキ、ウグイス、カッコウ、アオジ、ケラ類、キジバト、エナガ、カラ類、アカハラ、オオルリ、シジュウカラ、ゴジュウカラ、ホオジロ、カワラヒワ、スズメ、カラスsp
大泉合計　山野の鳥21種

8月4日（日）甲斐大泉　曇後雨

大泉駅から山荘で雷雨で濡れる。

散歩に出ず。

8月5日（月）甲斐大泉

山荘周辺　朝　ヒヨドリ、キジバト、アカゲラ

井富湖周辺　アオジ、シジュウカラ、コガラ、ヤマガラ、サギ類、アオサギ、スズメ、ウグイス、ホオジロ

駅周辺　ツバメ数十

大泉合計

水辺の鳥2種　山野の鳥9種

ヤマガラ
©T. Taniguchi

8月30日（木）東京港野鳥公園　晴

暑し13：30家出発～15：40発

野鳥公園　ぼらが時々飛び出す

淡水池　アオアシシギ、カルガモ、アオサギ、カワウ、**カワセミ**

潮入りの池　オオソリハシシギ、アオアシシギ、オバシギ、メダイチドリ、コチドリ、キアシシギ、セイタカシギ、ダイゼン、ムナグロ、カワウ、ウミネコ、ユリカモメ、ダイサギ、コサギ、アオサギ、カルガモハクセキレイ、ヒヨドリ、ムクドリ、スズメ、カラスｓｐ

二号小屋　オオソリハシシギ、アオアシシギ、メダイチドリ、コチドリ、キアシシギ、カイツブリ、カルガモ、カワウ、コアジサシ、カワセミ

水辺の鳥16種　山野の鳥7種

ダイサギ
©T. Taniguchi

9月13日（金）東京港野鳥公園　曇

淡水池　ダイサギ、コサギ、カルガモ、ハクセキレイ、カラスｓｐ

潮入りの池　カルガモ、オグロシギ、オオソリハシシギ、アオアシシギ、イソシギ、キアシシギ、ソリハシシギ、コチドリ、メダイチドリ、カワウ、オオバン

二号小屋　カルガモ、オオソリハシシギ14、セイタカシギ、カワウ、カイツブリ、シジュウカラ、スズメ、ムクドリ、カラスｓｐ、スズメ、ヒヨドリ

水辺の鳥15種　山野の鳥4種

9月15日（日）甲斐大泉

キッズメドウ大泉清里　ツバメ、カラスｓｐ、ヒヨドリ

9月16日（月）甲斐大泉

寒くて鳥の声少なし

山荘の朝　アカゲラ

山荘付近　ヒヨドリ、ゴジュウカラ、ヤマガラ、カケス、キジバト

大泉清里合計　山野の鳥8種

9月25日（水）東京港野鳥公園

13時着

淡水池　カルガモ／スズメ、カラスｓｐ、キジバト、ヒヨドリ

センター池　セイタカシギ、カワウ、コサギ、カワウ、カルガモ10＋、アオアシシギ、オグロシギ、オオソリハシシギ12、セイタカシギ、オオバン、アオサギ、ダイサギ、コサギ、ゴイサギ、カワセミ

第二小屋　カルガモ、イソシギ、ソリハシシギ、ウミネコ、カワウ、カイツブリ／カラスｓｐ

水辺の鳥15種　山野の鳥5種

10月6日（日）甲斐大泉行　快晴

富士、南ア、八ヶ岳よく見ゆ

井富湖周辺　イワツバメ、キジバト、カラスｓｐ、カラ類

10月7日（月）甲斐大泉　快晴

富士その他よく見ゆ

山荘周辺　ゴジュウカラ、アカゲラ、キジ、ヒヨドリ、シジュウカラ

栗拾い

キッズメドウ大泉清里　カケス、カラスｓｐ、ヤマガラ

まつむしそう咲く、鵯鵯聞く

大泉清里合計　山野の鳥11種

11月9日（土）草津行　曇後雪

関君のリゾート・マンション

草津　カラスｓｐ

11月10日（火）快晴　草津～嬬恋村～鬼押出し～北軽～横河～妙義湖・国民宿舎

妙義湖　オシドリ、カルガモ、マガモ／カラスｓｐ

草津合計

水辺の鳥3種　山野の鳥1種

きゃべつ村小春墓石の光り並ぶ

（「寒雷」03年2月）

12月5日（火）東京港野鳥公園　晴

暖かし　12時過ぎ着

淡水池　コガモ、オナガガモ、ホシハジロ、カルガモ、オカヨシガモ、キンクロハジロ、オオバン／ウグイス、キジバト、ハクセキレイ、カラスｓｐ

センター池　アオサギ、コサギ、カワウ、ヒドリガモ、カルガモ、コガモ、カイツブリ、イソシギ、オオバン

自然生態園　カルガモ、オカヨシガモ／ヒヨドリ、ウグイス、オナガ、カラスｓｐ、スズメ、トビ、モズ

水辺の鳥13種　山野の鳥9種

12月13日（金）葛西臨海公園

パンパスの大きな穂

ガラス館　ジョウビタキ
海辺　スズガモ、アカエリカイツブリ15、カンムリカイツブリ、ユリカモメ、カワウ、スズガモ大群／ウグイス、スズメ、ムクドリ
池　コサギ、アオサギ、ハマシギ、カルガモ、ホシハジロ、キンクロハジロ、コガモ、ヒドリガモ、オオバン、カイツブリ／カワセミ、キジバト、ヒヨドリ、カラスsp、メジロ
水辺の鳥15種　山野の鳥10種

12月15日（月）薄曇後雨　八丈島行

水平線泊　機内から三宅島見ゆ
八丈空港　モズ
大潟浦15時～16：30～南原　ヒヨドリ、イソヒヨドリ、カラス（ブトとボソ）

12月16日（火）八丈島

宿の朝　モズ、ヒヨドリ、スズメ
八丈植物公園9時　アカコッコ、ヒヨドリ、シジュウカラ
末吉・みはらの湯館12：00～うらみの港・やすらぎの港～中之郷　メジロ、ムクドリ

アカコッコがじゅまる冬樹の下走る

（「寒雷」02年3月）

八丈合計　山野の鳥12種

12月25日（水）三番瀬　晴

海辺　ハマシギ100+、ミユビシギ、シロチドリ、ダイゼン、オナガガモ、ヒドリガモ、ミヤコドリ、カケウ、（パラグライダー跳んでミヤコドリ去る）／オオジュリン、スズメ、ハクセキレイ、ヒヨドリ、キジバト、メジロ、カラスsp
堤防　ヒキリガモ、キンクロハジロ、ホシハジロ、スズガモ、カルガモ、ユリカモメ

2003年1月～12月

新鳥種合計4種
水辺の鳥0　山野の鳥4種
観察地合計　18箇所
東京都内10箇所（東京港野鳥公園6回、葛西臨海公園1回、目黒自然公園1回、飛鳥山公園1回＋1回）
東京都外8箇所（沖縄本島2回、高知宇和島1回、東北海道・羅臼・小清水・川湯1回、篠山、湖北・尾上1回、六郷河口1回、都留1回・伊豆石廊崎1回）

1月2日（木）浜離宮公園　晴

放鷹見学　離宮公園
鷹見学後　ユリカモメ、マガモ、ハシビロガモ、キンクロハジロ、オナガガモ、ホシハジロ、カイツブリ、カワウ／**タカsp**、カラスsp、トビ
水辺の鳥8種　山野の鳥3種

1月10日（金）二子多摩川兵庫島

世田谷美術館見学後
兵庫島　カルガモ、ユリカモメ／ムクドリ、スズメ、カラスsp、ムクドリ
水辺の鳥2種　山野の鳥4種

1月13日（月）東京港野鳥公園　晴
後曇　暖かし

淡水池　ホシハジロ、キンクロハジロ、サカヨシガモ、ハシビロガモ、コガモ、オオバン、バン／トビ、キジバト、ハシブトカラス、ツグミ、シジュウカラ
潮入りの池　カワウ、アオサギ、ダイサギ、コサギ、アオアシシギ、イソシギ／ハクセキレイ
水辺の鳥14種　山野の鳥6種

1月17日（金）三番瀬、船橋臨海公園　晴暖かし

海浜　ハマシギ、ダイゼン、シロチドリ、ミユビシギ、**ミヤコドリ10＋10**、ダイサギ、アオサギ、ユリカモメ、ウミネコ、オナガガモ、ヒドリガモ、スズガモ大群
突堤　オオジュリン、トビ、ハクセキレイ、ヒヨドリ／**アカエリカイツブリ**、キンクロハジロ、スズガモ、オナガガモ、ヒドリガモ、**ホオジロガモ**、ユリカモメ
水辺の鳥15種　山野の鳥6種

2月7日（金）快晴　三番瀬、船橋
臨海公園

海浜（市川側）　ミヤコドリ20＋20、チュウシャクシギ、ダイゼン20、ユリカモメ
海浜（舟橋側）　オオジュリン、ムクドリ、ヒヨドリ、メジロ、**チュウヒ**、ハクセキレ

イ、スズメ、カラスsp／ダイゼン、ハマシギ、ミユビシギ、シロチドリ、**スズガモ大群**、カワウ
突堤　キンクロハジロ、スズガモ、ヒドリガモ、**アカエリカイツブリ**、カンムリカイツブリ、オナガガモ、コガモ
水辺の鳥17種　山野の鳥8種

2月8日（土）荏原神社　曇
目黒川　カワウ800
寒桜五分咲き
悼むY先生
開けしままの棺に冬百合捧げ摘む　（「寒雷」03年5月）
立春や若き師の意気古き句誌に　（「寒雷」03年5月）

2月27日（木）立会川
ぼら大発生のニュースで出かけたが、ぼらはいなかった。
立会川　カワウ、オナガガモ、ユリカモメ、オナガガモ、キンクロハジロ
水辺の鳥6種

3月14日（金）城ヶ島行　薄曇
ホステル前の笹薮　ウグイス、トビ、ヒヨドリ、シジュウカラ、オナガ
赤羽断崖　**ウミウ多数**／ホオジロ、トビ
崖下砂浜　ウミネコ、ウミウ／トビ、ハクセキレイ、**イソヒヨドリ**
灯台へ崖上の水仙の道　メジロ、**ジョウビタキ**、ツグミ、カワラヒワ
崖の端の霞まず残る海鵜佇つ　（「寒雷」03年6月）
三月十日忌いまも孤老の語らぬと　（「寒雷」03年6月）
水辺の鳥2種　山野の鳥11種

3月21日（金）東京港野鳥公園
淡水池　キンクロハジロ多数、ホシハジロ多数、オカヨシガモ、オオバン、カイツブリ／シジュウカラ、カラスsp、トビ
センター池　カワウ、オオバン、アオアシシギ、オオバン、バン、カイツブリ、ヒドリガモ、カワウ、ユリカモメ、コサギ、アオサギ／カラスsp
第二小屋　オカヨシガモ
生態園　オカヨシガモ、ホシハジロ／ヒヨドリ
花：梅、さんしゅ
俺も撮れと牛蛙の子のつと動く　（「寒雷」03年7月）
K先生墓石小さきも岸人坐りて語り合えるベンチにと大き石残せり。
丁子咲く墓前に据えたり座談石　（「寒雷」03年7月）
水辺の鳥2種　山野の鳥15種

コサギ
©T. Taniguchi

3月22日（土）甲斐大泉行　曇後雪

散歩中止

3月23日（日）甲斐大泉　快晴

山荘付近（銀の道の餌台）　ヤマガラ、ゴジュウカラ、コガラ、シジュウカラ、ヒヨドリ、キジバト、アカゲラ、ケラ類、イカル、スズメ、ムクドリ、サンショウクイ

小淵沢駅周辺　ムクドリ、ノスリ、トビ、ツバメ　ハクセキレイ

春雪の峰神ありて近寄るか

四方津駅特急通過待ち燕来し

山野の鳥18種

4月4日（土）目黒・自然教育園

桜満開

池周辺　シジュウカラ、メジロ、カワラヒワ、スズメ、キジバト、ムクドリ、カラスsp／カルガモ、カイツブリ

桜満開、お玉杓子たくさん。

水辺の鳥2種　山野の鳥8種

4月11日（金）不忍池　晴

上野美大美術館見学後

池周辺　カラスsp、ヒヨドリ、オジロワシ、シジュウカラ、ムクドリ、ツバメ、スズメ／カワウ、ペリカン、ウミネコ、ユリカモメ、オナガガモ、キンクロハジロ、ホシハジロ、ヒドリガモ、ハシビロガモ、カルガモ、カワウ、タンチョウ、シジュウカラガン

水辺の鳥12種　山野の鳥7種

4月13日（日）甲斐大泉行　快晴

富士よく見える。

小淵沢駅　ツバメ

山荘付近　ゴジュウカラ

だんこうばい咲く

井富湖周辺　コガラ、シジュウカラ、キセキレイ、ヤマガラ、ゴジュウカラ／マガモ、アカハラ、ハクセキレイ、ヒヨドリ

4月14日（火）甲斐大泉

山荘の朝　ゴジュウカラ、コガラ、ヒガラ、ケラ類

栗鼠枯れ木の間。

井富湖付近　ハクセキレイ、キジ、シジュウカラ、ゴジュウカラ、コガラ、ヒガラ、イカル、ツグミ、アカハラ、カワラヒワ、スズメ、カラスsp

いまの母座禅草のごと子を抱くと

（「寒雷」03年8月）

大泉合計

水辺の鳥1種　山野の鳥22種

4月17日（木）東京港野鳥公園　晴

野鳥公園　ウグイス、ツグミ、ムクドリ、ツバメ、シジュウカラ、カワラヒ

淡水池　ツバメ、ツグミ、オナガ、カラスsp、スズメ／キンクロハジロ、ホシハジロ、コガモ、オカヨシガモ、カルガモ、オオバン、ダイサギ、アオサギ、カワウ、鷭

第二小屋　カワウ、ウミネコ、ユリカモメ、コサギ、アオサギ、アオアシシギ

自然生態園、おたまじゃくしとめだか多数。

花：山桜など

目高らの針のごとゆく蝌蚪の上

（「寒雷」03年8月）

水辺の鳥18種　山野の鳥11種

4月19日（土）甲斐大泉行

4月27日（日）区長区議会選挙

4月29日（火）晴　東京港野鳥公園・城南島

いそしぎ橋　シジュウカラ、ツバメ、ヒヨドリ

淡水池　コガモ、カルガモ、オオバン、バン、カイツブリ、アオサギ、ダイサギ、カワウ、ユリカモメ、キンクロハジロ、チュウシャクシギ、セイタカシギ、タシギ14／カラスsp、ツバメ、キジバト、ウグイス

食用蛙鳴く

センター池　アオアシシギ、カワウ、ウミネコ、アオサギ、コアジサシ、キンクロハジロ、カルガモ、オカヨシガモ

第二小屋　カワウ、カルガモ、メダイチドリ、イソシギ、コチドリ、アオアシシギ

水辺の鳥22種　山野の鳥8種

5月2日（土）六郷水門・六郷河口

かの音声杓鷸交るか川干潟

（「寒雷」03年8月）

水辺の鳥1種

5月3日（土）甲斐大泉　曇

山荘周辺16：30～　キジバト、コガラ、ヒヨドリ、ウグイス、カワラヒワ、シジュウカラ

花：一人静咲く

井富湖周辺　カラ類、キビタキ、ホオジロ、アオジ

ざぜんそう終わり、夜、星空の中北極星をもとに木星発見。

5月4日（日）甲斐大泉　晴

山荘の朝　キビタキ、キジバト、ウグイス、カッコウ、コゲラ、アカゲラ、オオルリ

山荘周辺　キジバト、ウグイス、コルリ、キビタキ、ゴジュウカラ、ツバメ

八ツ岳ビレッジ奥の別荘地　ウグイス、キジバト

さくらそう咲く。

井富湖付近　～8：45　キビタキ、シジュウカラ、コガラ、ウグイス、キジバト、カワラヒワ、ホオジロ、ハクセキレイ、センダイムシクイ、イカル、カケス、カラスsp、カルガモ

大泉合計

水辺の鳥2種　山野の鳥24種

5月7日（火）竜神高野行　雨

関西空港～空港線～日根野～田辺

丸井旅館泊

田辺バス停　ツバメ、スズメ

田辺～急行バス～西・竜神

竜神部落・元湯　ツバメ、イワツバメ、ヒヨドリ、スズメ
温泉寺〜丸井旅館
温泉宿　カラスｓｐ、ハクセキレイ、トビ、オオルリ、ツバメ、トビ

5月8日（水）竜神高野行　雨

竜神温泉〜護摩壇山〜高野山
高野山・光明院泊
宿の朝　オオルリ、ツバメ、ハシボソカラス
まんだら美術館〜竜神バス停〜スカイライン〜奥の院・中の橋案内所
スカイライン　ホオジロ、ハクセキレイ、ウグイス
護摩壇山バス停　カラ類、ウグイス
タワーに登れず
高野山・奥の院中の橋案内所〜かるかや堂前・光明院〜千手院前・金剛峰寺―金剛峰寺・頂上伽藍〜千手院前〜かるかや堂前〜光明院　ハクセキレイ

5月9日（木）竜神高野行

高野山〜極楽橋〜難波〜新大阪〜東京
朝の散歩・光明院から一の橋　ホオジロ、ハクセキレイ、カラスｓｐ、キジバト、サンショウクイ
奥の院　ハクセキレイ、ウグイス、カラ類、ゴジュウカラ、キセキレイ
ご廟所　ミソサザイ、アカゲラ

高野玉川みそさざい鳴く下闇は

（「寒雷」03年9月）

7日〜9日高野行合計
水辺の鳥0　山野の鳥19種

5月16日（金）伊豆大川行

伊豆大川荘　都庁三友会（同期入庁）
大川駅から大川荘　ウグイス、ヒヨドリ、スズメ、カラスｓｐ、ツバメ、コジュケイ、ホオジロ、オオルリ、アカハラ
渓流　ハクセキレイ、ウグイス、キビタキ、アオジ、コジュケイ

5月17日（土）伊豆大川

宿の朝散歩　コジュケイ、ヒヨドリ、ウグイス、トラツグミ、コルリ
伊豆大川合計
山野の鳥13種

5月22日（木）内川河口

雲野夫人と繁子の体操帰りに
内川改良工事中　カワウ、カルガモ親子、コアジサシ／ツバメ、ムクドリ、スズメ、シジュウカラ
水辺の鳥3種　山野の鳥4種

6月9日（月）甲斐大泉行　曇

梅雨直前を狙う

韮崎辺　トビ、ツバメ
大泉〜山荘　カッコウ、ヒヨドリ、キビタキ、ホオジロ
井富湖周辺16：00〜16：50　ツツドリ、ウグイス、ヒヨドリ、アカゲラ、ホトトギス、カッコウ、キビタキ、ヒヨドリ

カッコウや峠越え来し霧に消ゆ
（「寒雷」03年10月）

対岸の筒鳥記憶覚ますごと
（「寒雷」03年10月）

6月10日（火）甲斐大泉

山荘の朝　アオジ、アカゲラ、カッコウ、ヒヨドリ、コガラ、オオルリ、ヒガラ、ツツドリ、ケラ類、キビタキ、キジバト、シジュウカラ
大泉駅　ツバメ、ヒヨドリ、ホオジロ
大泉9・10日合計
山野の鳥21種＋

6月23日（月）大磯照ヶ崎行き　曇時々小雨

朝5時50分大森発
照ヶ崎堤防　カラスsp、ツバメ
照ヶ崎の岩礁前の浜辺　アオバト
1度目7〜8羽、2度目7時50分6〜7羽、3度目5羽、4度目8時20分6〜7羽　堤防下でも群。
渡辺さんに藤村旧居、大磯城址公園、プリンスホテルに案内される。

青鳩探し梅雨の鴫立庵過ぎる
（「寒雷」03年10月）

山野の鳥3種

6月28日（土）山中湖行き　曇

小森珠子さんの車で
忍野小森山荘〜山中湖の泉　オオルリ、コガラ、ヒガラ、シジュウカラ、ヤマガラ、ホトトギス、センダイムシクイ、キビタキ、ツツドリ、ツバメ、ヒヨドリ

6月29日（日）曇時々小雨

山中湖行き
泉へ6時発　ムシクイ類、オオルリ、サンショウクイ、コガラ、シジュウカラ、ヤマガラ、キビタキ、アカゲラ、コルリ、クロツグミ、ウソ、イカル、スズメ
篭坂峠〜見晴らし台〜平野〜三国峠　ホオジロ、ホトトギス、カッコウ、トビ、キジバト、ハクセキレイ、ムクドリ、カラスsp
山中湖合計　山野の鳥28種

7月27日（日）甲斐大泉　曇り

キッズメドウ大泉清里スキー場　ウグイス
山荘・井富湖周辺　キビタキ、イカル、アカゲラ、ヒヨドリ

7月28日（月）甲斐大泉

山荘周辺　キビタキ

甲川音を立てて流る

大泉2日間合計　山野の鳥4種

8月21日（月）東京港野鳥公園

淡水池　ツバメ、カラスsp、スズメ、ヒヨドリ、ムクドリ／カルガモ、ダイサギ

センター池　カルガモ30、カワウ、アオサギ、ダイサギ、ムナグロ30、**メダイチドリ70**、コチドリ、アオアシシギ、キアシシギ、ソリハシシギ、オグロシギ、セイタカシギ

第二小屋　カルガモ、カワウ、アオアシシギ、ソリハシシギ、イソシギ、メダイチドリ

第一小屋　カワセミ

水辺の鳥15種　山野の鳥7種

9月4日（木）東京港野鳥公園

淡水池　カルガモ、ダイサギ

第二小屋　カルガモ、アオアシシギ、オグロシギ、ソリハシシギ30、メダイチドリ50、イソシギ、キアシシギ、カワウ、アオサギ、オオバン／ヒヨドリ、スズメ、カラスsp

センター池　カルガモ、オグロシギ、メダイチドリ、セイタカシギ、アオサギ10、アオアシシギ、ムナグロ

子ら去りし芦刈り跡を漁る鷸

（「寒雷」03年11月）

水辺の鳥13種　山野の鳥3種

9月11日（日）東京港野鳥公園、

淡水池　カルガモ／キジバト、カワセミ、ヒヨドリ、スズメ、ムクドリ、カラスsp

センター池　カワウ、オグロシギ、オオソリハシシギ、アオアシシギ、メダイチドリ、コチドリ、ムナグロ、ソリハシシギ、トウネン、**アカアシシギ**

第二小屋　アオサギ、ダイサギ、コサギ、カルガモ、オグロシギ、オオソリハシシギ、ウミネコ、セイタカシギ

アオアシシギやさしく鳴いていますと言ふ

（「寒雷」03年12月）

水辺の鳥18種　山野の鳥6種

9月15日（月）甲斐大泉行　曇

火星見えず

山荘付近　ケラ類

9月16日（火）甲斐大泉行

井富湖周辺　アカゲラ、カラ類、カラスsp、キジバト

秋のベンチ戦災、開拓今はと婆

（「寒雷」03年12月）

大泉15・16日合計

山野の鳥4種

9月24日（日）東京港野鳥公園　曇後雨

淡水池　カイツブリ／ヒヨドリ、ハクセキレイ、カラスsp、ツバメ、スズメ

センター池　オグロシギ、イソシギ、タシギ、ムナグロ、メダイチドリ、コチドリ、コサギ、ダイサギ、ウミネコ、アオサギ、カルガモ10、カワウ30+

第二小屋　オグロシギ17、アオアシシギ、ソリハシシギ、オオソリハシシギ、カルガモ10、カワウ30、メダイチドリ、コチドリ、アオサギ、ダイサギ、コサギ

水辺の鳥14種　山野の鳥5種

9月27日（土）五島福江島行

羽田～長崎　長崎空港～福江空港

川下さん車で案内

玉之浦町荒川温泉豆屋旅館泊

福江市内・心字が池　コサギ

花：しょうきらん、まんじゅしゃげ

港～堂崎天主堂～荒川温泉　温泉～展望所　アオサギ

展望所（女神像・大瀬崎灯台）　ハチクマ**40＋20**（16：20～5：00）20（5：00～6：55）、ツバメ、トビ、**チョウゲンボウ**、ハヤブサ／セグロカモメ、ウミネコ

島人と見る鷹岬に着き旋回

（「寒雷」04年1月）

9月28日（日）五島福江島行

荒川温泉　豆屋旅館泊

荒川温泉～展望所　ハチクマ（6：20日の出、ピーク7：00～7：20）チョウゲンボウ、コムクドリ、コサメビタキ、ハリオアマツバメ、イソヒヨドリ、シジュウカラ、ヤマガラ、トビ、カラスsp、サンショウクイ、ツバメ、ハヤブサ、ウグイス、ヒヨドリ、スズメ、ムクドリ

広島グループの専門家によれば、今日のハチクマの大瀬崎飛び立ちはやや少なく、他の島を合わせ15羽ほどであったと。

鷹柱大陸指すか海は凪ぎ

（「寒雷」04年1月）

旅の鷹隠れキリシタンの里に降り

（「寒雷」04年1月）

大瀬崎～玉の浦～井持浦協会～大宝寺～福江市内～遣唐使ふるさと館

9月29日（月）福江島荒川温泉～福江港・空港～長崎空港～羽田

福江市内散策

福江島合計

水辺の鳥2種　山野の鳥19種

10月30日（木）晴後曇

東京港野鳥公園

淡水池　芦刈りのため鳥少なし、**カワウの鳥柱**、キンクロハジロ

潮入りの池　カワウ90、＋50、ダイサギ、コサギ、アオサギ、オオバン、イソシギ

二号小屋　キンクロハジロ、オオバン、カワウ、ハシビロガモ、カワウ／ヒヨドリ、スズメ、カラスsp

芦刈られ鴨見当たらぬ野鳥園

（「寒雷」04年2月）

水辺の鳥9種　山野の鳥5種

11月22日（土）東京港野鳥公園　快晴　10：30〜13：00

淡水池　ダイサギ、コサギ、カルガモ、マガモ／ハクセキレイ、カラスsp

潮入りの池　カルガモ、オグロシギ、オオソリハシシギ、アオアシシギ、イソシギ、キアシシギ、ソリハシシギ、コチドリ、メダイチドリ、カワウ、オオバン

二号小屋　カルガモ、オオソリハシシギ14、セイタカシギ、カワウ、カイツブリ／シジュウカラ、スズメ、ムクドリ、カラスsp、スズメ、ヒヨドリ

水辺の鳥11種　山野の鳥5種

11月23日（日）甲斐大泉　晴

井富湖周辺　鍵忘れまき一家を待つ。周辺の探鳥、声は聞くも姿見えず。暗くなってまき一家戻る。

満天の星見上げ待つ鍵なくし

（「寒雷」04年3月）

11月24日（月）甲斐大泉

寒くて鳥の声少なし

山荘の朝7：15〜8：20　ヒヨドリ、カラ類、カラスsp、カケス、ケラ類

銀の道付近で栗鼠

甲斐大泉22・23日計

水辺の鳥0　山野の鳥5種

12月4日（木）日比谷濠・浜離宮公園　出光美術館芭蕉展後

日比谷濠　ユリカモメ、キンクロハジロ15

浜離宮公園　ホシハジロ多数、キンクロハジロ、ユリカモメ、シジュウカラガン、カイツブリ、コガモ、カラス多数

妻はしゃぐシジュウカラガンに遭い嗤まれ

（「寒雷」04年3月）

水辺の鳥6種　山野の鳥2種

12月9日（火）三番瀬・船橋海浜公園　ミヤコドリ見られず

浜辺　ハマシギ30、ユリカモメ30、シロチドリ、ダイゼン、オナガガモ、ウミネコ

突堤　オオジュリン、ヒヨドリ、カラスsp、ハクセキレイ、スズメ／ユリカモメ、ハマシギ群、キンクロハジロ、ホシハジロ、ヒドリガモ、カワウ、ダイゼン、シロチドリ30、ミコアイサ、スズガモ大群、ヒドリガモ、ハジロカイツブリ、オカヨシガモ

水辺の鳥13種　山野の鳥5種

12月15日（月）晴

なぎさ公園＝大井中央海浜公園

観測棚　ユリカモメ30、アオサギ、ダイサギ、キンクロハジロ30、カルガモ、カワウ、ホシハジロ、ハジロカイツブリ、ヒドリガモ、イソシギ、ウミネコ／カラスsp、スズメ、キジバト、ハクセキレイ、ヒヨドリ、ウグイス

水辺の鳥12種　山野の鳥6種

12月18日（木）多摩川台公園

大井町〜大岡山＝多摩川

多摩川台公園　オナガ、ヒヨドリ、カラスsp多数、キジバト、スズメ、メジロ、シジュウカラ、カワラヒワ、ツグミ／コサギ

水辺の鳥1種　山野の鳥9種

12月23日（火）晴

三番瀬・船橋海浜公園　大潮

浜辺　ハマシギ大群、スズガモ群、ミヤコドリ100＋（11時ころ見えず）、ダイゼン、ミユビシギ、ヒドリガモ、コガモ、カワウ、コサギ／カラスsp、スズメ、ハクセキレイ、ツグミ、オオジュリン

突堤　ハマシギ群、キンクロハジロ、ホシハジロ、ハジロカイツブリ

水辺の鳥14種（カモ5種含む）

山野の鳥5種

幸を得てズームす　遠洲のミヤコドリ

（「寒雷」04年4月）

ミヤコドリ百羽余日本一三番瀬

（「寒雷」04年4月）

ミヤコドリ
©T. Taniguchi

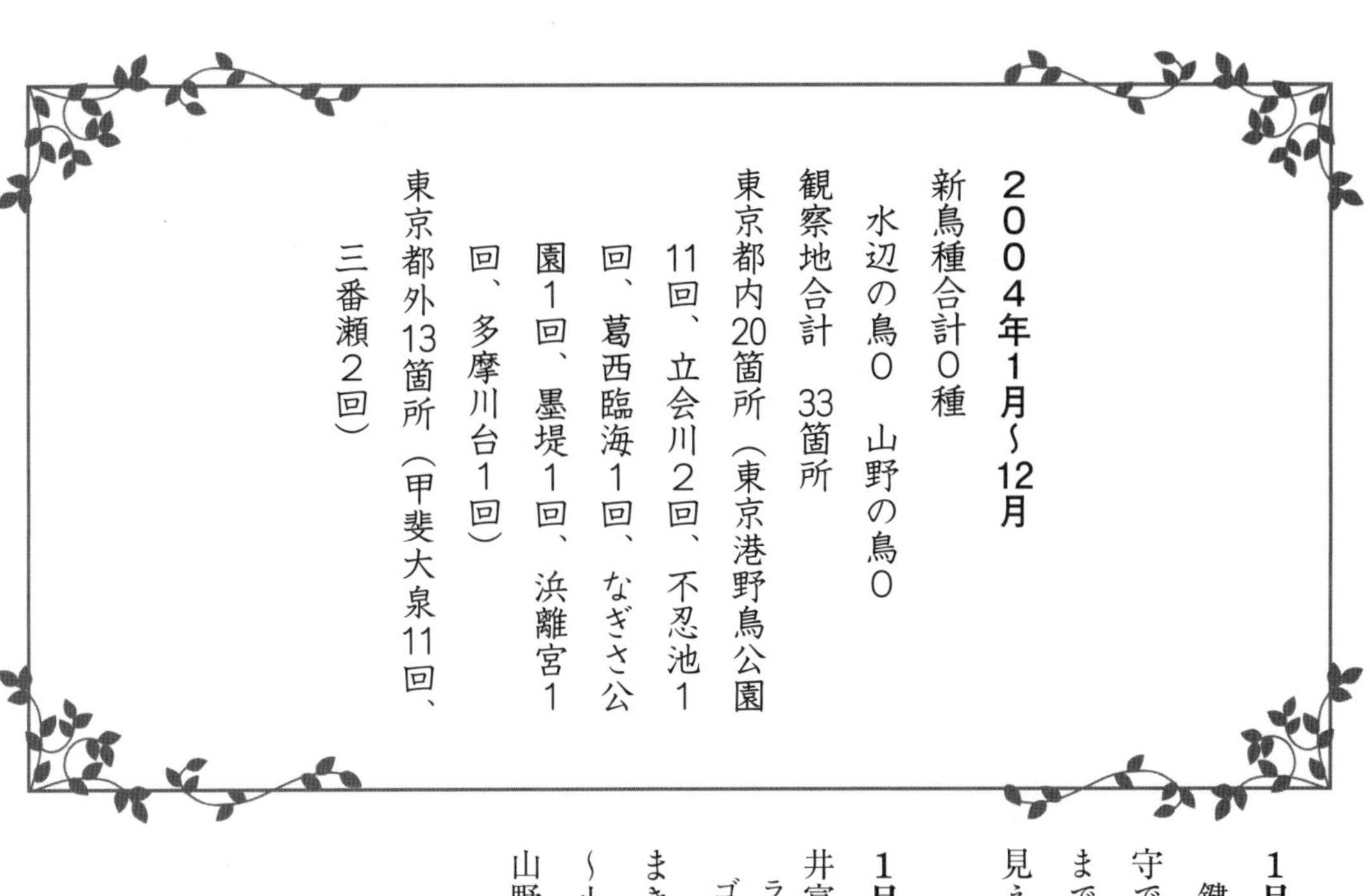

2004年1月～12月

新鳥種合計0種

水辺の鳥0　山野の鳥0

観察地合計　33箇所

東京都内20箇所（東京港野鳥公園11回、立会川2回、不忍池1回、葛西臨海1回、なぎさ公園1回、墨堤1回、浜離宮1回、多摩川台1回）

東京都外13箇所（甲斐大泉11回、三番瀬2回）

1月2日（金）甲斐大泉行

鍵の件で平井さんに行くも正月で留守で時間がかかり、まきたちがかえるまで1時間以上。快晴　富士などよく見えたが探鳥はできず。

1月3日（土）甲斐大泉

井富湖付近7：20～　シジュウカラ、カラスsp、アカゲラ、ヒヨドリ、カケス、ゴジュウカラ

まきばパーク（一之君の車9：20～）～小淵沢

山野の鳥6種

ゴジュウカラ
©T. Taniguchi

1月20日（火）東京港野鳥公園

10：30家を出る

淡水池　カルガモ、ホシハジロ、キンクロハジロ120、コサギ、アオサギ、マガモ／**オオタカ**、トビ、スズメ、カラスsp、キジバト、ヒヨドリ

センター池　カワウ、カルガモ、マガモ、コサギ、オオバン、カイツブリ／**オオタカ**、カワセミ、カラスsp、ノスリ、カワラヒワ

第二小屋　カワウ、アオアシシギ、キンクロハジロ、オオバン、カルガモ／カラスsp

生態園　メジロ、カワラヒワ、ヒヨドリ、スズメ、キジバト

水辺の鳥10種　山野の鳥12種

1月30日（土）動物園・不忍池

南禅寺展を見た後

水上動物園　**ペリカン**、オオセグロカモメ、オナガガモ、キンクロハジロ、ホシハジロ、カワウ、コサギ

禽舎　**インカアジサシ**、ソリハシセイタカ

シギ、ハジロコチドリ、タンチョウ、オオワシ、**インドガン**、ゴイサギ
不忍池　マガモ、ハシビロガモ／スズメ、カラスsp、キジバト

ペンギンの餌を欲り枯木鷺の木に
（「寒雷」04年5月）

水辺の鳥9種（禽舎を除く）
山野の鳥3種

2月3日（火）池上梅園、本門寺
池上梅園　ツグミ、ヒヨドリ、シジュウカラ、カラスsp
本門寺

豆撒き後寺僧声上げ豆売りぬ
（「寒雷」04年6月）

山野の鳥4種

2月5日（木）旧立会川、船だまり
旧立会川　シジュウカラ
立会川河口・船溜り　オナガガモ50+、ユリカモメ50、ホシハジロ、キンクロハジロ

蓋なき川になりてや
仰ぐユリカモメ
（「寒雷」04年5月）

水辺の鳥4種　山野の鳥1種

2月10日（木）東京港野鳥公園　快晴
淡水池　ホシハジロ250、キンクロハジロ50、カイツブリ、オオバン／カラスsp、ジョウビタキ、オオジュリン、ヒヨドリ、ツグミ、スズメ、ドバト、オオタカ
センター池　カワウ、アオサギ、イソシギ、カイツブリ、ユリカモメ／ハクセキレイ、モズ、ツグミ
二号小屋　カワウ10、オオバン
水辺の鳥9種　山野の鳥10種

2月20日（金）葛西臨海公園
ガラス館　スズガモ数万、ミコアイサ
海辺　キンクロハジロ／ハクセキレイ、ツグミ、ウグイス、スズメ、ムクドリ
池・観測所　カワウ、コサギ、アオサギ、ハマシギ、カルガモ、ホシハジロ群、キンクロハジロ、マガモ、コガモ、ヒドリガモ、オオバン、カイツブリ、ハジロカイツブリ／カワセミ、ウグイス、キジバト、ヒヨドリ、カラスsp、メジロ、オオタカ
水辺の鳥13種　山野の鳥10種

2月25日（水）三番瀬・船橋海浜公園
海浜　オオセグロカモメ、スズガモ大群、オナガガモ、キンクロハジロ、ハマシギ、**ミヤコドリ**、ダイサギ、カワウ、ユリカモメ／アオジ、ジョウビタキ、スズメ、ムク

ハジロカイツブリ
©T. Taniguchi

ドリ、ヒヨドリ、カラスsp
突堤　キンクロハジロ、スズガモ、オナガガモ、ハジロカイツブリ、オオセグロカモメ、ハマシギ、ダイゼン

潜り出し赤き目ハジロカイツブり
（「寒雷」04年6月）

ミヤコドり失せし突堤浅利取り
（「寒雷」04年6月）

水辺の鳥13種　山野の鳥9種

3月20日（土）甲斐大泉行　雨後雪後晴

3月21日（日）甲斐大泉　快晴　寒し

井富湖周辺　カラ類、シジュウカラ、ホオジロ、アカゲラ、ゴジュウカラ、カワラヒワ、ヒバリ、カラスsp／ヒドリガモ
大泉合計
水辺の鳥1種　山野の鳥8種

3月29日（月）晴　なぎさ・海浜公園

観測壁　イソシギ、カワウ、ツグミ、ヒヨドリ、キンクロハジロ、ユリカモメ／カラスsp
品川水族館の公園　キジバト、ハクセキレイ、スズメ、カラスsp、ヒヨドリ
水辺の鳥6種　山野の鳥5種

4月1日（木）墨堤の花見　晴

広井夫人と
墨堤　ユリカモメ10、カワウ
地下鉄墨田区役所側から桜橋を渡り浅草側に出る　カラスsp、ヒヨドリ、ハクセキレイ
水辺の鳥3種　山野の鳥3種

4月6日（火）東京港野鳥公園

野鳥公園　シジュウカラ、スズメ
淡水池　カワウ、キンクロハジロ、カルガモ、ヒドリガモ、カイツブリ、コガモ、オカヨシガモ、ホシハジロ、オオバン、バン、コサギ、ゴイサギ
潮入りの池　カワウ、キンクロハジロ、カルガモ、カイツブリ、ヒドリガモ、ダイサギ、コサギ／ハクセキレイ、ツグミ、ヒヨドリ、ツバメ、メジロ、カワラヒワ、カラスsp、オナガ
第二小屋　ヒドリガモ15、カルガモ、アオサギ、コサギ、カワウ、コチドリ、キンクロハジロ、カイツブリ、ウミネコ
水辺の鳥17種　山野の鳥10種

4月17日（土）甲斐大泉行　晴

甲府城址　ツバメ、スズメ、カラスsp
山荘付近　ゴジュウカラ、カワラヒワ、シジュウカラ、カラスsp、ヒヨドリ、ウグイス、アカゲラ、イカル、カワラヒワ、キビタキ、サンショウクイ、コガラ、キジバト、ハクセキレイ、ホオジロ、エナガ、トビ／カモsp

こぶしの花、だんこうばい咲く。

4月18日（日）甲斐大泉行　快晴

山よく見えた。

井富湖周辺6：20〜8：15　ヤマガラ、シジュウカラ、コガラ、ヒヨドリ、キビタキ、ゴジュウカラ、アトリ？

ひとり静咲き出す、栗鼠見る　大糸桜も。

2日間合計

水辺の鳥1種　山野の鳥18種

4月24日（土）東京港野鳥公園

12：50着

野鳥公園　シジュウカラ、ムクドリ、スズメ、カラスsp

淡水池　カルガモ、コガモ、ヒドリガモ、ハシビロガモ、キンクロハジロ、オオバン、バン、カワウ、コサギ、ダイサギ、カイツブリ／ツバメ、セッカ

センター池　カワウ、イソシギ、アオサギ、コサギ、ダイサギ、セグロカモメ、カモメ、オオバン、アオアシシギ／カラス10＋

第二小屋　カモメ

水辺の鳥14種　山野の鳥7種

4月30日（金）晴　東京港野鳥公園

10時着

淡水池　アオアシシギ、カルガモ、タシギ、コガモ、コサギ、カワウ、コアジサシ、コチドリ、／セッカ、オオヨシキリ、ツバメ、キジバト、シジュウカラ、ムクドリ、カラスsp

センター池　カワウ、アマサギ、コサギ、アオサギ、チュウシャクシギ、アオアシシギ、キアシシギ、イソシギ、メダイチドリ、コガモ、コアジサシ、カイツブリ

第二小屋　チュウシャクシギ、アオアシシギ、カワウ、カモメ、キンクロハジロ、コサギ

茅花越しアマサギの背の杏色

（「寒雷」04年8月）

水辺の鳥16種　山野の鳥9種

5月3日（月）甲斐大泉行　快晴

大泉〜山荘　オオルリ（甲川畔）、アカハラ、コルリ

山荘付近15：30〜17時　キビタキ、アカゲラ、コガラ、シジュウカラ、ゴジュウカラ、ヤマガラ、キセキレイ、カラスsp、キジバト

一人静さかん　パノラマ湯大にぎわい

5月4日（火）甲斐大泉行　雨　探鳥せず

2日間合計　山野の鳥17種

5月7日（金）東京港野鳥公園

淡水池　ヒドリガモ、コガモ／ツバメ、オオヨシキリ、セッカ、イワツバメ、ハクセキレイ

潮入りの池　カワウ、ユリカモメ、ウミネコ、セイタカシギ、コチドリ、キンクロハジロ、カイツブリ、キアシシギ、コサギ

第二小屋　チュウシャクシギ、セイタカシギ、コチドリ、メダイチドリ20、トウネン20、ハマシギ20、コアジサシ、ユリカモメ、

ウミネコ、セグロカモメ、バン、オオバン／ムクドリ、スズメ、カラスsp

水辺の鳥22種　山野の鳥8種

5月8日（土）甲斐大泉行　曇後晴

スキー場行はタクシー

小淵沢～小泉　キジ

清里・スキー場　コガラ、カケス、シジュウカラ、カラスsp、キジバト

大泉・甲川畔　ツバメ、オオルリ、コルリ、カラ類、ヒヨドリ、センダイムシクイ、ヤブサメ、キビタキ

井富湖付近　コガラ、ヤマガラ、シジュウカラ、ゴジュウカラ、ツツドリ、ヒヨドリ、カラスsp、トビ、アカゲラ、メボソムシクイ、イカル

山野の鳥23種

5月9日（月）甲斐大泉行

山荘の朝6：45～8：15　センダイムシクイ、アカゲラ、カワラヒワ、キビタキ、ツツドリ、シジュウカラ、コガラ、ゴジュウカラ、ヤマガラ、イカル、ウグイス、ヒヨドリ、カケス、アオジ

山野の鳥15種

5月14日（金）東京港野鳥公園
9：40着～

野鳥公園　ツバメ

淡水池　カルガモ、コガモ、カイツブリ、コチドリ、オオヨシキリ／シジュウカラ、カラスsp、トビ、キジバト、ヒヨドリ、セッカ

センター池　カワウ、チュウシャクシギ、ハマシギ多数、キアシシギ、トウネン10、メダイチドリ、キョウジョシギ、アオサギ、コサギ、ダイサギ、コアジサシ／オオヨシキリ

第一小屋　キアシシギ

第二小屋　キアシシギ、イソシギ、トウネン、カワウ、アオサギ

水辺の鳥16種　山野の鳥10種

6月14日（月）甲斐大泉行　晴

大泉駅～山荘　ヨタカ、カラスsp、カラ類、キジバト

山荘～パノラマ温泉足湯～付近　ウグイス、ハクセキレイ、ツバメ、カッコウ、ケラ類、アオジ、コガラ、キビタキ

ホトトギス
©T. Taniguchi

カッコウ
©T. Taniguchi

6月15日（火）甲斐大泉　晴

山荘の朝　クロツグミ、カッコウ

山荘・井富湖付近　サンショウクイ、アオバト、ホオアカ、アオジ、アカゲラ、コガラ、ウグイス、カッコウ、キビタキ、ホトトギス

大泉2日間合計　山野の鳥20種

7月10日（土）甲斐大泉　雨

三分一用水　カッコウ

小泉駅〜大泉駅　雨と具合が悪く探鳥に出かけず

7月11日（土）甲斐大泉

参議院選挙投票日

山荘の朝と井富湖付近　キビタキ、カラ類、カッコウ、ホトトギス、ヒヨドリ、ウグイス、オオルリ、アオジ、キジバト、カワラヒワ、キセキレイ、クロツグミ、シジュウカラ、カワラヒワ、イカル、スズメ、カラスsp

大泉駅周辺　ツバメ、カッコウ、トビ

蝉鳴く

郭公や三等分前の水汲めり

（「寒雷」04年10月）

八ヶ岳南麓にある「三分一湧水」

投票へ梅雨雲まばゆき盆地過ぐ

（「寒雷」04年10月）

7月10、11日合計　山野の鳥19種

7月23日（金）甲斐大泉

大泉パノラマ温泉行き　まき・洋子と。探鳥せず。蜩鳴く。

7月24日（土）甲斐大泉

井富湖周辺6：40〜　キビタキ、カラ類、イカル、アオジ、イワツバメ10、ヒヨドリ、ホトトギス、キジバト、アカゲラ、カラ類、カワラヒワ、ハクセキレイ、ウグイス、シジュウカラ、ホオジロ／カイツブリ

中央線・小淵沢駅付近　アオサギ／ツバメ、スズメ、トビ、キジ

水辺の鳥2種　山野の鳥18種

8月3日（火）曇後晴

東京港野鳥公園

淡水池　カルガモ、サギ類／カラスsp

水が半分ほどに干上がる

センター池　コサギ、アオサギ、ダイサギ、カルガモ、メダイチドリ20、キアシシシギ20、アオアシシギ、ソリハシシギ、オグロシギ、コチドリ、カワウ

第二小屋　キアシシギ、メダイチドリ、コチドリ、カワウ10、ウミネコ、アオアシシギ、カルガモ10

生態園　オカヨシガモ、ホシハジロ／ヒヨドリ　梅、さんしゅゆ、こぶし咲く、おたまじゃくし泳ぐ

水辺の鳥19種　山野の鳥0

8月26日（木）〜9月1日（水）

日赤検査入院

病院夕食刻々と野分雲

（「寒雷」05年1月）

9月17日（日）東京港野鳥公園　快晴　12：50着

淡水池　ダイサギ、カルガモ

かなり干上がる

センター池　コサギ、アオサギ、ダイサギ、カワウ、カルガモ、コチドリ、ゴイサギ

第二小屋　カルガモ20、カワウ、コサギ、アオサギ、ダイサギ、コチドリ

鰺刺は今年見ざりき葛咲いて

（「寒雷」05年1月）

水辺の鳥9種　山野の鳥0

10月16日（土）甲斐大泉行　曇

日野春駅　カルガモ／カラスsp

井富湖付近　ケラ類、カケス、カラ類、キジバト

10月17日（日）快晴　甲斐大泉

富士見える。

山荘付近　ヒヨドリ　甲川水あり

日野春駅付近　トビ

水辺の鳥1種　山野の鳥7種

11月6日（土）甲斐大泉行　快晴

山荘付近　ヒヨドリ

11月7日（土）甲斐大泉行　快晴

井富湖付近　カルガモ10／カラ類、ヒヨドリ

落葉松黄葉

大泉2日間合計

水辺の鳥1種　山野の鳥2種

11月16日（火）東京港野鳥公園

野鳥公園淡水池　ジョウビタキ／ホシハジロ、カルガモ

潮入りの池　コサギ、アオサギ

第二小屋　アオサギ、ダイサギ、コサギ、カルガモ、カワウ、ヒドリガモ、オオバン、イソシギ

水辺の鳥10種　山野の鳥2種

11月21日（日）立会川河口・船溜り

女子マラソンから立会川河口へ

河口　オナガガモ、ユリカモメ、ホシハジロ、セグロカモメ／ハクセキレイ、カラスsp

水辺の鳥4種　山野の鳥2種

11月23日（月・休）多摩川台公園・多摩川

公園　カラスsp、ヒヨドリ／カワウ、ユリカモメ

多摩河原　ハクセキレイ、トビ／ユリカモメ、カワウ100+、ヒドリガモ10、コサギ、カンムリカイツブリ

丸子橋小春大鳰浮び出づ

（「寒雷」05年3月）

鶲の群降りてみな向く冬枝に

（「寒雷」05年3月）

12月3日（金）浜離宮庭園

ホシハジロ多数、キンクロハジロ、オナガガモ、カルガモ、ユリカモメ、**サカツラガン**、オオセグロカモメ／ハクセキレイ、カラスsp

水辺の鳥7種　山野の鳥2種

12月7日（火）晴

三番瀬・船橋海浜公園

海浜　ハマシギ数百、ヒドリガモ、オナガガモ、ダイゼン／タヒバリ、ハクセキレイ

ミヤコドリ見られず

突堤　オオセグロカモメ、ウミネコ

水辺の鳥5種　山野の鳥2種

12月18日（土）東京港野鳥公園

野鳥公園　**チョウゲンボウ**

淡水池　ホシハジロ、カルガモ、マガモ、オオバン／**ノスリ**、**オオタカ**、ヒヨドリ

センター池　カワウ、アオサギ、アオアシシギ、コサギ、ダイサギ／トビ（鳥柱）、カラスsp、ノスリ、オオタカ、ジョウビタキ、スズメ

第二小屋　カワウ、カイツブリ、アオサギ、イソシギ、アオジ

水辺の鳥10種　山野の鳥12種

12月26日（日）東京港野鳥公園　晴

暖かし　11：50発タクシー～2時

淡水池　ホシハジロ多数、キンクロハジロ、オカヨシガモ、オオバン／ヒヨドリ

センター池　カワウ、アオサギ、ダイサギ、カイツブリ、コサギ、セグロカモメ／オナガ、タカ？

第二小屋　アオアシシギ

水辺の鳥11種　山野の鳥3種

２００５年１月〜12月

新鳥種合計２種
　水辺の鳥１種　山野の鳥１種
観察地合計　35箇所
東京都内22箇所（東京港野鳥公園11回、城南島１回、なぎさ公園１回、不忍池３回、洗足池１回、三宅坂１回、隅田川１回、多摩墓地１回、内川河口１回、人形町１回）
東京都外13箇所（甲斐大泉８回、城ヶ島２回、三番瀬１回、水上温泉１回、北九州曽根干潟１回）

1月4日（火）三番瀬・船橋海浜公園
海辺　ミヤコドリ80、ハマシギ、ミユビシギ、カワウ、カルガモ、スズガモ、カイツブリ、オオセグロカモメ、ユリカモメ、ウミネコ
突堤　ヒドリガモ、オオバン、スズガモ
陸の鳥　ハクセキレイ、タヒバリ、スズメ、カラスsp

三番瀬初来鳥ミヤコドリ五十超ゆ
（「寒雷」06年４月）

浜の妻ミヤコドリより遠くより
（「寒雷」06年４月）

水辺の鳥12種　山野の鳥４種

1月9日（日）甲斐大泉　小雪
繁子とまきも　戸外零下
山荘・井富湖附近　シジュウカラ、アカゲラ

1月10日（月）甲斐大泉　快晴
戸外零下南アよく見える
山荘・井富湖附近　アカゲラ、カラ類、ヤマガラ、シジュウカラ、ヒガラ、ヒヨドリ、ツグミ、イカル、ホオジロ
大泉２日間合計
水辺の鳥０　山野の鳥11種

1月27日（木）三宅坂　国会図書館の帰り
三宅坂　キンクロハジロ80、サギsp、ユリカモメ、ハシビロガモ
水辺の鳥４種

オオタカ
©T. Taniguchi

1月28日（金）晴

東京港野鳥公園　まゆみの実

淡水池　ノスリ、オオタカ、カラスｓｐ、スズメ、シジュウカラ、キジバト、ハクセキレイ／キンクロハジロ多数、ホシハジロ多数、マガモ、オオバン

センター池　カワウ、アオサギ、ユリカモメ、ウミネコ、コサギ、ダイサギ／オオタカ、ノスリ、ヒヨドリ、ツグミ、カラスｓｐ

第二小屋　カワウ、オオバン／タヒバリ

若き鷹去りしとマガモ集まり来　（「寒雷」05年5月）

夢中で撮る芦刈跡のタヒバリを　（「寒雷」05年5月）

水辺の鳥9種　山野の鳥10種

2月4日（金）春の洗足池行

洗足池　オナガガモ80、キンクロハジロ30、ホシハジロ、ユリカモメ10、マガモ、カルガモ、アヒル、ヒヨドリ、ツグミ、スズメ、ムクドリ、ハクセキレイ、カラスｓｐ

にしき鯉

弁天祠小暗く落葉に鶺鴒跳ね　（「寒雷」05年5月）

水辺の7種　山野の5種

2月22日（火）内川河口

内川河口・下流の堤　オナガガモ100+、キンクロハジロ10、ヒドリガモ20、ホシハジロ、ユリカモメ100／ハクセキレイ、キジバト、ツグミ、トビ

避難橋～昭和島（タクシー）

水辺の鳥5種　山野の鳥4種

2月28日（月）人形町散策

輝子ちゃん、繁子、まきと

水天宮・蛎殻町、そばや、浜町公園、鎧橋

ビルの間のビル小学校の春時計　（「寒雷」05年6月）

這い曲がる高速路蔭鴨光る

水辺の鳥1種　（「寒雷」05年6月）

3月3日（木）不忍池

国立博物館・唐招提寺展の後

オジロワシ
©T. Taniguchi

動物園　オオワシ、オジロワシ

かわうそ

不忍池　オナガガモ、キンクロハジロ、ホシハジロ、マガモ、ユリカモメ（鳥柱）、タンチョウ、シジュウカラガン、ハクチョウ、ミヤコドリ、ツクシガモ

水辺の鳥10種　山野の鳥2種

ツクシガモ
©T. Taniguchi

3月8日（火）東京港野鳥公園

いそしぎ橋　シジュウカラ、ツバメ、ヒヨドリ

淡水池　食用蛙鳴く　タシギ14、カラスsp、ツバメ、キジバト、ウグイス／コガモ、カルガモ、オオバン、バン、カイツブリ、アオサギ、ダイサギ、カワウ、ユリカモメ、キンクロハジロ、チュウシャクシギ、セイタカシギ

センター池　アオアシシギ、カワウ、ウミネコ、アオサギ、コアジサシ、キンクロハジロ、カルガモ、オカヨシガモ

第二小屋　カワウ、カルガモ、メダイチドリ、イソシギ、コチドリ、アオアシシギ

泣きつ怺え三月十日の死を描くと

（「寒雷」05年7月）

水辺の鳥10種　山野の鳥8種

3月20日（日）不忍池

谷中墓参後

不忍池　キンクロハジロ多数、オナガガモ、ホシハジロ、ヒドリガモ、コサギ、ウミネコ、ユリカモメ、セグロカモメ、ハシビロガモ、オオバン、カイツブリ、カワウ／ヒヨドリ、ツグミ、シジュウカラ、スズメ、カラスsp

芽柳きれい

水辺の鳥12種　山野の鳥5種

3月21日（月）城ヶ島行

赤羽展望所　ウミウ／ウグイス、トビ、ツグミ

崖下砂浜　ウミウ、セグロカモメ、ウミネコ、（ヒメウ）／トビ、イソヒヨドリ

城ヶ島　ヒヨドリ、スズメ、ムクドリ、カラスsp、キジバト、シジュウカラ

水辺の鳥4種　山野の鳥9種

3月30日（水）不忍池

上野科学博物館恐竜展見物後

不忍池　カイツブリ、キンクロハジロ、ヒドリガモ、ハシビロガモ、ユリカモメ

水辺の鳥6種

4月1日（金）隅田川花見

隅田川　ユリカモメ（鳥柱）

水辺の鳥1種

4月3日（日）本門寺の花見

五重の塔祭り　妙見堂

本門寺　ヒヨドリ、ムクドリ、スズメ、カラスsp

山野の鳥4種

4月7日（木）東京港野鳥公園

12時タクシー着〜14：08発

花：桜九分咲き、こぶし、すずらん、いぬふぐり

淡水池　キンクロハジロ多数、スズガモ、ハシビロガモ、ホシハジロ、カルガモ、カイツブリ、オオバン、ダイサギ、コサギ、アオサギ／ツバメ、チョウゲンボウ、ヒヨドリ、スズメ、キジバト、カラスsp、ムクドリ
潮入りの池　カワウ、カモメ、セグロカモメ、イソシギ、カルガモ、カイツブリ
生態園　おたまじゃくし

どこの子ぞ蝌蚪鷲掴み掌を拓き

（「寒雷」05年7月）

水辺の鳥13種　山野の鳥7種

4月9日（土）多摩墓地・小森さん墓参　小森珠子、石川、須田氏と
多摩墓地　カワラヒワ、ヒヨドリ、シジュウカラ、オナガ、スズメ、カラスsp
桜満開
山野の鳥6種

4月10日（日）甲斐大泉行　曇
中央線の桜満開　富士・南ア見えず
韮崎駅　桜満開　観音様の花も、小淵沢の大糸桜はまだ
大泉駅〜山荘　八ヶ岳・南ア見えた
井富湖付近16時〜17：30　アカゲラ、カラ類、ゴジュウカラ、ヒヨドリ、ホオジロ
ざぜんそう写す

泥濘（ぬかり）に向き思いのままの座禅草

（「寒雷」05年7月）

4月11日（月）甲斐大泉　小雨後曇
山荘の朝　ゴジュウカラ、ヤマガラ、シジュウカラ

芽吹く落葉松軽鳬（かる）溜池に　**棲みつくか**

（「寒雷」05年8月）

10日〜11日合計
山野の鳥7種

4月22日（金）晴　東京港野鳥公園
公園広場の池にお玉杓子
淡水池　ハシビロガモ多数、キンクロハジロ、カワウ、カイツブリ、オオバン、バン／ツバメ
うし蛙鳴く
センター池　カワウ多数、カルガモ、チュウシャクシギ、メダイチドリ、イソシギ、アオサギ、コサギ、カイツブリ、ホシハジロ
第二小屋　チュウシャクシギ、キアシシギ
第一小屋　ダイサギ、アオサギ／ツグミ
水辺の鳥7種　山野の鳥6種

4月26日（火）城南島
潮干狩り11：05着〜12：54発
城南島　カラスsp、ムクドリ、ドバト（貝の死骸を求めて集まる）

貝採れし人工なぎさ燕舞う

（「寒雷」05年8月）

山野の鳥3種

4月29日（金）東京港野鳥公園
14：55着
淡水池　ハシビロガモ多数、キンクロハジロ多数、カワウ、カルガモ、カイツブリ、オオバン、バン／ツバメ、カラスｓｐ、スズメ、ヒヨドリ
センター池　カワウ多数、カルガモ、アオサギ
水辺の鳥9種　山野の鳥4種

5月1日（日）甲斐大泉　薄曇後雨
韮崎駅　ツバメ、トビ、ヒヨドリ
小淵沢駅付近　ツバメ
役場のそばでカメラの電池を買いカメラを直す
山荘・井富湖周辺　カワラヒワ、ゴジュウカラ、イカル、キビタキ、ジョウビタキ、アカゲラ、ヒヨドリ、シジュウカラ、コガラ、サンショウクイ、ウグイス、カラスｓｐ／カルガモ
ひとり静咲き出す

5月2日（月）甲斐大泉　晴
雪残る八ヶ岳・富士見ゆ
朝の山荘　センダイムシクイ、キビタキ、サンショウクイ、ウソ、ウグイス、カラ類、ゴジュウカラ、カラスｓｐ、シジュウカラ、メジロ、カワラヒワ／カルガモ
大泉2日間合計
水辺の鳥1種　山野の鳥18種

5月9日（日）城南島　潮干狩り
広井夫人も　10：15～11：20
貝は先日ほど収穫なし
城南島　カワウ、カモメｓｐ／ムクドリ、ツバメ10、カラスｓｐ
水辺の鳥2種　山野の鳥3種

5月12日（木）東京港野鳥公園
淡水池　カイツブリ、バン、キンクロハジロ、カワウ／ツバメ、イワツバメ、カラスｓｐ、シジュウカラ、オオヨシキリ、スズメ、ヒヨドリ、シジュウカラ、カラスｓｐ

潮入りの池　アオサギ、コサギ、ゴイサギ、キアシシギ、チュウシャクシギ、コアジサシ
第二小屋　チュウシャクシギ、キアシシギ、ソリハシシギ、コサギ、カワウ多数、カルガモ、オオヨシキリ
水辺の鳥13種　山野の鳥7種

5月19日（木）水上行　去来荘泊
上野～水上～谷川ロープウエイ～天神平　結婚40年記念
水上・天神平　ツバメ
積雪で表へ出られず
天神平～駅前・去来荘　ツバメ、カラスｓｐ

5月20日（金）水上　ホテルサンバード泊
水上・照葉峡入口　カワガラス、ツバメ、カラスｓｐ、ハクセキレイ、ムクドリ、カワラヒワ、キジバト、スズメ

駅前～奈良俣サービスセンター　カケス、ホオジロ、アオジ

5月21日（土）水上・サンバード

サンバード付近　ホトトギス、ウグイス、キビタキ、アカゲラ、センダイムシクイ、アカハラ、アオジ、コルリ　　土筆摘む

水上3日間合計

水辺の鳥0　山野の鳥19種

6月6日（月）甲斐大泉　曇一時雨

隣地の境界の件で若神子の業者来る。

山荘・井富湖周辺16：00～　カルガモ／アカゲラ

朴の花初めて見る

6月7日（火）甲斐大泉

栗鼠、ジャングルポケットの下の巣箱。

山荘・井富湖周辺6：15～7：50　ホトトギス、キビタキ、アカゲラ、ヒヨドリ、ウグイス、アオジ、ゴジュウカラ、シジュウカラ、ホオジロ、アトリ、**カッコウ**、キジ、キジバト、ツグミ、ツバメ

朴の花

大泉2日間合計

山野の鳥23種

6月27日（金）東京港野鳥公園

野鳥公園　ムクドリ、スズメ

淡水池　オオヨシキリ、カワウ、、ダイサギ、カルガモ（2＋9雛）／ツバメ、カラスsp、スズメ、ヒヨドリ、ムクドリ

センター池　キアシシギ、メダイチドリ、カルガモ12、カイツブリ、アオサギ、コサギ、コアジサシ、**テンニンチョウ**

第二小屋　コチドリ、キアシシギ、コアジサシ、コサギ、キンクロハジロ、カルガモ、カワウ

水辺の鳥11種　山野の鳥9種

7月17日（月）谷中墓参後

しのばず池の蓮見

8月6日（土）甲斐大泉行　夕立

山荘・井富湖周辺16：30～　キビタキ、ウグイス、アカゲラ

邯鄲を聞けり韮崎高架駅

8月7日（日）甲斐大泉

おそどさんにあう、鳥取県のコンサルタントに出かけるという。

山荘周辺7：00～　キビタキ、ウグイス、アカゲラ、アオバト、ヒヨドリ、カラスsp

青鵐聞こゆ軽鳧(かる)棲む池越しに

花：ふしぐろせんのう、おおばぎぼうしゅ、うばゆり

駅周辺　ツバメ

中央線沿線のかんぞう

大泉合計　山野の鳥7種

8月23日（月）東京港野鳥公園
淡水池　カルガモ、カイツブリ／ツバメ、カラスｓｐ、スズメ、ヒヨドリ、ムクドリ
センター池　カワウ多数、ウミネコ、アオサギ、ダイサギ、コサギ、カルガモ30、アオアシシギ、キアシシギ、ソリハシシギ、オグロシギ、メダイチドリ、コチドリ、イソシギ
第二小屋　カルガモ多数、カワウ、ウミネコ、ムナグロ、ソリハシシギ、メダイチドリ

鯔狙うダイサギの頸延びに延び
（「寒雷」05年10月）

光る鯔アオサギ銜えまだ呑まず
（「寒雷」05年10月）

水辺の鳥16種　山野の鳥5種

8月27日（土）晴　甲斐大泉行
夕立きそうでこない
韮崎駅　邯鄲を聞く
大泉駅～山荘　山荘手前の松林でオオムラサキ

山荘・井富湖周辺16：30～17：15　ヒヨドリ、カケス、カラスｓｐ、キジバト

8月28日（日）甲斐大泉
山荘・井富湖周辺7：15～　ケラの声、カラスｓｐ、ヒヨドリ、キジバト
花：おだからこう、ふしぐろせんのう、ぎぼうしゅ
大泉合計　山野の鳥5種

9月4日（日）東京港野鳥公園
13：30～15：00
野鳥公園　葛咲きだす
淡水池　カイツブリ、カルガモ、ダイサギ／ハヤブサ
潮入りの池　カワウ、ダイサギ、アオサギ、コサギ、オグロシギ、キアシシギ、アオアシシギ、メダイチドリ10、コチドリ、セイタカシギ
第二小屋　カワウ、カルガモ30、メダイチドリ、コチドリ、ソリハシシギ、セイタカシギ

水辺の鳥15種　山野の鳥6種

9月16日（日）東京港野鳥公園
11：45～14：05
野鳥公園　虫鳴く　花：きくいも盛り
淡水池　カルガモ／キジバト、カワセミ、ヒヨドリ、スズメ、ムクドリ、カラスｓｐ
センター池　カワウ（杭独占）、セイタカシギ10、オグロシギ、アオアシシギ、メダイチドリ、コチドリ、イソシギ、アオサギ、ダイサギ、コサギ、ウミネコ／ハクセキレイ、チョウゲンボウ、ツバメ
第二小屋　カワウ多数・杭、カルガモ10＋10、イソシギ、コチドリ、コサギ
水辺の鳥14種　山野の鳥7種

10月1日（土）東京港野鳥公園
12：15～14：15
野鳥公園　花：せいたかあわだちそう咲き始め、蝉：法師ゼミと油蝉も

淡水池　カイツブリ、カルガモ
潮入りの池　セイタカシギ、アオサギ、ダイサギ、コサギ、カワウ（杭独占）、カルガモ、ウミネコ
第二小屋　カワウ（杭独占）、カルガモ50＋10、コサギ、アオサギ、ウミネコ
水辺の鳥9種　山野の鳥5種

10月2日（日）甲斐大泉行　晴

清里〜ピックニックバス〜スキー場
花：やまははこ、りんどう、われもこう
池を一回りしても魚もいず、鳥も
山荘付近16：30〜　カラスsp、ヒヨドリ、カラ類
邯鄲など虫の声

10月3日（月）甲斐大泉

井富湖周辺7：15〜8：45　アカゲラ、カラ類、カラスsp、ヒヨドリ
大泉2日間合計　山野の鳥6種

10月21日（金）なぎさ公園＝大井海浜公園

観測柵　かもめ類（ユリカモメ、ウミネコ）、コサギ、ダイサギ、アオサギ、イソシギ、ヒドリガモ、カルガモ、カワウ、カイツブリ／カラスsp、ヒヨドリ多数、ハクセキレイ、スズメ、キジバト
水辺の鳥9種　山野の鳥5種

11月3日（木）甲斐大泉行　曇

山荘付近16：00散歩　ヒヨドリ、アカゲラの声　カラスspの声

11月4日（金）甲斐大泉行　快晴

山よく見えた
井富湖周辺7：00〜8：00　カラ類、ケラ類、シジュウカラ、アトリ？／カルガモ
栗鼠
大泉合計
水辺の鳥1種　山野の鳥6種

12月10日（土）北九州曽根干潟　晴

羽田〜北九州空港　池田君夫妻に迎えられる。池田家宿泊。
曽根干潟・貫川河口・海床路
大干潮　マガモ、ウミネコ、ユリカモメ、ズグロカモメ、ダイシャクシギ、ハマシギ／ハクセキレイ
平尾台（カルスト台地）
曽根干潟へ戻る・堤防沿い　オナガガモ、ツクシガモ、ヒドリガモ
飛行場の離陸観察　夕日の中

12月11日（日）曽根干潟〜小倉〜門司〜下関〜山口〜湯田温泉

国民宿舎小てる泊
曽根干潟9：15出かけるも　満潮で見るべきものなし。
池田宅〜曽根干潟〜小倉市内鴎外旧宅〜門司港〜布刈公園〜トンネル〜赤間神宮〜市場〜下関駅

赤間宮寒しＬＰＧ船瀬戸を去る

下関〜新山口〜山口〜湯田温泉

水辺の鳥9種　山野の鳥1種

12月12日（月）

山口〜東京

２００６年１月～12月

新鳥種合計０種

水辺の鳥０　山野の鳥０

観察地合計　39箇所

東京都内25箇所（東京港野鳥公園13回、城南島２回、京浜島１回、不忍池３回、立会川河口１回、多摩川台１回、浜離宮１回、昭和島１回、芝浦屠場１回、多摩墓地１回）

東京都外14箇所（甲斐大泉11回、城ヶ島１回、三番瀬１回、美濃大田・御嵩１回）

１月15日（日）東京港野鳥公園

快晴暖かし　14：30帰る

いそしぎ橋上空　オオタカ

淡水池　カワウ、ホシハジロ圧倒的、キンクロハジロ、オナガガモ、ハシビロガモ10、オカヨシガモ、コガモ、マガモ

潮入りの池　カワウ、ホシハジロ、キンクロハジロ、オナガガモ／**オオタカ**

第二小屋　カワウ、キンクロハジロ、ホシハジロ、カルガモ

水辺の鳥９種　山野の鳥１種

１月17日（火）わが家

庭の柿　ツグミ、メジロ

年越しの柿の実１００個余

山野の鳥２種

１月21日（土）東京に雪。積雪８～10㎝

庭の柿の実　ヒヨドリ、メジロ、スズメ、ツグミ、シジュウカラ

山野の鳥５種

雪中のかじけ鶫をデジカメに

１月29日（日）東京港野鳥公園

淡水池　ホシハジロ、キンクロハジロ／オオタカ

潮入りの池　アオサギ、カワウ（杭の上少なし）、コサギ

第二小屋　オオバン、羽白カモ、カイツブリ

水辺の鳥８種　山野の鳥１種

２月３日（金）三番瀬・船橋海浜公園　晴　11：30公園着～13：22発

ミヤコドリ見当たらず。

浜辺　オオバン、**スズガモ大群**、ハマシギ群、オオセグロカモメ、ダイゼン、ユリカモメ、ホシハジロ、キンクロハジロ、ウミネコ／オオジュリン、トビ、キジバト、ハクセキレイ、ヒヨドリ、カラスｓｐ（ボソもブトも）

突堤　オオバン、オナガガモ、ヒドリガモ、キンクロハジロ、**ハジロカイツブリ**、オオ

セグロカモメ、ハマシギ、ダイゼン、ソロチドリ

水辺の鳥15種　山野の鳥0

2月25日（土）東京港野鳥公園

12：20〜14：30

野鳥公園　芝生脇の池　数珠子

淡水池　キンクロハジロ、ホシハジロ、ハシビロガモ、オオバン、カワウ、マガモ

潮入りの池　カワウ少し、コサギ、アオサギ、カイツブリ／トビ

第二小屋　カワウ少なし

梅咲く。

自然生態園　カルガモ／ヒヨドリ

水辺の鳥11種　山野の鳥2種

3月4日（土）池上梅園

梅真盛り　ヒヨドリ、オナガ

山野の鳥2種

3月5日（日）不忍池　文化会館で

「冬の旅」岡村喬生独唱会の後

動物園　ヒヨドリ

池眺める高所　ハクチョウ、ペリカン、カワウ、オナガガモ、キンクロハジロ、ヒドリガモ

出口付近　**コウノトリ、シジュウカラガン、マガン、オオワシ、ショウジョウトキ**

水辺の鳥6種（出口付近の鳥省略）

山野の鳥1種

オジロワシ
©T. Taniguchi

3月6日（月）晴後曇　春一番

立会川河口　ヒヨドリ

立会川河口・運河　オナガガモ、キンクロハジロ、ヒドリガモ、ユリカモメ、カルガモ／ハクセキレイ

水辺の鳥6種　山野の鳥0

3月11日（土）多摩川台公園

公園　ヒヨドリ、カラスsp、ワカケホンセイインコ、シジュウカラ／ユリカモメ

河原　トビ、ムクドリ、ツグミ／ヒドリガモ、カルガモ、オナガガモ、カワウ

水辺の鳥4種　山野の鳥7＋ワカケホンセイインコ

3月20日（月）谷中墓地、不忍池

墓地　カラスsp、キジバト、ムクドリ

不忍池　カワウ、キンクロハジロ、ホシハジロ、オナガガモ、ウミネコ、ハシビロガモ、**ヨシガモ**、マガモ、バン

ゆりかもめ旋回上昇日比谷濠

水辺の鳥10種　山野の鳥3種

3月21日（火）晴　暖かし　城ヶ島

三崎口〜バス〜白秋碑前

公園～赤羽断崖　トビ、ウグイス、ヒヨドリ、ホオジロ　桜さく
ウミウ展望所　ウミウ
崖下の砂浜　トビ（Sのおにぎりを攫っていった）、ハヤブサ、イソヒヨドリ、カラスsp／オオセグロカモメ
三崎港　ハクセキレイ　魚買う

鳴き出せりイソヒヨ若布寄せ返す
（「寒雷」06年7月）

ホオジロや鵜の崖近き藪の道
（「寒雷」06年7月）

水辺の鳥2種　山野の鳥9種

3月26日（日）小森先生墓参
珠子さんの車　彼女の手づくりの弁当。
須田君を中心に談義。
墓前　カワラヒワ、ヒヨドリ、コジュケイ、シジュウカラ

コジュケイの鳴けど墓前は談義中
（「寒雷」06年7月）

山野の鳥4種

3月31日（金）快晴
東京港野鳥公園　12：30着15：01発
いそしぎ橋　あしび咲く
広場　ムクドリ
淡水池　キンクロハジロ殆ど、ホシハジロ、オオバン、カワウ、カルガモ
潮入りの池　カワウ（杭の半分）、アオサギ、キンクロハジロ、カイツブリ、イソシギ、セグロカモメ／ハクセキレイ、ハシブトガラス
花：れんぎょう、桜：大島桜、山桜も
自然生態園　カルガモ／ツグミ
草魚が水輪を作る。お玉杓子少々。
水辺の鳥9種　山野の鳥8種

4月9日（土）甲斐大泉行　晴
甲府盆地桜満開、桃　南ア八つよく見ゆ。
井富湖・山荘付近　カラ類、アカゲラ、ヒヨドリ、キセキレイ、カラスsp、キジバト
ざぜんそう咲く　ひとり静さかん
パノラマ湯

4月10日（火）甲斐大泉　曇
山荘、井富湖周辺　シジュウカラ、コガラ、アカゲラ、ヒヨドリ、カワラヒワ、ウグイス、イカル、ケラ類も、ゴジュウカラ、ヤマガラ、ハクセキレイ、カケス／カルガモ
2日間計
水辺の鳥1種　山野の鳥15種

4月14日（金）東京港野鳥公園

4月22日（土）東京港野鳥公園
野鳥公園　雪の富士見ゆ
広場脇の池お玉杓子
花：山吹　山桜　つつじ
淡水池　キンクロハジロ多数、カルガモ、ハシビロガモ、オカヨシガモ、マガモ、バン、オオバン、カイツブリ／ツバメ、ヒヨドリ、シジュウカラ、キジバト、ムクドリ、オナガ、ハシブトカラス、ムクドリ、スズメ、カラスｓｐ
潮入りの池　カワウ30＋、キンクロハジロ、カイツブリ、ダイサギ、コサギ、アオサギ、コチドリ
生態園　アオサギ
水辺の鳥14種　山野の鳥8種

4月24日（日）浜離宮庭園　晴
庚申堂鴨場　カルガモ、ハシビロガモ、アオサギ、コサギ
池周辺　コゲラ、ヒヨドリ、カラスｓｐ、トビ、**タカｓｐ（鷹匠たちの訓練）**
水辺の鳥4種　山野の鳥5種

4月26日（水）東京港野鳥公園

4月28日（金）城南島　潮干狩り

離着陸機絶えず埋立島の干潟　（「寒雷」06年7月）

4月30日（日）甲斐大泉行　晴
甲斐小泉～平山シルクロード美術館・三分一湧水
桜満開　ホオジロ、ヒヨドリ、カワラヒワ、シジュウカラ
大泉駅～山荘　ツバメ、アカゲラ、シジュウカラ、スズメ
夕方の山荘周辺　キビタキ、シジュウカラ、ヒヨドリ、アカゲラ、アカハラ、ゴジュウカラ、ヤマガラ、カラスｓｐ
ひとり静咲く。

5月1日（日）甲斐大泉行　晴
山荘・井富湖周辺の朝　ゴジュウカラ、ケラ類、コガラ、シジュウカラ、ウグイス、アカゲラ、アオジ
ひとりしずか咲き出す。

山の池藤咲き盛り妻匂うとふ　（「寒雷」06年9月）

連峰下小燕並ぶ駅の電線　（「寒雷」06年9月）

甲斐大泉合計　山野の鳥16種

5月11日（木）城南島　雨
潮干狩り
浜辺　ツバメ、ムクドリ、スズメ、カラスｓｐ／カワウ、セグロカモメ
水辺の鳥2種　山野の鳥4種

5月13日（土）雨　東京港野鳥公園
野鳥公園バードウイーク
淡水池　カイツブリ
センター池　カワウ30＋、キアシシギ、コチドリ、メダイチドリ、コアジサシ／**カワ**

セミ
第二小屋　キアシシギ、コチドリ、メダイチドリ、チュウシャクシギ、ダイサギ、コサギ、コアジサシ
水辺の鳥10種　山野の鳥0

5月15日（月）快晴　京浜島公園
京浜島公園　チュウシャクシギ、コアジサシ、カワウ／スズメ、シジュウカラ、ムクドリ、カワラヒワ、オオヨシキリ（空港の草むら）
水辺の鳥3種　山野の鳥5種

5月21日（日）甲斐大泉行　晴
山荘・井富湖周辺16：15〜　コルリ、ケラ類、メジロ、アオジ、ヒヨドリ　アカゲラ、ウグイス、カワラヒワ、シジュウカラ、コガラ、カラスsp

5月22日（月）甲斐大泉
早朝探鳥6：15〜7：40　キビタキ、アカゲラ、ヤマガラ、ヒヨドリ、シジュウカラ、コガラ、ホトトギス、ウグイス、コルリ、カッコウ
大泉2日間計　山野の鳥13種

6月4日（日）甲斐大泉　曇
韮崎駅ホーム　カッコウ
小淵沢駅　ツバメ
甲斐大泉駅〜山荘　カッコウ、ホトトギス、オオルリ、サンショウクイ、カワラヒワ
山荘井富湖周辺　キビタキ、キジバト、ヒヨドリ、アカゲラ、コルリ　ケラ類、コガラ、シジュウカラ、ウグイス、オナガ、ホトトギス

6月5日（月）甲斐大泉
朝の散歩6：15〜8：00　キビタキ、アカゲラ、カラ類、ホトトギス、アオバト、カッコウ、アカゲラ、サンショウクイ、センダイムシクイ、オオルリ、コルリ
栗鼠2匹＋1匹
大泉2日間計　山野の鳥20種

6月21日（水）芝浦屠場見学
品川駅裏
屋上　カラスsp飛び回る　作業場内には入れない。

梅雨の間も屠り素早く肉吊られ
（「寒雷」06年10月）

山野の鳥1種

7月8日（土）晴　昭和島水再生センター
コアジサシの営巣見学
森が崎の鼻（干潟）カワウ30、コアジサシ20、カルガモ、コサギ、アオサギ／ハクセキレイ

こあじさし営巣させんとデコイ並べ
（「寒雷」06年10月）

水辺の鳥6種

7月14日（金）甲斐大泉行き　曇

最高温度

小淵沢駅　ツバメ

大泉駅～山荘　ホオジロ、オオルリ、キビタキ、トビ

野菜売場で桃とトマト。

足湯。蜩鳴く。

山荘付近17：00～18：00　ウグイス、キビタキ、ヒヨドリ、キジバト、カラ類、ケラ類

桃買ってしばし足湯に妻と寄る

蜩の林やねぐらに鵟も容れる

（「寒雷」06年10月）

7月15日（土）甲斐大泉

山荘・井富湖周辺6：00～8：00　キビタキ、ウグイス、キジバト、サンショウクイ、カラスsp、ヒヨドリ、アカハラ

池にブラックバス2匹

駅への道　オオルリ（甲川の橋近く）

駅　カッコウ、ツバメ

大泉2日間合計　山野の鳥15種

8月2日（水）甲斐大泉

山池の電線で目覚め燕親子

（「寒雷」06年11月）

8月3日（木）甲斐大泉

井富湖周辺　ふしぐろせんのう・すすき・ぎぼうしゅ・茸

山野の鳥1種

8月15日（火）東京港野鳥公園　曇

淡水池　カルガモ20＋（岸の草）、カワウ　カイツブリ／キジバト

みんみん、油蝉鳴く

センター池　セイタカシギ20、アオアシシギ20＋5、キアシシギ、ソリハシシギ、オグロシギ、メダイチドリ、コチドリ、ダイサギ、コサギ、アオサギ、カワウ50、ウミネコ、ムナグロ、カルガモ／ムクドリ、ハクセキレイ、ヒヨドリ、スズメ、カラスsp、ツバメ

第二小屋　カルガモ20ウミネコ、セイタカシギ、アオアシシギ、コチドリ、アオサギ、ダイサギ、イソシギ

鷸あまた来ていて得心八・一五

水辺の鳥14種　山野の鳥6種

9月8日（金）曇　東京港野鳥公園

野鳥公園　葛咲く　蝉、くまぜみ・つくつくぼうし鳴く

淡水池　カルガモ、カイツブリ／ハクセキレイ、ムクドリ

センター池　セイタカシギ20、アオアシシギ10、キアシシギ、ソリハシシギ、オグロシギ、コチドリ、メダイチドリ、アオサギ、ダイサギ、コサギ、カワウ50／ツバメ

第二小屋　カルガモ10、セイタカシギ、アオアシシギ、アオサギ、ダイサギ、コサギ、コチドリ、イソシギ、カワウ、ウミネコ／ヒヨドリ、スズメ、カラスsp

水辺の鳥14種　山野の鳥6種

9月23日（土）谷中墓参後不忍池

あちこちに彼岸花植え九・一一
庭一面曼数沙華咲かせ九・一一
偲ぶ

9月24日（日）甲斐大泉行　快晴

大泉駅〜山荘　売店でりんご、ナス、葡萄買う。茸がたくさん。
山荘・井富湖周辺17：00〜18：00　キジバト、ヒヨドリ、カラスsp

9月25日（月）甲斐大泉

南ア見ゆ
井富湖周辺7：00〜8：00　キジバト、ヒヨドリ、ケラ類、カラ類
花：おだからこう
ほおの花落花。駅への道、茸と邯鄲。
大泉合計　山野の鳥6種

10月9日（月）甲斐大泉行　晴

10月10日（火）甲斐大泉

10月21日（土）

白賀氏（役所の友人）追悼会

10月28日（土）

母校品川区山中小学校創立九〇周年

11月12日（日）父の郷土訪問

戦時中一家疎開の地　東京〜名古屋〜美濃大田
日比野育義氏宅・故日比野忍宅
墓参　日比野幸夫さんに世話になる。
木曽川堤防
堤防は河原奪へり鳴く鶺鴒
（「寒雷」07年2月）

11月13日（月）美濃加茂市役所〜津田左右吉旧邸　御嵩了山泊

日比野幸夫氏の車で
休館を開けくれ刈田の一軒家
（「寒雷」06年10月）
〜兼山民俗資料館〜八百津市役所・杉原千畝記念館〜御嵩〜桃井病院（院長親戚）昼コース桃井さんのおごり〜御嵩町長に会う。了山泊。

11月14日（火）御嵩　中央線名古屋

〜浜松・木下恵介記念館〜東京
山野の鳥1種

12月16日（土）東京港野鳥公園　晴

小春日和　11時着〜12：53発
野鳥公園　もみじ紅葉、まゆみ紅葉、実も、南天の実
淡水池　キンクロハジロとホシハジロ多数、

ヒドリガモ、オナガガモ、オオバン、カイツブリ、ノスリ
潮入りの池　カワウ30、キンクロハジロ、アオサギ、ダイサギ、イソシギ／タヒバリ
第二小屋　カワウ、イソシギ、カモメ

ノスリ樹に潜る鴨のみ浮ける池
（「寒雷」07年3月）

迷い来し嘴黄のかもめゴカイ得し
（「寒雷」07年3月）

水辺の鳥12種　山野の鳥2種

12月28日（木）甲斐大泉行

昨夜降雪寒く13時過ぎ散歩に出たのみ

12月30日（土）快晴

長坂まで一之君の車　雪山美し。

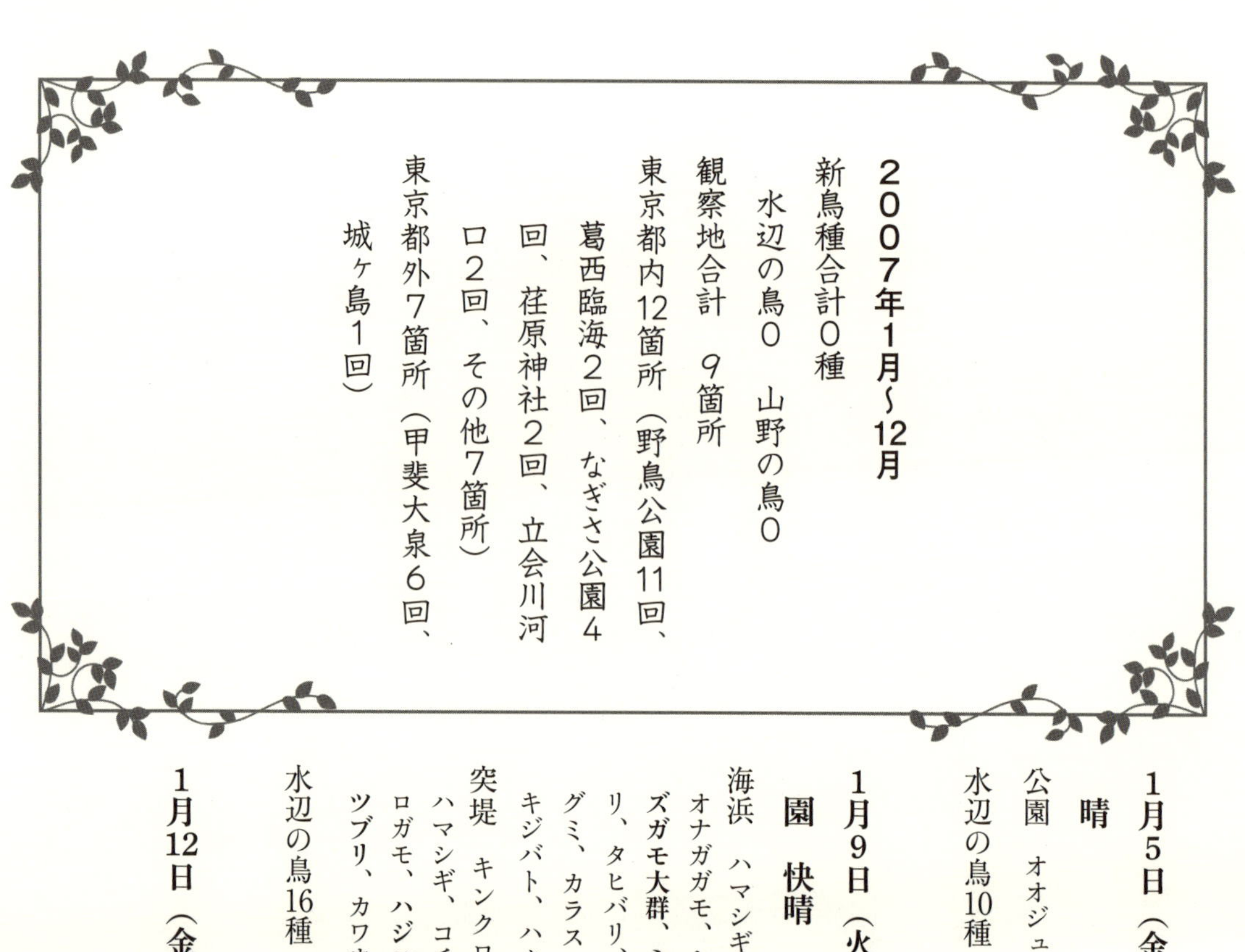

2007年1月～12月

新鳥種合計0種

　水辺の鳥0　山野の鳥0

観察地合計　9箇所

東京都内12箇所（野鳥公園11回、葛西臨海2回、なぎさ公園4回、荏原神社2回、立会川河口2回、その他7箇所）

東京都外7箇所（甲斐大泉6回、城ヶ島1回）

1月5日（金）東京港野鳥公園　快晴

公園　オオジュリン／カケス、カラスsp

水辺の鳥10種　山野の鳥10種

1月9日（火）三番瀬・船橋海浜公園　快晴

海浜　ハマシギ多数、ミユビシギ、ダイゼン、オナガガモ、セグロカモメ、ウミネコ、**スズガモ大群**、**ミヤコドリ70**／モズ、ヒヨドリ、タヒバリ、オオジュリン、スズメ、ツグミ、カラスsp、ジョウビタキ、トビ、キジバト、ハクセキレイ、ムクドリ

突堤　キンクロハジロ多数、オナガガモ、ハマシギ、コチドリ、ヒドリガモ、ハシビロガモ、**ハジロカイツブリ**、**アカエリカイツブリ**、カワウ／オオバン

水辺の鳥16種　山野の鳥11種

1月12日（金）上野不忍池

1月25日（木）東京港野鳥公園　晴

淡水池　ホシハジロ、キンクロハジロ多数／オオタカ

潮入りの池　オオタカ、ノスリ

水辺の鳥2種　山野の鳥2種

1月26日（金）荏原神社の寒桜

　二、三分咲き

　ホシハジロ

水辺の鳥1種

2月2日（金）荏原神社　ソニー社で修繕カメラを受け取った後

荏原神社　カラスsp

目黒川　キンクロハジロ

　寒桜満開

水辺の鳥1種　山野の鳥1種

2月6日（火）二子玉川

兵庫島～グランド～川辺　ツグミ、ハクセキレイ、カラスｓｐ／ユリカモメ　コサギ、カワウ、ダイサギ、カルガモ、ヒドリガモ

水辺の鳥6種　山野の鳥3種

2月8日（木）

三番瀬・船橋海浜公園

ハングライダーで鳥群乱される

浜辺　ミヤコドリ、スズガモ大群、ハマシギ、ダイゼン、アオサギ、キンクロハジロ、ヒドリガモ10＋、オオバン／タヒバリ、ツグミ

突堤

三番瀬金波に埋まる水鳥群

（「寒雷」07年4月）

アオサギ
©T. Taniguchi

水辺の鳥7種　山野の鳥2種

2月12日（月・祝）なぎさ公園・中央海浜公園

観測小屋　ツグミ、キジバト、ハクセキレイ、ヒヨドリ、メジロ、スズメ、カラスｓｐ／キンクロハジロ、ホシハジロ、カワウ、ユリカモメ、セグロカモメ、コチドリ

観測壁　アカエリカイツブリ、カイツブリ、カワウ、アオサギ、コサギ、イソシギ

水辺の鳥11種　山野の鳥7種

2月16日（金）快晴　東京港野鳥公園

べにばなまんさく咲く

淡水池　キンクロハジロ多数、ホシハジロ、ハシビロガモ、オナガガモ、マガモ、オオバン、カワウ、カイツブリ

センター池　カワウ、アオサギ、キンクロハジロ、コサギ／モズ、ハクセキレイ、キジバト、ツグミ、メジロ、カラスｓｐ

第二小屋　イソシギ、キンクロハジロ、アオサギ、カイツブリ、カワウ

自然探勝園　カルガモ／ヒヨドリ、スズメ、ムクドリ

鷹日和鷹残せし餌野犬食ふ

（「寒雷」07年5月）

水辺の鳥12種　山野の鳥9種

樹に鵟（のすり）真鴨距離置く陣なして

（「寒雷」07年6月）

3月2日（金）多摩川台公園、丸子玉川

丸子橋　カモ類、カモメ類

多摩川台公園　ヒヨドリ、カラスｓｐ、キジバト、シジュウカラ、ツグミ

多摩河原　ヒドリガモ30＋100、ユリカモメ30、カルガモ

政子見し富士なし鴨ら下流寄り

（「寒雷」07年6月）

水辺の鳥3種　山野の鳥5種

3月6日（火）曇　時々雨
立会川河口　ユリカモメ、キンクロハジロ、セグロカモメ
水辺の鳥3種

3月10日（土）晴　芝離宮庭園
清澄白川駅・現代美術館見た後
庭園　キンクロハジロ、ホシハジロ、ヒドリガモ、ユリカモメ／ムクドリ
水辺の鳥4種　山野の鳥1種

3月18日（日）快晴　東京港野鳥公園
べにばなまんさく終わりかけ咲く。
淡水池　キンクロハジロ35、ホシハジロ15、ヒドリガモ、マガモ、オオバン、カイツブリ／ノスリ、トビ、キジバト、ツグミ、ヒヨドリ、カラスsp
潮入りの池　アオサギ、コサギ、カワウ30、カイツブリ、コチドリ／トビ、ハクセキレイ

第二小屋　オオバン、キンクロハジロ／ウグイス、ツグミ、スズメ
生態園　桃の花、まんさく、さんしゅゆ咲く。

枸杞の枝を下がりつ鶫や　青葉食む
（「寒雷」07年5月）

水辺の鳥9種　山野の鳥9種

4月1日（日）甲斐大泉
井富湖周辺　ゴジュウカラ、カケス、カラ類、ケラ類
だんこうばい咲く

だんこうばいの花

4月2日（月）甲斐大泉
井富湖周辺　ゴジュウカラ、アカゲラ、コガラ、ウグイス、キジバト、ヤマガラ、シジュウカラ、カケス、カラ類
大泉合計
山野の鳥9種

4月7日（土）城ヶ島
愚痴少し埋立島の潮干狩
（「寒雷」07年7月）

4月10日（土）内川河口

4月15日（日）東京港野鳥公園
野鳥公園　ツバメ、ヒヨドリ、シジュウカラ、スズメ、カラスsp
淡水池　カイツブリ、カワウ、カルガモ、キンクロハジロ
潮入りの池　オオバン、バンアオサギ、コサギ

巣材咥え付かず離れず椋夫婦

（「寒雷」07年8月）

水辺の鳥9種　山野の鳥6種

4月21日（土）城南島　潮干狩り

来るや来る残る潮干は鷸天国

（「寒雷」07年8月）

4月26日（木）目黒自然教育園

4月29日（日）甲斐大泉

4月30日（月）甲斐大泉

山荘・井富湖周辺6：30～　シジュウカラ、ヤマガラ、コガラ、エナガ、キジバト、オオルリ、アオバト、メジロ、イカル、アカゲラ、コガラ、トビ

朴咲きぬ郭公の声背にしつつ

（「寒雷」08年1月）

大泉合計　山野の鳥12種

5月4日（金）快晴

東京港野鳥公園

淡水池　カイツブリ（巣つくり）、カルガモ、カワウ／トビ、ツバメ、ハクセキレイ、ヒヨドリ、ツグミ、シジュウカラ、カラスｓｐ

牛蛙鳴く。池へ下りる坂に山桜散る。

センター池　カワウ（杭上多数）、チュウシャクシギ、コサギ、ダイサギ、アオサギ、カイツブリ、イソシギ、キアシシギ、メダイチドリ

第二小屋　カワウ多数、メダイチドリ、コチドリ、コサギ、カイツブリ／ムクドリ、スズメ

追うか蹤くか鷸二羽に

鷺あしらはれ

（「寒雷」08年1月）

水辺の鳥13種　山野の鳥9種

5月13日（月）薄曇

東京港野鳥公園

淡水池　カイツブリ、カワウ／トビ、ツバメ、イワツバメ、ハクセキレイ、ヒヨドリ、オオヨシキリ、カラスｓｐ

センター池　カワウ、チュウシャクシギ、キアシシギ、メダイチドリ、コチドリ、キョウジョシギ、イソシギ、ハマシギ

第二小屋　アオアシシギ、キアシシギ、ハマシギ、コチドリ、キョウジョシギ、ダイサギ、コアジサシ

水辺の鳥13種　山野の鳥9種

5月19日（土）東京港野鳥公園

キョウジョシギ
©T. Taniguchi

5月27日（日）晴　甲斐大泉行

甲府盆地黄砂

駅から山荘へ　ウグイス、アオジ、キジバト、コガラ、カラスsp

山荘井富湖周辺　ウグイス、サンショウクイ

5月28日（月）快晴　甲斐大泉

富士など写す。

山荘の朝　ホトトギス、キビタキ

井富湖周辺　ホトトギス、ヤマガラ、カッコウ、ウグイス、キビタキ、カラ類、キジバト、ヒヨドリ、オオルリ、サンショウクイ、ケラ類

小淵沢駅　ツバメ、ムクドリ、ヒヨドリ

大泉合計　山野の鳥14種

6月11日（月）晴　甲斐大泉行

山荘・井富湖周辺　キビタキ、アカゲラ、カラ類、**アオバト**、**カッコウ**、サンショウクイ、センダイムシクイ、**オオルリ**（車の中にオオルリのテープをしかけてオオルリを撮る人にあう）、コルリ、ケラ類、メジロ、アオジ、ヒヨドリ、ウグイス、カラスsp、キジバト、ホオアカ、アオジ、コガラ、キビタキ、**ホトトギス**

6月12日（火）甲斐大泉

山荘の朝～大泉駅　キビタキ、ウグイス、カッコウ、オオルリ、カラ類、ツバメ、ホトトギス

大泉2日間計　山野の鳥24種

カッコウ
©T. Taniguchi

9月13日（木）東京港野鳥公園

野鳥公園　ヒヨドリ

淡水池　カイツブリ、カルガモ／ツバメ、イワツバメ、ハクセキレイ、ヒヨドリ、スズメ、カラスsp、オオヨシキリ

センター池　アオサギ、ダイサギ、コサギ、セイタカシギ、カルガモ、アオアシシギ、ソリハシシギ、イソシギ、コチドリ、メダイチドリ、カワウ、コアジサシ、キョウジョシギ、ハマシギ

第二小屋　カルガモ20、カワウ50＋セイタカシギ、イソシギ、ダイサギ、コサギ

水辺の鳥20種　山野の鳥8種

9月30日（土）小森さん墓参

10月7日（日）晴　甲斐大泉行

井富湖周辺　ヒヨドリ、アカゲラ

10月8日（月）甲斐大泉

大泉2日間合計　山野の鳥2種

10月11日（金）晴

なぎさ公園・大井中央海浜公園

観察壁　カイツブリ、アオサギ、ダイサギ、

コサギ、カルガモ、カワウ、イソシギ、コチドリ、イカルチドリ／キジバト、ハクセキレイ、ヒヨドリ、スズメ、カラスsp
水辺の鳥7種　山野の鳥5種

10月12日（月）東京港野鳥公園

野鳥公園　ヒヨドリ
淡水池　カイツブリ、カルガモ／キジバト、ハクセキレイ、ノスリ、ヒヨドリ、スズメ、カラスsp

カルガモ
©T. Taniguchi

センター池　アオサギ、ダイサギ、コサギ、カワウ50（杭上）、アオアシギギ、コサギ、イソシギ
第二小屋　カルガモ20、カワウ50＋セイタカシギ、イソシギ、ダイサギ、コサギ
水辺の鳥9種　山野の鳥5種

10月28日（日）洗足駅附近　八中同窓会帰り

夕暮れ影絵富士見る
環七・洗足駅近く　カモ類20

初鴨か環七路越え何処目指す
（「寒雷」08年2月）

柿日和生るだけならせ鳥を待つ
（「寒雷」07年8月）

水辺の鳥1種

10月30日（火）立会川河口

立会川河口　キンクロハジロ、ホシハジロ、ユリカモメ、オナガガモ
水辺の鳥4種

10月31日（水）三宅坂

三宅坂濠～日比谷濠　カモ類、カイツブリ、キンクロハジロ150、コブハクチョウ、ホシハジロ20、ヒドリガモ50
1mの真鯉、緋鯉
水辺の鳥6種

11月9日（金）

なぎさの森公園・内川河口　ユリカモメ500＋、カモ類、アオアシシギ、キンクロハジロ300、オナガガモ、ホシハジロ10／ハシブトカラス、ドバト
水辺の鳥5種　山野の鳥2種

ハジロカイツブリ
©T. Taniguchi

11月16日（金）甲斐大泉行

水道を閉めるというので、午後から出かけ真っ暗な道をやっと山荘に着く。

11月17日（土）甲斐大泉　晴

山荘付近7：20〜8：40　カラ類、カラスsp、アカゲラ、イカル

山野の鳥4種

12月15日（土）東京港野鳥公園

淡水池　ホシハジロ50＋50＋30、オオバン、ハシビロガモ、カワウ、キンクロハジロ、マガモ、オカヨシガモ、カルガモ、オナガガモ

潮入りの池　アオサギ、カワウ50＋50、**ハジロカイツブリ**、カイツブリ、キンクロハジロ、オオバン、イソシギ、ユリカモメ／**ノスリ**、**オオタカ**、ヒヨドリ、メジロ、スズメ、カラスsp

第二小屋　カワウ多数、カルガモ／ハクセキレイ

水辺の鳥14種　山野の鳥7種

オオバン
©T. Taniguchi

オナガガモ
©T. Taniguchi

イソシギ
©T. Taniguchi

２００８年１月～12月

新鳥種合計１種
水辺の鳥１種　山野の鳥０
観察地合計　37箇所
東京都内27箇所（東京港野鳥公園７回、城南島３回、なぎさ公園８回、不忍池４回、荏原神社２回、多摩川台１回、浜離宮１回、洗足池１回）
東京都外10箇所（甲斐大泉８回、三番瀬２回）

1月1日（火）甲斐大泉行
3時過ぎ山荘着　風花舞う

1月2日（水）甲斐大泉　晴
井富湖・山荘周辺9：30～11：00　カラ類、ヒヨドリ、カラスsp、エナガ、ヤマガラ／カルガモ

小海線正月親子に富士見えて
（「寒雷」08年4月）

池零下軽鴨ら凍らぬ縁に棲み

水辺の鳥１種　山野の鳥４種

1月6日（日）快晴
東京港野鳥公園
11時～14：43発大森行きバス
淡水池　マガモ、カルガモ、オオバン、ホシハジロ、キンクロハジロ
潮入りの池　満潮で鳥少なし
カワウ／オオタカとノスリ（スコープ、ただしオオタカはよくわからず）、ヒヨドリ
第二小屋　カワウ、イソシギ、カモメsp、キンクロハジロ10、カイツブリ／ハクセキレイ
満潮でセンター同様鳥少なし。
水辺の鳥12種　山野の鳥４種

1月19日（土）快晴　なぎさ公園
観測小屋　カワウ、カモ類50、カンムリカイツブリ／カワセミ
事務所脇梅咲く
観測柵　カワウ、カルガモ、ユリカモメ、キンクロハジロ／ツグミ、ハクセキレイ、ヒヨドリ、シジュウカラ、スズメ、ハシブトカラス
水辺の鳥６種　山野の鳥７種

1月30日（木）不忍池
上野博物館・近衛家展後
不忍池　ペリカン、ユリカモメ、コブハクチョウ、マガン、シジュウカラガン、タンチョウ、ミヤコドリ、キンクロハジロ、ホ

シハジロ、ハシビロガモ、オナガガモ／コウノトリ、オオワシ

寒日和道長自筆の書をのぞく　（「寒雷」08年5月）

高鳴けりオオワシ不忍池に飼はれ　（「寒雷」08年5月）

水辺の鳥11種　山野の鳥2種

オオワシ
©T. Taniguchi

2月2日（土）荏原神社の寒桜と立会川河口

荏原神社前の目黒川　カモ類

花は二、三分咲き。

立会川河口　ユリカモメ多数、オナガガモ

水辺の鳥3種

2月8日（金）快晴　東京港野鳥公園

淡水池　オオバン、コガモ、キンクロハジロ、ホシハジロ、マガモ、カルガモ、ヒドリガモ、ハシビロガモ、コガモ、カイツブリ、カワウ／カラスsp、スズメ、シジュウカラ、キジバト、ハクセキレイ

センター池　カワウ、アオサギは鷹を警戒して少ない／オオタカとノスリ（スコープ）、オオジュリン、ヒヨドリ、ツグミ、カラスsp

第二小屋　カワウ、アオサギ、オオバン／オオタカ

スコープで見せくれし鷹頸を振る　（「寒雷」08年5月）

水辺の鳥12種　山野の鳥10種

オオタカ
©T. Taniguchi

2月11日（月）多摩川台公園

公園　ヒヨドリ

河原と川　トビ、ハヤブサ／カルガモ、ユリカモメ、サギ類、カモ類

水辺の鳥4種　山野の鳥3種

2月20日（水）浜離宮庭園

池　オナガガモ、キンクロハジロ、ハシビロガモ、コガモ、カルガモ

海付近　ツグミ、キジバト、ムクドリ／ユリカモメ、オオセグロカモメ

鴨場　オナガガモ、カルガモ、キンクロハジロ、各多数

庭園　ヒヨドリ、カラスsp、ツグミ

紅梅咲く。

水辺の鳥7種　山野の鳥6種

2月22日（金）洗足池公園　晴

池周辺　ユリカモメ、キンクロハジロ、カモ類、オナガガモ、マガモ、カルガモ

池月端～八幡者～馬池月像～鯉を集め

た小川〜弁天社〜木道＝水生植物園
〜仲原街道　ヒヨドリ
水辺の鳥6種　山野の鳥1種

2月23日（土）三番瀬・船橋海浜公園　干潮12：20
海浜　ハマシギ、スズガモ大群
11時ころ到着　ミヤコドリは9時ころ去ったと聞く　砂塵空を覆い、太陽も朧に見えた
突堤　オナガガモ、キンクロハジロ

　鴨万余群飛黄塵の一番瀬
　（「寒雷」08年6月）
　杓鷸ら声轟かす大干潟
　（「寒雷」08年6月）

水辺の鳥4種　山野の鳥0

3月2日（日）東京港野鳥公園　晴
淡水池　キンクロハジロ100、ハシビロガモ20、ホシハジロ80、カイツブリ、カワウ、アオサギ、イソシギ、オオバン／キジバト、ヒヨドリ、ツグミ、シジュウカラ、カラスsp
センター池　ノスリ、トビ、タカsp、ウグイス
水辺の鳥8種　山野の鳥9種

3月8日（金）荏原神社・目黒川
寒緋桜満開
目黒川　ユリカモメ

　寒桜さす陽へ神主手をかざす

水辺の鳥1種

3月9日（土）
なぎさ公園・大井海浜公園
観測柵　オオセグロカモメ、ユリカモメ、キンクロハジロ
観測小屋　キンクロハジロ、オオセグロカモメ、カルガモ／カワセミ、ツグミ、カラスsp

　潮干潟翡翠今日も杭に待つ

水辺の鳥4種　山野の鳥3種

3月11日（火）晴
三番瀬・船橋海浜公園
海浜　ミヤコドリ100、ハマシギ、チュウシャクシギ、ダイゼン、ユリカモメ100
突堤　ハマシギ、トウネン、オオバン、キンクロハジロ80

　会釈さる遠きミヤコドリ撮る同志
　紅の嘴遠く逆光ミヤコドリ

水辺の鳥8種

3月17日（月）不忍池　谷中墓参
不忍池　イカル、キンクロハジロ、オナガガモ、ハシビロガモ、ヒドリガモ、ホシハジロ、ユリカモメ、カワウ、オオバン
弁天社の藤棚、寒緋桜満開〜蓮池

　彼岸入り谷中寺町鵤（いかる）鳴く

水辺の鳥8種　山野の鳥1種

3月22日（土）なぎさ公園・大井中央海浜公園　常念寺墓参前

観測小屋　ユリカモメ20、キンクロハジロ10、ハジロカイツブリ7、カンムリカイツブリ、オオセグロカモメ、カワウ、スズガモ、コガモ、カルガモ／ツグミ、ウグイス、キジバト、ヒヨドリ

観測壁　カンムリカイツブリ、ハジロカイツブリ、アオアシシギ、イソシギ、カワウ、キンクロハジロ、コサギ、オナガガモ／ツグミ、ハクセキレイ

自然観察路・池　アオサギ／ヒヨドリ、シジュウカラ、カラスsp、ムクドリ

　北帰何時大鳰長頸折り浮寝（「寒雷」08年7月）

　花散る運河帰る大鳰勢揃い（「寒雷」08年7月）

水辺の鳥13種　山野の鳥9種

3月26日（水）晴　城南島

貝少なし11：40大森発～13：39発

城南島　オオセグロカモメ、カワウ／ヒヨドリ、スズメ、ムクドリ

水辺の鳥2種　山野の鳥3種

3月30日（月）不忍池

上野博物館・薬師寺展見学後

不忍池　キンクロハジロ、ペリカン、ユリカモメ

動物園で　らま、かぴぱらを撮る。

桜満開をやや過ぎ。

水辺の鳥3種

4月6日（日）晴、暖かし

なぎさ公園・大井中央海浜公園

桜：入り口付近ほかで落花

観測小屋　キンクロハジロ、スズガモ、カワウ10、ヒドリガモ、カンムリカイツブリ

観測壁　カンムリカイツブリ6、カイツブリ、コサギ、イソシギ、アオサギ、ユリカモメ／ツグミ、ヒヨドリ、スズメ　観測壁付近の3本の桜、満開1、葉桜1

自然観察路・池　カルガモ、アオサギ、ヒヨドリ

　潮干狩離陸機の影時に浴び（「寒雷」08年8月）

水辺の鳥12種　山野の鳥3種

4月11日（日）快晴　城南島

貝少なし

岩礁近く　キンクロハジロ、スズガモ、カンムリカイツブリ

水辺の鳥3種

4月12日（月）曇後晴　甲斐大泉行

山荘・井富湖付近　ざぜんそう咲き始め、おそどさん、3年契約を終わり無事戻ったとのこと。

4月13日（月）甲斐大泉　曇時々晴

山荘・井富湖付近7：00～8：00　アカゲラ、シジュウカラ、コガラ、ヤマガラ、ゴジュウカラ、ヒヨドリ、カラスsp、カ

ケス、イカル

カメラ故障、部品なく廃棄へ

蟇轢かれ友鳴く声や池の端

踏まず去る釣り人岸辺の座禅草

水辺の鳥0　山野の鳥9種

4月20日（日）曇　東京港野鳥公園

野鳥公園　ツバメ

芝生広場の池にお玉杓子。いそしぎ橋にあしび咲く

淡水池　キンクロハジロ多数、ハシビロガモ、コガモ、ヒドリガモ、オカヨシガモ、ホシハジロ、カワウ、オオバン／オオヨシキリ

センター池　アオアシシギ、メダイチドリ、ダイサギ、コサギ、アオサギ5、カワウ多数、キンクロハジロ、スズガモ、カイツブリ／オオタカ、ノスリ（レインジャーは来ているとの話）、カイツブリ、干潟センター池を中心に大きく広がる

第二小屋　キンクロハジロ、スズガモ、コチドリ、カワウ多数（杭上は殆ど）／オオヨシキリ

第一小屋　キンクロハジロ、カイツブリ

生態園　お玉杓子

貝取れず大鳰横目鴨ら浮寝

水辺の鳥18種　山野の鳥2種

4月23日（木）曇　甲斐大泉

小淵沢あたりから桜満開

井富湖周辺15：00～　ゴジュウカラ、アカゲラ

座禅草は葉がのびて撮れたのは2つくらい。一人静は咲き出していた。

4月24日（金）甲斐大泉　雨時々止む

井富湖・山荘付近7：00～8：50　ゴジュウカラ、カラ類、ケラ類、ウグイス、カケス、イカル、カラスsp

小淵沢駅　ツバメ

2日間計　山野の鳥7種

4月26日（土）城南島　曇時々小雨

貝拾い昨年ほどはとれず

城南島周辺　カモメ類、キンクロハジロ、スズガモ20／スズメ、ムクドリ

水辺の鳥3種　山野の鳥2種

5月4日（日）なぎさ公園・大井埠頭中央海浜公園

観測小屋　キョウジョシギ11、オナガガモ、カルガモ、メダイチドリ、コチドリ、キアシシギ、ソリハシシギ、イソシギ、チュウシャクシギ、カンムリカイツブリ、カワウ

干潟広がっていた　つばな咲きよくそよぐ

観測壁　アオサギ、キアシシギ、カンムリカイツブリ（夏羽、冠かぶる）／ツバメ、シジュウカラ、ムクドリ

まだ帰らぬ大鳰冠(かんむり)茅花越し

茅花越し漁りせわしき京女鴫

園の森　アカハラ、ハシブトカラス、ヒヨドリ、スズメ、ハクセキレイ

水辺の鳥12種　山野の鳥3種

5月15日（木）東京港野鳥公園

野鳥公園　入り口坂下えごの花盛り
いそしぎ橋のしゃりんばいも

淡水池　ハシビロガモ、ホシハジロ、カワウ、オオバン／オオヨシキリ声聞く、ハクセキレイ、ムクドリ

センター池　ハマシギ、キアシシギ、アオサギ、ダイサギ、コサギ、メダイチドリ、チュウシャクシギ、アオアシシギ、オグロシギ、コチドリ、オオバン、カワウ、カモメsp／ツバメ、ヒヨドリ、オオヨシキリ

第二小屋　コアジサシ、チュウシャクシギ（一度いい声）、キアシシギ、コチドリ、カワウ／ヒヨドリ、スズメ、シジュウカラ、メジロ、カラスsp

第一小屋　キアシシギ、チュウシャクシギ、カイツブリ

鯵刺や貝狩る前の水打てり

目大千鳥沙蚕（ごかい）引き出す茅花越し

（「寒雷」08年8月）

鷗撮らずカメラの砲列鯵刺に

（「寒雷」08年8月）

水辺の鳥16種　山野の鳥9種

5月17日（土）晴　甲斐大泉行

山桜が湖畔に

大泉駅～山荘　ウグイス

井富湖周辺17：00～18：00　カラ類、サンショウクイ、イカル、ウグイス

桜草咲く。

5月18日（日）甲斐大泉　晴

東京を4時発という男にあう

花桃

井富湖周辺6：20～8：00　キビタキ、ウグイス、ホオジロ、ヤマガラ

大泉駅付近　ヒヨドリ、カラ類

花桃咲く

大泉2日間合計　山野の鳥10種

5月25日（日）なぎさ公園・大井埠頭臨海公園

観測小屋　カルガモ、キアシシギ、キョウジョウシギ6

観測壁　キョウジョシギ

水辺の鳥3種

5月27日（月）甲斐大泉

大泉～山荘　ウグイス、アオジ、キジバト、カラスsp、コガラ

山荘・井富湖周辺　サンショウクイ

朴まだ蕾か

5月28日（火）甲斐大泉　快晴

山荘6：40～　ホトトギス、キビタキ、オ

オルリ、ヤマガラ、カッコウ、ウグイス、オオルリ、カラ類

大泉合計　山野の鳥12種

6月4日（水）甲斐大泉行　曇

大泉駅〜山荘　オオルリ（声）

甲川音立てて流れる

井富湖周辺15：30〜17：30　キビタキ、ウグイス、アカゲラ、ヒヨドリ、コガラ、カッコウ

藤満開、れんげつつじ、ほお咲く、おそどさんの友人、東海大を今年退職の浅川さんに逢う。同氏おそどさんの犬をあずかる。

6月5日（木）甲斐大泉　曇

井富湖周辺7：00〜8：00　カッコウ、コガラ、キビタキ、ホオジロ、ホトトギス、アオバト

ほお咲く。ほおの葉を採る人あり（饅頭包む葉）

撮る朴の真裏鳴き過ぐ時鳥　（「寒雷」08年9月）

花を見ず竹棹延ばし朴葉切る　（「寒雷」08年9月）

朴暗しアオバト聞こゆ池の奥　（「寒雷」08年9月）

大泉合計　山野の鳥10種

とらのお

6月15日（日）甲斐大泉行　晴

小淵沢駅　つばめ2番子の巣あり

大泉駅〜山荘　オオルリ、アカハラ、ウグイス、カッコウ

井富湖周辺16：35〜　カラ類、キビタキ、ウグイス、カッコウ、コサギ（巨木の下辺り）

釣り人2人、ブラックバス5、6匹見る。

6月16日（月）甲斐大泉　晴

井富湖周辺6：40〜　ウグイス、アカゲラ、ヒヨドリ、ケラ類、カラ類、カッコウ、ツバメ

山荘の庭　ホトトギス

甲府駅　ツバメ10

喫煙室出来て駅裏子燕群れ

巣ツバメへ餌とりせわしく梅雨晴れて

大泉合計

水辺の鳥1種　山野の鳥11種

7月12日（土）甲斐大泉

山荘付近におだまき、夕べ蜩を聞く

虎尾草房短きも道の端

7月13日（日）甲斐大泉

山荘付近にとらのお

鳥覚めず蛍袋の朝の色

（「寒雷」08年10月）

花萱草続くよ鈍行で甲斐を下り

（「寒雷」08年10月）

8月19日（火）晴　東京港野鳥公園

珍鳥シベリヤオオハシシギ来るとの報で

淡水池　カルガモ10／ツバメ、ヒヨドリ、スズメ　蝉鳴く

潮入りの池　シベリヤオオハシシギ、アオアシシギ10、キアシシギ10＋、ソリハシシギ、コチドリ、メダイチドリ、オグロシギ、アオサギ、ダイサギ、セイタカシギ、カワウ20、ウミネコ

稀種鷸に群るる人遠く鷺涼し

（「寒雷」08年11月）

鷸ら漁る忙しき往き来稀種混へ

（「寒雷」08年11月）

水辺の鳥13種　山野の鳥2種

8月30日（土）なぎさ公園・大井埠頭中央公園

観測小屋　イソシギ、カルガモ10、カワウ10＋、ウミネコ

観察壁　メダイチドリ、ササゴイ（望遠鏡を自転車に載せてきた女性に教わる）

水辺の鳥6種

9月6日（土）晴　東京港野鳥公園

蝉（油蝉、みんみん蝉、法師ゼミ）鳴く、きくいもの花盛り。

淡水池　カルガモ40／ムクドリ、ハクセキレイ、カラスsp

潮入りの池　カルガモ20＋、アオサギ、ダイサギ、コサギ、カワウ20＋、アオアシシギ、キアシシギ、コチドリ、セイタカシギ

第二小屋　カルガモ20、カイツブリ、カワウ10＋、ダイサギ、アオサギ、キアシシギ、コチドリ

水辺の鳥15種　山野の鳥3種

9月14日（日）晴　なぎさ公園＝大井埠頭中央公園

法師ゼミ鳴く。

観測小屋　カルガモ30、カワウ30、コサギ、ダイサギ、アオサギ、ササゴイ、トビ、ムクドリ10、キジバト、ヒヨドリ、メジロ、カラスsp

観測壁　カルガモ、カワウ、イソシギ、アオサギ

水辺の鳥7種　山野の鳥6種

9月20日（土）晴　東京港野鳥公園

明け方台風通過

野鳥公園　蝉少なく、きくいもも

淡水池　カルガモ、カイツブリ

潮入りの池　セイタカシギ、アオアシシギ、キアシシギ、ソリハシシギ、カルガモ10、カワウ50、コサギ、ダイサギ、アオサギ、バン／ハクセキレイ、オナガ、スズメ、カラスsp

第二小屋　カルガモ20、カワウ30＋5、ダイサギ、コサギ、ソリハシシギ、アオアシシギ、ササゴイ、コチドリ、ソリハシシギ

蹲る笹五位鷭鴨漁る間に
（「寒雷」09年1月）

鷭は沙蚕（ゴカイ）引き出し鷺ら魚採れず
（「寒雷」09年1月）

水辺の鳥18種

10月4日（土）晴　なぎさ公園＝大井埠頭中央公園

観測小屋　カルガモ20、カワウ30、アオサギ／キジバト、ヒヨドリ、カラスsp

蝉から虫へ、おおまつむしなど

観測壁　コサギ、アオサギ

鷭は来ず秋風観察窓を抜け

水辺の鳥5種　山野の鳥3種

ダイサギ
©T. Taniguchi

10月9日（木）甲斐大泉行　曇後雪

日野春駅　ホオジロ

井富湖・山荘周辺16：00～　アカゲラ、キセキレイ、ヒヨドリ、カケス、シジュウカラ

栗の実拾いの日

10月10日（木）甲斐大泉　晴

井富湖・山荘周辺7：00～8：00　ヒヨドリ、ヤマガラ、コガラ、シジュウカラ、カケス

大泉日間合計　山野の鳥9種

10月26日　不忍池

その後ショパン・リサイタル。

池に水鳥チェロ弾く頸を視ていたり
（「寒雷」09年3月）

11月2日（日）甲斐大泉　晴

11月3日（木）甲斐大泉　晴

邯鄲一声高原駅を去らんとし
（「寒雷」09年3月）

12月10日（水）東京港野鳥公園

いると言ふ鵟（のすり）やはっと地へ降りる
（「寒雷」09年6月）

山野の鳥1種

ノスリ
©T. Taniguchi

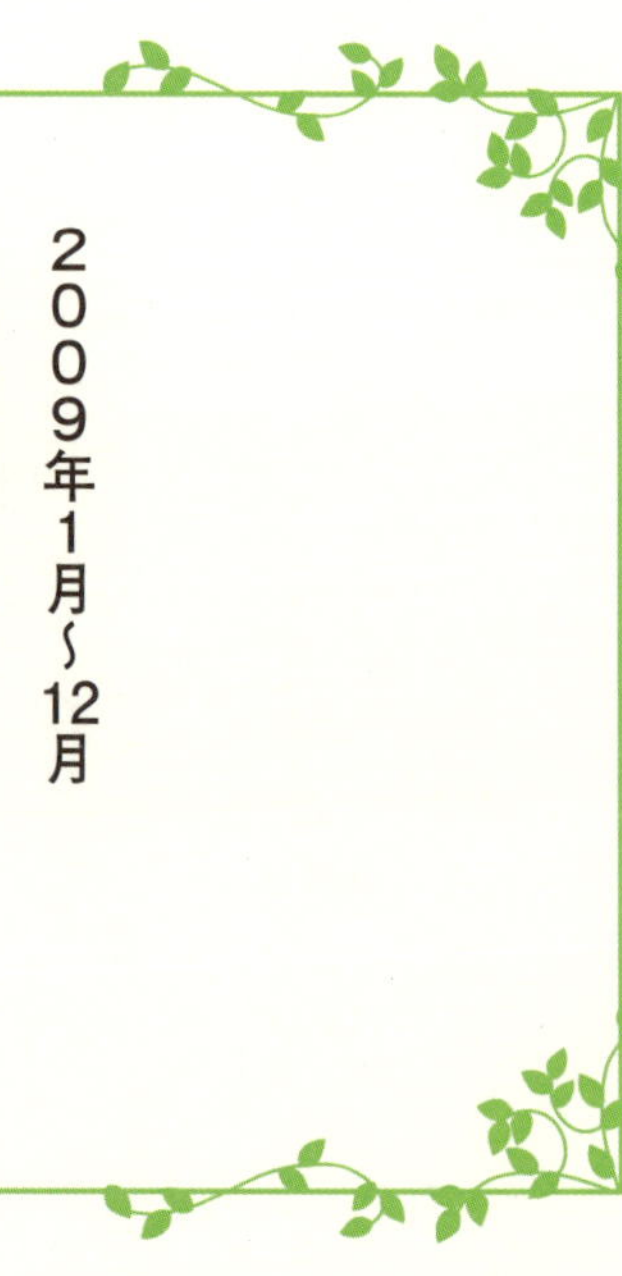

２００９年１月～12月

新島種合計０種

　水辺の鳥０　山野の鳥０

観察地合計　40箇所

東京都内25箇所（東京港野鳥公園10回、なぎさ公園10回　城南島２回、浜離宮公園１回、不忍池１回、その他１回）

東京都外15箇所（甲斐大泉14回、三番瀬１回）

1月2日（金）甲斐大泉行

井富湖は半分凍り湧水が入る大木の下だけ漣、まきが心配してわたしら2人についてくる。

零下の木ふくら鵯が動きけり　（「寒雷」09年5月）

1月3日（土）甲斐大泉

一之君に韮崎まで送らる。観音さま。

1月8日（木）東京港野鳥公園

淡水池　カイツブリ、アオサギ、コガモ、オカヨシガモ、ハシビロガモ、ホシハジロ50、キンクロハジロ70、オオバン

センター池　ホシハジロ10、キンクロハジロ、バン、オオバン、ハクセキレイ、ヒヨドリ、アオジ、スズメ、ハシブトカラス／オオタカ

初探鳥オオタカ真近な裸木に　（「寒雷」09年4月）

鴨片寄せ池を統べたる鷹一つ　（「寒雷」09年4月）

水辺の鳥8種　山野の鳥1種

1月17日（土）なぎさ公園・大井中央海浜公園

観測小屋　カワウ／ツグミ50

観測柵　オオバン、イソシギ／カワセミ

翡翠を見て去る渚に鵯群れ

水辺の鳥3種　山野の鳥2種

2月8日（日）東京港野鳥公園

野鳥公園　花：ぼけ、道端のさざんか、やぶ椿

淡水池　ホシハジロ50、キンクロハジロ30、ハシビロガモ、オオバン、アオサギ、カイツブリ、コガモ／ツグミ

潮入りの池　ハジロガモ、カワウ（杭に少し）、アオサギ、イソシギ／ノスリ2

第二小屋　カワウ（杭に少なし）、カイツ

ブリ、オオバン、カンムリカイツブリ
生態園　カルガモ　梅紅白咲く

　館で見し鵟（のすり）旋回高く去る　（「寒雷」09年6月）

水辺の鳥12種　山野の鳥2種

2月12日（木）三番瀬・船橋海浜公園

海浜　ミヤコドリ
突堤

ミヤコドリ
©T. Taniguchi

　風の浜ミヤコドリ遠く六十余
　格子縞ミヤコドリ翔つ遠渚
　鴨大群翔ちゆくミヤコドリ去りし沖　（「寒雷」09年5月）

水辺の鳥12種　山野の鳥2種

2月28日（土）東京港野鳥公園

淡水池・センター池　カワウ、カイツブリ、アオサギ、マガモ、カルガモ、ホシハジロ、キンクロハジロ、オオバン／ノスリ、キジバト、ヒヨドリ、スズメ、カラスsp
水辺の鳥8種　山野の鳥5種

3月7日（土）なぎさ公園

事務所　ノスリ
小屋　鴨類、カンムリカイツブリ

　居るという鵟（のすり）やはっと地へ下りる　（「寒雷」09年6月）
　鴨らの間頸出て大鴨夏冠羽

水辺の鳥2種　山野の鳥1種

3月21日（土）東京港野鳥公園　晴

野鳥公園　おおいぬふぐり、ひめおどりこそう
淡水池　ホシハジロ30、キンクロハジロ50、オオバン、カイツブリ、アオサギ／ツグミ、ムクドリ、カワウ、ヒヨドリ
潮入りの池　アオサギ、カワウ、カイツブリ、キンクロハジロ、セグロカモメ／ツグミ、カラスsp、ノスリ、オオジュリン、スズメ、ハクセキレイ

　枯れ茎滑り降り穂先でぶらんこ　オオジュリン

水辺の鳥12種　山野の鳥8種

3月24日（火）東急イン

平林孝子さん出版記念会

3月28日（土）城南島　潮干狩り

花冷え、指かじかむ

　手足の指悴み花冷え潮干狩り

4月4日（土）甲斐大泉行き

中野研究集会後

4月5日（日）甲斐大泉

井富湖・山荘周辺8：00〜

ざぜんそう未だ。

山野の鳥0

4月11日（土）なぎさ公園＝中央海浜公園

観測小屋　カラスsp／カワウ、ユリカモメ

観測壁　アオサギ、イソシギ

水辺の鳥4種　山野の鳥1種

4月13日（月）城南島　潮干狩り

海浜　キンクロハジロ50

貝少なし。

鴨浮き寝バスの刻気に潮干狩　（「寒雷」09年7月）

水辺の鳥1種

4月19日（日）甲斐大泉行

山荘・井富湖周辺16：00〜　ゴジュウカラ、キビタキ、ウグイス

ざぜんそう遅し、ひとり静開花。

4月20日（月）甲斐大泉

山荘・井富湖周辺7：00〜　ゴジュウカラ、カラ類、アカゲラ、ウグイス、ヒヨドリ、イカル、キビタキ

栗林と落葉松通の間、立木伐採される、ひき蛙鳴く、山桜、菫、こぶし、花桃など咲く

大泉・日野春駅　ツバメ

水辺の鳥0　山野の鳥8種

4月23日（木）快晴　東京港野鳥公園

東関荘ウコンの桜（御衣香）まだ咲く、蘇峰公園ボタンの花咲く

野鳥公園　花：しゃりんばい

淡水池　キンクロハジロ、カルガモ、バン、カワウ、カイツブリ／ツバメ、ツグミ、シジュウカラ、スズメ、ムクドリ

センター池　アオアシシギ、チュウシャクシギ、ダイサギ、キンクロハジロ10、コサギ、ゴイサギ、ソリハシシギ、イソシギ／ツバメ、ハクセキレイ、キジバト、ツグミ、カラスsp

第二小屋　アオアシシギ、イソシギ、キンクロハジロ、ダイサギ、コサギ、アオサギ、オオバン、キンクロハジロ、カワウ、コチドリ／ハクセキレイ、シジュウカラ

第一小屋　アオアシシギ、オオバン

水辺の鳥15種　山野の鳥8種

4月27日（月）浜離宮庭園

東関荘うこんの桜と八重桜、蘇峰公園の牡丹写す。

浜離宮庭園

花木園わき　ムクドリ、キジバト、ツバメ

潮入りの池　キンクロハジロ10＋、コガモ、カルガモ

庚申堂鴨場
鴨場～牡丹園　ハシブトカラス、コガモ
花：おどりこそう、牡丹
水辺の鳥3種　山野の鳥5種

4月29日（水）なぎさ公園＝東京港中央海浜公園

観測小屋　メダイチドリ10、カワウ、カルガモ、コサギ、アオサギ、イソシギ／キジバト、ツバメ、シジュウカラ、ムクドリ
観測柵　カルガモ、イソシギ、ユリカモメ、コサギ、メダイチドリ／カラスｓｐ

連射シャッターうらら
**　メダイチドリ撮るを**

水辺の鳥7種　山野の鳥5種

5月4日（月）東京港野鳥公園　晴

いそしぎ橋　しゃりんばい、とべら
草の花8種、木の花10種
淡水池　カルガモ、カワウ
食用蛙鳴く、オオヨシキリ鳴く。
センター池　コアジサシ、チュウシャクシギ、アオアシシギ、コサギ、カワウ20、キアシシギ、コチドリ、カイツブリ、アオサギ
第二小屋　コアジサシ、ハマシギ、アオアシシギ、カワウ、コサギ、コチドリ
生態園　やまほうし咲く、れんげそうも。

青芦にコサギの冠毛揺らす風
（「寒雷」09年9月）

水辺の鳥13種　山野の鳥1種

5月8日（金）夕虹

山王二丁目バス停を下りたとき、東側に、虹は半円で根元まで、隣の伊庭さんの坂辺で消えかかる。

5月9日（土）東京港野鳥公園

淡水池　亀休む
カルガモ、キンクロハジロ、カイツブリ（声）、カワウ／オオヨシキリ、ツバメ、ハクセキレイ、ヒヨドリ、シジュウカラ、カラスｓｐ
センター池　チュウシャクシギ、キアシシギ、アオアシシギ、メダイチドリ、コチドリ、コサギ、コアジサシ、ハマシギ、カワウ（杭に20）、カルガモ、コガモ、ユリカモメ／ムクドリ、ツバメ
第二小屋　チュウシャクシギ（一度鳴く）、コアジサシ、キアシシギ、コチドリ、メダイチドリ、アオアシシギ（一度鳴く）
生態園　目高たくさん泳ぐ
水辺の鳥17種　山野の鳥2種

5月31日（日）小雨　なぎさ公園・大井海浜公園

観測小屋　カワウ（杭）、アオサギ、コサギ／カワセミ、ツグミ、カラスｓｐ、キジバト、トビ
観測柵　カラスｓｐ、トビ、キジバト、ムクドリ、スズメ、ヒヨドリ、コアジサシ、コサギ

跳ねる魚撮る前鯵刺水を打つ
（「寒雷」09年9月）

水辺の鳥4種　山野の鳥5種

6月13日（土）甲斐大泉行

ほおの花咲く

大泉駅〜山荘　キビタキ、アオジ、アカゲラ、カラ類　野菜やお菓子を買う

山荘・井富湖周辺16：30〜18：00　ホトトギス、ウグイス、カラ類、ケラ類、カケス

おそどさんと犬・猫にあう。

6月14日（日）甲斐大泉

曇少し日がさす

山荘・井富湖周辺6：15〜8：00　アカゲラ、ウグイス、ホトトギス、ホオジロ

山荘〜駅　センダイムシクイ、カッコウ、キビタキ

遠時鳥高枝に朴咲き残る
（「寒雷」09年9月）

大泉合計

山野の鳥15種

6月24日（水）甲斐大泉　晴

蛍見物

長坂〜タクシー〜秋葉公園

長坂・秋葉公園　夜7時過ぎ受付〜暗闇〜渓流　蛍明滅10〜20ほど〜本流・支流〜太鼓橋　源氏ホタル　〜タクシー〜山荘

ホタル舞う闇やここにも二人坐し
（「寒雷」09年10月）

よろけ見る蛍の明滅瀬の奥も
（「寒雷」09年10月）

人小声瀬音激しく蛍増え
（「寒雷」09年10月）

6月25日（木）甲斐大泉

山荘・井富湖周辺7：00〜8：00　ウグイス、カラ類、ケラ類

大泉24・25日合計　山野の鳥3種

8月6日（木）晴　東京港野鳥公園

蝉時雨　油蝉とみんみん蝉

淡水池　カルガモ20＋20＋／オオヨシキリ

潮入りの池　オグロシギ、オオソリハシシギ、アオアシシギ10、キアシシギ、ソリハシシギ多数、コチドリ、メダイチドリ10、アオサギ、ダイサギ、コサギ、カワウ10＋30、ウミネコ、カルガモ

第二小屋　ソリハシシギ10、アオアシシギ、メダイチドリ10、コチドリ、カルガモ／ハクセキレイ

第一小屋　アオアシシギ、メダイチドリ、ホシゴイ

アオアシシギ小魚呑み得て　臥しいるか

子が指ししホシ五位母の　デジカメに

（「寒雷」09年12月）

広島忌来し野鳥園蝉時雨

水辺の鳥17種　山野の鳥2種

8月15日（日）甲斐大泉行

山荘・井富湖周辺17：00～18：00　アカゲラ、ツバメ

ぎぼうしゅ咲く。蝮草の青い実

終戦日筆談で語る難病の友

（「寒雷」09年12月）

8月17日（月）甲斐大泉

井富湖周辺7：00～8：00　アカゲラ、キジバト、ツバメ10、カワセミ

ブラックバス泳ぐ、ぎぼうしゅ、いたどり咲く。

山の池翡翠飛びしを妻に言う

山野の鳥3種

9月5日（土）晴　東京港野鳥公園

蝉、家近所ではいなくなったみんみんゼミ、油蝉も鳴く。くま蝉も混じる。

葛の花咲くきくいも盛り。

淡水池　カルガモ30＋40／ムクドリ、ハクセキレイ、カラスsp

潮入りの池　カワウ30＋30、オグロシギ、カルガモ20＋、アオサギ、コサギ＋、アオアシシギ、キアシシギ、コチドリ、セイタカシギ

第二小屋　カワウ30＋、コチドリ、アオサギ、カルガモ、カイツブリ

第一小屋　コチドリ、カルガモ、カイツブリ

初秋のなぎさ鵜の群同じ向き

水辺の鳥10種　山野の鳥3種

9月19日（土）なぎさ公園＝大井埠頭中央公園

彼岸花、はまなす咲く

観測小屋　カルガモ10、カワウ20、イソシギ、メダイチドリ、コサギ、アマサギ（草地）、アオサギ／スズメ、カラスsp、ハクセキレイ、キジバト、ヒヨドリ、ムクドリ

観察壁　カワウ、アオサギ、カルガモ、イソシギ、ダイサギ

泡立草縫い飛ぶ蝗漁るは　アマサギか

水辺の鳥11種　山野の鳥6種

10月10日（土）なぎさ公園＝大井埠頭中央公園　晴

観察小屋　カワウ30＋、カルガモ10、イソシギ、コチドリ、アオサギ

観察柵　カルガモ13、カワウ、ウミネコ／ハクセキレイ

はぜ釣り盛ん、跳ねるはぜも。

運河畔鯊釣り調理するがあり

一斉に鵜が飛ぶ先や鯊跳ねて

水辺の鳥8種　山野の鳥1種

10月11日（日）甲斐大泉行　快晴

初冠雪の富士よく見える

山荘付近16：30〜17：00　ケラ類、カラ類、カラスsp、ヒヨドリ　ほとんど声のみ

小海線初雪の富士木の間透き

10月12日（月・体育の日休日）

甲斐大泉　快晴

山荘・井富湖周辺8：30〜9：10　ケラ類、カラ類、ハクセキレイ、ヒヨドリ、カラスsp、シジュウカラ、コガラ

（シジュウカラの外声のみ）

大泉2日間合計　水辺の鳥6種　山野の鳥9種

10月31日（土）快晴　東京港野鳥公園

淡水池　オオバン、キンクロハジロ10、ホシハジロ、カルガモ、アオサギ／オオタカ、オナガ、カラスsp

潮入りの池　カワウ20＋70（杭上）、キンクロハジロ100、マガモ、オナガガモ、アオサギ、ダイサギ、コサギ、イソシギ

（満潮、大きな鯔5、6匹）

第二小屋　カワウ、キンクロハジロ（満潮で干潟なし）／カワセミ（第二小屋と第一小屋の間の植込み）

第一小屋　カワウ多数（対岸の木枯らす）、キンクロハジロ、コサギ／ヒヨドリ（南下する群の一部）、コゲラ

水辺の鳥11種　山野の鳥6種

11月3日（火）快晴　なぎさ公園・大井埠頭中央公園

観測小屋　カルガモ13、カワウ30（杭）＋30、イソシギ、オオバン、キンクロハジロ、ユリカモメ／ハクセキレイ、ヒヨドリ、スズメ、カラスsp

観測壁　カルガモ、コサギ、アオサギ、カワウ、イソシギ、ユリカモメ（風あり寒い）／カラスsp

水辺の鳥9種　山野の鳥4種

11月5日（木）曇　上野不忍池

都美術館の帰り

不忍池　オナガガモ、ユリカモメ、ペリカン、シジュウカラガン、コウノトリ、タンチョウ、キンクロハジロ100／オオワシ

五重塔わきに鴨や探鳥の池ができた

時雨空翔べぬオオワシ高鳴けり

（「寒雷」10年2月）

海渡る鵯か遠近来て騒ぐ

（「寒雷」10年2月）

水辺の鳥3種（4種・動物園）　山野の鳥1種

11月21日（土）快晴　なぎさ公園・大井埠頭中央公園

観測小屋　ユリカモメ、カルガモ10、アオサギ、キンクロハジロ（100）、カワウ、カルガモ10＋イソシギ、カンムリカイツブリ／カワセミ（杭）、ヒヨドリ、スズメ、オナガ、カラスsp

鯊釣り減る。

大鳴か浮く鴨の中頸伸べる

（「寒雷」10年3月）

群れ鴨はるか呆け芦の穂光る先

（「寒雷」10年3月）

水辺の鳥7種　山野の鳥5種

11月28日（金）、30日（日）

庭にウグイス来る。

12月2日（水）

床の上で転んで肋骨骨折。

12月5日（土）家の庭の柿の木

柿の木　ツグミ、ヒヨドリ、メジロ、シジュウカラ、カワラヒワ

山野の鳥5種

12月20日（日）甲斐大泉

庭の柿の実なくなる、台風のため

12月23日（水・祝）快晴　なぎさ公園・大井埠頭中央公園

観測小屋　カワウ、キンクロハジロ、ホシハジロ、アオサギ、コサギ、カルガモ10+、イソシギ

森・池=遊歩道　カラスsp多数、ヒヨドリ、スズメ

観測壁　イソシギ、羽白鴨類、アカエリカイツブリ、カルガモ、カワウ

水辺の鳥7種　山野の鳥3種

イソシギ
©T. Taniguchi

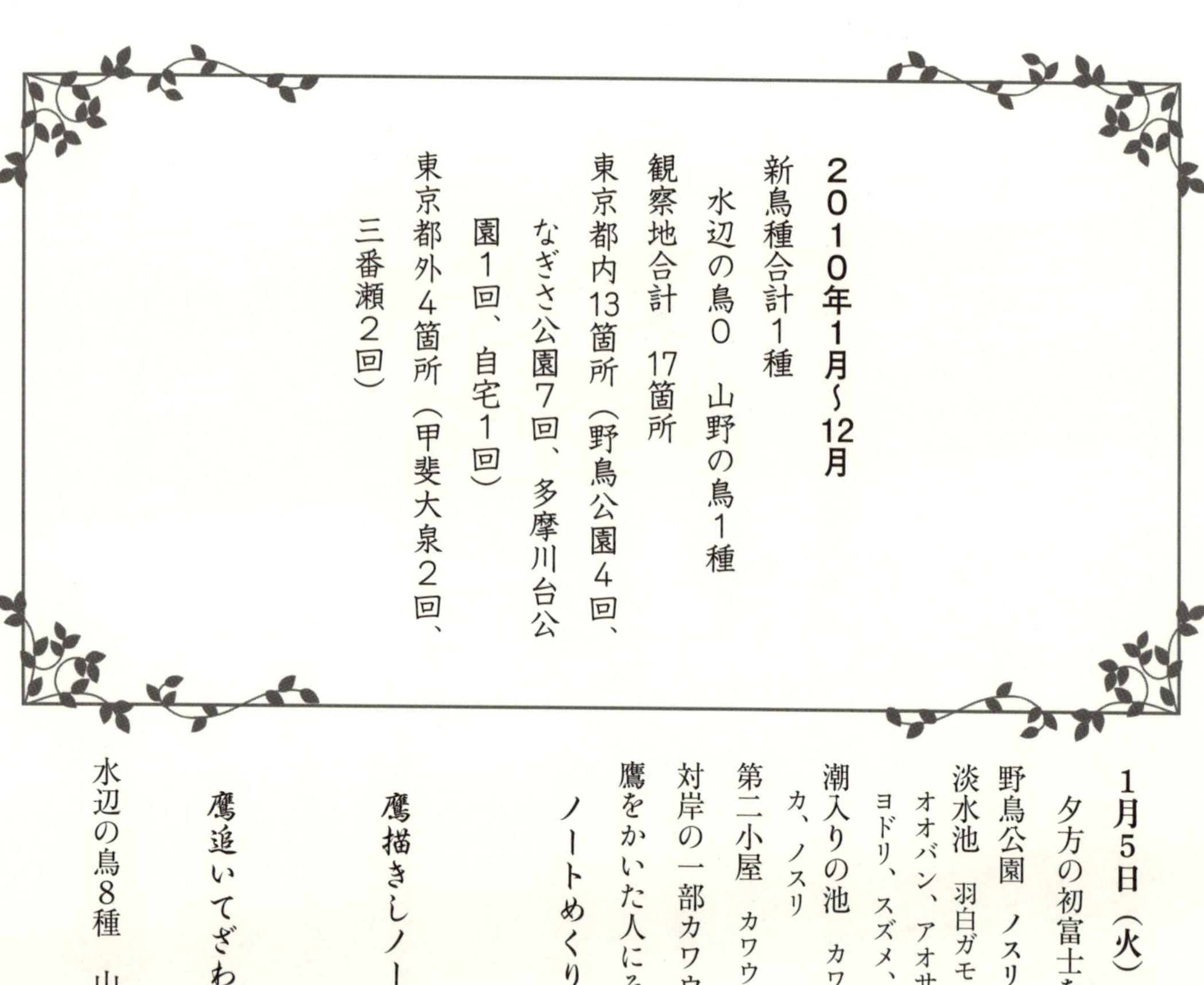

２０１０年１月～12月

新鳥種合計１種
　水辺の鳥０　山野の鳥１種
観察地合計　17箇所
東京都内13箇所（野鳥公園４回、なぎさ公園７回、多摩川台公園１回、自宅１回）
東京都外４箇所（甲斐大泉２回、三番瀬２回）

1月5日（火）東京港野鳥公園

夕方の初富士をいそしぎ橋で
野鳥公園　ノスリ
淡水池　羽白ガモ（キンクロと）60、コガモ、オオバン、アオサギ、コサギ／ノスリ、ヒヨドリ、スズメ、カラスsp
潮入りの池　カワウ、カイツブリ／オオタカ、ノスリ
第二小屋　カワウ
対岸の一部カワウの糞で枯れ木
鷹をかいた人にその画をみせられる

ノートめくり鷹の画
　いくつも見せ語る
（「寒雷」10年4月）

鷹描きしノートを
　めくりめくり見せ
（「寒雷」10年5月）

鷹追いてざわめくカメラ砲列陣
（「寒雷」10年5月）

水辺の鳥8種　山野の鳥5種

1月17日（日）なぎさ公園・大井埠頭中央海浜公園

観測小屋　カワウ10、アオサギ、羽白ガモ60＋／ツグミ、ヒヨドリ
森と池　カラスsp多数、ヒヨドリ、カワセミ／カルガモ、バン
観測柵　カルガモ、イソシギ、アオサギ／ツグミ、メジロ、スズメ
水辺の鳥5種　山野の鳥5種

1月24日（日）なぎさ公園＝大井埠頭中央海浜公園　清水文恵さんの葬儀後

観測小屋　羽白ガモ60＋、カワウ／ツグミ、ヒヨドリ
観測柵　アカエリカイツブリ、イソシギ／ツグミ、ハクセキレイ、カラスsp
水辺の鳥4種　山野の鳥5種

2月6日（土）荏原神社

緋寒桜

2月14日（日）晴　東京港野鳥公園

野鳥公園　トビ、オオタカ

いそしぎ橋　蕗のとう、あしびの蕾

淡水池　羽白ガモ、マガモ、コガモ、ヒドリガモ、カルガモ、オオバン、カイツブリ、アオサギ／ツグミ、オオタカ、ノスリ、ヒヨドリ、シジュウカラ、スズメ、オオジュリン

芦大分刈られる。鷹を追う大カメラの砲列。

潮入りの池　羽白ガモ、カワウ（杭に少し）、アオサギ、カイツブリ

第二小屋　カワウ、カイツブリ、アオサギ／ハクセキレイ、カラスsp

生態園　梅紅白咲く

枯芦を遊びつ移るオオジュリン

（「寒雷」10年6月）

水辺の鳥11種　山野の鳥9種

2月21日（日）なぎさ公園＝大井埠頭中央海浜公園

観測小屋　カワウ、オナガガモ、カイツブリ、アオサギ、イソシギ／ツグミ、キジバト、ヒヨドリ、キジバト、カラスsp、スズメ

観測柵　イソシギ、コサギ、アオサギ、カワウ、**カンムリカイツブリ**、ウミネコ／ツグミ、ハクセキレイ、ムクドリ

水辺の鳥7種　山野の鳥7種

3月1日（月）三番瀬・船橋海浜公園

突堤　オナガガモ、ヒドリガモ、オオバン

浜辺・干潟　ハマシギ、コチドリ、オナガガモなど鴨数百

沖までいってみたが、ミヤコドリ見られず。

水辺の鳥5種

3月11日（木）なぎさ公園＝大井埠頭中央海浜公園

森・池＝遊歩道　カルガモ20、バン／カラスsp大群、キジバト、ツグミ、スズメ

観察柵　ユリカモメ20、羽白ガモ20（キンクロハジロ、ホシハジロ、ハシビロガモ）、カワウ、**アカエリカイツブリ**、オオバン、イソシギ、カイツブリ／ハクセキレイ、ヒヨドリ

水辺の鳥8種　山野の鳥5種

3月14日（日）多摩川台公園と多摩川

多摩川台公園　シジュウカラ、スズメ、カラスsp、ホオジロ、カワラヒワ／カモメsp（高台から河をみる）

多摩川・河原　オオジュリン、ハクセキレイ、ツグミ、キジバト／ヒドリガモ、マガモ、キンクロハジロ、ホシハジロ、オナガガモ、カルガモ（鴨上流90、下流50）、カワウ、コサギ

水辺の鳥10種　山野の鳥7種

3月17日（水）晴　東京港野鳥公園

こぶし、梅、べにばなときわまんさく、あしびなど咲く

淡水池　ホシハジロ、キンクロハジロ、マガモ、オカヨシガモ、コガモ、カルガモ、オオバン、カイツブリ、カワウ／ツグミ、ムクドリ

おおいぬのふぐり、ボケの花など

潮入りの池　カワウ、カイツブリ、アオサギ（鴨が鷹に襲われて逃げた後）／ノスリ、ツグミ、カラスsp、オオジュリン、スズメ、ハクセキレイ

第二小屋　カワウ、キンクロハジロ、カイツブリ

第一小屋　キンクロハジロ、カイツブリ、オオバン多し

生態園　つくし、ひうがみずき、しでこぶし、大きいお玉杓子

水辺の鳥11種　山野の鳥7種

3月22日（月、祝）三番瀬・船橋海浜公園

浜辺・干潟　スズガモ大群（群飛数回）、ミヤコドリ5+、セグロカモメ200、ダイサギ、カワウ300、シロチドリ、ハマシギ、ダイゼン

突堤　ヒドリガモ、オナガガモ、キンクロハジロ、オオバン

渚に鵜の群沖に鴨の大群　（「寒雷」10年7月）

ミヤコドリ翔つ気配に遠回りして　（「寒雷」10年7月）

水辺の鳥12種

3月27日（土）晴

なぎさ公園＝大井埠頭中央公園

観測小屋　カワウ、セグロカモメ、アオサギ

観察柵　セグロカモメ

花：おおいぬのふぐり、ひめおどりこそう、桜

鶲駆け過ぎ餌へ頸を延ぶ鷺の下　（「寒雷」10年8月）

悼む向山君

送るとき華やかな飛花の中にゐて　（「寒雷」10年5月）

水辺の鳥4種

4月8日（木）なぎさ公園

16：20～

観察壁　杭カワウ10、コサギ、イソシギ、ウミネコ、アオサギ

桜まだ残る。

水辺の鳥5種

4月10日（土）甲斐大泉　晴暖かし

繁子パーキンソン昴じて10時発

特急で行く

春日居、山梨市、新府　桃の花咲く

日の春　ツバメ

小渕沢　オオイト桜満開
大泉　桜咲く　パノラマ市場で漬物、野菜、牛乳買う。
山荘・井富湖周辺16：00〜　カルガモ／イカル、カラ類、ヤマガラ、ゴジュウカラ、カラスsp、ヒヨドリ

ざぜん草咲き始め

待つ妻は座禅草ぬかる藪に透く
（「寒雷」10年7月）

4月11日（日）甲斐大泉　曇後小雨

山荘・井富湖周辺7：00〜8：30　キビタキ、ケラ類、ウグイス、アカゲラ、ヒヨドリ、カラ類、カラスsp、キジバト、ハクセキレイ、シジュウカラ、スズメ

おそどさんの裏にもざぜんそう

4月17日（土）東関荘の御衣香写す

4月18日（日）なぎさ公園

観測小屋　カワウ、イソシギ、ユリカモメ（夏羽頭黒）、セグロ、カモメ、コサギ
観測壁　アオサギ、コサギ
水辺の鳥8種

5月13日（木）晴　東京港野鳥公園

鷹と鴨去る

いそしぎ橋　ツバメ
花：しゃりんばい、とべら、ぼけ
淡水池　オオヨシキリ、ツバメ、キジバト、ヒヨドリ、スズメ、カラスsp
センター池　チュウシャクシギ、キアシシギ、ソリハシシギ、コチドリ、メダイチドリ、カワウ20（杭の上）、アオサギ、ダイサギ、カイツブリ／カワラヒワ
第二小屋　チュウシャクシギ、キアシシギ、コチドリ、カルガモ、カワウ
第一小屋　オオバン、チュウシャクシギ、キアシシギ、ソリハシシギ、コチドリ

鷸三種の声聞けり探鳥三十年

水辺の鳥11種　山野の鳥7種

5月15日（土）なぎさ公園＝中央海浜公園

観測小屋　キアシシギ、イソシギ、コサギ、アオアシシギ、カワウ／キジバト、ハクセキレイ、スズメ、カラスsp

茅がや盛り、はまなすの花　壊れた柵から禁じられている柵外へ出てみたが

観測柵　キアシシギ、キョウジョシギ、カルガモ、コアジサシ

鷸遠く茅花野につく川干潟
（「寒雷」10年8月）

水辺の鳥8種　山野の鳥4種

5月29日（土）なぎさ公園＝中央海浜公園

茅花殆どなし。繁子の体調悪くそうそうに引きあげた。

観測小屋　アオサギ、コサギ、イソシギ、カワウ（杭）

観測柵　アオサギ、カルガモ、コサギ、カワウ
水辺の鳥6種

6月6日（日）甲斐大泉行

繁子の体調悪く嫌がる繁子を連れて出かける。
日野春駅・小淵沢駅　ツバメ
駅からタクシー、ただお新香とお菓子買う。
山荘・井富湖周辺16：00～　ウグイス、キビタキ、アカゲラ、カケス、カラスsp、ヒヨドリ、カケス、サンショウクイ、イカル、シジュウカラ、スズメ

繁子布団屋の前で転び人に起き上がるのを助けてもらう

ほおの花、藤、れんげ、つつじ咲く。

水辺の鳥0　山野の鳥11種

6月7日（月）甲斐大泉　晴

山荘・井富湖周辺7：00～8：45　ウグイス、キビタキ、ヒヨドリ、ツバメ、カラスsp、カケス、サンショウクイ、イカル、シジュウカラ、スズメ、アカゲラ
栗林辺で鹿5、6頭　ホトトギス、カッコウ声も聞けず
山野の鳥11種

9月14日（日）なぎさ公園

13：20～14：40

観測小屋　カワウ（右杭30、左杭30）、アオサギ、コサギ、カルガモ5、イソシギ
水辺の鳥4種

11月18日（木）

義弟古島氏葬儀

11月28日（日）

繁子死去

12月1日（水）

繁子葬儀

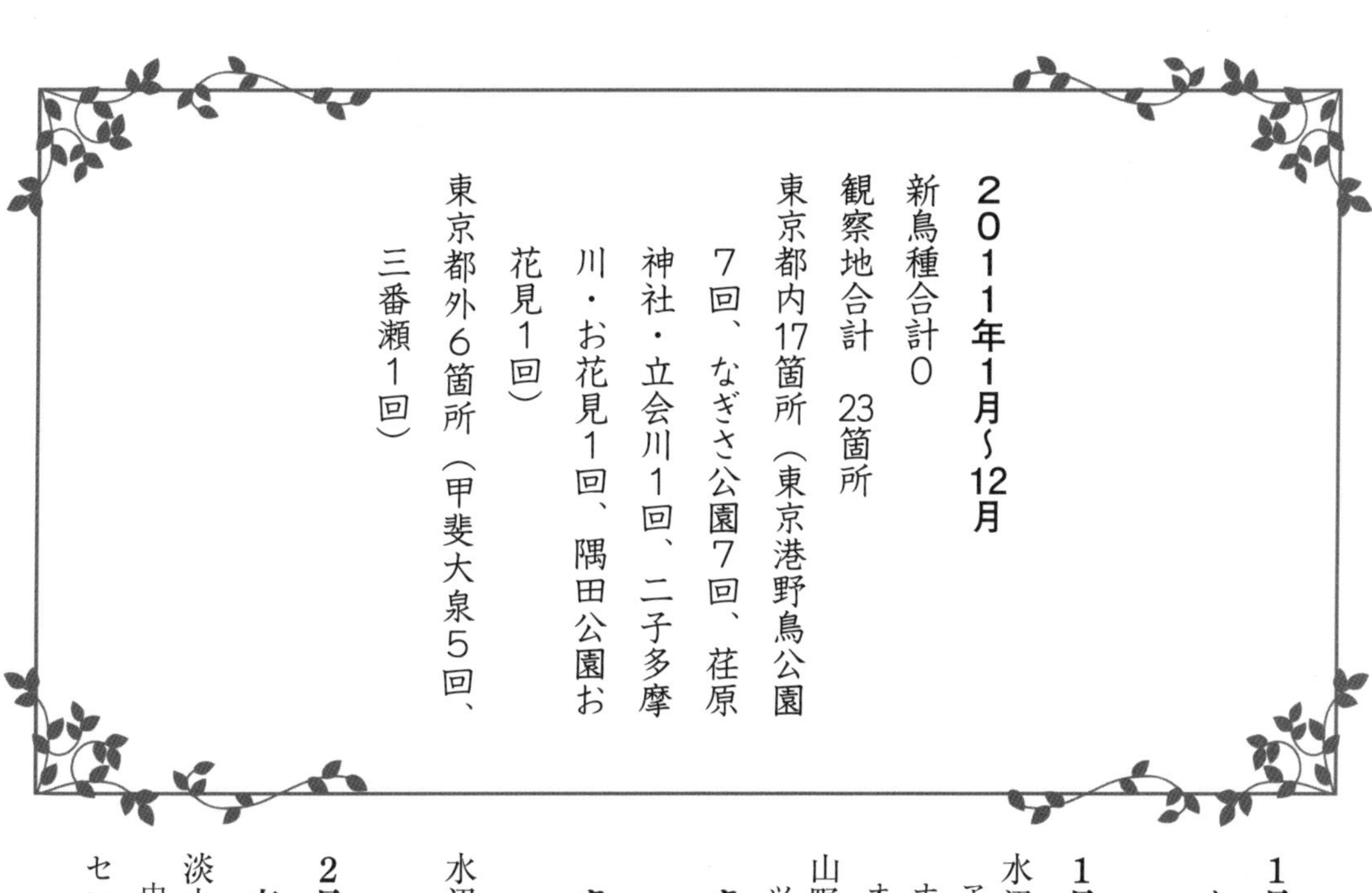

２０１１年１月～12月

新鳥種合計０
観察地合計　23箇所
東京都内17箇所（東京港野鳥公園7回、なぎさ公園7回、荏原神社・立会川1回、二子多摩川・お花見1回、隅田公園お花見1回）
東京都外６箇所（甲斐大泉5回、三番瀬1回）

1月1日（土）

凍みる池娘が指す梢雀（がら）一羽

1月19日（水）東京港野鳥公園

水辺の鳥　カイツブリ、カワウ、コサギ、アオサギ、マガモ、カルガモ、コガモ、オナガガモ、ホシハジロ、キンクロハジロ、オオバン、イソシギ
山野の鳥　オオタカ、キジバト、ヒヨドリ、ツグミ、スズメ、ハシブトガラス

鷹と鴨らの平和の均衡寒日和
（「寒雷」11年4月）

鷹出でず鴨大方は芦の篭り
（「寒雷」11年4月）

水辺の鳥4種　山野の鳥1種

2月3日（木）

東京港野鳥公園　梅咲く

淡水池　キンクロハジロ、マガモ（枯芦の中で争う）
センター池　カワウ、カイツブリ、キンクロハジロ
二号小屋　アオサギ、カワウ、カイツブリ
生態園　オオタカ、ノスリ（枯木の上下に）

今日鷹を見たと告げよう亡き妻に
（「寒雷」11年5月）

翔つ鷹追うカメラの砲列春隣
（「寒雷」11年5月）

水辺の鳥7種　山野の鳥2種

2月24日（木）荏原神社と立会川河口　曇、小雨　暖かし

荏原神社　メジロ　寒緋桜満開
立会川河口　ユリカモメ30（柵）、キンクロハジロ20、オナガガモ、セグロカモメ
神社入り口に坂本竜馬の銅像建つ。
水辺の鳥4種　山野の鳥1種

2月26日（土）快晴　なぎさ公園＝大井埠頭中央公園

観測小屋　カワウ／ツグミ

森・池＝遊歩道　カルガモ30、バン／カワラヒワ、カラスｓｐ

観測柵　アオサギ、キンクロハジロ、カワウ、ハジロカイツブリ、カモメ類／ツグミ

水辺の鳥7種　山野の鳥1種

3月11日（金）快晴　三番瀬・船橋海浜公園　まき付き添う。干潮14時半、10時半着

浜辺・干潟（市川側）　ミヤコドリ50、ハマシギ1000群飛

昼食浜辺　ダイシャクシギ、ダイゼン

浜辺・突堤　ダイゼン、タヒバリ、キンクロハジロ、スズガモ、オナガガモ／ハクセキレイ

帰りのバス　東北大地震2時40分

喫茶店ベローチェで待つも結局、船橋市民ホールで泊まる。

娘に添われ恋ひ来しミヤコドリ漁る
（「寒雷」11年7月）

ミヤコドリ観て地震に揺るる　バスにあり
（「寒雷」11年7月）

ミヤコドリ観て全線不通　仮寝せり
（「寒雷」11年7月）

水辺の鳥9種　山野の鳥1種

3月19日（土）なぎさ公園＝大井埠頭中央海浜公園

観測小屋　カワウ、ユリカモメ／ハクセキレイ、カラスｓｐ

森・池＝遊歩道　カルガモ10＋／ノスリ（見つけた人と会話）、カラスｓｐ大群

観測柵　アオサギ、カワウ、ユリカモメ

地震の地割れで立ち入り禁止だが。

鵟（のすり）指され去るとき礼言ひ労られ
（「寒雷」11年7月）

妻悼むブログや紫木蓮はちきれそう
（「寒雷」11年7月）

水辺の鳥5種　山野の鳥3種

3月29日（火）なぎさ公園＝大井埠頭中央海浜公園　まきと羊子

森・池＝遊歩道　カルガモ／ヒヨドリ、カラ類、カラスｓｐ多数、シジュウカラ

観測柵　カワウ、セグロカモメ、アオサギ、キンクロハジロ28、コサギ

お目当てのカンムリカイツブリも翡翠も現れず

水辺の鳥6種　山野の鳥4種

4月6日（木）なぎさ公園・大井埠頭中央海浜公園

観測柵　キンクロハジロ10＋10、アオサギ、コサギ、カワウ／ツグミ

山桜咲く。

水辺の鳥4種　山野の鳥1種

4月10日（日）隅田川の花見

まきと都営地下鉄本所吾妻橋で逢う。

隅田公園　ユリカモメ

桜満開

隅田川　ユリカモメ（両岸から餌を投げるので）

被災地越え行くか花見船に舞ふ鷗

（「寒雷」11年4月）

水辺の鳥4種

4月15日（金）東京港野鳥公園

淡水池　ハシビロガモ20、カルガモ、カイツブリ、カワウ、オオバン／ハクセキレイ

センター池　カワウ200＋（杭上）、カイツブリ、キンクロハジロ10、コサギ（胸毛が下っている）、ユリカモメ、アオサギ

二号小屋　カワウ100＋（杭が多いが干潟に休むものも）、コチドリ

4月21日（木）甲斐大泉行　晴

まきと

塩山駅　新府駅　桃の花

日野春駅　ツバメ

長坂駅〜小淵沢駅間　桜満開

小淵沢の神田（しんでん）糸桜も。

小海線になると桜まだ。

山荘・井富湖周辺15：00〜17：00　キビタキ、ウグイス、イカル、カラ類、アカゲラ、ヒヨドリ、キジバト／カルガモ

だんこうばい咲く、ざぜんそうは未だ。

おそどさんの裏の流れには若葉生えていた、同家の前が広く整地されて座禅草の公園にするのかと思われる。

4月22日（金）甲斐大泉　晴

山荘・井富湖周辺7：15〜8：30　キビタキ、ウグイス、カラ類、サンショウクイ、センダイムシクイ、ヒヨドリ、キジバト、ヤマガラ、シジュウカラ

ひきがえるの声。仮死のも。こぶし咲き出す。

大泉合計

水辺の鳥1種　山野の鳥13種

5月4日（水・みどりの日）晴

東京港野鳥公園

いそしぎ橋近く牛蛙鳴く

淡水池　コガモ11、ハシビロガモ、カルガモ、キンクロハジロ／ツバメ、ハクセキレイ、ヒヨドリ、カラスsp

多くの鴨帰ったか。

センター池　カワウ50＋（杭上）、チュウシャクシギ、カルガモ、コサギ、アオサギ、オオバン、カイツブリ

大ガラスの真下に蛇、休日で赤子をのせた乳母車二、三組。

二号小屋　チュウシャクシギ、カワウ、キアシシギ、イソシギ、コアジサシ

杓鷸の朗々恋音人に諾わせ

水辺の鳥13種　山野の鳥4種

5月9日（月）快晴　なぎさ公園・
大井中央埠頭公園

観測柵　カルガモ、チュウシャクシギ、アオサギ、コサギ、カワウ、イソシギ、キアシシギ／カラスsp、ムクドリ

杓鷸の岩陰を出てすくと立つ
（「寒雷」11年8月）

水辺の鳥8種　山野の鳥3種

5月14日（土）快晴　なぎさ公園・
大井中央埠頭公園

観測柵　キアシシギ、イソシギ、コサギ、アオサギ、キョウジョシギ、チュウシャクシギ／ムクドリ、カワセミ、コアジサシ

京女鴨帰るか奥の被災地越え
（「寒雷」11年8月）

水辺の鳥7種　山野の鳥3種

5月19日（木）甲斐大泉行

山荘・井富湖周辺　ウグイス、アカゲラ、キビタキ、カラ類、ヒヨドリ、ジュウイチ、トビ、ヤマガラ／カルガモ

5月20日（金）甲斐大泉

山荘・井富湖周辺　キビタキ、ウグイス、キジ?、ヒヨドリ、ツグミ、アカゲラ、ジュウイチ（6：35〜7：50）

聞くだけのキビタキ視線低く翔け
（「寒雷」11年9月）

大泉合計
水辺の鳥1種　山野の鳥9種

6月5日（日）快晴　なぎさ公園・
大井中央埠頭公園

観察小屋　カルガモ、カワウ、イソシギ
観察柵　コサギ、キアシシギ、キョウジョシギ、キアシシギ／カラスsp、ツグミ（巣作りのため渚の泥を拾う）

水辺の鳥6種　山野の鳥3種

6月9日（木）甲斐大泉行

れんげつつじ
山荘・井富湖周辺15：30〜　ホトトギス、キビタキ、キジバト、ウグイス、イカル、カッコウ、アカゲラ（ドラミング）
朴の花咲く、花の下から対岸から撮る。藤の花。山法師の花も。

巨樹の朴すべては見えず花探る
（「寒雷」11年9月）

6月10日（日）甲斐大泉

山荘・井富湖周辺7：00〜8：00　キビタキ、カッコウ、ウグイス、ヒヨドリ、アオバト、シジュウカラ、ゴジュウカラ、アカゲラ、オオルリ

大泉合計
水辺の鳥6種　山野の鳥12種

6月23日（木）東京港野鳥公園
水辺の鳥　カイツブリ、カワウ、ダイサギ、チュウサギ、コサギ、アオサギ、カルガモ、キンクロハジロ、コアジサシ
山野の鳥　ツバメ、ヒヨドリ、シジュウカラ、ムクドリ、ハシブトガラス
水辺の鳥9種　山野の鳥5種

6月26日（日）曇　本所吾妻町隅田公園
羊子のフォークダンスの会

若きらダンススカイツリーは　梅雨雲に

9月18日（日）なぎさ公園
まきと
観測小屋　カルガモ、カワウ
観測壁　イソシギ、ウミネコ、アオサギ

運河まだ上げ潮鯔跳び鷗は来ず

水辺の鳥5種　山野の鳥0

10月13日（木）東京港野鳥公園
まきと
淡水池　ダイサギ、カルガモ、カイツブリ、キンクロハジロ、ホシハジロ、オオバン
潮入りの池　白サギ（ダイ、チュウ、コ）40、アオサギ20、アオアシシギ、セイタカシギ、キンクロハジロとホシハジロ30、／オオタカ
第二小屋　カワウ、イソシギ、カルガモ、コサギ

天高くカワウら旋回上昇中
群鷺に帰り遅れし鷗入りて

水辺の鳥13種　山野の鳥2種

9月15日（木）矢ケ崎家葬儀（欠席）

9月18日（日）なぎさ公園・大井埠頭中央海浜公園
まきと
観測小屋　カルガモ、カワウ
観測柵　イソシギ、カワウ10、ウミネコ、アオサギ
水辺の鳥5種

9月23日（金）谷中墓参
一之君の車

10月13日（木）晴　東京港野鳥公園
まきと
淡水池　ダイサギ、カルガモ、カイツブリ、キンクロハジロ、ハシハジロ、オオバン／キジバト、ヒヨドリ、スズメ、カラスsp、（オオタカ）
センター池　ダイサギ30、コサギ10、チュウサギ20、アオサギ20、アオアシシギ、セイタカシギ、キンクロハジロ30、ホシハジロ40
第二小屋　カルガモ10、カワウ60+、イソシギ、コサギ／ヒヨドリ
水辺の鳥15種　山野の鳥4種

師走月蝕寸見昼は偲ぶ会

（「寒雷」11年3月）

11月10日（木）甲斐大泉行　晴

山荘・井富湖周辺　カルガモ（親2、子2）／ハクセキレイ、カラ類、ケラ類

11月11日（金）甲斐大泉

甲斐大泉合計

水辺の鳥1種　山野の鳥3種

12月4日（日）小雨　なぎさ公園

14：30公園入り口着

観測柵　キンクロハジロ、ホシハジロ、カワウ30、アオサギ、コサギ、カイツブリ、カルガモ／カラスsp

水辺の鳥7種　山野の鳥1種

12月10日（土）繁子を偲ぶ会

口々によき記憶力言ふ寒気過ぎ

（「寒雷」11年3月）

小春日や妻ほめる腕・目貸しし人

（「寒雷」11年3月）

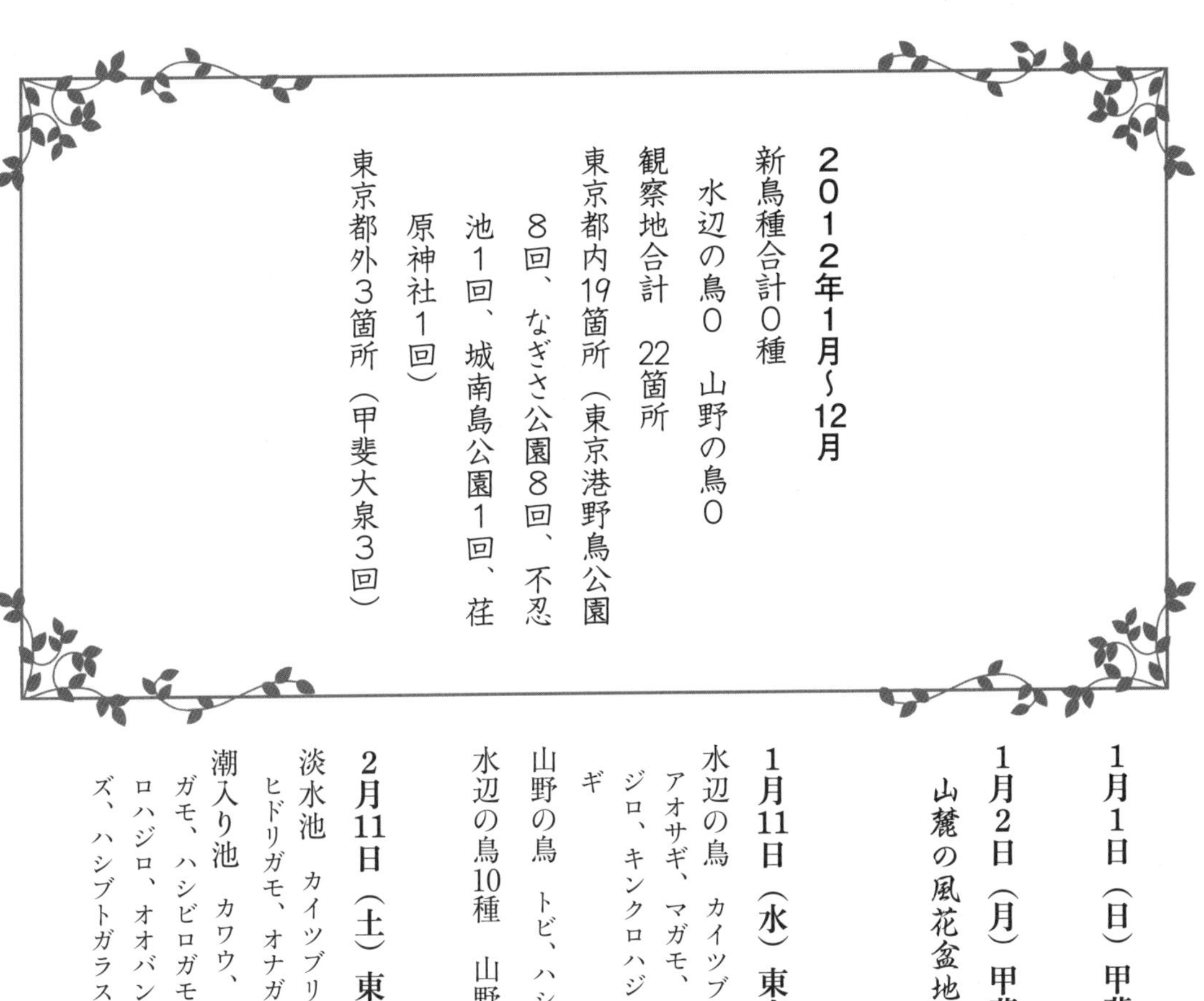

２０１２年１月〜12月

新鳥種合計０種

水辺の鳥０　山野の鳥０

観察地合計　22箇所

東京都内19箇所（東京港野鳥公園８回、なぎさ公園８回、不忍池１回、城南島公園１回、荏原神社１回）

東京都外３箇所（甲斐大泉３回）

1月1日（日）甲斐大泉

1月2日（月）甲斐大泉

山麓の風花盆地へ送らるる

（「寒雷」12年4月）

1月11日（水）東京港野鳥公園

水辺の鳥　カイツブリ、カワウ、コサギ、アオサギ、マガモ、ハシビロガモ、ホシハジロ、キンクロハジロ、オオバン、イソシギ

山野の鳥　トビ、ハシブトガラス、（ノスリ）

水辺の鳥10種　山野の鳥３種

2月11日（土）東京港野鳥公園

淡水池　カイツブリ、カルガモ、コガモ、ヒドリガモ、オナガガモ

潮入り池　カワウ、コサギ、アオサギ、マガモ、ハシビロガモ、ホシハジロ、キンクロハジロ、オオバン、イソシギ／トビ、モズ、ハシブトガラス

鷹の留守池の面潜れぬ鴨も浮き

（「寒雷」12年6月）

水辺の鳥14種　山野の鳥４種

3月18日（日）東京港野鳥公園

3月27日（火）上野公園不忍池

大西夫人を迎えて

鴨制する鴎も北帰か被災地越え

（「寒雷」12年7月）

4月8日（日）

なぎさ公園・大井埠頭中央園

観測小屋　キアシシギ、イソシギ、コサギ、アオアシシギ、カワウ／キジバト、ハクセキレイ、スズメ、カラスsp

茅がや盛り。

観測柵

疎開跡と言ふも通じぬ人と花見

声透る湖干に小さき黄脚鷸
（「寒雷」12年9月）

水辺の鳥5種　山野の鳥4種

春の雨運河温みて鴨遊ぶ
（「寒雷」12年8月）

4月9日（月）なぎさ公園・大井埠頭中央海浜公園

春の雨運河温みて鴨遊ぶ
（「寒雷」12年6月）

水辺の鳥2種

4月12日（土）甲斐大泉行

座禅草見に

4月13日（日）甲斐大泉

4月24日（火）東京港野鳥公園

淡水池　カイツブリ、カワウ、カルガモ、コガモ10、オナガガモ、ハシビロガモ、ホシハジロ20、キンクロハジロ40、オオバン／ヒヨドリ、スズメ、ハシブトガラス、ツバメ

潮入り池　ダイサギ、チュウサギ、コサギ、アオサギ、コチドリ、セグロカモメ

水辺の鳥16種　山野の鳥4種

5月5日（土）東京港野鳥公園

5月7日（月）城南島公園

5月17日（木）東京港野鳥公園

淡水池　カイツブリ、カワウ／キジバト、ツバメ、ヒヨドリ、シジュウカラ、スズメ、カラスsp

潮入り池　ダイサギ、コサギ、アオサギ、アオアシシギ、キアシシギ、イソシギ、チュウシャクシギ

第二小屋　カルガモ、ホシハジロ

茅花日和杓鷸居る居るすぐに翔つ
（「寒雷」12年8月）

金環食若葉のベランダ視点とす
（「寒雷」12年9月）

水辺の鳥12種　山野の鳥6種

5月19日（土）なぎさ公園・中央海浜公園

観測小屋　カワウ、アオサギ、キアシシギ、キョウジョシギ、チュウシャクシギ、コアジサシ／カラスsp、ヒヨドリ、ツバメ

この春の見納め杓鷸遠く坐し
（「寒雷」12年8月）

水辺の鳥6種　山野の鳥3種

5月23日（水）東京港野鳥公園

淡水池　カルガモ／ツバメ、ハクセキレイ、ヒヨドリ、シジュウカラ、ムクドリ、ハシブトカラス

潮入り池　カワウ多数、カイツブリ、ダイサギ25、コサギ、アオサギ、キアシシギ、チュウシャクシギ、ウミネコ

第二小屋　コチドリ、キアシシギ、コアジ

サシ

海猫（ごめ）を避け残る杓鷸若芦かげ　（「寒雷」12年9月）

水辺の鳥12種　山野の鳥6種

6月4日（月）甲斐大泉行

山荘・井富湖周辺

咲く花を仰ぎつ探す朴大樹　（「寒雷」12年9月）

6月5日（火）甲斐大泉　晴

山荘・井富湖周辺

7月13日　墓参　荏原神社行

白南風の椅子ある橋で首相論　（「寒雷」12年11月）

8月3日（金）甲斐大泉行

山荘・井富湖周辺

夏八ケ（ヤツ）岳晴れ石の駱駝三頭座し　（「寒雷」12年11月）

8月4日（土）甲斐大泉　晴

山荘・井富湖周辺

9月15日（木）矢ケ崎家葬儀（欠席）

鯊よくはね運河大潮鷸は来ず　（「寒雷」12年12月）

いそしぎ来て大潮干潟鷸の来ず　（「寒雷」12年12月）

9月23日（金）谷中墓参

一之君の車で

9月25日（日）谷中墓参

10月6日（木）如水会館

沼田、熊崎氏と

10月13日（木）東京港野鳥公園

10月16日（日）矢ケ崎家弔問

帰りまきと羊子と

10月17日（水）なぎさ公園・大井埠
頭中央海浜公園

カワセミ

鯔（ぼら）よく飛ぶ運河や先駆の
　ゆりかもめ　（「寒雷」13年1月）

一斉に鴨が水飲み繰り返す　（「寒雷」13年1月）

翡翠を見ての秋雨バスすぐ来　（「寒雷」13年1月）

11月1日（木）なぎさ公園・大井埠
頭中央海浜公園

11月4日（日）甲斐大泉行
山荘・井富湖周辺

11月5日（月）甲斐大泉　晴
山荘・井富湖周辺

11月12日（月）なぎさ公園・大井埠頭中央海浜公園

観察柵　カワウ30、オオバン10、キンクロハジロ、オオセグロカモメ、コサギ、ダイサギ

水辺の鳥6種　山野の鳥1種

11月18日（日）東京港野鳥公園
まきと　鷹不在

淡水池　マガモ10、カルガモ／ヒヨドリ

センター池　カワウ800、カイツブリ10、ダイサギ、アオサギ、ホシハジロ150、キンクロハジロ200、セグロカモメ、ウミネコ

二号小屋　イソシギ

水辺の鳥10種　山野の鳥1種

12月4日（火）東京港野鳥公園
淡水池　センター池　二号小屋

12月13日（木）東京港野鳥公園

淡水池　オオタカ、ノスリ、キジバト、ヒヨドリ、スズメ、ハシブトカラス

センター池　カワウ120、カイツブリ、コサギ、アオサギ、マガモ、コガモ、ハシビロガモ、ホシハジロ、キンクハジロ、スズガモ、オオバンイソシギ、セグロカモメ

二号小屋

鷹不在鴨ら現われ鳴群るる
（「寒雷」13年2月）

水辺の鳥13種　山野の鳥6種

12月16日（日）なぎさ公園・大井埠頭中央海浜公園

観測柵

鷹不在人出の日曜千羽の鵜
（「寒雷」13年2月）

鵜ら杭に鴨らは浮寝鷹篭る
（「寒雷」13年3月）

人形町で人形焼買う雨師走
（「寒雷」13年3月）

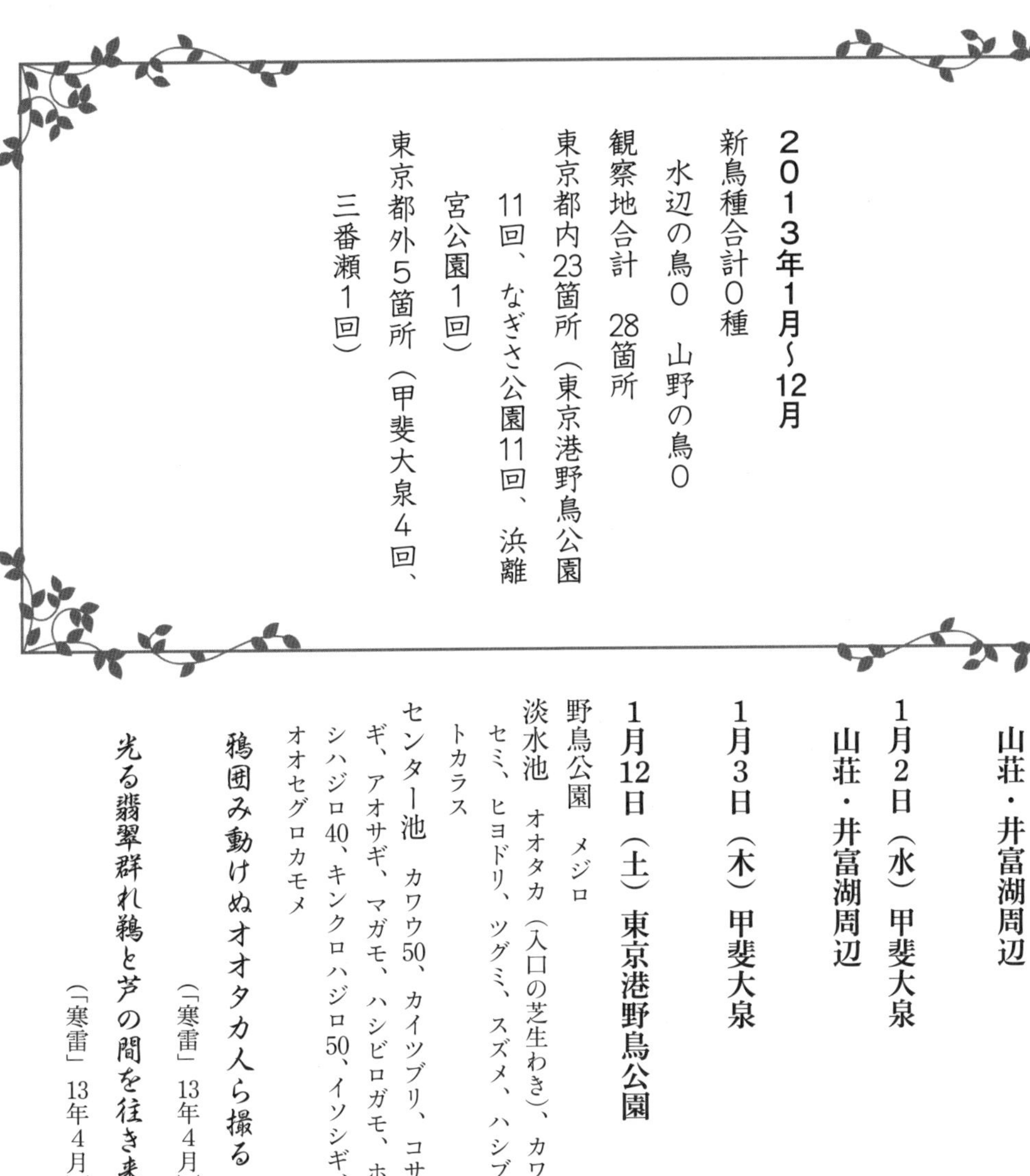

２０１３年１月～12月

新鳥種合計０種
　水辺の鳥０　山野の鳥０
観察地合計　28箇所
東京都内23箇所（東京港野鳥公園11回、なぎさ公園11回、浜離宮公園１回）
東京都外５箇所（甲斐大泉４回、三番瀬１回）

1月1日（火）甲斐大泉行
山荘・井富湖周辺

1月2日（水）甲斐大泉
山荘・井富湖周辺

1月3日（木）甲斐大泉

1月12日（土）東京港野鳥公園

野鳥公園　メジロ
淡水池　オオタカ（入口の芝生わき）、カワセミ、ヒヨドリ、ツグミ、スズメ、ハシブトカラス
センター池　カワウ50、カイツブリ、コサギ、アオサギ、マガモ、ハシビロガモ、ホシハジロ40、キンクロハジロ50、イソシギ、オオセグロカモメ

鴉囲み動けぬオオタカ人ら撮る
（「寒雷」13年4月）

光る翡翠群れ鵜と芦の間を往き来
（「寒雷」13年4月）

寒日和対岸の青鷺　一、二、三、四羽
（「寒雷」13年4月）

水辺の鳥10種　山野の鳥7種

1月13日（日）なぎさ公園・大井埠頭中央海浜公園

1月19日（土）なぎさ公園・大井埠頭中央海浜公園13：50～15：30

池　カワウ5／カラスsp多数、ヒヨドリ
観測柵・運河　キンクロハジロ45、イソシギ／スズメ大群
水辺の鳥3種　山野の鳥3種

1月30日（水）快晴
東京港野鳥公園

淡水池　オオタカ、ノスリ、カワセミ、ハクセキレイ、ヒヨドリ、スズメ、ハシブト／カクロハジロ、スズガモ、オオバン、セ

グロカモメ
水辺の鳥10種　山野の鳥7種

2月1日（金）なぎさ公園・大井埠頭中央海浜公園
観測柵　コサギ、アオサギ、イソシギ、セグロカモメ／ツグミ、ハシブトカラス10０＋
水辺の鳥4種　山野の鳥2種

2月17日（日）なぎさ公園・大井埠頭中央海浜公園
観測小屋

照る川波ズームは確と冠かいつぶり
（「寒雷」13年5月）

川早春みな違ふ潜りし冠かいつぶり
（「寒雷」13年5月）

3月8日（日）東京港野鳥公園
淡水池　マガモ／モズ、ヒヨドリ、ツグミキ、スズメ、ハシブトカラス
センター池　カワウ30、カイツブリ、キンクロハジロ100／ツグミ、スズメ、ハシブトカラス

空行く鷹追いつく鴉らかわし去る
（「寒雷」13年5月）

水辺の鳥4種　山野の鳥5種

3月13日（水）なぎさ公園　大風
観測柵　カワウ100、セグロカモメ10、ウミネコ10、ユリカモメ10／カラスsp多数

春疾風抗降り渚に陣なす鵜
（「寒雷」13年6月）

水辺の鳥4種　山野の鳥1種

3月17日（日）三番瀬・船橋海浜公園　まきと羊子と

ミヤコドリ撮るを頼める孫も来て
（「寒雷」13年6月）

鴨の群飛ぶ下に居るミヤコドリ
（「寒雷」13年6月）

3月29日（金）なぎさ公園・大井埠頭海浜公園

4月4日（日）甲斐大泉行
甲府盆地の桃満開
ざぜんそうを見たが泥濘に尻餅、まきに注意されていたのに。

4月5日（月）甲斐大泉　快晴
山荘・井富湖周辺　シジュウカラ、コガラ、ヒガラ、ゴジュウカラ、サンショウクイ、ケラ類、イカル、キビタキ

おそどさんのうらの湿地にざぜんそう。

山野の鳥8種

4月14日（日）東京港野鳥公園

淡水池　ハシビロガモ、オオバン、キンクロハジロ30＋、カイツブリ／ツバメ、イワツバメ

センター池　カワウ30＋30、セグロカモメ、アオサギ、コチドリ

二号小屋　キンクロハジロ50、カワウ10＋10、100（ドーナッツ島）

鷸未だ茅花の先に鵜が群れて

残る鷸水際に鷸待つ茅花揺れ

水辺の鳥9種　山野の鳥2種

4月29日（月）なぎさ公園・大井海埠頭海浜公園

5月8日（水）東京港野鳥公園

サギ、大、中、小、青、甘と5種観た

淡水池　チュウサギ、コサギ、カイツブリ

センター池　カワウ30、セグロカモメ、アオサギ、コサギ、アオサギ、チュウサギ、カルガモ、キアシシギ、チュウシャクシギ／キジバト、ヒヨドリ、スズメ、カラスsp

二号小屋　カワウ10＋10、コサギ、チュウサギ、カルガモ、キアシシギ、チュウシャクシギ、メダイチドリ、コチドリ／シジュウカラ

水辺の鳥15種　山野の鳥5種

5月14日（火）なぎさ公園＝大井埠頭海浜公園

観察柵　カワウ30、ダイサギ、チュウシャクシギ、キアシシギ、アオサギ、コチドリ／カラスsp、ヒヨドリ

水辺の鳥6種　山野の鳥2種

5月18日（土）なぎさ園・大井埠頭海浜公園

観測小屋　カワウ、カルガモ、チュウシャクシギ、ウミネコ／ムクドリ、カラスsp

観測柵　カルガモ、ダイサギ、アオサギ、イソシギ、チュウサギ、キョウジョシギ、キアシシギ7

杓鷸去り茅花流しの運河畔

（「寒雷」13年8月）

待つは来ず七羽も戻りキアシシギ

（「寒雷」13年8月）

孫撮りし三番瀬ミヤコドリ額に

（「寒雷」13年8月）

水辺の鳥10種　山野の鳥2種

5月26日（日）甲斐大泉行

山荘・井富湖周辺　キビタキ、カラ類、ケラ類

5月27日（月）甲斐大泉　快晴

山荘・井富湖周辺　カラ類、ケラ類／カルガモ

ホトトギス、カッコウ見ず

大泉合計

水辺の鳥1種　山野の鳥4種

6月10日（日）甲斐大泉行

まき、羊子も　朴の花

山荘・井富湖周辺　キビタキ、ウグイス、カラ類

山野の鳥　3種

朴大樹仰ぎ咲く花探りいし

朴大樹咲く花撮れり池越しに

6月11日（月）甲斐大泉　雨後曇一時晴

羊子を残して小淵沢8：45で

山荘　ホトトギス（まき　朝聞く）

小淵沢駅　ツバメ10、カッコウ

小渕沢郭公鳴き出し燕舞ふ

（「寒雷」13年9月）

山野の鳥3種

6月13日（木）東京港野鳥公園

6月21日（金）雨

出版祝賀会

北村、加藤、渡邊ほか

6月25日（火）東京港野鳥公園

淡水池　カイツブリ、カルガモ

センター池　カワウ、セグロカモメ、アオサギ、コサギ、ダイサギ

水辺の鳥7種

6月27日（木）快晴　東京港野鳥公園

寒雷、加藤瑠璃子先生ほか同人3名

淡水池　カルガモ、カイツブリ

センター池　カワウ30、カモメ、アオサギ、ダイサギ、コサギ、チュウサギ

軽鴨も出ぬ青芦原を好しと言ふ

（「寒雷」13年10月）

梅雨晴れの大玻璃演ずる青鷺ら

（「寒雷」13年10月）

青芦を軽鳧（かる）の親出て子を待てど

（「寒雷」13年10月）

水辺の鳥11種

8月13日（月）東京港野鳥公園

蝉時雨

淡水池　カワウ、ダイサギ、チュウサギ、コサギ、カイツブリ

センター池　カワウ30、カイツブリ、ダイサギ、コサギ、チュウサギ、カルガモ、コガモ、スズガモ、アオアシシギ、キアシシギ、イソシギ、ソリハシシギ／キジバト、ツバメ、シジュウカラ、スズメ、ハシブトカラス

覗き小屋風入り涼しと言い合へり
（「寒雷」13年11月）

水辺の鳥11種　山野の鳥5種

8月25日（月）なぎさ公園・大井埠頭中央公園

観測柵　カイツブリ、コサギ、アオサギ、カルガモ、キアシシギ、イソシギ、ソリハシシギ、ウミネコ／カワセミ、ハクセキレイ、ヒヨドリ、ハシブトガラス

水辺の鳥8種　山野の鳥4種

9月7日（月）東京港野鳥公園

淡水池　カワウ、ダイサギ、コサギ、アオサギ、カルガモ、セイタカシギ／ヒヨドリ、シジュウカラ、スズメ、ハシブトガラス

センター池　カワウ、ダイサギ、アオサギ、カルガモ、キアシシギ、ソリハシシギ、セイタカシギ、オグロシギ／ハシブトカラス

鷸の名を訂正去る背に礼言はる

鷸漁り杭の鵜二十同じ向き
（「寒雷」13年12月）

水辺の鳥12種　山野の鳥4種

9月11日（水）なぎさ公園

観測柵　カルガモ20＋10、カワウ15＋30、イソシギ、キョウジョシギ、イソシギ、アオサギ、ダイサギ、コサギ／ハクセキレイ、カラスsp少ない、スズメ10

岩陰の翡翠一人の小屋で観し
（「寒雷」13年12月」）

この名月原発汚水溢れる海
（「寒雷」13年12月」）

水辺の鳥8種　山野の鳥2種

11月24日（日）なぎさ公園　快晴

まきと

観測小屋　カワウ35、キンクロハジロ、ダイサギ、アオサギ、コサギ

観測柵　カワウ15、キンクロハジロ、ダイサギ、コサギ、アオサギ、ウミネコ、イカルチドリ／カラスsp

水辺の鳥8種　山野の鳥1種

12月5日（木）浜離宮庭園

まきと　地下鉄汐留駅と公園入口の間まごつく、邸内売店で飲んだ甘酒を吐く。帰り新橋まで歩くのも骨折れる。

潮入りの池　キンクロハジロと、ホシハジロ合計100＋、カルガモ、マガモ、カワウ、アオサギ、コサギ／カラスsp

海側　カワウ

庚申堂鴨場　アオサギ、マガモ、カルガモ、キンクロハジロ、ホシハジロ、シビロガモ

紅葉見や池の芯埋め浮寝鴨
（「寒雷」14年1月）

水辺の鳥8種　山野の鳥1種

12月17日（火）東京港野鳥公園　曇後晴れ間のぞく

淡水池　左側鴨100＋右側鴨80＋キンクロハジロ、ホシハジ、ハシビロガモ、オナガガモ、コガモ20＋、マガモ、オオバン／

オオタカ（飛び出し、白い雲を抜けて空へ去っていった）

潮入りの池　カワウ50＋30（杭前面と後側）、アオサギ6〜7、コサギ、ダイサギ、カイツブリ

水辺の鳥12種　山野の鳥2種

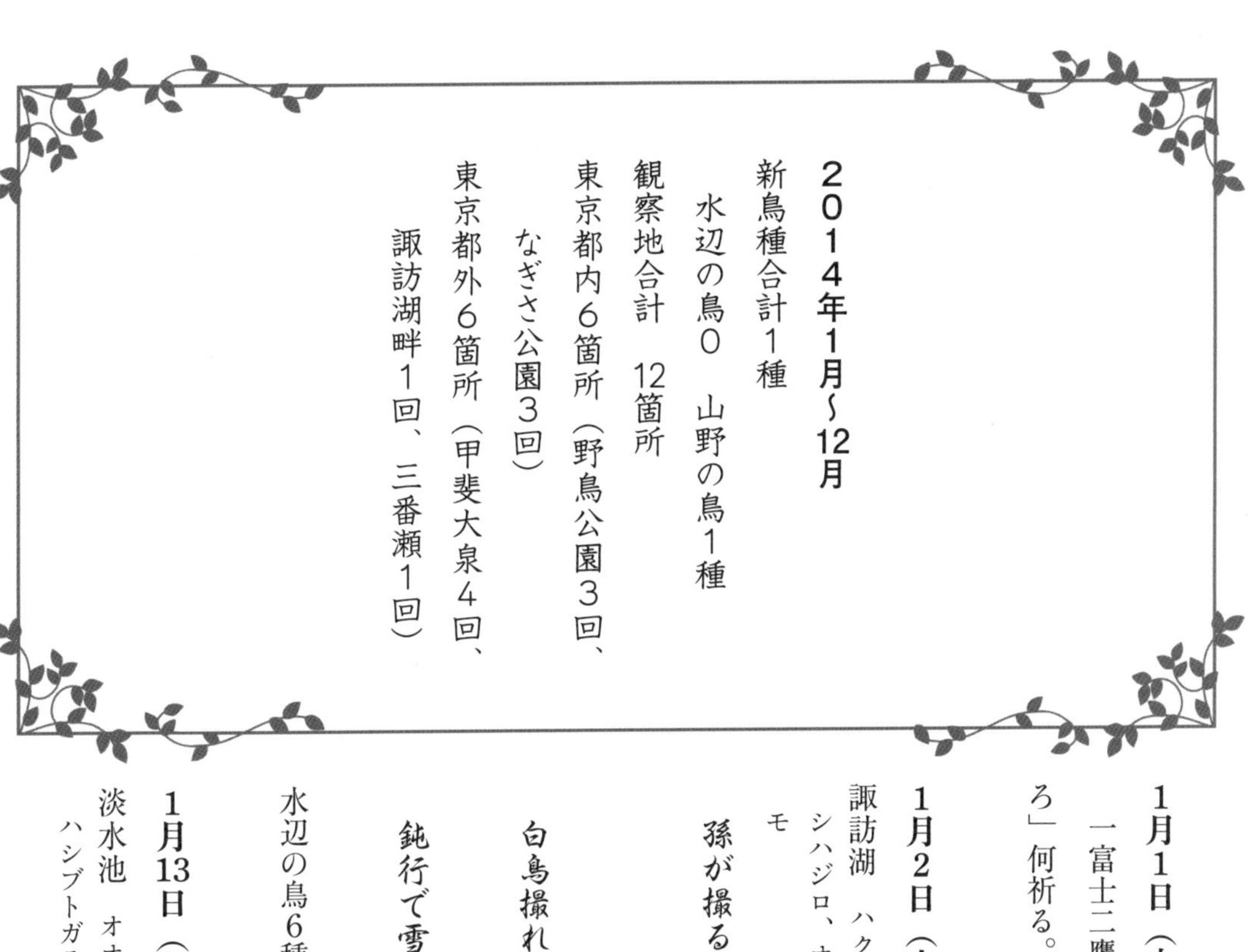

2014年1月～12月

新鳥種合計1種
　水辺の鳥0　山野の鳥1種
観察地合計　12箇所
東京都内6箇所（野鳥公園3回、なぎさ公園3回）
東京都外6箇所（甲斐大泉4回、諏訪湖畔1回、三番瀬1回）

1月1日（水）甲斐大泉行き

一富士二鷹は野鳥園「あべのタカまろ」何祈る。

1月2日（木）諏訪湖行き

諏訪湖　ハクチョウ、キンクロハジロ、ホシハジロ、オナガガモ、コガモ、ヒドリガモ

孫が撮る白鳥かの日
　妻と子と見たり（「寒雷」14年1月）

白鳥撮れて車へ急ぐ湖寒し（「寒雷」14年1月）

鈍行で雪の初八つ連峰に逢う（「寒雷」14年1月）

水辺の鳥6種

1月13日（月）東京港野鳥公園

淡水池　オオタカ、ハクセキレイ、モズ、ハシブトガラス／杭カワウ20、コサギ、アオサギ、マガモ40、カルガモ、コガモ40、キンクロハジロ50、イソシギ、オオセグロカモメ
潮入の池　ノスリ
第二小屋　カイツブリ

鷹待てど鴨大方は篭る日和（「寒雷」14年1月）

スコープのノスリ動かず人寄らず（「寒雷」14年1月）

動く鷹カメラ集めてまた散らす（「寒雷」14年1月）

水辺の鳥12種　山野の鳥5種

1月21日（火）三番瀬・船橋海浜公園　大寒　晴　満潮13時

浜辺　ミヤコドリ30＋20、ハマシギ、セグロカモメ、スズガモ（市川側）

ハングライダー跳び、鳥どもも四散。諦めて突堤へ向かう。浜辺の藻屑に転ぶ。枯れ芦の前で食事、はるか沖に君

津の3本の煙突、沖のスズガモ動かず。
突堤　ハマシギ、オナガガモ、オオバン、ヒドリガモ、ハシビロガモ、キンクロハジロ

紅の嘴ほのとはるか
ミヤコドリ漁る
（「寒雷」14年1月）

鷭去るや藻屑畳々足捉らる
（「寒雷」1月）

大寒無風ハングライダー鷭散らす
（「寒雷」14年1月）

水辺の鳥10種

4月8日（火）なぎさ公園
16：20〜
観察壁　カワウ10、コサギ、イソシギ、ウミネコ、アオサギ
桜まだ咲き残る
水辺の鳥5種

4月10日（木）甲斐大泉
晴、但し霞で山見えず　後小雨
キジバト

4月11日（金）甲斐大泉　晴
山見えた。
山荘の朝　メジロ、シジュウカラ、ヤマガラ、コガラ、ウグイス、カラスsp、ヒヨドリ
庭に鹿5頭　自動車で駅へ
カルガモ／カラスsp、ヒヨドリ
大泉合計
水辺の鳥1種　山野の鳥8種

4月19日（土）なぎさ公園
12：10〜14：30
観測小屋　アオサギ（草原）、カワウ、イソシギ、**カンムリカイツブリ**
観測壁　カワウ、ダイサギ、コサギ／カラスsp、ツグミ
水辺の鳥6種　山野の鳥2種

5月11日（日）東京港野鳥公園
11：20〜13：20
淡水池　カイツブリ、カワウ、ヒドリガモ、オオバン
潮入の池　カワウ、コサギ、アオサギ、キンクロハジロ、コチドリ、キアシシギ、イソシギ、チュウシャクシギ
第二小屋　ダイサギ、コサギ、アオサギ、カルガモ、コガモ、キンクロハジロ、コチドリ、キアシシギ、チュウシャクシギ
水辺の鳥15種

9月10日（水）東京港野鳥公園
12：00〜14：20
淡水池　キンクロハジロ、オオバン／キジバト、ヒヨドリ、シジュウカラ
潮入の池　ダイサギ50、コサギ100、アオサギ50、カルガモ100、コチドリ、キアシシギ、イソシギ、ソリハシシギ、オグロシギ

水辺の鳥11種　山野の鳥3種

9月14日（日）なぎさ公園

13：20～14：40

観測小屋　カワウ30＋30

観測壁14：10～14：30　カワウ、アオサギ、コサギ、カルガモ5、イソシギ／スズメ、カラスsp

水辺の鳥5種　山野の鳥2種

10月8日（水）

大森駅前のスーパーの階段で転び腰椎圧迫骨折。

赤十字大森病院に入院、同月27日（日）から3ヶ月蒲田リハビリテーション病院に転院した。

パソコン打ち続け退院寒日和

（「寒雷」15年4月）

日比野登の略歴

１９２８年４月28日、東京府荏原郡大井森下町に生まれる。１９３５年品川区立山中小学校入学。１９４０年同校卒業、東京府立八中入学。１９４３年都立八中となる。１９４４年父親一行岐阜県に疎開のため八中の友人田中香麿君の大森区久が原に下宿。１９４５年５月東京大空襲のＢ29の爆撃で被災。同年７月目黒区駒場の第一高等学校寄宿舎に入寮。１９４８年同校卒業。１９５０年４月東京大学法学部政治学科入学。同年９月父親一家帰京、品川区中延に一緒に住む。１９５３年同校卒業、東京都議会局法制部に就職。１９６６年同局秘書課長。１９６７年東京都知事に美濃部亮吉氏就任。１９７０年東京都企画調整局参事、１９７９年東京都知事鈴木俊一氏就任。都民生活局都民相談部長。１９８２年養育院企画部長。１９８５年養育院理事。東京都退職、１９８７年都留文科大学教授、１９９２年同大学退職、同年～１９９９年同大学講師。ほかに都立大学、早稲田大学、法政大学、東京経済大学、國學院大学の講師。

私と野鳥の35年

著　者　日比野　登
発行日　2015年5月28日
発行所　イマジン出版株式会社
印刷所　今井印刷株式会社
挿　絵　有限会社フィールドアート
谷口高司

ISBN978-4-87299-698-2　C0095　¥5000E